"十二五"职业教育国家规划教材
经全国职业教育教材审定委员会审定

生物化学

第三版

李晓华　主编

覃益民　主审

化学工业出版社

·北京·

生物化学是一门与现代生物学、化学、分子生物学有一定程度交叉的学科，因此本书既保持了从分子水平上介绍生物化学知识的特色，又拓展了从细胞水平、亚细胞水平等方面介绍与生物化学相关的内容。本着“理论知识必需、够用”的高职高专教材编写要求，较重视实际应用问题。本书主要涵盖蛋白质化学、核酸化学、酶、维生素和辅酶、糖代谢、生物氧化、脂类及其代谢、蛋白质降解及氨基酸的代谢、蛋白质的生物合成体系、物质代谢的调控等内容。

本书供高职高专制药技术类、生物技术类专业使用，也可作为食品类及相关专业的教材或参考书。

图书在版编目（CIP）数据

生物化学/李晓华主编．—3版．—北京：化学工业出版社，2015.6（2024.2重印）
“十二五”职业教育国家规划教材
ISBN 978-7-122-23482-7

Ⅰ.①生…　Ⅱ.①李…　Ⅲ.①生物化学-高等职业教育-教材　Ⅳ.①Q5

中国版本图书馆CIP数据核字（2015）第064297号

责任编辑：于　卉　　文字编辑：周　倜
责任校对：蒋　宇　　装帧设计：关　飞

出版发行：化学工业出版社（北京市东城区青年湖南街13号　邮政编码100011）
印　　装：北京科印技术咨询服务有限公司数码印刷分部
787mm×1092mm　1/16　印张18　字数463千字　2024年2月北京第3版第8次印刷

购书咨询：010-64518888　　售后服务：010-64518899
网　　址：http://www.cip.com.cn
凡购买本书，如有缺损质量问题，本社销售中心负责调换。

定　　价：45.00元　

前　言

《生物化学》自2005年首次出版，2010年第二版列入了普通高等教育“十一五”国家规划教材高职高专制药技术类专业教学改革系列教材以来，深受使用本教材的师生喜爱，并多次重印。此次修改是根据高职高专制药技术类专业建设委员会对专业建设发展规划的会议提出的加强“工学结合”、“产教融合”等教学改革力度和制药技术类专业、生物技术类专业、食品发酵专业的教改发展情况，结合行业管理需提升员工职业技能和素质的要求进行再次修订，同时根据广大师生在使用本教材针对发现问题提出的修改意见进行修改。本次修订注重体现高职教育的特点，加强与产业结合和相关课程的关联，加强了与微生物学、发酵工艺和药物分析方面的联系，在核酸化学一章中增加了营养缺陷型菌株育种与D-核糖发酵等阅读材料，在酶一章中增加了内切酶与外切酶比较，在糖代谢一章中加强了三大物质代谢的相互关系中糖代谢的桥梁作用内容，在实验内容上增加了HPLC检测技术应用实训（选做）项目，在附录中增加了实验室用水等级与制备等，新版教材补充的内容体现了党的二十大报告内容，提高了与应用微生物、药物分离与纯化技术、现代生物制药技术、中药制药技术等高职高专制药技术类专业教改相关课程的配套能力，提前介入职业技能培养，力图体现技能培训的实训教学的高职高专教育风格。

本次修订删除了实验内容中利用VFP编程式的数据处理内容，建议用仪器配套的程序进行数据处理，以保持与行业管理中实验数据处理的一致性。

为了提高学习生物化学中的时空观，本次修订加强“存在与分布”方面的陈述，建议读者从日常生活中或从已学习过的生物学、有机化学及现代网络技术、日常饮食中食物的消化与吸收、健康、医学卫生等方面学习或讨论内容；同时从“物质与能量关联、信息传递与代谢调控关联”两个方面体会有关动态生化部分内容的学习；建议老师在教学中结合讨论题或学生感兴趣的基因技术应用等问题组织教学等。

在编排上增加了师生互动的讨论题，增加与后续章节内容相关或与其他专业课相关的阅读材料。在陈述方面更加注重通俗易懂的通读要求，在内容上更注重适应性与实用性等。

本次修订，除第二版的编写老师参与外，还要感谢河北化工医药职业技术学院陶秀娥老师对HPLC实验验证及蛋白质与消化内容的修订、各章讨论题的建议的修订与支持，四川化工职业技术学院李夏老师对脂类及其代谢的修订以及配套电子教材的制作，广西纯正堂制药厂李志宁对本教材提出的修改意见及生产性讨论内容的建议，同时也感谢同行与同事的支持完成了第三版的修订工作。

编　者

第二版前言

《生物化学》自 2005 年出版以来，受到师生的广泛好评，多次重印，并被评为普通高等教育“十一五”国家级规划教材。此次修订我们将认真对待高职高专十多年的生源变化、教学与就业中发现的问题，结合当前高中在《生物学》、《化学》的教学变化，根据全国化工高等职业教育教学指导委员会对本课程提出的“设课说明”作为主要依据。

我国高中的《生物学》、《化学》教学内容已为高职高专的《生物化学》学习打下良好的基础，与高中的教学相比，高职高专的教学更重在应用。在本次教材建设会议的“设课说明”中也对《生物化学》教材作了明确指示：“生物化学（90 学时）：学习糖类、脂类、蛋白质、核酸、酶、维生素等基本生命物质的结构、性质、应用、体内代谢、分离、鉴别及分析等基本知识或技能，使学生初步具备物质的微生物体内代谢分析及物质的分离纯化方法分析能力，具备运用生物化学知识或技能从事典型生命物质的分离纯化、定量与定性实验研究能力。”

根据《生物化学》的设课说明，在修订教材中我们保留了“结构、蛋白质”的部分，将“结构与功能”内容修改为“应用”内容，以便更好地与高中的《生物学》、《化学》和高职高专的《化学基础》、《有机化学》等课程衔接，也为《应用微生物技术》、《药物分析与检测技术》、《药物合成技术》、《微生物发酵技术》和《现代生物制药技术》打下良好的学习基础。

《生物化学》的教学多年来是高职高专学生的学习难点，为了实现本次教材建设会议对“教材编写要求”中提出的“有助于学生自主学习，最大可能地实现学习与岗位工作的‘对接’”的要求，结合申报“十一五”规划教材申请书中的承诺，对本教材内容作出相应的增加或删除，增加部分图文和生物原料的分析、生化分离等实验操作技能教学，删除或简化部分静态生化内容。为此本次修订将在扩大教材适用性的同时，突出在职业教育中生物化学实验技能的重要性，保证教学效果，将本修订教材建设成为制药技术类、生物技术类相关职业教育优秀教材。为了解决自主学习的知识与实验技能等问题，建议在教学过程中及在学习生物化学过程中从“物质、能量、信息”方面综合了解生命现象中的三者之间的联系，即一方面从物质的化学变化入手，了解生物物质在相互转化时可能伴随的能量转换；另一方面从信息的角度出发，了解生命活动过程中生命物质的相互转化不仅伴随有能量问题，也要注意对物质代谢起调控作用的信息问题，对动态生化中的代谢调控过程有一立体的视角，加深代谢调节物为什么可以对物质的代谢方向与速率起到重要的调节作用的了解。要真正解决学习生化的兴趣问题，应在学习生化知识的同时，关注日常生活中身边有关生化问题的科学报道，以解决教材中新知识不足或缺乏趣味性的问题，也应在今后的学习与工作中重温生物化学知识，更好地将所学到的生化知识运用到生活和工作中。

本次修订有关说明：

修订版中删除了原第四章第八节中的“四、制备固定化酶的方法”、原第六章第五节“糖的合成代谢”、有关热力学的内容、原第十章“核苷酸代谢”和原实验十“肉制品中含糖量的测定”等内容，将原第十一章第六节“基因工程及其应用技术”调整到第三章作第六节并补充“晶芯® HLA 基因分型检测试剂盒”等内容，实验十内容替换为“酵母 RNA 的提取”，附录四增加了“实验用水制备”和“玻璃器皿的洗涤要求”内容。

其他需注意的教学问题有：

1. 注意《生物化学》与《生物学》、《化学》在教学内容的异同点，以生物学中的细胞为大环境，考虑化学物质在生物体内的生物学特性。

2. 生物大分子的结构、功能与实际应用中如何才能长时间保持生物大分子的活性和稳定性问题。

3. 药物合成与发酵工艺中如何从多组分的复杂体系中提取纯生物活性物质问题。

以上 2. 和 3. 问题是学习生物物质的提纯时要重点考虑的问题。

4. 生物化学实验对水质、试剂药品配制、样品处理、反应条件（温度、pH、酶种类与活力）和仪器要求等应知、应会与技能训练问题。

5. 生命体的组成成分多为复杂性的高分子化合物与制药技术要求的产品多为高纯小分子化合物的矛盾问题。

本次修订工作由广西工业职业技术学院李晓华负责全书统稿工作；沧州职业技术学院吴国柱负责第二章、第八章的修订工作；贵州科技工程职业技术学院罗芳负责第三章、第十章、第十一章的修订工作，其余由李晓华负责修订。

感谢参编本教材的部分老师在调离工作岗位后仍关心本书的修订工作；感谢广西工业职业技术学院食品与生物工程系制药技术专业教师和广西大学化学化工学院覃益民副教授对书稿所提的宝贵意见，在此表示衷心的感谢。

编　者

2010 年 2 月

第一版前言

本教材是在全国化工高职教学指导委员会制药专业委员会的指导下，根据教育部有关高职高专教材建设的文件精神，以高职高专制药技术类专业学生的培养目标为依据编写的。教材在编写过程中广泛征求了制药企业专家的意见，具有较强的实用性。

生物化学是“制药技术类”和“生物技术类”专业的一门重要专业基础课程。学习本课程之后，能更好地了解微生物在制药工业、生物技术方面的应用。

从中国的制药技术方面来看，生物制药技术、化学制药技术、中药制药技术已成为各有特色的制药三大技术。生物制药技术更具有现代化的特色，已成为中国制药技术的重要分支之一。微生物发酵制药技术是以抗生素制药技术为基础发展起来的传统生物制药技术，而基因工程、酶工程、细胞工程在制药技术方面的研究、应用与推广已为生物制药技术展现了一个全新的视野。

中国已将生物技术作为21世纪国家重点发展方向之一，将继续加大在生物技术、生物制药技术、中药提取技术、中药制剂的投入，同时中国在生物技术类药物、中药新药的研制与申报、生产、销售等各环节的管理工作中均需培养一大批掌握生物化学、生物技术、药品生产等知识的现代制药技术的技术人员、管理人员。为此本书中加强了以下几个方面的教学内容。

1. 加强大分子化合物（如中药成分）的分离内容，强调了蛋白质、酶的分离与提纯过程中保持生物活性的意义。

2. 加强酶活力表示、测定方法与测定条件，酶的应用性问题的学习，对酶制剂的生产作了简略的介绍。

3. 从学习的宏观性方面，增强代谢的整体性观念，强调物质代谢与能量代谢的偶联关系，主要通过呼吸链中氢、电子传递，利用氧化还原反应、供能与产能反应的偶联等多种形式的代谢现象将分解代谢与合成代谢有机联系在一起，形成一个整体代谢模式。

4. 在代谢调控方面，强调糖类、蛋白质、脂肪代谢的基本途径和共同途径的桥梁的意义，又强调代谢方向与速率是受控制的，代谢产物对代谢过程有反馈作用，简介了发酵产物合成代谢、产物积累等基本知识以及代谢调控的意义。

5. 加强核苷酸代谢、蛋白质合成等涉及基因工程的教学内容。

6. 在书的附录中补充实验试剂分级，指示剂、缓冲溶液的配制内容和注意事项，加强了实验准备环节的教学内容，强化酶学的实验内容，以进一步提高同学们的生化实验技能，为培养将来从事生物技术药物、中药制剂以及新药生产所需的新技术工人、工程技术和管理技术人员贮备必要的实验知识和技能。

书中标*号者为超大纲内容，供学生自学。

本书共十二章，制药技术类专业教学计划安排共92学时，其中讲授62学时，实验教学30学时。其他相关专业可根据教学大纲和教学计划安排调整理论教学与实验学时。

教材编写分工如下：李晓华编写第一章、第七章、第十二章，吴国柱编写第二章、第八章，罗芳编写第三章、第十章、第十一章，钟正伟编写第四章、第九章，柴凤兰编写第五章、第六章。全书由李晓华统稿并担任主编。

在本书的编写过程中，广西工业职业技术学院食品与生物工程系部分教师参加了校稿方面的工作，广西大学化学化工学院覃益民副教授担任主审并对本书提出了很好的修改意见，在此表示衷心的感谢。

编　者

2005 年 6 月

目 录

第一章 绪论 …… 1
一、生物化学特色 …… 1
二、生物化学的学习内容与其学习目的 …… 1
三、细胞组成成分与其生物学功能 …… 2
四、学习生物化学的要点与难点 …… 5
五、生物化学与生物工程技术、制药技术的关系 …… 5
思考题 …… 6
讨论题 …… 6
第二章 蛋白质化学 …… 7
第一节 概述 …… 7
一、蛋白质的定义与其生物学作用 …… 7
二、蛋白质的组成 …… 9
三、蛋白质的分类 …… 10
第二节 蛋白质的基本单位——氨基酸 …… 11
一、氨基酸的结构特点与通式 …… 11
二、氨基酸的分类 …… 12
三、氨基酸的理化性质 …… 14
第三节 蛋白质的分子结构 …… 25
一、蛋白质一级结构 …… 25
二、蛋白质的空间结构 …… 26
三* 蛋白质结构与功能的关系 …… 31
第四节 蛋白质的理化性质 …… 33
一、蛋白质的两性解离与等电点 …… 33
二、蛋白质的胶体性质 …… 34
三、蛋白质变性、沉淀与凝固 …… 35
四、蛋白质的颜色反应 …… 36
五、蛋白质的分离、纯化和鉴定 …… 37
六、蛋白质含量测定 …… 39
第五节* 蛋白质与氨基酸类药物 …… 43
一、蛋白质与人体健康 …… 43
二、氨基酸药物 …… 43
三、蛋白质药物 …… 44
阅读材料 三聚氰胺等检测与伪蛋白问题 …… 44
本章小结 …… 45
练习题 …… 45
讨论题 …… 47
第三章 核酸化学 …… 48
第一节 核酸的化学组成 …… 49

一、核酸的元素组成 …… 49
二、核酸的基本结构单位——核苷酸 …… 50
三、核苷酸的衍生物 …… 53
第二节　DNA 分子的组成和结构 …… 54
一、DNA 的碱基组成 …… 54
二、DNA 的分子结构 …… 55
第三节　RNA 分子的组成和结构 …… 57
一、RNA 分子的组成及种类 …… 58
二、RNA 的一级结构 …… 58
三、RNA 的二级结构 …… 58
第四节　核酸的理化性质 …… 60
一、核酸的分子大小 …… 60
二、核酸的溶解性和黏度 …… 60
三、核酸的酸碱性质 …… 61
四、核酸的紫外吸收 …… 61
五、核酸的变性、复性和 DNA 杂交 …… 61
第五节　核酸的提取、分离和含量测定 …… 62
一、核酸的提取 …… 62
二、核酸含量的测定 …… 63
三、酵母浸膏的生产及风味核苷酸的提取与含量分析 …… 64
第六节　基因工程及其应用技术 …… 65
一、基因工程的概念 …… 65
二、基因诊断与基因治疗 …… 65
三、PCR 技术 …… 66
四、DNA 生物芯片 …… 67
五、核酸序列分析与基因组文库构建 …… 68
阅读材料 …… 69
本章小结 …… 70
练习题 …… 71
讨论题 …… 71
第四章　酶 …… 72
第一节　概述 …… 72
一、酶的定义与其生物学功能 …… 72
二、酶的发现简史 …… 73
三、酶的存在与分布 …… 73
四、酶的应用 …… 73
第二节　酶的催化特性 …… 74
一、酶与无机催化剂的共性 …… 74
二、酶催化的高效性 …… 74
三、酶高度的专一性 …… 74
四、内切酶与外切酶 …… 75
五、酶活力的调节 …… 76

第三节　酶的命名与分类 …… 76
一、习惯命名法 …… 76
二、国际系统命名法 …… 77
三、国际系统分类法及酶的编号 …… 77
四、六大类酶的特征和举例 …… 77
第四节　酶的化学组成与结构 …… 78
一、酶的化学本质 …… 78
二、酶的化学组成 …… 78
三、单体酶、寡聚酶、多酶复合体 …… 79
四、酶的活性中心 …… 80
五、调节酶 …… 80
六、诱导酶与结构酶 …… 81
七、同工酶 …… 81
八、抗体酶 …… 82
第五节　酶的作用机制 …… 83
一、结构专一性 …… 83
二、立体异构专一性 …… 83
三、酶具有高催化效率的机理 …… 84
四、中间产物学说 …… 84
五、诱导契合学说 …… 85
第六节　酶促反应速率及其影响因素 …… 86
一、酶促反应速率的测定 …… 86
二、酶浓度对酶促反应速率的影响 …… 86
三、底物浓度对酶促反应速率的影响 …… 86
四、温度对酶促反应速率的影响 …… 88
五、pH 对酶促反应速率的影响 …… 89
六、激活剂对酶促反应速率的影响 …… 90
七、抑制剂对酶促反应速率的影响 …… 90
第七节　酶活力测定 …… 92
一、酶活力概述及其测定 …… 92
二、酶活力测定举例 …… 95
三、采用双酶法制备淀粉水解糖的工艺关键要点 …… 96
第八节　酶的制备与应用 …… 96
一、酶的分离和纯化 …… 96
二、酶的应用 …… 98
三、固定化酶的制备及应用 …… 99
本章小结 …… 100
思考题 …… 101
讨论题 …… 102
第五章　维生素和辅酶 …… 103
第一节　维生素概述 …… 103
一、维生素的定义与其生物学功能 …… 103
二、维生素的分类 …… 105

三、维生素的命名……105
四、维生素药物……105
第二节　水溶性维生素……105
一、维生素 B_1 和羧化辅酶……105
二、维生素 B_2 和黄素辅酶……106
三、维生素 B_3（泛酸）和辅酶 A……107
四、维生素 PP 和辅酶Ⅰ、辅酶Ⅱ……108
五、维生素 B_6 和脱羧酶、转氨酶的辅酶……109
六、生物素和羧化酶的辅酶……110
七、叶酸和叶酸辅酶……111
八、维生素 B_{12} 和维生素 B_{12} 辅酶……112
九、维生素 C 和维生素 C 发酵……112
十*、复合维生素……115
第三节　脂溶性维生素……115
一、维生素 A……115
二、维生素 D……116
三、维生素 E……117
四、维生素 K……118
五、鱼肝油与深海鱼油……119
本章小结……119
思考题……119
第六章　糖代谢……120
第一节　新陈代谢……120
一、分解代谢与产能……121
二、合成代谢与耗能……121
第二节*　自由能与高能化合物……121
一、自由能的产生和变化……121
二、高能化合物及其类型……121
第三节　多糖的降解……122
一、多糖的酶促降解……123
二、淀粉水解糖的制备……124
第四节　糖的分解代谢……125
一、糖的无氧分解代谢……125
二、糖的有氧分解代谢……129
三、乙醛酸循环与回补反应……133
四*、磷酸戊糖循环（磷酸己糖支路）……134
五*、其他糖类代谢途径……135
阅读材料　糖代谢在三大供能物质代谢中的桥梁作用……135
本章小结……136
练习题……136
讨论题……137
第七章　生物氧化……138
第一节　概述……138

一、机体内的氧化还原体系…………………………………………………………… 138
二、生物氧化与能量供需…………………………………………………………… 139
三、生物氧化的特点………………………………………………………………… 146
第二节 生物氧化中 CO_2 的生成 ………………………………………………… 149
一、体内生成 CO_2 的特点 ……………………………………………………… 149
二、有机酸的脱羧方式……………………………………………………………… 149
第三节 生物氧化中 H_2O 的生成 ………………………………………………… 150
一、呼吸链的概念…………………………………………………………………… 150
二、水的生成过程…………………………………………………………………… 152
本章小结………………………………………………………………………………… 153
思考题…………………………………………………………………………………… 154
练习题…………………………………………………………………………………… 154
第八章 脂类及其代谢…………………………………………………………… 155
第一节 脂类及其生理功能………………………………………………………… 155
一、脂类的定义……………………………………………………………………… 155
二、脂类的组成、结构……………………………………………………………… 155
三、脂类的分类……………………………………………………………………… 156
四、脂类的性质……………………………………………………………………… 156
五、脂类的生物学功能……………………………………………………………… 159
六、脂类的消化与吸收……………………………………………………………… 160
第二节* 生物膜与物质转运………………………………………………………… 161
一、生物膜的组成与结构…………………………………………………………… 161
二、生物膜的功能…………………………………………………………………… 161
三、物质的转运……………………………………………………………………… 162
四、生物膜的特异性………………………………………………………………… 162
第三节 脂肪及类脂的酶促水解…………………………………………………… 163
一、脂肪的酶促水解………………………………………………………………… 163
二、类脂的酶促水解………………………………………………………………… 163
第四节 脂肪的分解代谢…………………………………………………………… 164
一、甘油的氧化……………………………………………………………………… 164
二、脂肪酸的β-氧化 ……………………………………………………………… 164
三*、脂肪酸氧化过程中的能量转化 ……………………………………………… 165
四*、葡萄糖与软脂酸彻底氧化产生 ATP 的总结算 …………………………… 166
本章小结………………………………………………………………………………… 168
练习题…………………………………………………………………………………… 168
讨论题…………………………………………………………………………………… 169
第九章 蛋白质降解及氨基酸的代谢…………………………………………… 170
第一节 蛋白酶分类………………………………………………………………… 170
一、蛋白酶概述……………………………………………………………………… 170
二、蛋白酶的分类…………………………………………………………………… 170
第二节 蛋白质的消化、吸收与腐败……………………………………………… 171

一、蛋白质的消化…………………………………………………………………… 171
二、蛋白质的酶促降解………………………………………………………………… 171
三、蛋白质的腐败作用………………………………………………………………… 171
第三节 氨基酸的分解代谢………………………………………………………… 172
一、氨基酸的脱氨基作用………………………………………………………………… 172
二、氨基酸的氧化脱氨基作用………………………………………………………… 172
三、氨基酸的非氧化脱氨基作用……………………………………………………… 173
四、氨基酸的脱酰氨基作用…………………………………………………………… 174
五、氨基酸的转氨基作用……………………………………………………………… 175
六、氨基酸的联合脱氨基作用………………………………………………………… 176
七、氨基酸的脱羧基作用……………………………………………………………… 177
八、氨的去路…………………………………………………………………………… 178
九、尿素的形成………………………………………………………………………… 180
十、α-酮酸的代谢转变 …………………………………………………………… 183
第四节 糖、脂肪、蛋白质代谢的相互转化……………………………………… 184
一、糖与蛋白质的相互转化…………………………………………………………… 184
二、糖与脂类的相互转化……………………………………………………………… 184
三、蛋白质与脂类的相互转化………………………………………………………… 184
阅读材料………………………………………………………………………………… 184
本章小结………………………………………………………………………………… 186
思考题…………………………………………………………………………………… 187
讨论题…………………………………………………………………………………… 187
第十章 蛋白质的生物合成体系……………………………………………………… 188
第一节 概述……………………………………………………………………………… 188
一、基因的概念………………………………………………………………………… 188
二、遗传信息传递的中心法则………………………………………………………… 188
第二节 DNA的生物合成——复制 …………………………………………………… 189
一、DNA的复制 ………………………………………………………………………… 189
二、DNA的逆转录合成 ………………………………………………………………… 195
第三节 RNA的生物合成——转录 …………………………………………………… 196
一、转录的条件………………………………………………………………………… 196
二、参与转录的酶类及蛋白因子……………………………………………………… 196
三、转录过程…………………………………………………………………………… 197
四、转录后的加工……………………………………………………………………… 198
五、RNA的复制 ………………………………………………………………………… 200
第四节 蛋白质的生物合成——翻译………………………………………………… 200
一、蛋白质的生物合成体系…………………………………………………………… 201
二、蛋白质的生物合成过程…………………………………………………………… 204
三、肽链合成后的加工修饰…………………………………………………………… 208
第五节 影响蛋白质生物合成的因素………………………………………………… 209
一、异常蛋白质与分子病……………………………………………………………… 209

二、药物对蛋白质合成体系的影响…… 209
本章小结…… 210
练习题…… 211
第十一章　物质代谢的调控…… 212
第一节　生化物质的代谢调节机制…… 212
一、反馈代谢调节机制…… 213
二、中间产物调节…… 214
三、最终产物调节…… 214
四、发酵过程控制…… 216
第二节　酶合成调节…… 220
一、酶的诱导合成…… 220
二、酶合成的阻遏作用…… 221
三、诱导与阻遏的机制…… 221
第三节*　激素与神经系统调节…… 223
一、激素的定义与分类…… 223
二、激素的分泌…… 223
三、动物激素…… 223
四、植物激素…… 224
五、人体激素调节…… 225
六、神经系统调节…… 225
第四节*　抗生素…… 225
一、抗生素定义…… 225
二、抗生素分类…… 225
三、耐药性与酶抑制剂…… 226
实验…… 227
实验一　蛋白质与氨基酸的理化性质实验…… 227
实验二　蛋白质的定量分析实验…… 230
实验三　蛋白质、氨基酸电泳…… 233
实验四　α-淀粉酶活力的测定方法…… 235
实验五　糖化酶活力的测定方法…… 237
实验六　影响酶促反应速率的因素——激活剂与抑制剂…… 238
实验七　影响酶促反应速率的因素——pH…… 239
实验八　影响酶促反应速率的因素——温度…… 241
实验九　维生素C含量测定…… 242
实验十　酵母RNA的提取…… 244
实验十一　还原糖含量的测定…… 245
实验十二　高效液相色谱法检测奶制品中三聚氰胺含量（综合实训/选做）…… 248
附录…… 253
附录一　实验室安全注意事项…… 253
附录二　实验室管理守则…… 254

附录三　实验室用水等级与制备 …… 256
附录四　化学试剂纯度分级 …… 257
附录五　生化实验的基本操作 …… 257
附录六　实验记录及实验报告要求 …… 262
附录七　常用指示剂的配制方法 …… 263
附录八　生物化学常用缓冲溶液的配制 …… 265
参考文献 …… 269

第一章 绪 论

一、生物化学特色

生物化学是生物学的一门分支学科，它具有明显的生物学与化学的特色，它是以生物体内物质为对象，在分子水平上研究生物体内的化学物质组成、生物大分子结构、理化性质、生物大分子的结构与功能的关系。因此可以简单地说，生物化学就是生命体的化学。

生物化学的特色是用化学语言描述生物体内的化学物质及其变化规律；从生物学的活性角度出发，阐明生物大分子结构与功能的关系；从基因的变异阐明遗传原理；从物质、能量和信息三个方面综合解析生命现象。在应用过程中应更重视其体内核酸、酶等物质的生物学活性或其生物学意义。

在研究生物体内的化学物质组成、理化性质时，生物化学同样遵循有关的化学变化规律。例如，在动态生化中，醇、醛、酮、酸的氧化还原反应有一定的规律可循，可以根据有机化学中醇→醛、酮→酸的过程是氧化过程，加强了解糖代谢的代谢规律。

生物化学是一门综合性的生物技术类专业的基础学科，它与生物学、分子生物学、微生物学有很强的相互联系，在学习过程中要注意有关学科之间相互重叠、交叉的现象。

简单地说，生物学是从细胞水平研究生命现象，而从分子水平上研究生物物质时，离不开它们所依存的细胞、细胞器；分子生物学是进一步研究生物大分子（蛋白质、酶、核酸、多糖等）的结构、功能及遗传信息传递与表达的学科，有时特指研究核酸大分子的学科；生物化学则是从分子水平研究生命现象，从生物活性是如何形成的来解释生命现象及其化学变化规律。

二、生物化学的学习内容与其学习目的

生物化学是研究生物体内物质组成、性质与代谢、大分子结构与功能的学科，生物化学借助于生物学、化学、物理化学的基本理论和研究方法来研究生命物质的组成、结构、性质和功能，以及代谢过程中伴随的能量变化、信息传递。

生物化学主要从化学、生物学和信息学三个角度来研究生物体内的化学物质在组成与结构、理化性质、结构与功能、能量的供求及信息传递五个方面内容。生物化学按其研究内容可分为静态生物化学、动态生物化学和功能生物化学3个分支。静态生化主要研究生物体内物质的化学组成、理化性质和生物学功能；动态生化主要关注生化代谢过程与调控；功能生化重点研究生物大分子结构与功能的关系。学习生物化学的目的主要是了解蛋白质、酶、核酸、糖类、脂类、维生素与激素的组成、性质，同时掌握酶在实验室、工业化生产上的应用；其次是学习细胞三大结构物质——蛋白质、糖类、脂类的分解代谢与合成代谢的基本规律；再次是生物大分子结构与功能的关系、代谢调控的基本规律。

生物化学是学习制药技术类专业基础课程和专业课程的基础。生物化学主要在分子水平上学习生物分子的基本结构、空间结构、生物学性质与生物学功能，能量的产生、遗传原理；同时涉及细胞水平、亚细胞水平相对宏观的层面来研究生物分子的分布、作用。

现代生物化学关注物质代谢与能量代谢的相互联系，分子结构与功能的辩证关系，信息保存、复制、遗传与变异3个主要研究方向；在应用方面，关注基因技术的应用与推广。

通过本课程的教与学，使同学们较全面、系统地掌握组成生物体的基本物质——蛋白

质、核酸、糖类、脂类、酶、维生素、激素、辅基、辅酶等物质的化学组成，分子结构，理化性质和生物学功能；了解糖、脂类、蛋白质和核酸在生物体内的生物氧化、分解代谢过程；学习蛋白质与氨基酸、糖类、脂类三大类物质在代谢过程中的相互转化和生物合成规律，掌握物质代谢过程中伴随的能量变化，机体内的生化反应均是在酶催化下进行，并关注其中存在的物质与能量偶联规律；掌握生物氧化过程和体内产生 H_2O、CO_2、ATP 的过程；了解遗传信息贮存、传递和调控的基本规律，信息的贮存、表达也与物质关联等。

通过学习生物分子在生物体内的代谢和调节，生物能的转化和利用，生物信息分子的复制、转录、表达和调节，以及生物分子在生物体内的作用，使学生能够运用所学到的生物化学知识，从分子水平上认识和解释生命现象，了解生命的本质和生命活动的规律，在亚细胞水平、细胞水平上加深对细胞生物学的认识，为学习应用微生物技术等专业基础课打下良好的基础，为进一步学习药物分析检测技术、微生物发酵技术和生物制药技术奠定基础。

三、细胞组成成分与其生物学功能

从化学的角度上讲，生物体内的物质分为有机物和无机物两大类。其中无机物有水和无机盐两类，重要的有机物主要是糖类、脂类、蛋白质（包括酶）、核酸等。

从生物学的角度上讲，细胞是生物体的基本结构与功能单位。从简单的病毒、无完整细胞器的原核生物到复杂的真核生物，其生物体内的细胞成分可分为结构性成分和调节功能性成分。结构性成分包括糖类、核酸、蛋白质与氨基酸、脂类、无机盐与水六大类；调节功能性成包括维生素与激素两大类。

从分子生物学的角度来讲，生物的遗传和变异与染色体有关，而生物化学角度则从核酸、基因变异阐明遗传与变异的生物学本质。

1. 无机盐和水

细胞内各元素的生理作用常通过它们在细胞内功能来进行研究，例如，无机成分在生物体内主要以金属离子、有机盐、酶的激活剂、配合物分子等形式出现，无机盐对调节细胞内外的渗透压和营养物的输送有一定的作用。但由于历史和技术水平的限制，在以往的研究中通常以无机盐作为一整体研究对象，由于细胞内无机盐或元素的分离及其含量测定有一定的难度，故测定时常借助马弗炉灼烧生物材料，再测定灰分中元素的含量。借助测定灰分中各元素的含量来研究细胞元素的组成，并供设计培养基时各元素配比控制作参考。例如，在分析甘蔗中磷的含量时，常通过测定 P_2O_5 方式进行，并且将它称为自然磷酸值。

对生物体内元素含量的测定可为研究细胞化学成分、营养供给提供科学依据。无机盐在生物体的作用主要有渗透调节作用、参与物质传输作用、作为生物大分子功能离子等。

食品中无机盐含量常作为食品的质量标准之一。例如，碘等含量常列入产品质量标准，其含量应在规定范围内，并且与国家质量要求相一致，防止摄入过量的碘。

生物体内的元素组成与物种和生存环境有关，按其含量的多少可分为常量元素、微量元素。生物体内元素含量的变化可以反映生存环境的变化。人体内氧、碳、氢等 11 种常量元素构成了人体质量的 99.95%以上。人体中元素的含量见表 1-1。

表 1-1 人体中元素的含量

常量元素	氧	碳	氢	氮	钙	磷	钾	硫	钠	氯	镁
含量(质量分数)/%	65	18	10	3	2	1	0.35	0.25	0.15	0.15	0.05
微量元素	铜、锌、硒、钼、氟、碘、钴、锰、铁等										
含量	微量										

构成人体的还有另外 20 多种元素，它们的总量还不足人体质量的 0.05%。因此，把这些元素称为微量元素。尽管这些元素含量甚少，但它们的作用不能低估。例如，缺碘就会使

甲状腺肿大（俗称粗脖子病），不少地区的饮水中缺碘，许多人患有甲状腺肿大的病症。因此，中国政府规定，所有供食用的食盐，必须添加一定量的碘元素——俗称“碘盐”，预防缺碘病症的发生。在日常饮食中，应通过均衡的饮食适当补充一些微量元素。表 1-2 列出了通常可通过食物补充的微量元素。

表 1-2　若干微量元素的补充来源

元素名称	来　源	元素名称	来　源
铁(Fe)	肝、肉、豆类、麦类、菠菜、西红柿、水果	锰(Mn)	萝卜缨、小米、扁豆、大白菜、小麦、糙米、茄子
铜(Cu)	坚果、豆类、谷类、水果、鱼、肉、蔬菜	碘(I)	海带、紫菜、发菜、海参、蛏子、蚶、蛤、干贝、海蜇
锌(Zn)	谷类、豆类、麸皮、肝、胰脏、乳汁	硒(Se)	大白菜、小麦、玉米、小米、南瓜、红薯干

水是生命的源泉，机体中的细胞内外均处于水环境中，可以讲没有水就没有生命。水环境是生命体内主要生化反应的重要场所，水与酸碱物质及两性化合物能维持细胞处于一定的 pH 范围，使细胞内反应环境有一定的缓冲能力，因此在水相中进行的生化反应通过适宜的缓冲溶液，保证酶促反应能在最适宜的 pH 条件下进行。

在生物体和细胞的成分中，水是含量最高的化合物，一般细胞或机体内水的含量在 50%以上，甚至可达 99%。新生婴儿中体内水的含量约占 80%，而老年人则可能下降至 55%，人体的含水量随年龄增长而减少。

水是极性溶剂，能与蛋白质颗粒表面的氨基酸侧链、核酸中的碱基形成氢键，使它们能进一步形成高级结构。氢键的键能大约只有共价键的 1/10，幅度较小的温度变化就可以使氢键断开。这就使得带氢键的蛋白质、核酸的空间结构具有显著的柔顺性，使它们能随着内外环境的变化而变化，如 DNA 双链在温度升高时会发生解链现象，形成两条单链。

水还能直接参与体内的水解、水化、加水脱氢等反应。水对生物体内的物质运输、温度控制等有十分重要的作用。生物体内物质的运输是依赖具有良好流动性的水介质、膜系统、运输蛋白等共同完成的。此外水还有恒温、润滑等多种作用。

2. 蛋白质、氨基酸与其生物学功能

蛋白质是由氨基酸通过脱水形成肽键连接而成的一类具有活性的生物大分子。蛋白质种类繁多，功能各异。如果蛋白质的组成、结构发生了变化，很可能造成其生物学功能的变化(减弱、丧失)，从而出现分子病等异常生理现象，甚至可能引进一系列的代谢异常或严重的疾病。

蛋白质的种类数量多达百万，但组成蛋白质的“建筑材料”却是数量有限的氨基酸，它们通过不同的排列组合形成蛋白质。虽然目前从自然界中分离出许多氨基酸，但构成天然蛋白质分子的只有 20 种，其中除甘氨酸外其他氨基酸都是 L-氨基酸，因此 L-氨基酸又称为天然氨基酸。D-氨基酸在自然界中的含量少，在生物体内有特殊的功能。

因此，人们从生物化学的角度对蛋白质的理解可以认为：蛋白质是由氨基酸通过肽键连接组成的多肽链，并经过进一步盘旋、卷曲，形成具有相对稳定空间结构的活性生物大分子，蛋白质是生命活动的主要表现者，生命活动的许多现象是通过功能蛋白质来体现的。

3. 酶与酶促反应

酶是生物催化剂，它具有特殊的催化能力，除已发现 RNA 有催化能力外，目前发现具有催化能力的生物分子是蛋白质，因此可以认为酶的化学本质是蛋白质。

可以认为细胞与生物体其实就是一个结构复杂、有一定缓冲能力的酶促反应开放系统。细胞内绝大多数的代谢反应都依赖于不同酶系的催化与调控。

酶是生物大分子，它通过外部的亲水性与细胞的水性环境相适应，又能通过其内部疏水性氨基酸残基的侧链在其分子内部形成与水溶性细胞液不同的非极性的疏水区，因而有利于需要非极性环境的生化反应提高反应速率。通过酶的活性中心学说、中间产物学说、诱变学说，对酶的活性与分子结构的柔性进行描述，人们可以更易理解酶促反应的高效性和选择性。

4. 核酸与遗传

生命现象是通过核酸和蛋白质来体现的，无论低等的病毒、还是高等的哺乳动物，决定其生命活动的内在因素均是其所携带的遗传物质（基因），外在因素是蛋白质的生物活性（基因表达的结果）。

核酸是DNA和RNA的总称，生物体的遗传信息隐藏在其携带的核酸中。基因、等位基因、基因组是分子生物学研究遗传与变异机理时涉及的有关概念，除强调基因技术的前景外，在本书中只作简单描述，详细内容请参考有关书籍。

隐藏在基因中的生命奥秘要通过蛋白质的合成与活力的大小来体现。因此核酸是遗传信息的携带者，是遗传信息的载体，是生命活动的主宰者。遗传信息通过中心法则来指导蛋白质的合成，从而控制生命现象。

1958年，提出了分子生物学中心法则，即遗传信息的传递是沿着“DNA→RNA→蛋白质”的方向进行的。其主要过程可简单地用如下流程来表示：DNA复制→转录→翻译/表达。

DNA和RNA是重要的遗传物质，通过DNA精确复制，细胞分裂后可将遗传信息从母细胞传递至子细胞，DNA通过将其遗传信息转录到RNA，由RNA进一步指导蛋白质合成，完成遗传信息的对外表达，并通过合成后经过加工及修饰的功能蛋白质、酶来体现生命活动现象，对细胞新陈代谢加以精细的调控。

5. 糖类、脂类与其生物学功能

糖类、脂类的主要生物学意义是作为细胞结构物和能量贮藏物，其次是参与代谢调控。

糖类既是细胞与生物体重要的结构物、功能物，又是生物体重要的能源。例如，淀粉是植物细胞中的能源贮存物，它是发酵工业常用的碳源之一。

细胞壁是植物的重要保护层。破坏细胞壁后，胞内物质易被酶分解。植物细胞的细胞壁主要成分是纤维素、半纤维素和果胶等。在发酵过程中如能破坏细胞壁或部分降解纤维素、半纤维素和果胶，将会提高发酵效率。在中药提取中应用破壁技术将会提高浸出率。

一些低聚糖具有一定的生理调节功能，具有一定的药效。

脂类是构成细胞膜、生物膜的主要成分之一，细胞膜的主要成分是磷脂和蛋白质。同时脂类又是生命活动的备用能源，脂肪释放出的生物能是相同质量糖类的两倍。

脂类的主要特点是不溶于水，它们大都是非极性物质，对溶解非极性有机物有益。动物脂肪层不仅是备用能源，同时又是积累脂溶性维生素、色素的场所。

脂肪是体内贮存的能源物质，生物体摄取的能量充足时，体内积累脂肪。当摄入的能量不足时则分解脂肪提供能量，因此脂肪的含量不稳定。

脂类分为脂肪和类脂两大类。脂肪是由甘油和脂肪酸缩合而成的，类脂有磷脂、胆固醇及胆固醇酯、类固醇等形式，常与脂肪的乳化、吸收，激素代谢调控有关。甾体类药物属激素类药物。

6. 维生素、激素与其调节功能

从营养学上讲，维生素是人体健康和生长发育所必需而体内不能自我合成的微量有机化合物，是人体的重要营养素。维生素按溶解特性可分为水溶性维生素和脂溶性维生素。人体需要的维生素绝大部分依赖食物提供。由于参与糖代谢的水溶性维生素在体内贮存量少、易排出，长期缺乏则造成维生素缺乏症，而过多摄入脂溶性维生素则易造成体内过度积累引起维生素“中毒”症状。

维生素主要通过参加糖代谢起到调节机体代谢速度的作用。对酶促反应而言，辅基或辅酶是酶促反应的重要条件，缺乏辅基或辅酶会引起酶活力丧失，辅基或辅酶不足酶的催化能力下降，因为不少酶的辅基或辅酶是维生素，所以长期缺乏维生素会引起代谢紊乱。

激素是一类动植物体产生的、含量极微的代谢调控物质，是对新陈代谢起着重要调节作用的一类有机物质。激素可加速或抑制生物体中固有的代谢速率，从而影响特定的生理功能。体内激素的不足或过量均易影响机体正常代谢，引起代谢的紊乱。

激素按其来源可分为动物激素、植物激素和昆虫激素。重要的动物激素有性激素和生长激素。重要的植物激素有植物生长素、赤霉素、细胞分裂素、脱落酸、乙烯，它们应用在农林园艺上，调节植物的休眠与萌发、生长和发育、开花、结果、落花、落果及果实的成熟与着色，促进生根等。昆虫激素的应用主要是防治农业害虫，实现“生物防治虫害”的目的。

7. 中药材化学成分分离与检测

中药材按其来源分为植物、动物、矿物三大类。植物药材（根茎类、果实类、树皮类、叶类、菌藻类）的主要化学成分有皂类（苷类）、生物碱类、挥发油类、树脂类、有机酸类、植物色素类、糖类、鞣质类、油脂和蜡类、无机成分、氨基酸蛋白质和酶类。

中药材中有效成分的提取需要利用生物化学中相关成分的结构与性质、分离技术等知识，学好生物化学对学习中药成分的提取有十分重要的意义。

《中华人民共和国药典》2015 年版将加强中药提取、分析检验项目等。

四、学习生物化学的要点与难点

学习生物化学应以无机化学、有机化学为基础，同时与生物学、物理化学有密切的联系。在重视技能培养的高职高专教育中，并没有要求学生完全具备了四大化学的知识才学习生物化学课程，因此请同学们根据本专业的学习方向、职业技能素质要求，重点掌握静态生化和动态生化内容，重视实验技能培养，同时在学习生物化学时适当注意学科之间的相互联系。一般在教学过程中感到生物化学难学的主要原因有以下几点。

① 在教与学的过程中，没有注意到生物化学的综合性与交叉学科特点，它有明显的化学与生物学的特色。借助化学的研究方法研究生物现象，通过学习微生物学加深对生物化学的认识，透过各种生物现象看其生物化学的本质。同时需借助分子极性、化学键、官能团、活化能等化学知识学好生物化学中静态生化部分内容；借助细胞结构、细胞器的结构与功能及生化物质所依存的场所，生化反应场所等生物学知识加深对生物化学中功能生化部分内容的理解；借助电子学的反馈理论、生化物质的合成与分解速度的对比决定了代谢方向、速率等知识来提高理解代谢调控规律的程度。

② 在教与学的过程中，没有将生物化学与日常生活结合在一起，没有和日常生活紧密相连的营养学、医学、药学、遗传学知识联系起来。例如，不能用自己的语言说明饮食中食物的营养成分、热量，它们在体内的消化、吸收、传送、分解与相互转化；不能用自己的语言说明什么是染色体、DNA、基因以及它们的相互联系。

③ 在教与学的过程中，没有注意到强调生物物质的“活性”因素，生化物质的生物学功能不仅与其浓度有关，更重要的是与其结构有关。蛋白质的变性、酶活力的下降等更能反映生物化学结构与功能方面的特色，同时要理解药效、抗生素的效价不能用其质量大小去衡量，而更应重视其生物活性对细胞的影响。

④ 学习生物化学的重要目的与意义是为解决生物活性大分子的分离提纯、发酵机理与控制、发酵产品的提取与精制中出现的各种生化问题打下良好的基础，为微生物学应用技术、生物制药技术等专业课的学习解决理论问题。

五、生物化学与生物工程技术、制药技术的关系

生物化学既是学习微生物学应用技术、生物制药技术、微生物制药工艺、生物技术药物的分离与纯化等课程的基础，它的发展又依赖于微生物学、现代分离技术的发展，因此生物化学是学习微生物学应用技术、生物工程技术、生物制药技术等专业的重点专业基础学科。

思考题

1. “生物化学就是生命的化学”强调生物化学哪些方面的特色？
2. 如何才能学好生物化学？
3. 你是如何理解细胞水平、亚细胞水平、分子水平的含义？
4. 生物技术、生物制药技术与生物化学有何联系？
5. 细胞生物组成是如何分类的？它们的主要功能有哪些？
6. 如何从物质、能量、信息3个方面给出生物化学粗略的轮廓？
7. 纯物质、混合物、原生质在物理性质、化学性质方面有何不同？
8. 在生物体的新陈代谢过程中，如何利用开放系统的观点解释代谢过程？
9. 试各举一例利用检测元素成分、DNA分析在鉴别生存环境、身份确认方面的案例。

讨论题

1. 为什么可以把生物化学内容划分为：“静态生化”、“动态生化”、“信息生化”三个部分，其依据是什么？

2. 试用自己的语言说明一下你对人体器官、消化系统的认识。在学习完生物化学课程后再讨论一次，作为评价你学习生物化学之后的收益。

第二章　蛋白质化学

【学习目标】

1. 了解蛋白质的来源、蛋白质的分解过程及其分解产物。
2. 了解蛋白质和氨基酸的生物学意义。
3. 掌握蛋白质的元素组成特点、凯氏定氮的原理与实验操作。
4. 了解氨基酸的分类方法，掌握天然氨基酸的基本结构。
5. 掌握氨基酸主要理化性质与测定方法、两性解离及等电点在分离谷氨酸方面的应用实例。
6. 了解人体必需氨基酸及其补充途径。加强对强化食品方面的认识。
7. 掌握蛋白质的分类方法、主要理化性质与检验方法。
8. 了解蛋白质颗粒在水溶液中的胶体特性，分析盐析、有机溶剂对蛋白质溶液稳定性的影响。
9. 掌握蛋白质是具有活性的生物大分子的要点，掌握蛋白质变性、沉淀、电泳、色谱法等与蛋白质分离效率相关的概念或实验方法。
10. 掌握肽键、多肽链、蛋白质空间结构，了解构象与功能的关系，了解蛋白质结构与其功能的关系。
11. 通过学习蛋白质和氨基酸分离实验技术，了解蛋白质和氨基酸的提取、分离、纯化和检测的方法。

第一节　概　　述

蛋白质根据其来源可分为动物性蛋白、植物性蛋白和微生物蛋白。对生物体而言，外源性蛋白需经过消化、吸收之后才能被机体利用。一般来说，动物蛋白营养价值较高，植物蛋白营养价值较低，而微生物蛋白含量波动较大，其营养与其蛋白质含量、组成有关。

食品与饲料的营养成分、培养基配方中蛋白质或氨基酸的配比是人们关注的问题，学习生物化学时要关注的不仅是蛋白质的营养价值、来源，而且还有蛋白质的含量、组成、结构、性质与其生物学功能，以及蛋白质的提取与分离技术等。有关蛋白质消化与吸收内容将在第九章学习。

一、蛋白质的定义与其生物学作用

1. 蛋白质的定义

蛋白质（protein）是一类高分子含氮化合物，它的最终水解产物是氨基酸。它是细胞的重要组成成分，其特点是种类繁多、结构复杂、功能各异。

根据对化学组成的分析，蛋白质是天然氨基酸（amino acid）通过肽键（酰胺键）连接成的多肽链，即多肽链是以多种氨基酸作为基本结构单位通过肽键连接而成的生物大分子。

两个氨基酸脱水形成二肽，三个氨基酸通过两个肽键连接形成三肽，依次类推。一般相对分子质量小于 10^3 的多肽链可简称为肽，相对分子质量在 $1\times10^3 \sim 1\times10^6$ 之间的多肽链称为蛋白质。

2. 蛋白质是生物体最重要的组成成分

蛋白质是生物体内重要的生物大分子。不同的物种，其蛋白质的种类和含量有很大的差别，并且具有种类多、分布广的特点，几乎生物体内的所有组织、器官、细胞中都含有与之功能相应的特征蛋白质。

自然界中的蛋白质数量达到 10^{10}～10^{12} 数量级。例如，在人体内约有 10 万种以上不同类型的蛋白质，含量约占人体固体成分的 45%。啤酒酵母中蛋白质含量也在 45%左右，一些用于生产单细胞蛋白饲料的酵母细胞中蛋白质含量在 50%以上。

3. 蛋白质是生物体的功能性物质

自然界的蛋白质种类繁多、结构复杂，其生物学功能也十分广泛。据估计，最简单的单细胞生物如大肠杆菌有 3000 种不同的蛋白质。这些不同的蛋白质，各具有不同的生物学功能，它们决定不同生物体的代谢类型及各种生物学特性。因此，有人称 DNA 为“遗传大分子”，而把蛋白质称为“功能大分子”。蛋白质的类型及生物学功能参见表 2-1。

表 2-1 蛋白质的类型及生物学功能

蛋白质类型	生物学功能	蛋白质类型	生物学功能
酶类		结构蛋白	
己糖激酶	使葡萄糖磷酸化	胶原	结缔组织(纤维性)
糖原合成酶	参与糖原合成	弹性蛋白	结缔组织(弹性)
酯酰基脱氢酶	脂酸的氧化	转运蛋白	
转氨酶	氨基酸的转氨作用	血红蛋白	O_2 和 CO_2 的运输
DNA 聚合酶	DNA 的复制与修复	血清蛋白	维持血浆渗透压
		脂蛋白	脂类的运输
激素蛋白		运动蛋白	
胰岛素	降血糖作用	肌球蛋白	参与肌肉的收缩运动
促肾上腺皮质激素(ACTH)	调节肾上腺皮质激素合成	肌动蛋白	
防御蛋白		核蛋白	遗传功能
抗体	免疫保护作用	视蛋白	视觉功能
纤维蛋白原	参与血液凝固	受体蛋白	接受和传递调节信息

人体内的蛋白质是生命活动过程的重要物质，它至少有 8 大类功能。

① 蛋白质物质既是生物体的重要组成成分，又是生命活动中最重要的物质基础。生物体的基本结构和功能单位是细胞。蛋白质及核酸、脂类、糖类、水及无机盐等有机化合物形成原生质后才能表现出生命现象。

② 蛋白质是酶的主要成分。例如，人体内 4000 种以上的酶都具有蛋白质成分（被称为酶蛋白），体内有条不紊的代谢实质上是体内各种不同的酶、酶系共同协调作用的结果，从而使代谢能有序进行。

③ 许多激素是由蛋白质及其衍生物构成的。激素用于调节身体各项机能，如生长素、胰岛素、肾上腺激素、性激素等。

④ 蛋白质与核酸是细胞自我复制所需的重要物质。没有 DNA 复制、转录就没有蛋白质合成，细胞复制就没法完成，蛋白质的合成其实就是基因表达的最终方式。

⑤ 制造并维护身体组织、器官。蛋白质是头发、皮肤、肌肉、血液的重要成分。而且蛋白质是人体活动之源，人的活动是靠肌肉的相对运动（滑动）来完成的，人体活动本质上是以肌凝蛋白与肌纤蛋白的收缩作用作为动力基础。

⑥ 蛋白质是体内重要营养与活性物质的运载工具。例如，运送脂肪酸要有脂蛋白参加；运载维生素要用其专一的运载蛋白来完成；运载某些微量元素，如体内的铁离子，需要借助运铁蛋白来实现对其的输送。

⑦ 人体的免疫物质基本上是蛋白质及其衍生物。也包括细胞免疫中的免疫细胞，如T淋巴细胞、白细胞，其作用就是制造抗体，提高免疫力，抵挡细菌和病毒入侵。

⑧ 完善生物膜的功能。生物膜对维护细胞间、细胞内外以及细胞本身的稳定性有着十分重要的意义。生物膜有分区作用，除在细胞内形成具有特定功能的区域外，还对信息的传递有决定性作用。很多体内的活性物质以及神经活动中信息的传递物质也离不开蛋白质。

二、蛋白质的组成

1. 蛋白质的元素组成

经元素分析，存在于组织机构或细胞内的蛋白质中元素组成主要是碳、氢、氧，还有氮和少量的硫、磷、铁、铜、碘、锌和钼等。单纯蛋白质的元素组成如图 2-1 所示。

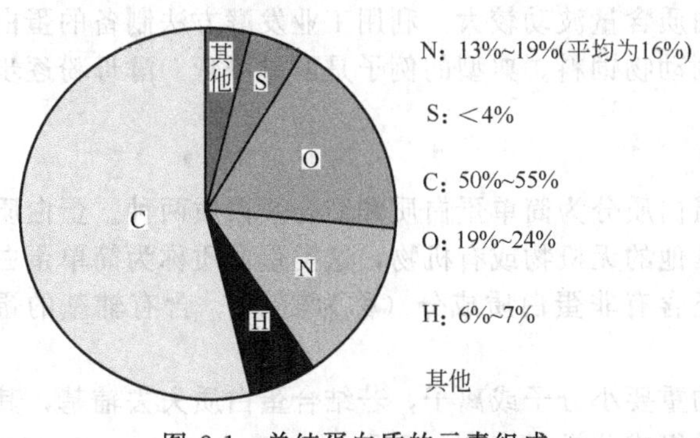

图 2-1　单纯蛋白质的元素组成

不同来源的各种蛋白质的含氮量很接近，蛋白质在元素组成方面的一个重要特征是氮含量一般都在 13%～19%，平均为 16%。这也是凯氏（Kjedehl）定氮法的理论基础。通过凯氏定氮法测得样品中 N 元素的百分含量，由换算系数 100/16＝6.25，便可计算出样品中蛋白质含量。即：

$$100\text{g 样品中的蛋白质含量}=\text{每克样品中含氮量(g)}\times 6.25\times 100$$

因此，测定生物样品中的蛋白质含量时，可以用测定生物样品中氮元素含量的方法间接求得蛋白质的大致含量，如肉类、蛋类的换算系数即为 6.25，而植物性食物中换算系数偏低。如果已知某种生物材料蛋白质已通过实验测定其换算系数，则应用具体的换算系数。如小麦与大麦为 5.83、小麦粉为 5.70、花生为 5.46、动物胶为 5.30、大豆为 5.71、乳为 6.30 等。

在利用凯氏定氮法测定粗蛋白质时，由于在样品消化时，有些非蛋白质氮（如硝基、氨基等）也会游离释放出来，会造成测定值偏高，限制了凯氏定氮法的实际应用。凯氏定氮法的另一缺点是不能测定出人工加入的非蛋白质氮。

目前蛋白质样品消化过程已可用半自动或全自动的仪器来完成消化过程和滴定过程。蛋白质含量的测定方法在本章第四节和本书实验内容中有较详细的描述。

2. 蛋白质的基本结构单位——氨基酸

蛋白质最终水解产物是氨基酸。它的水解方法有酸法水解、碱法水解和酶法水解 3 种，也可利用酸酶法、酶酸法、双酶法等复合式水解组合方式共同完成蛋白质的水解过程。

对于高分子聚合物，一般可通过裂解测定其单位体成分，生物大分子则是通过对其高纯度蛋白质进行水解的方法来分析其水解产物的组成，通过水解片段、最终水解产物的分析，确定其分子组成、结构单位和水解片段之间可能的拼接方式。

$$\text{蛋白质}\longrightarrow\underbrace{\text{脲}\xrightarrow[\text{不完全水解}]{\text{酸、碱或酶}}\text{胨}\longrightarrow\text{肽}}_{\text{中间水解产物}}\xrightarrow{\text{完全水解}}\text{氨基酸}$$

蛋白质水解生成不同的片段，形成小分子结构物，根据水解程度的不同，水解产物分子大小也不同。水解产物根据大小分别称为：脲、胨、肽（中间水解产物）等，微生物培养基中使用的牛肉膏、蛋白胨是蛋白质不完全水解的产物。当蛋白质完全水解时，则生成其基本结构单位——氨基酸。

三、蛋白质的分类

为了便于对蛋白质的结构与功能进行深入研究，需对蛋白质进行分类。蛋白质的分类方法很多。为了从不同角度了解蛋白质的概况，现将几种分类方法简介如下。

1. 按蛋白质来源分类

(1) 动物性蛋白质　大部分动物性蛋白质含有20种氨基酸，为完全蛋白质，即含有10种人体所必需的氨基酸，可促进生长发育。食物来源如鱼类、肉类、奶类、蛋类等。

(2) 植物性蛋白质　大部分植物性蛋白质为不完全蛋白质，可以维持人体生命。食物来源如黄豆、腰果、花生、海藻等。

(3) 微生物蛋白质　微生物细胞中蛋白质含量波动较大。利用工业发酵方法制备的蛋白质含量高的酵母或其他微生物，可用于配制动物饲料。典型的例子是酵母浸膏、酵母粉逐步进入生产原料市场。

2. 按照蛋白质的组成分类

根据蛋白质的分子组成特点，可以将蛋白质分为简单蛋白质和结合蛋白质两种。蛋白质的完全水解产物仅为各种氨基酸，不含有其他的无机物或有机物，这类蛋白质称为简单蛋白质。结合蛋白质分子中除了氨基酸成分外还含有非蛋白质成分（称为辅基），含有辅基的蛋白质即为结合蛋白质。

辅基通常是辅助蛋白质发挥生物活性的重要小分子或离子，若结合蛋白质失去辅基，其生物活性也随之消失。常见的蛋白质按化学组成分类如表2-2所示。

表2-2　蛋白质按化学组成分类

蛋白质类别		举　例	非蛋白成分(辅基)
简单蛋白质		血清清蛋白、血清球蛋白、鱼精蛋白、组蛋白、谷蛋白、醇溶蛋白	无
结合蛋白质	核蛋白	病毒核蛋白、染色体蛋白	核酸
	糖蛋白	免疫球蛋白、黏蛋白、蛋白多糖	糖类
	脂蛋白	乳糜微粒、极低密度脂蛋白、低密度脂蛋白、高密度脂蛋白	各种脂类
	磷蛋白	酪蛋白、卵黄磷酸蛋白	磷酸
	血红素蛋白	血红蛋白、叶绿蛋白	血红素
	金属蛋白	铁蛋白、铜蓝蛋白	金属离子
	黄素蛋白	琥珀酸脱氢酶、D-氨基酸氧化酶	黄素腺嘌呤二核苷酸

3. 按照蛋白质的溶解度分类

在蛋白质分离、提取时，常利用蛋白质在不同浓度的盐溶液中的溶解度差异来进行分离、提纯。在低盐浓度时，中性盐可以增加蛋白质的溶解度，这种现象称为盐溶。当溶液的离子强度增加到一定数值时，蛋白质的溶解度开始下降，当离子强度足够高时（半饱和或饱和），蛋白质可以从水溶液中沉淀出来，这就是盐析。如表2-3是蛋白质按溶解度的分类。在实验室常用硫酸铵作为介质，进行蛋白质分段盐析，以减少蛋白质变性现象。

表2-3　蛋白质按溶解度分类

蛋白质分类	举　例	溶　解　度
白蛋白	血清白蛋白	溶于水和中性盐溶液，不溶于饱和硫酸铵溶液
球蛋白	免疫球蛋白、纤维蛋白原	不溶于水，不溶于半饱和硫酸铵溶液，溶于稀中性盐溶液
谷蛋白	麦谷蛋白	不溶于水、中性盐及乙醇，溶于稀酸、稀碱
醇溶蛋白	醇溶谷蛋白、醇溶玉米蛋白	不溶于水、中性盐溶液，溶于70%～80%乙醇
硬蛋白	角蛋白、胶原蛋白、弹性蛋白	不溶于水、盐溶液、稀酸、稀碱
组蛋白	胸腺组蛋白	溶于水、稀酸，不溶于稀氨水
精蛋白	鱼精蛋白	溶于水、稀酸、稀碱、稀氨水

4. 按照蛋白质的功能分类

(1) 活性蛋白或功能蛋白　包括在生命活动过程中一切有活性的蛋白质，如具有催化作用的酶，具有激素作用的胰岛素，具有收缩作用的肌动蛋白和肌球蛋白，具有基因调节作用的转录因子和阻遏蛋白，具有保护作用的免疫球蛋白和血纤维蛋白，具有运输作用的清蛋白、血红蛋白、脂蛋白等。

(2) 非活性蛋白或结构蛋白　包括不具活性的对细胞起保护和支撑作用的蛋白质，如胶原、角蛋白、弹性蛋白等。

(3) 复合蛋白　指由蛋白质与非蛋白质组成的化合物，例如高密度脂蛋白等。

第二节　蛋白质的基本单位——氨基酸

一、氨基酸的结构特点与通式

在自然界，氨基酸多通过肽键连接形式存在于大分子的蛋白质中，至今约已发现近 180 多种，但从天然蛋白质水解获得的氨基酸仅有 20 种，它们被称为天然氨基酸或基本氨基酸。表 2-4 列出了 20 种天然氨基酸的中、英文名称及三字母缩写和简写符号。

表 2-4　20 种天然氨基酸的中、英文名称及简写

中文名称	英文名称	三字母缩写	简写	中文名称	英文名称	三字母缩写	简写
甘氨酸	Glycine	Gly	G	苏氨酸	Threonine	Thr	T
丙氨酸	Alanine	Ala	A	半胱氨酸	Cystine	Cys	C
缬氨酸	Valine	Val	V	蛋氨酸	Methionine	Met	M
亮氨酸	Leucine	Leu	L	天冬酰胺	Asparagine	Asn	N
异亮氨酸	Isoleucine	Ile	I	谷氨酰胺	Glutamine	Gln	Q
脯氨酸	Proline	Pro	P	天冬氨酸	Aspartic acid	Asp	D
苯丙氨酸	Phenylalanine	Phe	F	谷氨酸	Glutamic acid	Glu	E
酪氨酸	Tyrosine	Tyr	Y	赖氨酸	Lysine	Lys	K
色氨酸	Tryptophan	Trp	W	精氨酸	Arginine	Arg	R
丝氨酸	Serine	Ser	S	组氨酸	Histidine	His	H

在 20 种天然氨基酸中除甘氨酸外，其他氨基酸均属 L-α-氨基酸。因它们的共同点是在 α-碳（分子中第二个碳，C_α）上结合着一个碱性的氨基和一个酸性的羧基，其结构通式如图 2-2 所示。

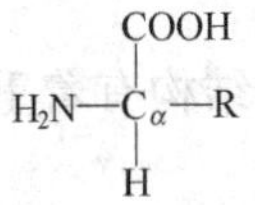

$$H_2N-\overset{\overset{\large COOH}{|}}{\underset{\underset{\large H}{|}}{C_\alpha}}-R$$

图 2-2　α-氨基酸结构通式

如果与 C_α 连接的侧链 R 不是 H 原子，则 C_α 就结合了 4 种不同的基团，C_α 为不对称碳原子，此时就存在两种不能叠合的镜像立体异构体。

从氨基酸的结构通式可以看出，氨基酸（Aa）分子中氨基（$-NH_2$）和羧基（$-COOH$）是极性基团，在溶液中可发生电离现象，氨基变为$-NH_3^+$带正电，羧基变为$-COO^-$带负电。

氨基酸分子中的羧基（$-COOH$）在溶液中电离出 H^+，变成带负电荷的氨基酸离子（Aa^-），它又能像碱一样，氨基（$-NH_2$）接受一个 H^+ 而变成带正电荷的氨基酸离子（Aa^+），氨基酸的这种特性叫两性解离。在生理条件（pH＝7.4）下，氨基发生质子化（$-\overset{+}{N}H_3$），而羧基则离子化（$-COO^-$），也就是说氨基酸在生理条件下发生两性解离，形成偶极离子。其结构如图 2-3 所示。

在 20 种氨基酸中除甘氨酸外，其他 19 种氨基酸都存在着立体异构体。按照惯例，将

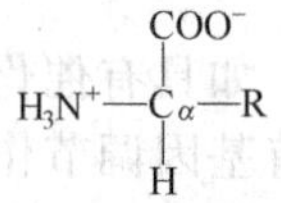

α-COO^-画在顶端，垂直地画一个氨基酸，然后以立体化学化合物甘油醛作为参考，α-氨基位于α-碳左边的是L异构体，位于右边的是D异构体。氨基酸的一对镜像异构体分别为D型和L型异构体。如图2-4所示，说明L/D型氨基酸的命名原则。

图2-3 α-氨基酸偶极离子通式

到目前为止，所发现的游离的氨基酸和蛋白质在温和条件下水解得到的氨基酸绝大多数是L型氨基酸。组成非蛋白质的氨基酸中有一些是β-氨基酸、γ-氨基酸、δ-氨基酸，甚至在生物界中也发现一些D型氨基酸，它们主要存在于维生素、细菌细胞壁中，如维生素B_3中含有β-丙氨酸，在尿素循环途径中有L-瓜氨酸和L-鸟氨酸，细菌细胞壁的肽聚糖中含有D-丙氨酸和D-谷氨酸。

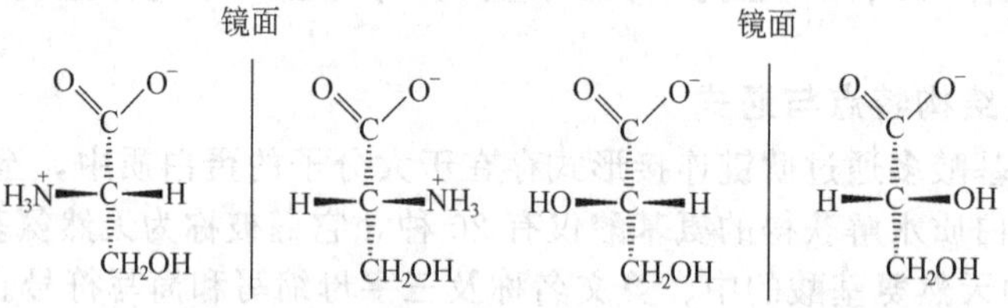

(a) L-丝氨酸和D-丝氨酸交换　　(b) L-甘油醛和D-甘油醛

图2-4 丝氨酸异构体与甘油醛构型的立体关系

二、氨基酸的分类

1. 按照官能团分类

按照氨基酸侧链的特性和官能团的不同，可将20种氨基酸分为不同类别。它们可分为：①脂肪族氨基酸（6种）；②醇类氨基酸（2种）；③酸性氨基酸（2种）；④含硫氨基酸（2种）；⑤酰胺类氨基酸（2种）；⑥芳香族氨基酸（3种）；⑦碱性氨基酸（3种）。如图2-5显示了不同类别氨基酸的分子结构。

在20种天然氨基酸中有两种为特殊氨基酸，它们是脯氨酸与半胱氨酸。脯氨酸属亚氨基酸，但此亚氨基酸仍能与另一羧基形成肽键，不过N在环中，移动的自由度受到限制，当它处于多肽链中时，往往使肽链的走向形成折角。两分子的半胱氨酸脱氢后以二硫键结合成胱氨酸，在蛋白质分子中两个临近的半胱氨酸亦可脱氢形成二硫键（—S—S—）。

$$\text{Cys—SH} + \text{HS—Cys} \xrightarrow{-2H} \text{Cys—S—S—Cys}$$

二硫键可在一条链内形成，也可在两条链之间形成，二硫键对蛋白质空间结构有着重要作用，破坏二硫键会破坏蛋白质原有的空间结构。

2. 按照侧链的极性分类

按照氨基酸侧链R的极性不同，氨基酸分为极性氨基酸和非极性氨基酸。

氨基酸的R基团不带电荷或极性极微弱的属于非极性氨基酸，如甘氨酸、丙氨酸、缬氨酸、亮氨酸、异亮氨酸、蛋氨酸、苯丙氨酸、色氨酸、脯氨酸。它们的R基团具有疏水性。

氨基酸的R基团带电荷或有极性的属于极性氨基酸，它们又可分为极性中性氨基酸、酸性氨基酸、碱性氨基酸三类。

（1）极性中性氨基酸　R基团有极性，但不解离，或仅极微弱地解离，它们的R基团有亲水性。如丝氨酸、苏氨酸、半胱氨酸、酪氨酸、谷氨酰胺、天冬酰胺。其水溶液的pH接近7。

（2）酸性氨基酸　R基团为有极性的酸性基团，亲水性强，而且易于解离出H^+。如天冬氨酸、谷氨酸。其水溶液显酸性，其水溶液pH小于7。

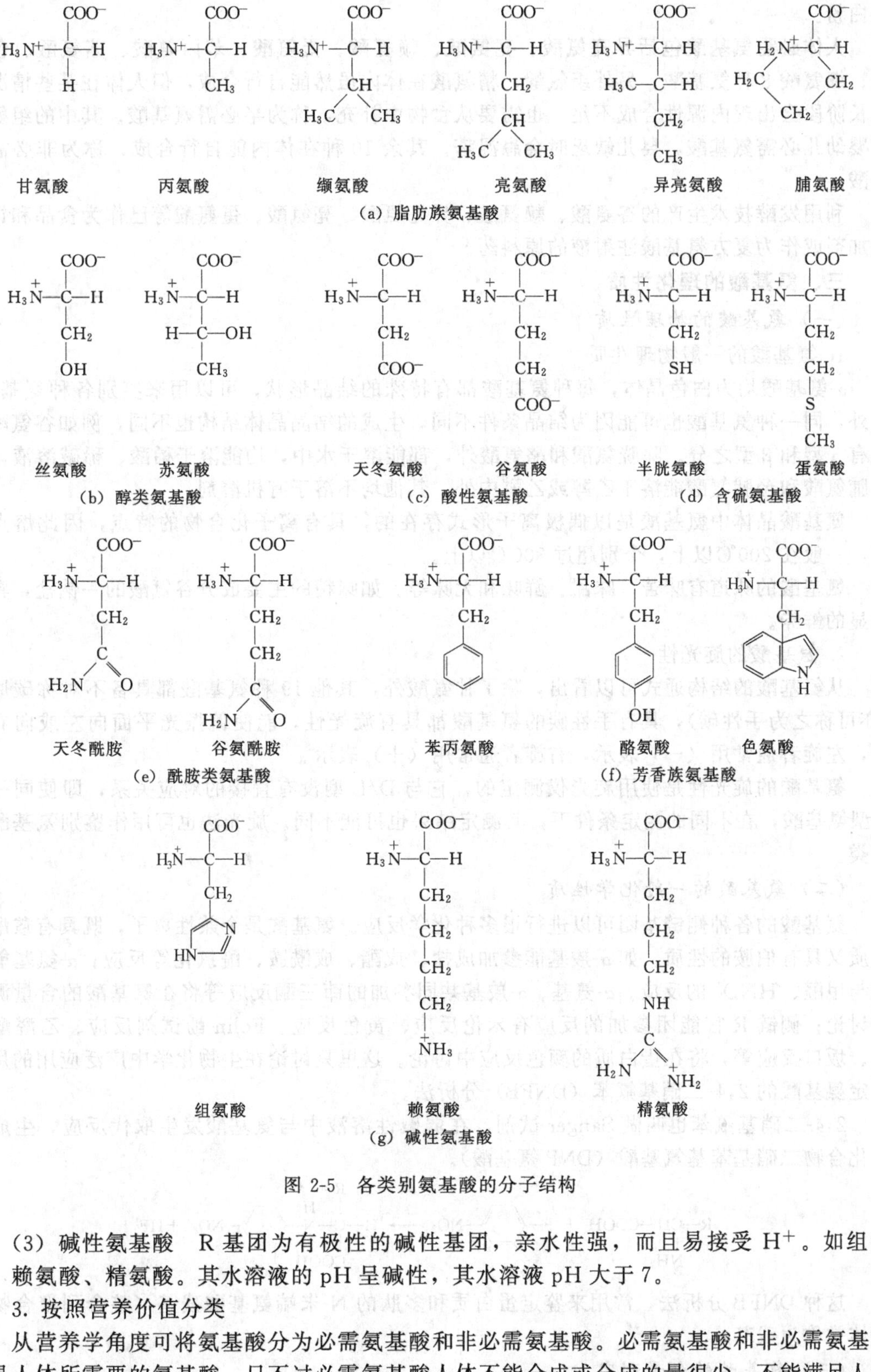

甘氨酸　丙氨酸　缬氨酸　亮氨酸　异亮氨酸　脯氨酸

(a) 脂肪族氨基酸

丝氨酸　苏氨酸　天冬氨酸　谷氨酸　半胱氨酸　蛋氨酸

(b) 醇类氨基酸　(c) 酸性氨基酸　(d) 含硫氨基酸

天冬酰胺　谷氨酰胺　苯丙氨酸　酪氨酸　色氨酸

(e) 酰胺类氨基酸　(f) 芳香族氨基酸

组氨酸　赖氨酸　精氨酸

(g) 碱性氨基酸

图 2-5　各类别氨基酸的分子结构

(3) 碱性氨基酸　R 基团为有极性的碱性基团，亲水性强，而且易接受 H^+。如组氨酸、赖氨酸、精氨酸。其水溶液的 pH 呈碱性，其水溶液 pH 大于 7。

3. 按照营养价值分类

从营养学角度可将氨基酸分为必需氨基酸和非必需氨基酸。必需氨基酸和非必需氨基酸都是人体所需要的氨基酸，只不过必需氨基酸人体不能合成或合成的量很少，不能满足人体的需要，必须由食物供给。市场上已出现许多从植物、动物性原料中提取的蛋白质水解液和蛋白粉。

人体必需氨基酸包括异亮氨酸、亮氨酸、赖氨酸、蛋氨酸、苯丙氨酸、苏氨酸、色氨酸、缬氨酸8种氨基酸。另外组氨酸、精氨酸在体内虽然能自行合成，但人体在某些情况或生长阶段会出现内源性合成不足，也需要从食物中补充，称为半必需氨基酸。其中的组氨酸是婴幼儿必需氨基酸，婴儿缺乏时会患湿疹。其余10种在体内能自行合成，称为非必需氨基酸。

利用发酵技术生产的谷氨酸、赖氨酸、异亮氨酸、亮氨酸、蛋氨酸等已作为食品和饲料添加剂或作为复方氨基酸注射液的原料药。

三、氨基酸的理化性质

（一）氨基酸的物理性质

1. 氨基酸的一般物理性质

α-氨基酸均为白色晶体，每种氨基酸都有特殊的结晶形状，可以用来鉴别各种氨基酸。此外，同一种氨基酸也可能因为结晶条件不同，生成的结晶晶体结构也不同，例如谷氨酸结晶有α型和β型之分。除胱氨酸和酪氨酸外，都能溶于水中，均能溶于稀酸、稀碱溶液，除了脯氨酸和羟脯氨酸能溶于乙醇或乙醚中外，其他均不溶于有机溶剂。

氨基酸晶体中氨基酸是以偶极离子形式存在的，具有离子化合物的特点，因此熔点很高，一般在200℃以上，个别超过300℃以上。

氨基酸的味道有味苦、味甜、鲜味和无味等。如味精的主要成分谷氨酸的一钠盐，具有明显的鲜味。

2. 氨基酸的旋光性

从氨基酸的结构通式可以看出，除了甘氨酸外，其他19种氨基酸都具备不对称碳原子(亦可称之为手性碳)，具有手性碳的氨基酸都具有旋光性，能使偏振光平面向左或向右旋转，左旋者通常用（－）表示，右旋者通常用（＋）表示。

氨基酸的旋光性是使用旋光仪测定的，它与D/L型没有直接的对应关系，即使同一种L型氨基酸，在不同的测定条件下，其测定结果也可能不同。旋光法也可用作鉴别氨基酸的种类。

（二）氨基酸的一般化学性质

氨基酸的各种侧链基团可以进行很多种化学反应。氨基酸是个兼性离子，既具有羧酸的性质又具有伯胺的性质。如*α*-羧基能参加成盐、成酯、成酰胺、酰氯化等反应；*α*-氨基能参加与甲醛、HNO_2的反应。*α*-氨基、*α*-羧基共同参加的茚三酮反应等将在氨基酸的含量测定中讨论；侧链R官能团参加的反应有米伦反应、黄色反应、Folin-酚试剂反应、乙醛酸反应、坂口反应等，将在蛋白质的颜色反应中讨论。这里只讨论在生物化学中广泛应用的用于鉴定氨基酸的2,4-二硝基氟苯（DNFB）分析法。

2,4-二硝基氟苯也叫做Sanger试剂，在弱碱性溶液中与氨基酸发生取代反应，生成黄色化合物二硝基苯基氨基酸（DNP氨基酸）。

$$R\text{—}\underset{\displaystyle NH_2}{\underset{|}{CH}}\text{—}COOH + F\text{—}C_6H_3(NO_2)_2 \longrightarrow H\text{—}\overset{\displaystyle R}{\overset{|}{\underset{\displaystyle COOH}{\underset{|}{C}}}}\text{—}\overset{H}{N}\text{—}C_6H_3(NO_2)_2 + HF$$

这种DNFB分析法，常用来鉴定蛋白质和多肽的N-末端氨基酸残基（整合到聚合物的单体常称为残基）。

（三）氨基酸的含量测定

1. 与苯异硫氰酸酯（PITC）的反应

苯异硫氰酸酯（PITC）在弱碱性条件下，与氨基酸反应生成苯氨基硫甲酰氨基酸（PTC-氨基酸），在无水酸中环化变为苯乙内酰硫脲（PTH），即PTH-氨基酸。此反应在氨基酸的定量测定方面很有用，在多肽或蛋白质的氨基酸序列测定方面占有重要地位，常称为Edman降解法，它也是氨基酸序列自动分析仪测定氨基酸序列的设计原理。

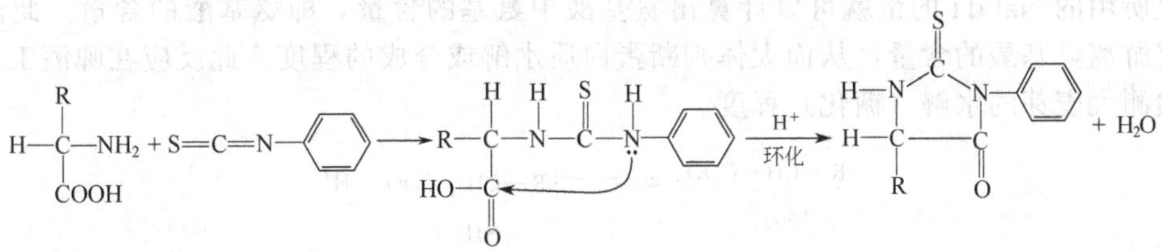

2. 与茚三酮的反应

α-氨基酸在弱酸性溶液中与茚三酮共热，所有具有游离氨基的氨基酸都生成紫色化合物（λ_{470}）。在一定反应条件下，产生的颜色强度（溶液中的吸光度）与氨基酸浓度成正比，所以根据测得的溶液的吸光度，可以算出相应的氨基酸和蛋白质的浓度。因此氨基酸与茚三酮的反应是检测和定量氨基酸和蛋白质的重要反应。常用于定性、定量分析中。例如，在1ml中药冷浸提取液中加入0.2%茚三酮试剂2～3滴，在沸水中加热5min，根据是否显色，判断提取液中是否含有氨基酸，同时可以根据颜色的深浅（蓝、紫、红）来判断氨基酸的含量。

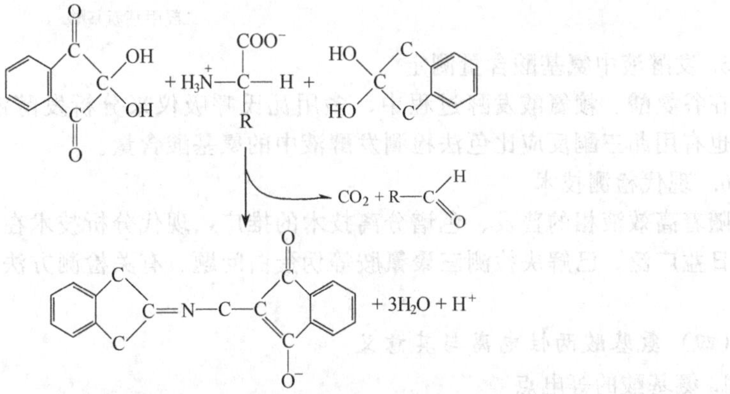

然而，由于脯氨酸是一个亚氨基酸，它与茚三酮反应生成黄色化合物，在λ_{440}处测定即可。如上所述，除了利用所测得溶液的吸光度算出相应氨基酸的浓度之外，还可以利用反应中生成的CO_2，用气体分析法定量测定氨基酸。

3. 与HNO_2反应

在室温下HNO_2能与游离的氨基起反应，定量地放出氮气，氨基酸被氧化成羟酸。含亚氨基的脯氨酸不能与亚硝酸反应。

$$R\text{—}CH(NH_2)\text{—}COOH + HNO_2 \longrightarrow R\text{—}CH(OH)\text{—}COOH + N_2\uparrow + H_2O$$

反应放出的氮气可以用气体分析仪器测定，这是定量测定氨基酸的方法之一，此反应是Van Slyke测定氨基氮的基础。生产上还常用此法来测定蛋白质的水解程度。因为随着蛋白质水解的进行，肽键逐步断裂，每切断一个肽键就释放出一个游离的氨基和一个游离的羧基，水解越完全，切断的肽键就越多，释放的游离氨基也就越多，与亚硝酸反应放出的氮气就越多，蛋白质的总氮量是不变的，所以可以用氨基氮与总蛋白氮的比例来表示蛋白质的水解程度。如果水解液中氨基氮与总蛋白氮的比例接近，说明肽键已经全部断裂，蛋白质已完全水解为氨基酸。

4. 与甲醛反应

氨基酸在水溶液中主要以两性离子形式存在，既能电离出 H^+，又能电离出 OH^-。但由于氨基酸水溶液的酸度很低，不能直接用碱滴定其酸的含量。当加入甲醛反应后促使氨基酸电离产生 H^+，使其 pH 下降，就可以用酚酞作指示剂，用 NaOH 来滴定溶液中的 H^+，由滴定所用的 NaOH 的量就可以计算出氨基酸中氨基的含量，即氨基酸的含量。此法可用于测定游离氨基酸的含量，从而大体判断蛋白质水解或合成的程度。此反应在啤酒工业中常用于检测大麦芽的水解（糖化）程度。

$$\underset{\alpha\text{-氨基酸}}{\mathrm{R{-}CH(^{+}NH_3){-}COO^-}} \rightleftharpoons \mathrm{R{-}CH(NH_2){-}COO^-} + H^+$$

$$\xrightarrow{\text{HCHO 甲醛}} \underset{\text{羟甲基氨基酸}}{\mathrm{R{-}CH(NHCH_2OH){-}COO^-}} \xrightarrow{\text{HCHO 甲醛}} \underset{\text{二羟甲基氨基酸}}{\mathrm{R{-}CH(N(CH_2OH)_2){-}COO^-}}$$

5. 发酵液中氨基酸含量测定

在谷氨酸、赖氨酸发酵过程中，多用瓦氏呼吸仪来分析发酵液中谷氨酸、赖氨酸的含量，也有用茚三酮反应比色法检测发酵液中的氨基酸含量。

6. 现代检测技术

随着高效液相的普及、色谱分离技术的推广，现代分析技术在蛋白质与氨基酸的检测中应用日益广泛，已解决检测三聚氰胺等伪蛋白问题。有关检测方法与讨论在实验内容中进行补充。

（四）氨基酸两性电离与其意义

1. 氨基酸的等电点

氨基酸在水溶液能进行两性离解，但氨基酸的离子状态取决于环境的 pH。当氨基酸处于偏酸性的环境中，就发生碱式电离，即：

$$\mathrm{R{-}CH(NH_2){-}COOH} + H^+ \longrightarrow \mathrm{R{-}CH(^{+}NH_3){-}COOH}$$

当氨基酸处于偏碱性的环境中，就发生酸式电离，即：

$$\mathrm{R{-}CH(NH_2){-}COOH} + OH^- \longrightarrow \mathrm{R{-}CH(NH_2){-}COO^-} + H_2O$$

当调节溶液的 pH 至氨基酸分子中阳离子数目与阴离子数目相等时，净电荷为零，电泳时既不向阳极又不向阴极移动。这时氨基酸水溶液的 pH 就称为该氨基酸的等电点，用 pI 表示，也就是说氨基酸在等电点时以两性离子形式存在。

不同的氨基酸由于其侧链的不同而有不同的等电点，因此在不同的 pH 下其溶解度会发生变化，人们常利用加入酸或碱的方式来提高难溶解氨基酸的溶解度，反之通过调整 pH＝pI 的方式来促进氨基酸沉淀。

氨基酸的等电点可以通过测定其分子上的解离基团的解离常数来确定。因为每种氨基酸都有 2 个或 3 个 pK_a 值，所以在给定的 pH 下，其等电点也不相同。各种氨基酸的解离常数和等电点的近似值见表 2-5 所示。

表 2-5　氨基酸的 pK_a 和 pI 值

氨基酸与其相对分子质量		pK_a			pI 值	出现概率①
		pK_1(α-COO^-)	pK_2	pK_3		
甘氨酸	75	2.34	9.60		5.97	7.5%
丙氨酸	89	2.34	9.69		6.01	9.0%
缬氨酸	117	2.32	9.62		5.97	6.9%
亮氨酸	131	2.36	9.60		5.98	7.5%
异亮氨酸	131	2.36	9.68		6.02	4.6%
脯氨酸	115	1.99	10.96		6.48	4.6%
苯丙氨酸	165	1.83	9.13		5.48	3.5%
酪氨酸	181	2.20	9.11(α-$\overset{+}{N}H_3$)	10.07(—OH)	5.66	3.5%
色氨酸	204	2.38	9.39		5.89	1.1%
丝氨酸	105	2.21	9.15		5.68	7.1%
苏氨酸	119	2.11	9.62		5.87	6.0%
半胱氨酸	121	1.96	8.18(—SH)	10.28(α-$\overset{+}{N}H_3$)	5.07	2.8%
蛋氨酸	149	2.28	9.21		5.74	1.7%
天冬酰胺	132	2.02	8.80		5.41	4.4%
谷氨酰胺	146	2.17	9.13		5.65	3.9%
天冬氨酸	133	1.88	3.65(β-COO^-)	9.60(α-$\overset{+}{N}H_3$)	2.77	5.5%
谷氨酸	147	2.19	4.25(γ-COO^-)	9.67(α-$\overset{+}{N}H_3$)	3.22	6.2%
赖氨酸	146	2.18	8.95(α-$\overset{+}{N}H_3$)	10.53(ε-$\overset{+}{N}H_3$)	9.74	7.0%
精氨酸	174	2.17	9.04(α-$\overset{+}{N}H_3$)	12.48(胍基)	10.76	4.7%
组氨酸	155	1.82	6.00(咪唑基)	9.17(α-$\overset{+}{N}H_3$)	7.59	2.1%

① 在 200 多种氨基酸中 pI 出现的平均概率。

2. 氨基酸等电点的计算

各种氨基酸的等电点一般通过实验在一定的缓冲溶液中测定，也可以利用氨基酸的解离公式进行推导计算求得。

(1) 活性基团数、解离常数及 pK 值　当活性基团解离达到平衡时，平衡常数的负对数即为 pK 值，释放出 $[H^+]$ 的 pK 值用 pK_a 表示。

氨基酸具有 2 个或 3 个（如果侧链可解离的话）酸碱基团，通过氨基酸的滴定曲线可以确定氨基酸各个解离基团的 pK_a 值。图 2-6 (a)、(b) 给出了丙氨酸和组氨酸的滴定曲线。

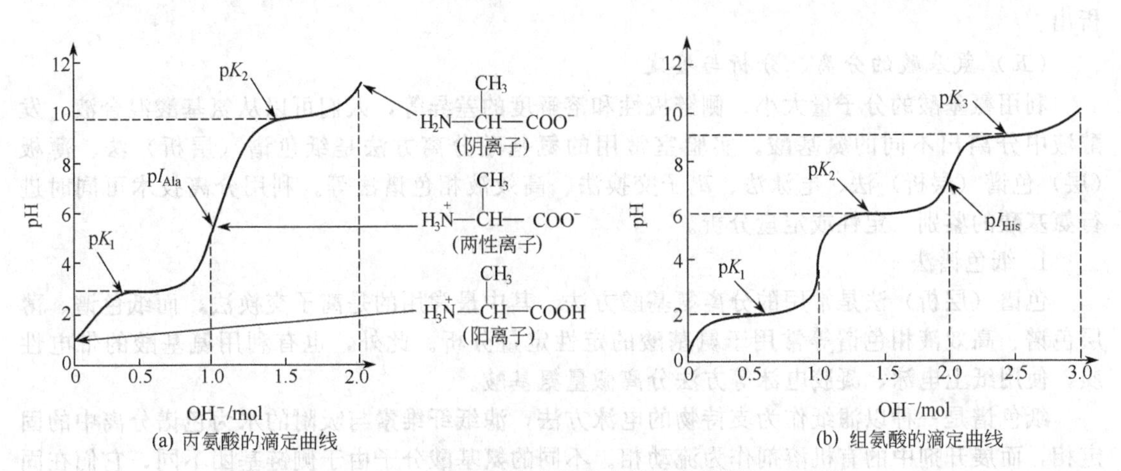

(a) 丙氨酸的滴定曲线　　(b) 组氨酸的滴定曲线

图 2-6　由氨基酸的滴定曲线确定其解离基团的 pK_a 值

丙氨酸有两个可解离基团，α-COOH 和 $\alpha\text{-}\overset{+}{N}H_3$，它们的解离常数 pK_a 值分别是 2.4（pK_1）和 9.9（pK_2），像丙氨酸这样只有两个可解离基团的氨基酸的 pI 值，就是该氨基酸的两个 pK_a 值的算术平均值。像组氨酸这样有 α-COOH、$\alpha\text{-}NH_2$ 和侧链基团咪唑基 3 个可解离基团的氨基酸的等电点，根据净电荷为零的原则，组氨酸的 pI 值应是 9.3（pK_2）和 6.0（pK_3）的中点。

（2）利用氨基酸的解离公式进行推导　氨基酸在酸性溶液中可以看作是一个二元弱酸，即—COOH 上的 H^+ 和—$\overset{+}{N}H_3$ 上的 H^+。以丙氨酸为例，其分步解离如下：

$$\underset{Ala^+}{H_3\overset{+}{N}-\underset{H}{\overset{CH_3}{C}}-COOH} \xrightleftharpoons{K_1} \underset{Ala}{H_3\overset{+}{N}-\underset{H}{\overset{CH_3}{C}}-COO^-} + H^+ \qquad \underset{Ala}{H_3\overset{+}{N}-\underset{H}{\overset{CH_3}{C}}-COO^-} \xrightleftharpoons{K_2} \underset{Ala^-}{H_2N-\underset{H}{\overset{CH_3}{C}}-COO^-} + H^+$$

$$Ala^+ \underset{H^+}{\overset{OH^-}{\rightleftharpoons}} Ala \underset{H^+}{\overset{OH^-}{\rightleftharpoons}} Ala^-$$

根据等电点时净电荷为零的原则，Ala^+ 和 Ala^- 的浓度相等，即 $K_1K_2=[H^+]^2$（以方括号表示浓度），所以 $2pH=pK_1+pK_2$，即氨基酸 pI 值就是该氨基酸为两性离子时两侧能解离基团的 pK_a 值之和的一半。

除碱性氨基酸的等电点为 $pI=\frac{1}{2}(pK_2+pK_3)$ 外，其他各类型（脂肪族、芳香族、含硫、醇类、酸性、酰胺类）氨基酸的等电点均为 $pI=\frac{1}{2}(pK_1+pK_2)$，例如

赖氨酸：$pK_2=8.95$　$pK_3=10.53$　$pI=\frac{1}{2}(pK_2+pK_3)=\frac{1}{2}(8.95+10.53)=9.74$

丙氨酸：$pK_1=2.34$　$pK_2=9.69$　$pI=\frac{1}{2}(pK_1+pK_2)=\frac{1}{2}(2.35+9.69)=6.01$

谷氨酸：$pK_1=2.19$　$pK_2=4.25$　$pI=\frac{1}{2}(pK_1+pK_2)=\frac{1}{2}(2.19+4.25)=3.22$

（3）氨基酸在等电点时的性质　由于净电荷为零，氨基酸易凝集，此时氨基酸的溶解度最小，最易沉淀析出。根据这一原理，对于一个含有多种氨基酸的混合液可以分步调节其 pH 到某一氨基酸等电点，从而使该氨基酸沉淀，达到分离的目的。例如，在谷氨酸发酵工艺中，就是将发酵液的 pH 调节到 3.22（谷氨酸的等电点）左右，而使谷氨酸形成晶体沉淀析出。

（五）氨基酸的分离、分析与鉴定

利用氨基酸的分子量大小、侧链极性和溶解度的差异等，人们可以从氨基酸混合液、发酵液中分离出不同的氨基酸。实验室常用的氨基酸分离方法是纸色谱（层析）法、薄板（层）色谱（层析）法、电泳法、离子交换法、高效液相色谱法等。利用分离技术可同时进行氨基酸的鉴别、定性或定量分析。

1. 纸色谱法

色谱（层析）法是常用的分离氨基酸方法。其中最常用的是离子交换法，而纸色谱、薄层色谱、高效液相色谱等常用于氨基酸的定性定量分析。此外，也有利用氨基酸的带电性质，使用纸上电泳、凝胶电泳等方法分离微量氨基酸。

纸色谱是一种以滤纸作为支持物的电泳方法，滤纸纤维素与吸附的水为色谱分离中的固定相，而展开剂中的有机溶剂作为流动相。不同的氨基酸分子由于侧链基团不同，它们在固定相和流动相中的溶解度不同。带有非极性侧链的氨基酸如 Leu、Ile、Phe、Trp、Val、

Met、Pro 等在流动相中的溶解度大，而带有极性侧链的氨基酸如 Glu、Asp、Lys、Arg、His、Ser、Thr 等在固定相中的溶解度小。当在一定温度和溶剂系统中达到溶解平衡后，氨基酸在流动相和固定相中的浓度比为常数，称为分配系数 K_d。当流动相流经固定相时，氨基酸不断地在两相之间分配。在展开过程中，流动相中溶解度大（也即 K_d 值大）的氨基酸随流动相在滤纸上移动的速度快，流动相中溶解度小（也即 K_d 值小）的氨基酸随流动相在滤纸上移动的速度慢。经过无数次的连续分配，各种组分被分开，集中在滤纸上的不同区段。将滤纸烘干后用茚三酮溶液显色，可以得到清楚的氨基酸单向色谱分离图谱，如图 2-7 (a) 所示。如果用同样的原理，将第一次展层后的滤纸旋转 90°进行第二次色谱分离，可获得氨基酸的二维色谱分离结果，如图 2-7(b) 所示。

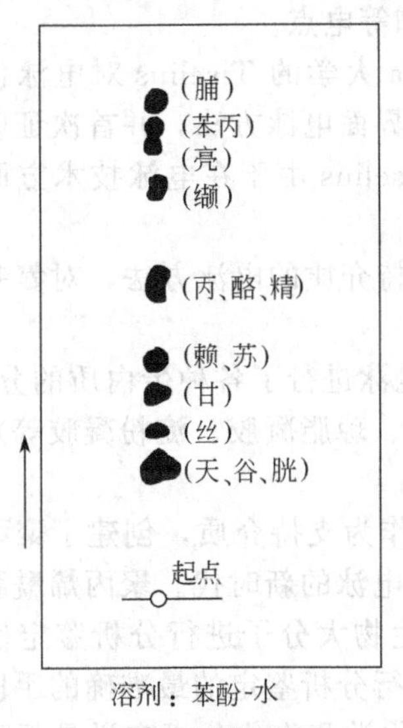

(a) 单向色谱分离图

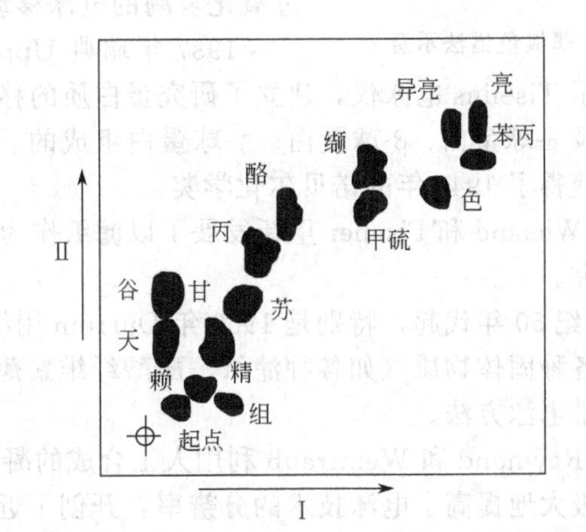

(b) 双向(二维)色谱分离图

图 2-7 纸色谱分离图谱

如果仅是少数几种氨基酸的混合物，并且氨基酸侧链性质差异较大，经单向色谱分离就能取得满意的分离效果。如果是多种氨基酸的混合物，且氨基酸的性质接近，单向色谱分离很难分开，则必须双向色谱分离。一些氨基酸在第一种溶剂系统中 R_f 值（从原点到某氨基酸显色点的距离 X 与从原点到溶剂前沿的距离 Y 的比值称为 R_f 值）比较接近难以分开，在采用第二种溶剂系统时可能 R_f 值就有较大的差异因而得以分开，如图 2-7 (b) 所示。

如果需要定量测定某种氨基酸，可在色谱分离后将该氨基酸对应的斑点剪下，用一定的溶剂（如 10g/L 硫酸铜酒精溶液）浸泡洗脱，再用分光光度计在 520nm 测定吸光度，在标准曲线上可计算含量。

纸色谱法是分离鉴定微量氨基酸的最为简单有效的方法，可以把含量仅为几微克的氨基酸混合物分开，并可以作出定性定量分析。该方法不能用于大量氨基酸的分离纯化。

2. 薄板色谱法

薄板色谱法（薄层色谱法）是以薄玻璃为载体，以纤维素粉或硅胶或氧化铝等作为支持物，将支持物均匀地涂布在用玻璃板或其他载体上制成均匀无气泡的薄层，薄层上的结合水作为固定相，有机溶剂作为流动相进行展层，如图 2-8 所示。

将氨基酸混合物点样到薄层板上，在密封良好的展层缸上进行展层，由于不同氨基酸在两相中的溶解度不同，亦即分配系数不同，因此在展开过程中的移动速度不同而得到分离。

薄层色谱法分辨率高于纸色谱法，需要样品的量极少，0.1μg 至几微克的样品即可进行

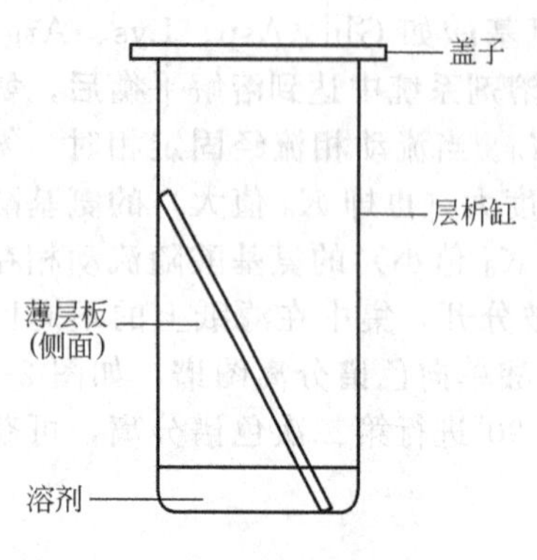

图 2-8 薄板色谱法示意

分离分析，且色谱分离速度很快。设备简单，操作方便，是氨基酸定性定量分析的常用方法之一。

3. 电泳法

(1) 电泳技术发展简史 1809 年俄国物理学家 Peйce 在湿黏土中插上带玻璃管的正负两个电极，加电压后发现正极玻璃管中原有的水层变混浊，即带负电荷的黏土颗粒向正极移动，从而首次发现了电泳现象。

1909 年 Michaelis 首次将胶体离子在电场中的移动称为电泳。他用不同 pH 的溶液在 U 形管中测定了转化酶和过氧化氢酶的电泳移动和等电点。

1937 年瑞典 Uppsala 大学的 Tiselius 对电泳仪器作了改进，创造了 Tiselius 电泳仪，建立了研究蛋白质的移动界面电泳方法，并首次证明了血清是由白蛋白及 α-球蛋白、β-球蛋白、γ-球蛋白组成的。Tiselius 由于在电泳技术方面作出的巨大贡献而获得了 1948 年的诺贝尔化学奖。

1948 年 Wieland 和 Fischer 重新发展了以滤纸作为支持介质的电泳方法，对氨基酸的分离进行了研究。

从 20 世纪 50 年代起，特别是 1950 年 Durrum 用纸电泳进行了各种蛋白质的分离以后，开创了利用各种固体物质（如各种滤纸、醋酸纤维素薄膜、琼脂凝胶、淀粉凝胶等）作为支持介质的区带电泳方法。

1959 年 Raymond 和 Weintraub 利用人工合成的凝胶作为支持介质，创建了聚丙烯酰胺凝胶电泳，极大地提高了电泳技术的分辨率，开创了近代电泳的新时代。聚丙烯酰胺凝胶电泳是生物化学和分子生物学中对蛋白质、多肽、核酸等生物大分子进行分析鉴定使用最普遍、分辨率最高的技术，至今仍被看作是对生物大分子进行分析鉴定的最准确的手段。

20 世纪 80 年代新的毛细管电泳技术开始发展，它对化学和生化分析来说是很重要的鉴定技术，已受到人们的充分重视。

电泳技术按其使用的支持介质的不同可分为以下几种。

① 纸电泳。利用滤纸作支持物。

② 醋酸纤维素薄膜电泳。利用醋酸纤维素薄膜作支持物。

③ 琼脂糖凝胶电泳。利用琼脂糖凝胶作支持物。

④ 聚丙烯酰胺凝胶电泳。利用聚丙烯酰胺凝胶作支持物。

⑤ SDS-聚丙烯酰胺凝胶电泳（SDS-PAGE）。利用 SDS-聚丙烯酰胺凝胶作支持物，SDS 是十二烷基磺酸钠的缩写。

按支持介质形状不同可分为：①薄层电泳；②板电泳；③柱电泳。

按介质放置位置的不同可分为：①水平电泳；②垂直电泳。

(2) 电泳的基本原理 电泳是指带电颗粒在电场的作用下发生迁移的过程。许多重要的生物分子，如氨基酸、多肽、蛋白质、核苷酸、核酸等都具有可电离基团，它们在某个特定的 pH 下可以带正电或负电，在电场的作用下，这些带电分子会向着与其所带电荷极性相反的电极方向移动。电泳技术就是利用在电场的作用下，由于待分离样品中各种分子带电性质以及分子本身大小、形状等性质的差异，使带电分子产生不同的迁移速度，从而对样品进行分离、鉴定或提纯的技术。

电泳过程大多在一种支持介质中进行。最初的支持介质是滤纸和醋酸纤维素膜，在很长一段时间里，小分子物质如氨基酸、多肽、糖等通常通过以滤纸、纤维素或硅胶薄层板为介质的电泳进行分离、分析，但目前一般使用更灵敏的技术如高效液相色谱（HPLC）等来进行分析。这些介质适合于分离小分子物质，操作简单、方便，但对于复杂的生物大分子则分离效果较差。凝胶作为支持介质的引入大大促进了电泳技术的发展，使电泳技术成为分析蛋白质、核酸等生物大分子的重要手段之一。最初使用的凝胶是淀粉凝胶，但目前使用得最多的是琼脂糖凝胶和聚丙烯酰胺凝胶。

电泳装置主要包括两个部分：电泳仪和电泳槽。电泳仪提供直流电，在电泳槽中产生电场，驱动带电分子的迁移。高级电泳仪能控制电流强度和电压（双稳），并提供空载保护。电泳槽可以分为垂直式和水平式两类。

垂直式电泳是较为常见的一种，常用于聚丙烯酰胺凝胶电泳中蛋白质的分离。电泳槽中间是夹在一起的两块玻璃板，玻璃板两边由塑料条隔开，在玻璃平板中间制备电泳凝胶，凝胶的大小通常是12cm×14cm，厚度为1～2mm。近年来新研制的电泳槽，胶面更小、更薄，以节省试剂和缩短电泳时间。制胶时在凝胶溶液中放一个塑料梳子，在胶聚合后移去，形成上样品的凹槽。为了显示电泳色谱的前沿移动，常在阴极缓冲溶液中加入指示剂（如考马斯亮蓝）。当进行电泳时可以观察到一条明显的色带在移动。

水平式电泳是将凝胶铺在水平的玻璃或塑料板上，用一薄层湿滤纸连接凝胶和电泳缓冲溶液，或将凝胶直接浸入缓冲溶液中。由于pH的改变会引起带电分子电荷的改变，进而影响其电泳迁移的速度，所以电泳过程应在适当的缓冲溶液中进行，缓冲溶液可以保持待分离物带电性质的稳定。

带电分子由于各自的电荷和形状、大小不同，因而在电泳过程中具有不同的迁移速度，形成了依次排列的不同区带而被分开。即使两个分子具有相似的电荷，如果它们的分子大小不同，由于它们所受的阻力不同，因此迁移速度也不同，在电泳过程中就可以被分离。有些类型的电泳几乎完全依赖于分子所带的电荷不同进行分离，如等电聚焦电泳；而有些类型的电泳则主要依靠分子大小的不同即电泳过程中产生的阻力不同而得到分离，如SDS-聚丙烯酰胺凝胶电泳。分离后的样品通过各种方法染色后进行检测，或者如果样品有放射性标记，则可以通过放射性自显影等方法进行检测。

(3) 影响电泳分离的主要因素　影响电泳分离的因素很多，下面简单讨论一些主要的影响因素。

① 带电特性。待分离生物大分子所带的电荷、分子大小和性质都会对电泳有明显影响。一般来说，分子带的电荷量越大、直径越小、形状越接近球形，则其电泳迁移速度越快。

② 缓冲溶液的性质。缓冲溶液的pH会影响待分离生物大分子的解离程度，从而对其带电性质产生影响。溶液pH距离其等电点越远，其所带净电荷量就越大，电泳的速度也就越大。尤其对于蛋白质等两性分子，缓冲溶液pH还会影响到其电泳方向，当缓冲溶液pH大于蛋白质分子的等电点，蛋白质分子带负电荷，其电泳的方向是指向正极。为了保持电泳过程中待分离生物大分子的电荷以及缓冲溶液pH的稳定性，缓冲溶液通常要保持一定的离子强度，一般在0.02～0.2，离子强度过低，则缓冲能力差，但如果离子强度过高，会在待分离分子周围形成较强的带相反电荷的离子扩散层，从而引起电泳速度降低。另外缓冲溶液的黏度也会对电泳速度产生影响。

③ 电场强度。电场强度（V/cm）是每厘米的电位降，也称电位梯度。电场强度越大，电泳速度越快。但增大电场强度会引起通过介质的电流强度增大，而造成电泳过程产生的热量增大。电流在介质中所做的功（W）为：

$$W=I^2Rt$$

式中　I——电流强度；

R——电阻；

t——电泳时间。

注意在同时进行多组电泳时，电泳仪上的电流强度是总电流强度。

电流所做的功绝大部分都转换为热，因而引起介质温度升高，这会造成很多影响。如样品和缓冲离子扩散速度增加，引起样品分离带的加宽；产生对流，引起待分离物的混合；如果样品对热敏感，会引起蛋白质变性；引起介质黏度降低、电阻下降等。电泳中产生的热通常是由中心向外周散发的，所以介质中心温度一般要高于外周，尤其是管状电泳，由此引起中央部分介质相对于外周部分黏度下降，摩擦系数减小，电泳迁移速度增大，由于中央部分的电泳速度比边缘快，所以电泳分离带通常呈弓形。降低电流强度，可以减少热量的生成，但会延长电泳时间，引起待分离生物大分子扩散的增加而影响分离效果。所以电泳实验中要选择适当的电场强度，同时可以适当冷却降低温度以获得较好的分离效果。

④ 电渗。液体在电场中对于固体支持介质的相对移动，称为电渗现象。由于支持介质表面可能会存在一些带电基团，如滤纸表面通常有一些羧基，琼脂可能会含有一些硫酸基，而玻璃表面通常有 Si—OH 基团等。这些基团电离后会使支持介质表面带电，吸附一些带相反电荷的离子，在电场的作用下向某个电极方向移动，形成介质表面溶液的流动，这种现象就是电渗。在 pH 高于 3 时，玻璃表面带负电，吸附溶液中的正电离子，引起玻璃表面附近溶液层带正电，在电场的作用下，向负极迁移，带动电极液产生向负极的电渗流。如果电渗方向与待分离分子电泳方向相同，则加快电泳速度；如果相反，则降低电泳速度。

⑤ 支持介质的筛孔。支持介质的筛孔大小对待分离生物大分子的电泳迁移速度有明显的影响。在筛孔大的介质中电泳速度快，反之，则电泳速度慢。

(4) 电泳的分类　电泳按其分离的原理不同可分为如下几类。

① 区带电泳。电泳过程中，待分离的各组分在支持介质中被分离成许多条明显的区带，这是当前应用最为广泛的电泳技术。

② 自由界面电泳。这是瑞典 Uppsala 大学的著名科学家 Tiselius 最早建立的电泳技术，是在 U 形管中进行电泳，无支持介质，因而分离效果差，现已被其他电泳技术所取代。

③ 等速电泳。需使用专用电泳仪，当电泳达到平衡后，各电泳区带相随，分成清晰的界面，并以等速向前运动。

④ 等电聚焦电泳。聚丙烯酰胺凝胶内的缓冲溶液在电场作用下自动形成 pH 梯度，当被分离的生物大分子移动到各自等电点的 pH 处聚集成很窄的区带。

(5) 纸电泳和醋酸纤维素薄膜电泳　纸电泳是用滤纸作支持介质的一种早期电泳技术。尽管分辨率比凝胶介质要差，但由于其操作简单，所以仍有很多应用，特别是在血清样品的临床检测和病毒分析等方面有重要用途。

纸电泳使用水平电泳槽。分离氨基酸和核苷酸时常用 pH 2～3.5 的酸性缓冲溶液，分离蛋白质时常用碱性缓冲溶液。选用的滤纸必须厚度均匀，常用国产新华滤纸和进口的 Whatman 1 号滤纸。

要注意保存蛋白质样品，防蛋白质发生水解，否则分离后会出现多态现象。

点样器一般是毛细管或微量注射器，要注意使用干净的点样器，以防杂质干扰电泳效果。

点样位置是在滤纸的一端距纸边 2～10cm 处。样品可点成圆形或长条形，长条形的分离效果较好。点样量为 5～100μg 和 5～10μl。点样方法有干点法和湿点法。湿点法是在点样前即将滤纸用缓冲溶液浸湿，样品液要求较浓，不可多次点样。干点法是在点样后再用缓冲溶液和喷雾器将滤纸喷湿，点样时可用吹风机吹干后多次点样，因而可以用较稀的样品。电泳时要选择好正极、负极，电压通常使用 2～10V/cm 的低压电泳，电泳时间较长。对于氨基酸和肽类等小分子物质，则要使用 50～200V/cm 的高压电泳，电泳时间可以大大缩短，但必须解决电泳时的冷却问题，并要注意安全。注意在同时进行多组电泳时，电泳仪上的电流强度是总电流强度。通常在电流强度较低的情况下，多采用恒压电泳；当电流强度到达规定的上限时，通常通过降低电压的方式，采用恒电流电泳。

电泳完毕记下滤纸的有效使用长度，然后烘干，用显色剂显色。显色剂和显色方法可查阅有关资料。定量测定的方法有洗脱法和光密度法。洗脱法是将确定的样品区带剪下，用适当的洗脱剂洗脱后进行比色或分光光度测定。光密度法是将染色后的干滤纸用光密度计直接定量测定各样品电泳区带的含量。

醋酸纤维素薄膜电泳与纸电泳相似，只是换用了醋酸纤维素薄膜作为支持介质。将纤维素的羟基乙酰化为醋酸酯，溶于丙酮后，形成有均一细密微孔的薄膜，其厚度为0.1～0.15mm。

醋酸纤维素薄膜电泳与纸电泳相比有以下优点。① 醋酸纤维素薄膜对蛋白质样品吸附极少，无“拖尾”现象，染色后蛋白质区带更清晰。② 快速省时。由于醋酸纤维素薄膜亲水性比滤纸小，吸水少，电渗作用小，电泳时大部分电流由样品传导，所以分离速度快，电泳时间短，完成全部电泳操作只需 90min 左右。③ 灵敏度高，样品用量少。血清蛋白电泳仅需 2μl 血清，点样量甚至少到 0.1μl，仅含 5μg 的蛋白样品也可以得到清晰的电泳区带。临床医学用于检测微量异常蛋白的改变。④ 应用面广。可用于那些纸电泳不易分离的样品，如胎儿甲种球蛋白、溶菌酶、胰岛素、组蛋白等。⑤ 醋酸纤维素薄膜电泳染色后，用乙酸、乙醇混合液浸泡后可制成透明的干板，有利于光密度计和分光光度计扫描定量及长期保存。

由于醋酸纤维素薄膜电泳操作简单、快速、价廉，目前已广泛用于分析检测血浆蛋白、脂蛋白、糖蛋白、胎儿甲种球蛋白、体液、脊髓液、脱氢酶、多肽、核酸及其他生物大分子，为心血管疾病、肝硬化及某些癌症鉴别诊断提供了可靠的依据，因而已成为医学和临床检验的常规方法。

4. 离子交换法

以离子交换剂作为固定相，利用正负离子之间的相互作用原理，进行离子交换与洗脱分离极性不同的小分子。离子交换剂是一类在不溶于水的高分子惰性化合物上通过共价连接可交换的带电基团，由于它们本身带电荷，因此能够吸附溶液中带相反电荷的分子。离子交换剂种类较多，根据惰性支持物的不同，有离子交换树脂、离子交换纤维素、离子交换凝胶等，其中在氨基酸分离中常用的是离子交换树脂。离子交换树脂根据可交换基因的带电性分为阳离子交换树脂和阴离子交换树脂两大类，根据树脂内孔径的大小与均匀性可分为凝胶型离子交换树脂、均孔型离子交换树脂与大孔型离子交换树脂。

若引入基团是酸性基团，它们在溶液中电离后带负电荷，能和溶液中带正电荷（阳离子）的物质结合，称为阳离子交换树脂。如引入基团是强酸性的磺酸基（$—SO_3^-$），称为强酸型阳离子交换树脂；引入基团是弱酸性的羧基（$—COO^-$），称为弱酸型阳离子交换树脂。磺酸型阳离子交换树脂与溶液中带正电荷的氨基酸结合，树脂的 H^+ 或 Na^+ 与氨基酸离子发生了交换。

若引入基团是碱性基团，它们在溶液中电离后带正电荷，能和溶液中带负电荷（阴离子）的物质结合，称为阴离子交换树脂。如引入基团是强碱性的季铵基团［$—N^+(CH_3)_3$］，称为强碱型阴离子交换树脂；引入基团是弱碱性的叔胺基团［$—N(CH_3)_2$］、仲胺基团（$—NHCH_3$）、伯胺基团（$—NH_2$），称为弱碱型阴离子交换树脂。季铵型阴离子交换树脂与溶液中带负电荷的氨基酸结合。

以常用的（凝胶型）苯乙烯型离子交换树脂为例，它是由单体苯乙烯和交联剂二乙烯苯一起发生加聚反应，合成的聚苯乙烯-二乙烯苯作为惰性支持物，然后通过化学反应在上面共价连接上不同的基团，形成不同的离子交换树脂。

在氨基酸分离中最常使用的（凝胶型）是强酸型阳离子交换树脂。氨基酸是一种两性化合物，其带电荷的种类和数量受到溶液 pH 的影响。在某一特定 pH 条件下，不同的氨基酸分子所带电荷的种类和数量不同，因而和离子交换树脂结合的能力不同，在用洗脱剂进行洗脱时，从离子交换柱上洗脱下来的顺序不同而得到分离。

为了将氨基酸从树脂上洗脱下来，需要降低它们与树脂之间的亲和力，常用的方法是升高洗脱剂 pH 或增加洗脱剂的盐浓度（离子强度）。升高洗脱剂 pH，使原来带正电荷而吸附在树脂上的氨基酸由于 pH 接近或大于等电点而逐渐不带电荷或带上负电荷，不能再吸附在树脂上而被洗脱。增加洗脱剂的盐浓度（离子强度），带正电荷的盐离子可以和氨基酸竞争，与离子交换树脂结合，因而盐的存在实际上降低了氨基酸与离子交换树脂间的亲和力。当高浓度的盐存在于洗脱剂中时，即使氨基酸所带电荷与离子交换树脂相反，也能被洗脱下来。这样的话，在洗脱时固定洗脱剂 pH 不变，通过不断提高洗脱剂的盐浓度，各种氨基酸将根据与离子交换树脂结合能力的强弱，按顺序被洗脱下来。收集洗脱液，与茚三酮反应后在 570nm 波长下测定吸光度即可绘制出洗脱曲线。

氨基酸自动分析仪就是根据这一原理制成的，利用该设备可以实现对混合氨基酸溶液的全自动分离并进行定性、定量测定，自动记录测定结果。氨基酸在离子交换过程中的上柱吸附、洗脱与分段收集过程如图 2-9 所示。

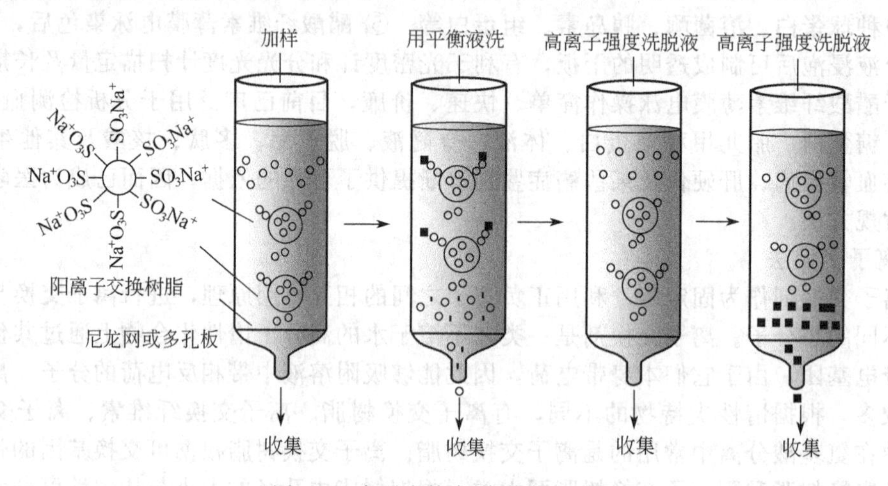

图 2-9 离子交换色谱法分离过程

5. 氨基酸自动分析仪

根据离子交换色谱法原理制成的氨基酸自动分析仪可以实现对混合氨基酸溶液的全自动分离并进行定性、定量测定，自动记录测定结果。见图 2-10。

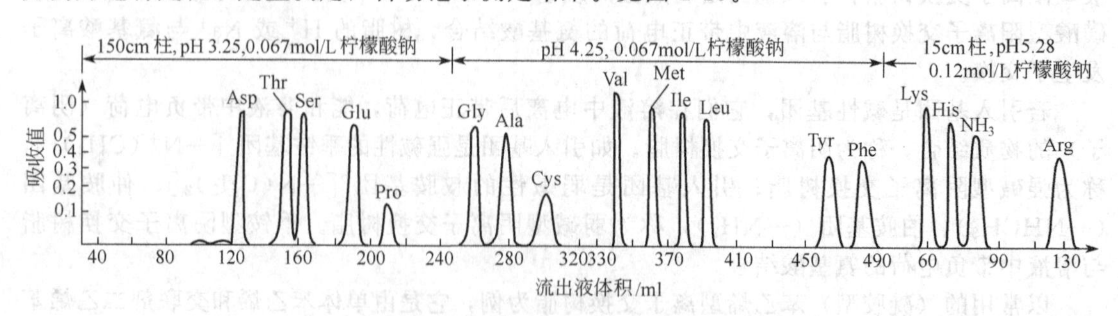

图 2-10 氨基酸自动分析仪对氨基酸混合物分离分析结果

6. 高效液相色谱法

高效液相色谱（HPLC）是一种快速、灵敏地分离生物分子的方法。与常规的色谱法相比，高效液相色谱采用的色谱分离介质颗粒细、表面积大，这样的介质极大地提高了分辨率。但若色谱分离介质颗粒过细，又会增加流动阻力，使洗脱速度减慢。因此需要对溶剂系统采用较高的压力，以有效增加洗脱速度。

近年来，HPLC、HPLC-MS进行定性、定量分析氨基酸及其衍生物的技术得到了很大的发展。由于大多数氨基酸无紫外线吸收、无荧光性，故人们通过衍生化反应，使氨基酸衍生物具有紫外线吸收或荧光性。例如，将氨基酸混合物与苯异硫氰酸酯（PITC）反应生成PTH -氨基酸，PTH-氨基酸在紫外区有光吸收，利用此检测器可大大提高氨基酸检测的灵敏度，即使是极微量的氨基酸样品也可以分离、纯化和定量。目前有些氨基酸分析仪已经使用该方法原理进行分离、分析测定。

第三节　蛋白质的分子结构

蛋白质是由氨基酸通过肽键连接而成的多肽链，它能在链内、链间形成氢键、二硫键，借助这些化学键，多肽链再进一步折叠、盘旋、装配形成更复杂的三维空间结构并呈现其生物学功能。

在自然界中发现的各种各样的蛋白质中，由于氨基酸组成和氨基酸排列顺序的不同，线性聚合物之间是有差异的，因此它们通过盘旋、折叠成的三维结构也不相同。

从动态观点出发，在蛋白质空间结构中，由于主链的盘旋和折叠、氨基酸残基侧链空间位置的变化造成蛋白质分子可能有多种空间拓扑结构。不同的拓扑结构称为构象。

从动力学观点出发，在不同的构象中蛋白质分子的稳定性是不同的。蛋白质正是利用其多态的空间结构表达出不同的特性。

蛋白质的功能取决于它的三维构象，而蛋白质的三维构象主要是由它的氨基酸序列与主链的盘旋和折叠及外部环境因素确定的。

一、蛋白质一级结构

1. 肽键与多肽链

（1）肽键与肽平面　一个氨基酸的羧基与另一个氨基酸的氨基缩水形成的共价键，称为肽键（—CO—NH—），肽键的形成与结构如图 2-11 所示。氨基酸通过肽键相连而形成的化合物称为肽（peptide）。由两个氨基酸缩合成的肽简称为二肽，3 个氨基酸缩合成的肽简称三肽，以此类推。一般由 10 个以下的氨基酸缩合成的肽统称为寡肽，由 10 个以上氨基酸形成的肽被称为多肽（polypeptide）或多肽链。

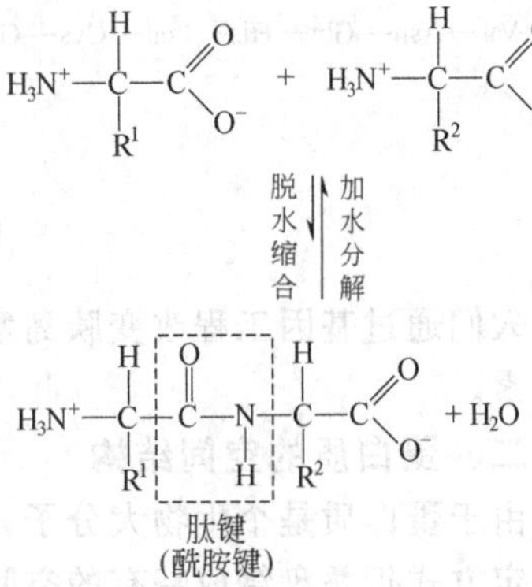

图 2-11　肽的生成与肽键

肽键中的C—N 单键有部分双键性质（40%），C═O 双键中有部分单键的性质（40%），因此肽键不能自由旋转，组成肽键的元素同在一平面上，该平面称肽平面。

（2）多肽链　组成蛋白质的这 20 种氨基酸按一定的排列顺序通过肽键（酰胺键）连接成长链。如图 2-12 所示。

一个蛋白质分子由一个或几个肽链组成，每个链大约含有 20 到几百个氨基酸残基。肽链的氨基端称为 N-端、羧基端称为 C-端。蛋白质的一级结构就是共价连接的氨基酸残基的序列，它描述的是蛋白质的线性结构或一维结构。

2. 多肽链及其表示方法

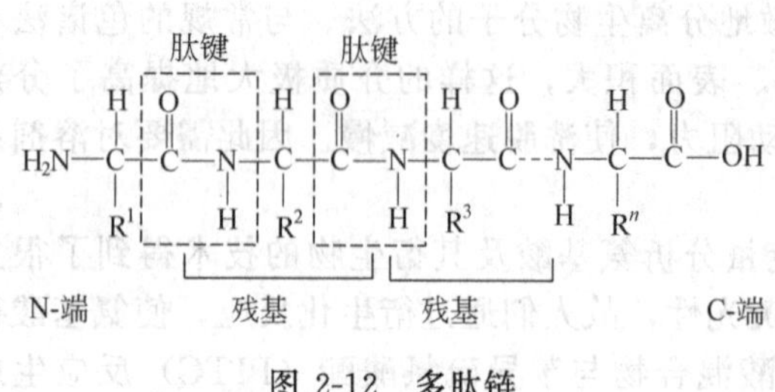

图 2-12　多肽链

在蛋白质分子中，氨基酸借肽键连接起来，形成肽链。最简单的肽由两个氨基酸组成，称为二肽，含有 3 个、4 个、5 个氨基酸的肽分别称为三肽、四肽、五肽等。

肽链中的氨基酸由于形成肽键时脱水，已不是完整的氨基酸，所以称为氨基酸残基。

肽链中氨基酸残基都是从 N-端到 C-端编号的，所以肽链中氨基酸残基的次序都是从左向右的。氨基酸的 3 个英文字母缩写和一个字母缩写形式常用于表示多肽链的一级结构，如一个多肽链用氨基酸的三字母书写，其序列为：Ala-Lys-Gly-Arg-Phe，则相应的单字母表示是：AKGRF。

3. 蛋白质分子的一级结构

多肽链中氨基酸的排列顺序称为蛋白质的一级结构。氨基酸排列顺序是由遗传信息决定的，氨基酸的排列顺序是决定蛋白质空间结构的基础，而蛋白质的空间结构则是实现其生物学功能的基础。1953 年，英国生物化学家 Fred Sanger 报道了胰岛素（insulin）的一级结构，这是世界上第一个被确定一级结构的蛋白质，如图 2-13 所示。

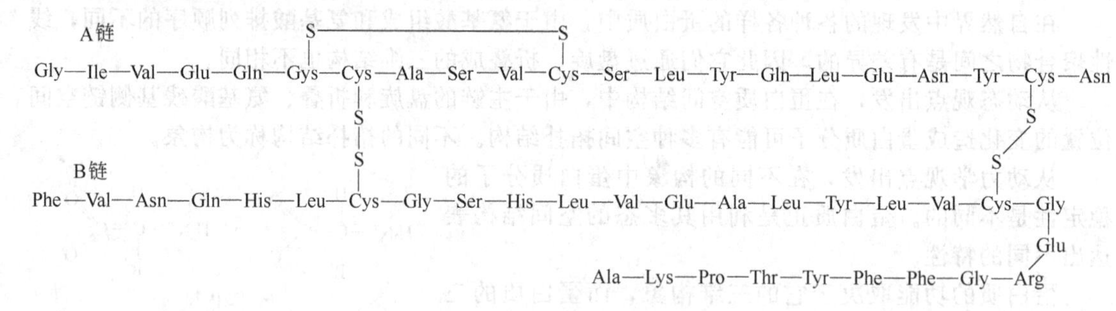

图 2-13　人胰岛素的一级结构

人们通过基因工程改变胰岛素中的一级结构，成功地生产出第一个基因工程药物——人胰岛素。

二、蛋白质的空间结构

由于蛋白质是个生物大分子，结构比较复杂，蛋白质的多肽链并不是线形伸展的，而是按一定方式折叠盘绕成特有的空间结构。蛋白质的三维构象，也称空间结构或高级结构，是指蛋白质分子中原子和基团在三维空间上的排列、分布及肽链的走向。高级结构是蛋白质表现其生物功能或活性所必需的，包括二级结构、三级结构和四级结构。

（一）蛋白质二级结构与结构域

二级结构是通过肽键中的酰胺氮和羰基氧之间形成的氢键来维持的。通常二级结构指的是 α-螺旋和 β-折叠，它们是许多纤维蛋白和球蛋白的主要二级结构，是 Pauling 和 Corey 于 1951 年在研究氨基酸、二肽和三肽的 X 射线晶体图时提出来的。

1. α-螺旋（α-helix）

图 2-14 给出的是右手 α-螺旋结构示意。

在一个理想的 α-螺旋中，每个氨基酸残基沿轴旋转 100°，则绕螺旋轴上升了 0.15nm，完全伸展的构象是其压缩的 2.4 倍。这与衍射图案中的小周期完全一致，其二面角 $\varphi=-57°$、$\psi=-47°$。每圈螺旋需要 3.6 个氨基酸残基（1 个羰基、3 个 N-C_α-C 单位和 1 个氮），它们绕螺旋轴上升的距离，即螺距为 0.54nm。在 α-螺旋中多肽链骨架的每个羰基氧（氨基酸残基 n）

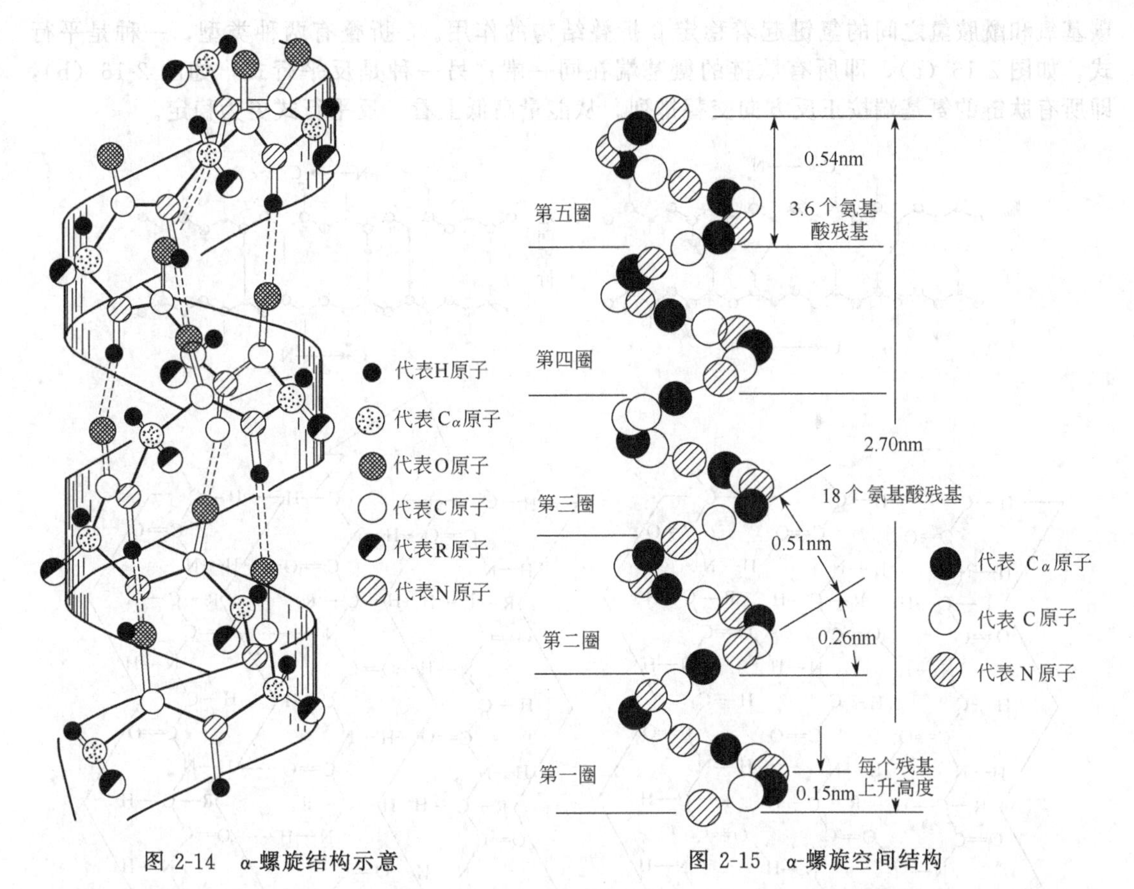

图 2-14 α-螺旋结构示意　　图 2-15 α-螺旋空间结构

与它后面 C-端方向的第 4 个残基（$n+4$）的 α-氨基氮形成氢键，氢键的取向几乎与中心轴平行，所有的羰基都指向 C-末端。如图 2-15 所示。

α-螺旋的结构允许所有的肽键都参与链内氢键的形成，因此相当稳定。α-螺旋由氢键构成一个封闭环，其中包括 3 个残基，共 13 个原子，称为 3.6_{13}（$n=3$）螺旋。

理论上讲，一个 α-螺旋可以是右手螺旋，也可以是左手螺旋，但是对于 L-氨基酸残基构成的多肽链来说，由于羰基氧和侧链之间的立体干扰，左手构象不稳定，因此在天然蛋白质中，几乎所有 α-螺旋都是右手螺旋。只是在嗜热菌蛋白酶中发现一圈左手螺旋。

羊毛、头发、皮肤以及指甲中的主要蛋白质 α-角蛋白几乎都是由 α-螺旋组成的纤维蛋白。在 α-角蛋白中，3 或 7 个 α-螺旋可以互相拧在一起，形成三股或七股的螺旋索，彼此以二硫键交联在一起。带有许多二硫键的角蛋白，如指甲的角蛋白就很硬且不易弯曲。而含较少量二硫键的角蛋白，如羊毛就易抻长和弯曲。烫发实际上是一个生物氧化过程，头发经含有使二硫键还原的试剂处理后，使得原来的二硫键打开，形成还原性的—SH，然后再使用使半胱氨酸残基氧化的试剂处理，形成错接的新的二硫键，导致头发弯曲成卷。

2. β-折叠（β-pleated sheet）

β-折叠也叫β-片层，在 β-角蛋白，如蚕丝丝心蛋白中含量丰富，其 X 射线衍射图案与 α-角蛋白拉伸后的图案很相似。在此结构中，肽链较为伸展，若干条肽链或一条肽链的若干肽段平行排列，相邻主链骨架之间靠氢键维系，氢键与链的长轴接近垂直。为形成最多的氢键，避免相邻侧链间的空间障碍，锯齿状的主链骨架必须作一定的折叠（$\varphi=-139°$，$\psi=+135°$），以形成一个折叠的片层。侧链交替位于片层的上方和下方，与片层垂直。在 α-螺旋中，每一个氨基酸残基绕轴上升 0.15nm，但在 β-折叠中，每个残基占 0.32～0.34nm，羰基氧和酰胺氢之间的氢键起着稳定β-折叠结构的作用。β-折叠有两种类型，一种是平行式，如图 2-16（a），即所有肽链的氨基端在同一端；另一种是反平行式，如图 2-16（b），即所有肽链的氨基端按正反方向交替排列。从能量高低上看，反平行式更为稳定。

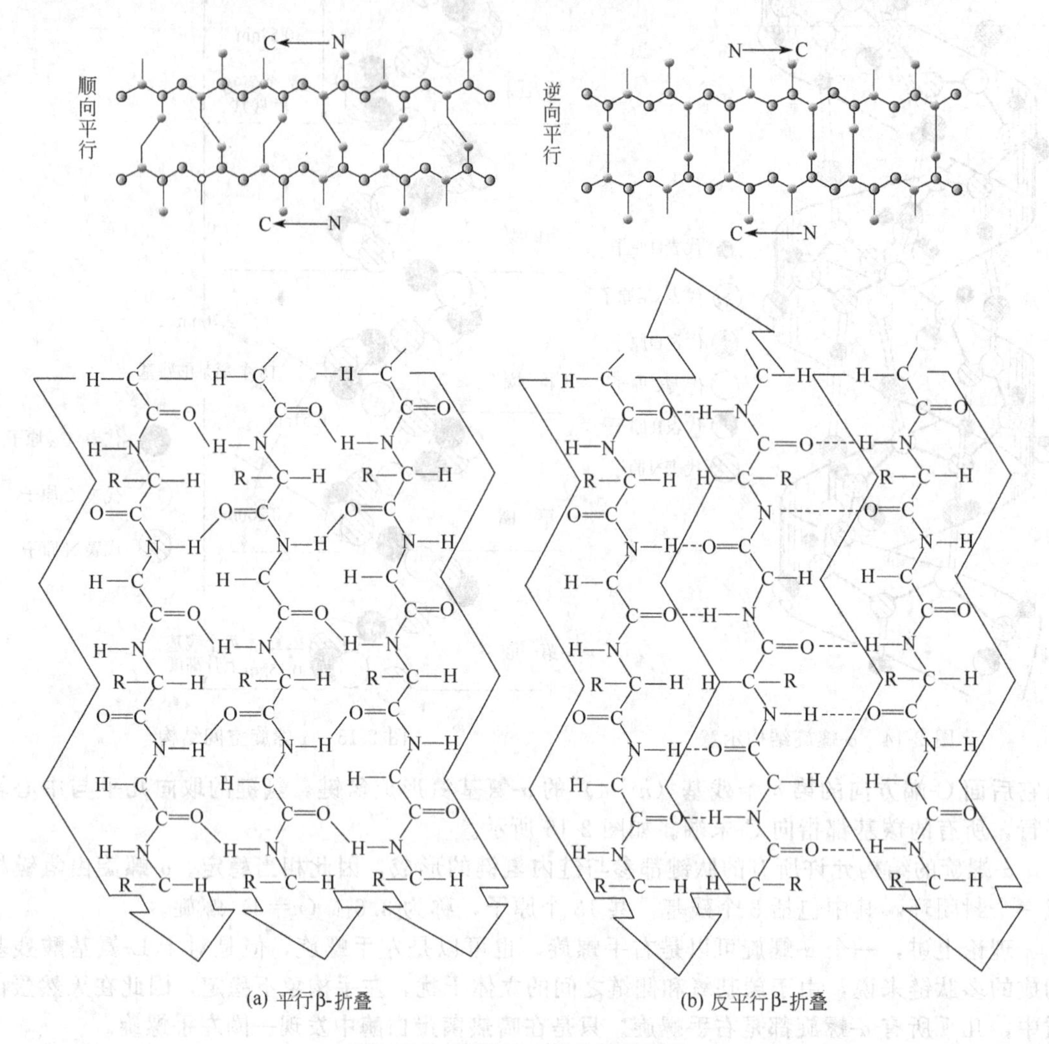

图 2-16 多肽链 β-折叠结构示意

蚕丝的主要成分是丝心蛋白，在丝心蛋白中，每隔一个氨基酸就是甘氨酸，片层的一面都是氢原子；在另一面，侧链主要是甲基，因为除了甘氨酸外，丙氨酸是主要成分，丝心蛋白的主要二级结构是反平行排列的β-折叠。丝心蛋白非常柔软，因为堆积的折叠片只是靠侧链之间的范德华力结合在一起的。除以上常见二级结构单元外，还有其他新发现的结构，如Ω-环，由 10 个残基组成，像希腊字母Ω。

3. 结构域

相邻的二级结构单元可组合在一起，相互作用，形成有规则的在空间上能辨认的二级结构组合体，充当三级结构的构件，称为超二级结构。常见的有如图 2-17 所示的 3 种超二级结构。①α-α。由两股或三股右手 α-螺旋彼此缠绕形成的左手超螺旋，重复距离约为 14nm。由于超螺旋，与独立的α-螺旋略有偏差。②β-α-β。β-折叠之间由α-螺旋或无规则卷曲连接。③β-β-β。由一级结构上连续的反平行 β-折叠通过紧凑的 β-转角连接而成。

较大蛋白的三级结构往往由几个相对独立的三维实体构成，这些三维实体称为结构域。

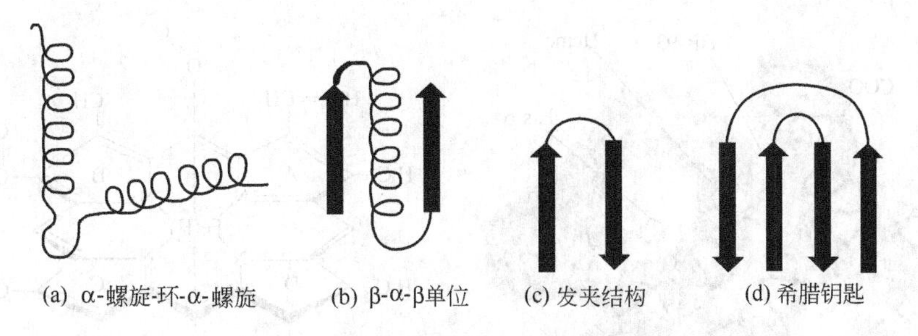

图 2-17　蛋白质的超二级结构

结构域是在三级结构与超二级结构之间的一个组织层次。一条长的多肽链，可先折叠成几个相对独立的结构域，再缔合成三级结构。这在动力学上比直接折叠更为合理。如图 2-18 所示的β-迂回和α/β折叠桶结构域。

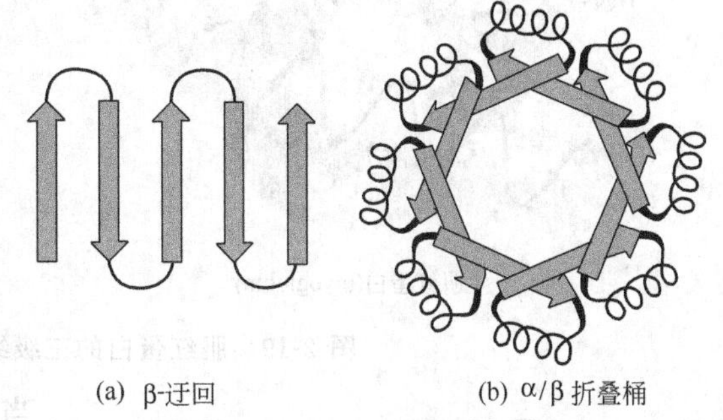

图 2-18　蛋白质的结构域结构

结构域在功能上也有其意义。结构域常有相对独立的生理功能，如一些要分泌到细胞外的蛋白，其信号肽（负责使蛋白通过细胞膜）就构成一个结构域。此外，还有与残基修饰有关的结构域、与酶原激活有关的结构域等。各结构域之间常只有一段肽链相连，称为铰链区。铰链区柔性多较强，使结构域之间容易发生相对运动，所以酶的活性中心常位于结构域之间。小蛋白多由一个结构域构成，由多个结构域构成的蛋白一般分子量大，结构复杂。

（二）蛋白质的三级结构与构象

三级结构是指处于充分折叠、具有生物学活性的一个完整的多肽链的三维空间结构，或称为天然构象。它是在二级结构的基础上进一步盘曲折叠形成的，包括所有主链和侧链的结构。哺乳动物肌肉中的肌红蛋白整个分子由一条肽链盘绕成一个中空的球状结构，全链共有 8 段α-螺旋，螺旋之间通过一些片段连接。在α-螺旋肽段间的空穴中有一个血红素基团。肌红蛋白和血红素中铁卟啉辅基结构如图 2-19 所示。

所有具有高度生物学活性的蛋白质几乎都是球状蛋白。三级结构是蛋白质发挥生物活性所必需的。在三级结构中，多肽链的盘曲折叠是通过分子中各氨基酸残基侧链的相互作用来维持的。二硫键是维持三级结构唯一的共价键，能把肽链的不同区段牢固地连接在一起，疏水性较强的氨基酸借疏水力和范德华力聚集成紧密的疏水核，极性较强的残基以氢键和盐键（离子键）相结合。在水溶性蛋白中，极性基团分布在外侧，与水形成氢键，使蛋白溶于水。这些非共价键虽然较微弱，但数目庞大，因此仍然是维持三级结构的主要力量。

（三）蛋白质四级结构、亚基与寡聚蛋白

由两条或两条以上肽链通过非共价键构成的蛋白质称为寡聚蛋白。其中每一条多肽链称为亚基，每个亚基都有自己的一级结构、二级结构、三级结构。亚基单独存在时无生物活性，只有相互聚合成特定构象时才具有完整的生物活性。四级结构的概念只适用于寡聚蛋白，所以四级结构指的是亚基的组织。寡聚蛋白亚基之间是通过非共价键连接的，疏水相互作用是将亚基结合在一起的主要作用力，静电引力对于亚基的正确排列也有贡献。

人们最熟悉的具有四级结构的蛋白质就是血红蛋白了，它有 4 条多肽链，即由两条α-链和两条β-链构成的四聚体，相对分子质量 65000。分子外形近似球状，每个亚基都和肌红蛋白类似。如图 2-20 所示。

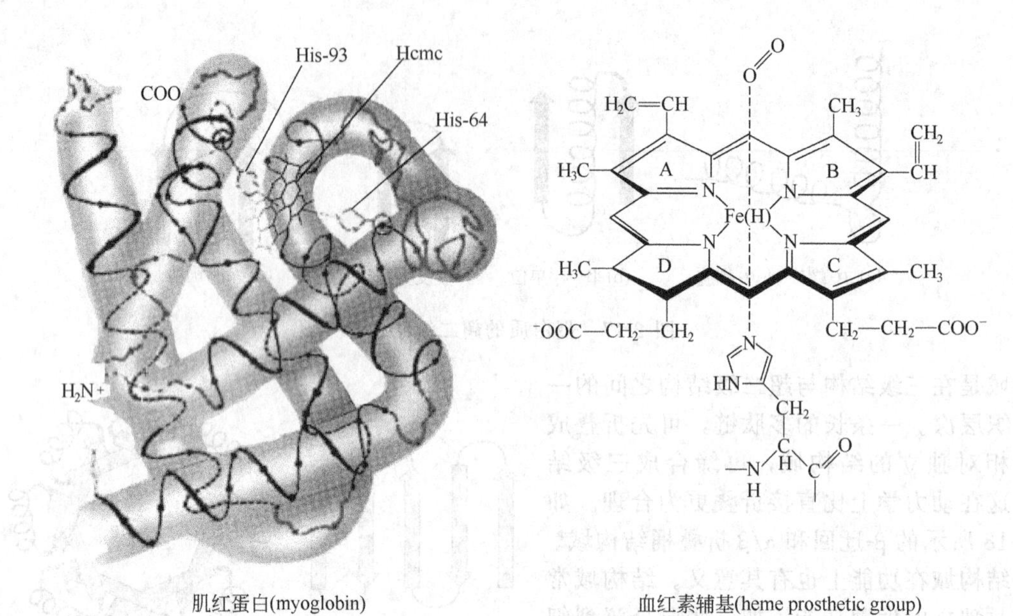

图 2-19　肌红蛋白的三级结构及血红素辅基结构

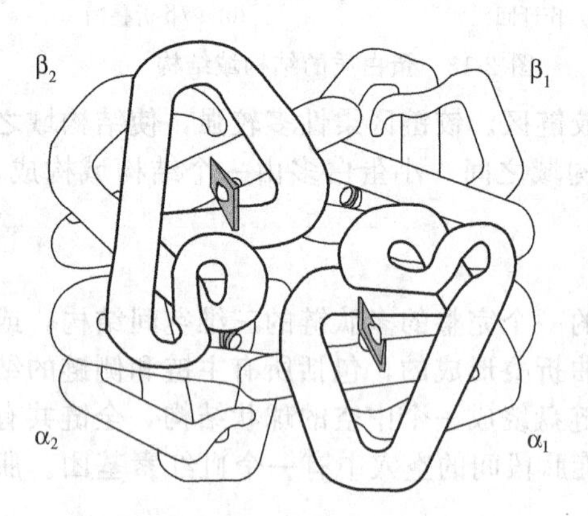

图 2-20　血红蛋白的四级结构示意

当酸、热或高浓度的尿素、胍等变性因子作用于寡聚蛋白时，后者会发生构象变化。这种变化可分为两步：首先是亚基彼此解离，然后分开的亚基伸展而成无规则线团。如小心处理，可将寡聚蛋白的亚基拆开，而不破坏其三级结构。血红蛋白可用盐解离成两个半分子，即两个 α-亚基、β-亚基。当透析除去过量的盐后，分开的亚基又可重新结合而恢复活性。如果处理条件强烈，则亚基的多肽链完全展开，这样要恢复天然构象虽很困难，但有些寡聚蛋白仍可恢复。如醛缩酶经酸处理后，其 4 个亚基完全伸展成无规则卷曲，当 pH 恢复到 7 左右时，又可恢复如初。这说明一级结构规定了亚基间的结合方式，四级结构的形成也遵从“自我装配”的原则。

（四）维持蛋白质结构稳定的化学键

蛋白质的折叠和具有生物学功能的蛋白质构象的稳定性依赖于大量的非共价因素，其中包括疏水效应、氢键、范德华力和离子相互作用。

1. 疏水效应

蛋白质中的疏水基团彼此靠近、聚集以避开水的现象称之为疏水效应。疏水效应在维持蛋白质的构象中起着主要的作用，因为水分子彼此之间的相互作用要比水与其他非极性分子的作用更强烈，非极性侧链避开水聚集被压迫到蛋白质分子内部，而大多数极性侧链在蛋白质表面维持着与水的接触。

2. 氢键和范德华力

氢键的贡献是协同蛋白质的折叠和帮助稳定球蛋白的天然构象。前面已经提到多肽链骨架的羰基和酰氨基之间，特别是在球蛋白内部的那些基团之间常形成氢键，使肽链形成 α-螺旋和 β-折叠结构。此外在多肽链骨架和水之间、多肽链骨架和极性侧链之间、两个极性侧链之间以及极性侧链和水之间也可以形成氢键。大多数氢键都是N—H…O类型的。

范德华力包括吸引力和排斥力两种相互作用，范德华力只有当两个非极性残基之间处于一定距离时才能达到最大。虽然范德华力相对来说比较弱，但由于它相互作用的数量大，并且具有加和性，因此范德华力对球蛋白的稳定性也有贡献。

3. 共价交联和离子相互作用

除氢键外，共价交联也有助于某些球蛋白的天然构象的稳定。如二硫键，它有时存在于由细胞分泌的蛋白质中，当这样的蛋白质离开细胞内环境时，由于二硫键的存在，可使得蛋白质对去折叠以及降解不那么敏感，而维持蛋白质的稳定。

离子化的侧链一般都出现在球蛋白的表面，所以是溶剂化的。虽然带有相反电荷的侧链之间的离子相互作用对于整个球蛋白的稳定性贡献很弱，但是它也能帮助稳定球蛋白。

三、蛋白质结构与功能的关系

（一）一级结构与功能的关系

蛋白质多种多样的生物功能是以其化学组成和极其复杂的结构为基础的。这不仅需要一定的结构，还需要一定的空间构象。蛋白质的空间构象取决于其一级结构和周围环境，因此研究一级结构与功能的关系是十分重要的。

1. 种属差异

对不同机体中表现同一功能的蛋白质的一级结构进行详细比较，发现种属差异十分明显。在比较各种哺乳动物、鸟类和鱼类等胰岛素的一级结构时，发现它们都是由51个氨基酸组成的，其排列顺序非常类似，但也有细微差别。不同种属的胰岛素其差异在A链小环的8位、9位、10位和B链的30位氨基酸残基，说明这4个氨基酸残基对生物活性并不起决定作用，起决定作用的是其一级结构中始终不变的24个氨基酸部分，为不同种属所共有。如两条链中的6个半胱氨酸残基的位置始终不变，说明不同种属的胰岛素分子中A链、B链之间有共同的连接方式，A链和B链中形成的3对二硫键对维持胰岛素的高级结构起着重要作用。其他一些不变的残基绝大多数是非极性氨基酸，通过范德华力，起着稳定高级结构的作用。

对不同种属的细胞色素c的研究同样指出具有同种功能的蛋白质在结构上的相似性。细胞色素c广泛存在于需氧生物细胞的线粒体中，它是由一条肽键（104个氨基酸残基和血红素）组成的单链蛋白质，其主要生理功能是在生物氧化过程中传递电子。对近百种生物的细胞色素c进行研究发现，亲缘关系越近，其结构越相近。细胞色素c的氨基酸序列分析资料已经用来核对各个物种之间的分类学关系，据此不仅可以研究从单细胞到多细胞的生物进化过程，还可以粗略估计各种生物的分化时间，见表2-6所示。

表 2-6　不同种属氨基酸残基的差异

不同种属	氨基酸残基的差异数目	分歧时间/百万年	不同种属	氨基酸残基的差异数目	分歧时间/百万年
人-猴	1	50～60	马-牛	3	60～65
人-马	12	70～75	哺乳类-鸡	10～15	280
人-狗	10	70～75	哺乳类-鲥	17～21	400
猪-牛-羊	0		脊椎动物-酵母	43～48	1100

2. 分子病

蛋白质分子一级结构的改变有可能引起其生物功能的显著变化，甚至引起疾病，这种现象称为分子病。突出的例子是镰刀型贫血病。这种病是由于病人血红蛋白β-链第6位谷氨酸突变为缬氨酸，这个氨基酸位于分子表面，在缺氧时引起血红蛋白线性凝集，使红细胞容易破裂，发生溶血。血红蛋白分子中共有574个残基，其中2个残基的变化导致严重后果，证明蛋白质结构与功能有密切关系。用氰酸钾处理突变的血红蛋白（HbS)，使其N-端缬氨酸的α-氨基酰胺化，可缓解病情。因为这样可去掉一个正电荷，与和二氧化碳结合的血红蛋白相似，不会凝聚。现在正寻找低毒试剂用以治疗。

（二）空间结构与功能的关系

蛋白质多种多样的功能与各种蛋白质特定的空间构象密切相关，蛋白质的空间构象是其功能活性的基础，构象发生变化，其功能活性也随之改变。蛋白质变性时，由于其空间构象被破坏，故引起功能活性丧失，变性蛋白质在复性后，构象复原，活性即能恢复。

1. 别构效应

在生物体内，当某种物质特异地与蛋白质分子的某个部位结合，触发该蛋白质的构象发生一定变化，从而导致其功能活性的变化，这种现象称为蛋白质的别构效应。蛋白质（或酶）的别构效应在生物体内普遍存在，这对物质代谢的调节和某些生理功能的变化都是十分重要的，如血红蛋白（由4个亚基装配而成）在表现其输氧功能时有明显的别构效应。当1个氧分子和血红蛋白分子中其中1个亚基的血红素铁结合后，会引起该亚基的构象发生变化，同时该亚基构象的变化引起另外3个亚基相继发生变化，维持亚基间的化学键被破坏，结果整个分子的构象发生变化，使其他亚基血红素铁原子的位置都变得适宜于与氧结合，所以血红蛋白与氧结合的速度大大加快。

2. 蛋白质一级结构与功能的关系

蛋白质一级结构是蛋白质空间结构和呈现生物学功能的基础，一级肽链的断裂可引起蛋白质活性的巨大变化。如胰蛋白酶原的激活和凝血过程等是典型的例子。凝血是一个十分复杂的过程。首先是凝血因子Ⅻ被血管内皮损伤处带较多负电荷的胶原激活，然后通过一系列连续反应，激活凝血酶原，产生有活性的凝血酶；凝血酶从纤维蛋白中切除4个酸性肽段，减少分子中的负电荷，使其变成不溶性的纤维蛋白，纤维蛋白再彼此聚合成网状结构，最后形成血凝块，堵塞血管的破裂部位。

根据激活凝血因子Ⅹ的途径，可分为内源途径和外援途径。前者只有血浆因子参与，后者还有血浆外的组织因子参与，一般是机体组织受损时释放的。内源途径中凝血因子Ⅻ被血管内损伤处带较多负电荷的胶原纤维激活，也可被玻璃、陶土、棉纱等异物激活。凝血因子Ⅻa激活凝血因子Ⅺ，此时接触活化阶段完成，反应转移到血小板表面进行，称为磷脂胶粒反应阶段，产生凝血因子Ⅹa，最终激活凝血酶。最后一个阶段是凝胶生成阶段，产生凝块。

3. 核酸酶结构与功能的关系

Anfinsen以一条肽链的蛋白质核糖核酸酶为对象，研究二硫键的还原和氧化问题，发现该酶的124个氨基酸残基构成的多肽链中存在4对二硫键，在大量β-巯基乙醇和适量尿素作用下，4对二硫键全部被还原，酶活力也全部丧失，但是如将尿素和β-巯基乙醇除去，并在有氧条件下使巯基缓慢氧化成二硫键，此时酶的活力水平可接近于天然酶。如图2-21所示。

此外，核酸类酶是一类具有生物催化功能的核糖核酸（RNA）分子。研究结果表明，核酸类酶的结构由催化结构域和底物结合结构域两部分组成，它的二级结构具有锤头形状，由13个保守的核苷酸和3个螺旋结构域组成，只要保持其13个（后来证明只需要11个）特定的保守核苷酸不变，其他的核苷酸都可以进行剪切反应或置换修饰。它可以催化本身RNA的剪切作用，还可以催化其他的RNA、DNA、多糖、脂类等分子进行反应。

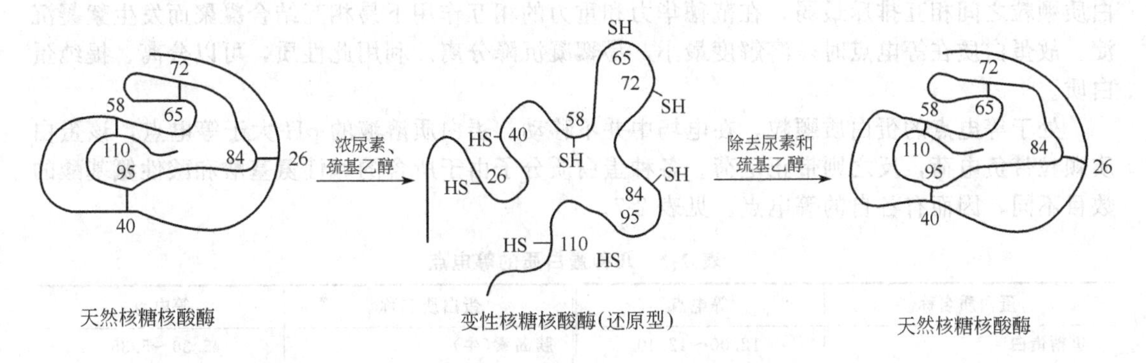

图 2-21　二硫键的破坏与恢复

4. 抗体结构与免疫性

抗体是由抗原诱导产生的与抗原具有特异结合功能的免疫球蛋白。预计人体免疫系统具有产生 10^5 种甚至更多抗体的能力。免疫球蛋白分为 5 类，它们是 IgA、IgD、IgE、IgG 和 IgM，其中在血液中含量最丰富的是 IgG。如果在抗体与抗原的结合部位引进催化基团，就有可能成为具有催化功能的抗体酶。抗体酶可以通过诱导法或修饰法产生。诱导法是在免疫系统中用酶抗原或半抗原进行诱导而产生；修饰法是将抗体分子进行修饰，即采用氨基酸置换修饰或者侧链基团修饰，在抗体与抗原的结合部位引进催化基团，而成为具有催化活性的抗体酶。IgG 的空间结构呈 Y 字形，是由 4 条多肽链组成的，两条相同的低分子量轻链和两条相同的高分子量重链，链之间是通过二硫键连接的。如果用木瓜蛋白酶作用于抗体，结果会生成一个 Fc 片段和两个 Fab 片段，如图 2-22 所示。

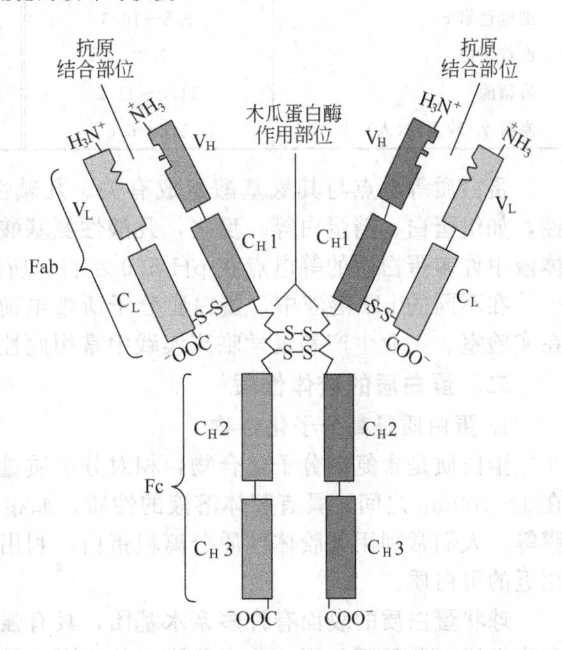

图 2-22　木瓜蛋白酶与抗体作用

C—恒定结构域；V—可变结构域；H—重链；L—轻链

第四节　蛋白质的理化性质

一、蛋白质的两性解离与等电点

蛋白质的两性电离与等电点主要指蛋白质在水溶液中表现出来的性质。

1. 蛋白质的两性解离

蛋白质分子是由多肽链组成的，蛋白质分子中可解离的基团除了肽链末端的 α-氨基和 α-羧基外，还有侧链基团 R 上的 ε-NH_2、β-COOH、—SH、γ-羧基、咪唑基、胍基、酚基等，均可以发生不同程度的电离。因此，蛋白质同氨基酸一样，是两性电解质。

2. 等电点

在一定的 pH 下，蛋白质分子活泼基团电离平衡，结果使蛋白质分子表面的带电性相对稳定。因此，通过调节溶液 pH，可以使蛋白质分子表面所带正电荷数目与负电荷数目相等，此时蛋白质溶液的 pH 称为蛋白质的等电点。此时蛋白质分子表面净电荷为零，这样蛋白质颗粒之间相互排斥最弱，在范德华力和重力的相互作用下易相互结合凝聚而发生絮凝沉淀。故蛋白质在等电点时，溶解度最小，易絮凝沉降分离。利用此性质，可以分离、提纯蛋白质。

处于等电点的蛋白质颗粒，在电场中并不移动。蛋白质溶液的 pH 大于等电点，该蛋白质颗粒带负电荷，反之则带正电荷。各种蛋白质分子由于所含的碱性氨基酸和酸性氨基酸的数目不同，因而有各自的等电点。见表 2-7。

表 2-7　几种蛋白质的等电点

蛋白质名称	等电点	蛋白质名称	等电点
鱼精蛋白	12.00～12.40	胰岛素(牛)	5.30～5.35
胸腺组蛋白	10.8	明胶	4.7～5.0
细胞色素 c	9.8～10.3	血清清蛋白(人)	4.64
血红蛋白	7.07	鸡蛋清蛋白	4.55～4.90
溶菌酶	11.0～11.2	胰蛋白酶(牛)	5.0～8.0
血清 γ_1-球蛋白(人)	5.8～6.6	胃蛋白酶	1.0～2.5

蛋白质等电点与其氨基酸组成有关。凡碱性氨基酸含量较多的蛋白质，等电点就偏碱性，如组蛋白、精蛋白等。反之，凡酸性氨基酸含量较多的蛋白质，等电点就偏酸性，人体体液中许多蛋白质的等电点在 pH 5.0 左右，所以在体液中以负离子形式存在。

在不同的 pH 溶液中，蛋白质分子所带电荷不同，因此放入外加电场后，也发生电泳。在实验室、工业生产和医学临床实践中常用此性质利用电泳技术分离提纯蛋白质。

二、蛋白质的胶体性质

1. 蛋白质是高分子化合物

蛋白质是含氮高分子化合物，相对分子质量在 1 万～100 万之间，在水溶液中颗粒直径在 1～100nm 之间，具有胶体溶液的性质，如布朗运动、丁达尔现象、电泳、不能透过半透膜等。人们常利用其胶体性质分离粗蛋白；利用半透膜分离小分子物；利用电泳分离分子量相近的蛋白质。

球状蛋白质的表面有许多亲水基团，具有强烈地吸引水分子的作用，使蛋白质分子表面常为多层水分子所包围，称水化膜，从而阻止蛋白质颗粒的相互聚集。

蛋白质分子表面水化膜和带相同的电荷是维持蛋白质胶体溶液稳定的两个主要条件。破坏这两个条件之一蛋白质易失去稳定性而发生相互聚集，沉降。盐析能同时破坏两大稳定条件，故在提取、分离中应用较多。

如在血浆中加入一定量的 Na_2SO_4，可使某一部分蛋白质水化膜被破坏，而使蛋白质析出，以达到分离和定量蛋白质的目的。

与小分子物质比较，蛋白质分子扩散速度慢，不易透过半透膜，黏度大，在分离提纯蛋白质的过程中，可利用蛋白质的这一性质，将混有小分子杂质的蛋白质溶液放于半透膜制成的囊内，置于流动水或适宜的缓冲溶液中，小分子杂质易从囊中透出，保留了比较纯化的囊内蛋白质，这种方法称为透析。利用半透膜如玻璃纸、火胶棉、羊皮纸等制成商品半透膜袋卷，在实验时取一段半透膜袋制成半透膜囊可分离纯化蛋白质。透析过程如图 2-23 所示。

2. 蛋白质胶体溶液的稳定性与沉降

破坏蛋白质的水化膜和中和蛋白质颗粒表面的电荷能破坏蛋白质胶体溶液的稳定性，使大分子蛋白质通过聚集而沉降。但蛋白质颗粒自然沉降速度较慢，在实验中常利用离心机强制分离分子量不同的蛋白质。蛋白质大分子溶液中的胶体颗粒在一定浓度的溶剂中高速离心时可发生沉降。

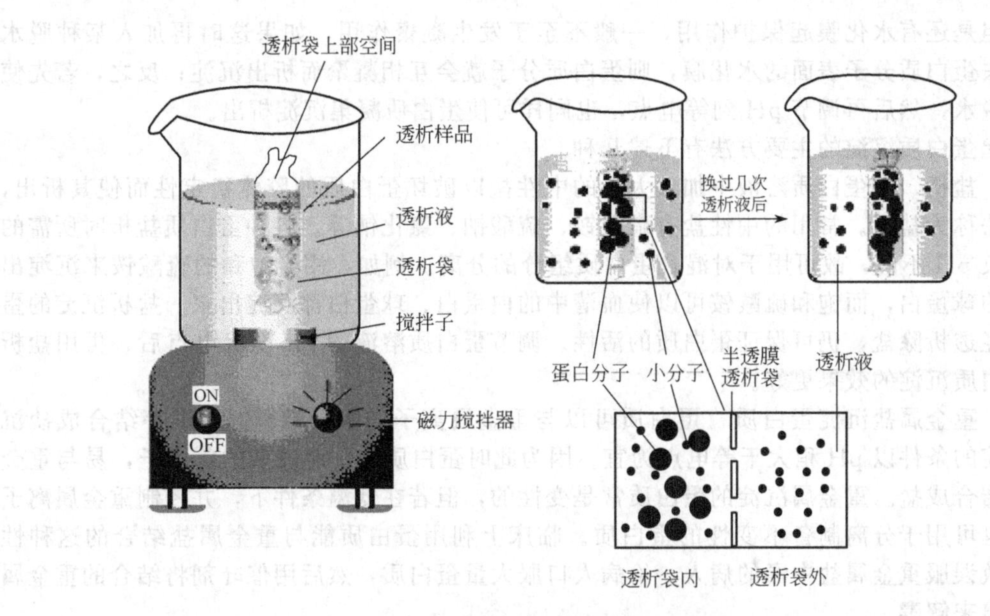

图 2-23 透析装置与透析过程示意

每一种蛋白质的沉降系数与其分子密度或分子量成正比。不同沉降系数的蛋白质，可利用超高速离心法，在密度梯度中分离，因此可利用蛋白质沉降系数的不同，通过超高速离心法来分离、纯化蛋白质和测定蛋白质的分子量。例如，在血清的制备过程中可利用离心方法来缩短分离时间。同时有利检测高密度脂蛋白和低密度脂蛋白的含量。

三、蛋白质变性、沉淀与凝固

1. 蛋白质的变性与复性

天然蛋白质的严密结构在某些物理或化学因素作用下，其特定的空间结构被破坏，从而导致理化性质改变和生物学活性的丧失，如酶失去催化活力、激素丧失活性，称之为蛋白质的变性作用。变性蛋白质只有空间构象的破坏，一般认为蛋白质的变性主要引起非共价键和二硫键的破坏，并不涉及肽键的断裂。变性蛋白质和天然蛋白质最明显的区别是溶解度降低，同时蛋白质的黏度增加，结晶性破坏，生物学活性丧失，易被蛋白酶分解。

引起蛋白质变性的原因可分为物理因素和化学因素两类。物理因素可以是加热、加压、脱水、搅拌、振荡、紫外线照射、超声波的作用等；化学因素有强酸、强碱、尿素、重金属盐、十二烷基磺酸钠（SDS）等。在临床医学上，变性因素常被应用于消毒及灭菌。反之，注意防止蛋白质变性就能有效地保存蛋白质制剂。

变性并非是不可逆的变化，当变性程度较轻时，如去除变性因素，有的蛋白质仍能恢复或部分恢复其原来的构象及功能，变性的可逆变化称为复性。例如，前述的核糖核酸酶中4对二硫键及其氢键，在β-巯基乙醇和尿素作用下，发生变性，失去生物学活性，变性后如经过透析去除尿素、β-巯基乙醇，并设法使巯基氧化成二硫键，酶蛋白又可恢复其原来的构象，生物学活性也几乎全部恢复，此称变性核糖核酸酶的复性。许多蛋白质变性时被破坏严重，不能恢复，称为不可逆变性。

2. 蛋白质的沉淀

蛋白质分子凝聚从溶液中析出的现象称为蛋白质沉淀。蛋白质所形成的亲水胶体颗粒具有两种稳定因素，即颗粒表面的水化层和电荷，若无外加条件，不致互相凝集。然而除掉这两个稳定因素（如调节溶液 pH 至等电点和加入脱水剂），蛋白质便容易凝集析出。如将蛋白质溶液 pH 调节到等电点，蛋白质分子呈等电状态，虽然分子间同性电荷相互排斥作用消失了，但是还有水化膜起保护作用，一般不至于发生凝聚作用，如果这时再加入某种脱水剂，除去蛋白质分子表面的水化膜，则蛋白质分子就会互相凝聚而析出沉淀；反之，若先使蛋白质脱水，然后再调节 pH 到等电点，也同样可使蛋白质凝集沉淀析出。

引起蛋白质沉淀的主要方法有下述几种。

(1) 盐析　在蛋白质溶液中加入大量的中性盐以破坏蛋白质的胶体稳定性而使其析出，这种方法称为盐析。常用的中性盐有硫酸铵、硫酸钠、氯化钠等。各种蛋白质盐析时所需的盐浓度及 pH 不同，故可用于对混合蛋白质组分的分离。例如，用半饱和的硫酸铵来沉淀出血清中的球蛋白，而饱和硫酸铵可以使血清中的白蛋白、球蛋白都沉淀出来。盐析沉淀的蛋白质，经透析除盐，仍可保证蛋白质的活性。调节蛋白质溶液的 pH 至等电点后，再用盐析法则蛋白质沉淀的效果更好。

(2) 重金属盐沉淀蛋白质　蛋白质可以与重金属离子如汞、铅、铜、银等结合成盐沉淀，沉淀的条件以 pH 稍大于等电点为宜。因为此时蛋白质分子有较多的负离子，易与重金属离子结合成盐。重金属沉淀的蛋白质常是变性的，但若在低温条件下，并控制重金属离子浓度，也可用于分离制备不变性的蛋白质。临床上利用蛋白质能与重金属盐结合的这种性质，抢救误服重金属盐中毒的病人，给病人口服大量蛋白质，然后用催吐剂将结合的重金属盐呕吐出来解毒。

(3) 生物碱试剂以及某些酸类沉淀蛋白质　蛋白质可与生物碱试剂（如苦味酸、钨酸、鞣酸）以及某些酸（如三氯乙酸、过氯酸、硝酸）结合成不溶性的盐而沉淀，沉淀的条件应当是 pH 小于等电点，这样蛋白质带正电荷，易于与酸根负离子结合成盐。临床血液化学分析时常利用此原理除去血液中的蛋白质。此类沉淀反应也可用于检验尿中的蛋白质。

(4) 有机溶剂沉淀蛋白质　可与水混合的有机溶剂，如酒精、甲醇、丙酮等，对水的亲和力很大，有机溶剂的加入改变了介质的介电常数，增加了两个相反电荷之间的吸引力，使蛋白质表面可离解基团的离子化程度减弱，水化程度降低，破坏了蛋白质颗粒的水化膜，在等电点时使蛋白质沉淀。在常温下，有机溶剂沉淀蛋白质往往引起变性，如酒精消毒灭菌就是如此。但若在低温条件下，则变性进行较缓慢，可用于分离制备各种血浆蛋白质。

3. 加热凝固

将接近于等电点的蛋白质溶液加热，可使蛋白质发生凝固而沉淀。加热凝固首先是加热使蛋白质变性，有规则的肽链结构被打开，呈松散状不规则的结构，分子的不对称性增加，疏水基团暴露，进而凝聚成凝胶状的蛋白块。如煮熟的鸡蛋，蛋黄和蛋清都凝固。

蛋白质的变性、沉淀、凝固相互之间有很密切的关系。沉淀不一定变性，如加入中性盐能使蛋白质沉淀，但不变性；变性也不一定沉淀，如强酸、强酸作用使蛋白质变性，但不沉淀。变性蛋白质一般易于沉淀，在一定条件下，蛋白质变性后并不一定沉淀，如调节 pH 接近等电点附近后变性蛋白质才沉淀。沉淀的变性蛋白质也不一定凝固，例如，蛋白质被强酸、强碱变性后由于蛋白质颗粒带着大量电荷，故仍溶于强酸或强碱之中；但若将强碱和强酸溶液的 pH 调节到等电点，则变性蛋白质凝集成絮状沉淀物，若将此絮状物加热，则分子间相互盘缠而变成较为坚固的凝块。

四、蛋白质的颜色反应

在蛋白质的分析工作中，人们常利用蛋白质分子中的某些氨基酸或某些特殊结构与某些试剂产生的特殊的颜色反应，作为测定蛋白质含量的根据。常见的重要颜色反应有如下几种。

1. 双缩脲反应

双缩脲是有两分子尿素缩合而成的化合物。将尿素加热到 180℃，则两分子尿素缩合，放出一分子氨。双缩脲在碱性溶液中能与硫酸铜反应生成紫红色配合物，称为双缩脲反应。

蛋白质中的肽键也能起双缩脲反应，形成紫红色配合物。此反应可用于定性鉴定蛋白质，也可在 540nm 比色，定量测定蛋白质含量。

2. 黄色反应

含有芳香族基团的氨基酸特别是酪氨酸和色氨酸的蛋白质在溶液中遇到硝酸后，先产生白色沉淀，加热则变黄，再加碱颜色加深为橙黄色。这是因为苯环被硝化，产生硝基苯衍生物。皮肤、毛发、指甲遇浓硝酸都会变黄。

3. 米伦反应

米伦试剂是硝酸汞、亚硝酸汞、硝酸和亚硝酸的混合物，蛋白质加入米伦试剂后即产生白色沉淀，加热后变成红色。酪氨酸及含酪氨酸的化合物都有此反应。

4. 乙醛酸反应

在蛋白溶液中加入乙醛酸，并沿试管壁慢慢注入浓硫酸，在两液层之间就会出现紫色环。凡含有吲哚基（色氨酸）的化合物都有此反应。

5. 坂口反应

精氨酸的胍基能与次氯酸钠（或次溴酸钠）及 α-萘酚在氢氧化钠溶液中产生红色物质。此反应可用来鉴定含精氨酸的蛋白质，也可定量测定精氨酸含量。

6. Folin-酚试剂反应

Folin-酚试剂又称福林-酚试剂，酪氨酸的酚基能还原 Folin-酚试剂中的磷钼酸及磷钨酸，生成蓝色化合物。可用来定量测定蛋白质含量，它是双缩脲反应的发展，灵敏度高。

7. 醋酸铅反应

凡含有半胱氨酸、胱氨酸的蛋白质都能与醋酸铅起反应，生成黑色的硫化铅沉淀，因为其中含有—S—S—或—SH 基。

五、蛋白质的分离、纯化和鉴定

因蛋白质种类繁多，只有通过分离、纯化并做分析后才能准确测定其成分并为医学、工业应用提供鉴定的依据。

选择合理的蛋白质分离、纯化方法对分离效率有决定性的作用。蛋白质分离与纯化方法一般是根据蛋白质的分子量、溶解特性等性质确定的。人们常利用不同蛋白质的性质差异确定分离方法，蛋白质性质主要包括溶解度、电荷性质、分子量大小、特异亲和力等。

(1) 利用溶解度不同的分离方法——盐析与等电点沉淀　蛋白质溶液是一种胶体溶液，破坏蛋白质颗粒表面的水化膜和带电性可以降低蛋白质的溶解度。通过加入不易引起蛋白质变性的硫酸铵等极性盐可促使蛋白质溶液沉淀。蛋白质沉淀的特点是仍保持其大分子特性，沉淀多为絮状沉淀，并且需要一定的处理时间才能观察到明显的沉淀现象。

盐析与分段盐析，大多数蛋白质是水溶性的，其溶解度与其自身的理化性质、溶剂环境有关。高浓度的盐（常用中性盐硫酸铵）可破坏蛋白质分子的水膜层，降低环境中水的相对浓度，又中和了蛋白质表面的电荷，不同蛋白质因所带电荷和水化程度不同，而在不同的盐浓度下分别沉淀析出，达到分级分离的目的。

等电点沉淀，当蛋白质溶液的 pH 与蛋白质分子等电点相等时，蛋白质颗粒表面所带的正电数与负电荷数相等，净电荷为零，蛋白质颗粒之间（分子间）的静电排斥力最小，因而容易聚集而沉淀，此时溶解度最小。当蛋白质溶液（混合物）的 pH 被调到其中一种成分的等电点时，该蛋白质大部分或全部沉淀下来，其他等电点高于或低于该蛋白质等电点的蛋白质则仍留在溶液中。这样沉淀出来的蛋白质保持着其天然构象，能再溶解。

因此在蛋白质分离时常利用分段盐析与等电点沉淀方法结合，通过调整盐浓度和 pH 使蛋白质溶液发生多次沉淀，以达到分离蛋白质的目的。

(2) 根据电荷性质不同的分离方法——离子交换色谱　离子交换色谱分离蛋白质是根据

在一定 pH 条件下蛋白质所带电荷不同而进行的分离方法。常用于蛋白质分离的离子交换剂有弱酸型的羧甲基纤维素（CM-纤维素）和弱碱型的二乙基氯基乙基纤维素（DEAE-纤维素），前者为阳离子交换剂，后者为阴离子交换剂。还有改进型 CM-Sephadex（葡萄糖凝胶）、DEAE-Sephadex 等。

蛋白质与离子交换剂的结合是靠相反电荷的静电吸引力，吸引力的大小与溶液的 pH 有关。常通过改变溶液中盐类离子强度和 pH 来完成蛋白质混合物的分离，结合力小的蛋白质先被洗脱出来。

(3) 根据分子量不同的分离方法——凝胶过滤 凝胶过滤（molecular sieve chromatography）属柱色谱法，是根据分子大小来分离蛋白质混合物的最有效的方法之一。常用葡聚糖凝胶商品名为 Sepandex，如 Sepandex G-25，琼脂糖凝胶商品名为 Sepharose。根据分子筛色谱分离理论，当不同分子大小的蛋白质混合物通过装填有高度水化的惰性多聚体的色谱柱时，比凝胶内部存在的"孔径"大的粗颗粒蛋白质分子不能进入"内部网孔"而被排阻在凝胶颗粒之外，比"孔径"小的细颗粒蛋白质分子则可能进入凝胶颗粒的内部。这样，由于不同大小的分子所经历的路程不同而得以分离，大分子先洗下来，小分子后洗下来。

(4) 根据特异亲和力不同的分离方法——亲和色谱 亲和色谱（affinity chromatography）是分离蛋白质的一种有效的方法，常只需一步处理即可得到纯度较高的某种蛋白质。它是根据不同蛋白质对特定配体（ligand）特异而非共价结合的能力不同进行蛋白质分离的。亲和色谱的基本步骤是：先把提纯的某种蛋白质的配体通过适当的化学反应共价地连接到像琼脂糖一类的多糖颗粒表面的官能团上，这种材料能允许蛋白质自由通过；当含有待提纯的蛋白质的混合样品加到这种多糖材料的色谱柱上时，待提纯的蛋白质则与其特异的配体结合，因而吸附在载体（琼脂糖）表面上，而其他的蛋白质，因对这个配体不具有特异的结合位点，将通过柱子而流出；被特异地结合在柱子上的蛋白质可用含自由配体的溶液洗脱下来。

蛋白质分离提纯的目标就是增加制品纯度、单位蛋白质含量或生物活性。分离提纯某一特定蛋白质的程序一般包括：前处理、粗分离和细分离。

1. 前处理

(1) 选材 蛋白质的主要来源包括动物、植物和微生物。选取某种蛋白质含量丰富的生物材料，并要求便于提取。

由于种属差异及培养条件和时间的差别，其蛋白质含量可相差很大。植物细胞含纤维素，坚韧，不易破碎，且多含酚类物质，易氧化产生有色物质，难以除去，其液泡中常含有酸性代谢物，会改变溶液的 pH。微生物因为容易培养而常用，但也需要破碎细胞壁。动物细胞易处理，但不经济。

(2) 细胞破碎 如目的蛋白质在细胞内，需要进行细胞破碎，使蛋白质释放出来。破碎细胞的条件要尽可能温和，即使在极端的条件下，仍要坚持以目的蛋白质的活性和功能不受损害为原则，尽可能多地去除各种杂质、脂类、核酸及毒素。双液相蛋白质萃取技术可同时去除这些杂质。

细胞破碎方法主要有机械、物理、化学和酶学 4 种方法。机械法是用组织分散器、匀浆器、细菌磨等进行破碎；物理法是应用超声波、渗透压、压榨等物理原理进行，但超声的空化作用易使酶等失活，超声破碎时需加保护剂；化学法如碱性条件下处理对碱稳定的蛋白质或酶；酶法用如溶菌酶、纤维素酶对胞壁等进行破坏。在大规模生产时，渗透压休克法、细菌研磨和压榨更适用。

动物细胞可用匀浆器、组织捣碎机、超声波、丙酮干粉等方法破碎。植物可用石英砂研磨或纤维素酶处理。微生物的细胞壁是一个大分子，破碎较难，有超声振荡、研磨、高压、溶菌酶、细胞自溶等方法。

（3）抽提　蛋白质分离纯化的大部分操作是在溶液中进行的。操作条件要求在温度较低和使用缓冲溶液下进行，缓冲体系的选择要审慎考虑，避免随意性；还应考虑蛋白水解酶和核酸酶的抑制剂、抑制微生物生长的杀菌剂、影响蛋白质构象稳定和酶活性的还原剂及金属离子等。

在一定的 pH 下，可溶蛋白可用 0.1mol/L NaCl 提取，脂蛋白可用稀 SDS 或有机溶剂抽提，不溶蛋白用稀碱处理。抽提的原则是少量多次。为防止植物细胞液泡中的代谢物改变 pH，可加入碱中和；为防止酚类氧化，可加 5mmol/L 维生素 C；为防止蛋白被水解，可加碘乙酸抑制蛋白酶活力。

2. 粗分离

粗分离的主要目的就是除去糖、脂类、核酸及大部分杂蛋白，并将蛋白质浓缩。粗分离过程中常用的方法如下。

（1）沉淀法　核酸沉淀剂：$MnCl_2$、硫酸鱼精蛋白、链霉素、核酸酶等。蛋白沉淀剂：醋酸铅、单宁酸、SDS 等，沉淀后应迅速盐析除去沉淀剂，以防止目的蛋白变性。

用加热、调节 pH 或变性剂的方法选择性地使杂蛋白变性。如提取胰蛋白酶或细胞色素 c 时，因其稳定性高，可用 2.5% 的三氯乙酸处理，使杂蛋白变性沉淀。

（2）分级法　常用盐析或有机溶剂分级法沉淀蛋白质。

种子中蛋白质根据溶解度的不同，分为清蛋白、球蛋白（亦称为盐溶蛋白）、醇溶蛋白和谷蛋白四类。后两者不溶于水；球蛋白溶于稀盐溶液，但在半饱和的硫酸铵溶液中易沉淀析出；清蛋白溶于水，但在饱和的硫酸铵溶液中易沉淀析出。因此，可用去离子水或稀盐溶液将小麦种子清蛋白和球蛋白抽提出来，用半饱和硫酸铵去除球蛋白，再用全饱和硫酸铵沉淀出清蛋白。这种通过使用硫酸铵等中性盐类物质使得蛋白质分子之间相互聚集而沉淀析出的方法称为盐析法，这是分离、制备蛋白质的常用方法，尤其适用于蛋白质的粗分离阶段。

对蛋白质抽提液，选用三四种不同极性的溶剂，由低极性到高极性分步进行提取分离。利用各组分在不同极性溶剂中的溶解度差异进行分离纯化，这也是中草药化学成分最常用的分离和纯化方法。

（3）除盐和浓缩　盐析后样品中含大量盐类，应透析除去。也可用分子筛，如 Saphadex G 25 色谱法除盐。如样品浓度过低，可用反透析、冻干、超滤等方法浓缩。

3. 细分离

经过预处理和粗分离得到的蛋白质制剂可供工业应用。如需高纯度样品，应采用细分离的方法。蛋白质可以通过各种生物化学技术纯化。常用的技术有透析、凝胶过滤、离子交换色谱法、SDS-PAGE（聚丙烯酰胺凝胶电泳）、等电聚焦电泳、双向电泳、亲和色谱法、高速离心等。

4. 结晶

分离提纯的蛋白质常要制成晶体，结晶也是进一步纯化的步骤。结晶的最佳条件是使溶液略处于过饱和状态，可通过控制温度、加盐盐析、加有机溶剂或调节 pH 等方法来实现。注意结晶不仅需要达到过饱和状态，还应注意结晶过程需要一定的时间，如果晶核较少，对晶体生长有利，晶体颗粒更理想（大）。

六、蛋白质含量测定

蛋白质含量测定是生物化学研究中最常用、最基本的分析方法之一。目前常用的有 4 种古老的经典方法，即凯氏定氮法、双缩脲法（Biuret 法）、Folin-酚试剂法（Lowry 法）和紫外吸收法。另外还有 1 种近 10 年才普遍使用起来的新的测定法，即考马斯亮蓝法（Bradford 法）。其中考马斯亮蓝法和 Folin-酚试剂法灵敏度最高，比紫外吸收法灵敏度高 10～20

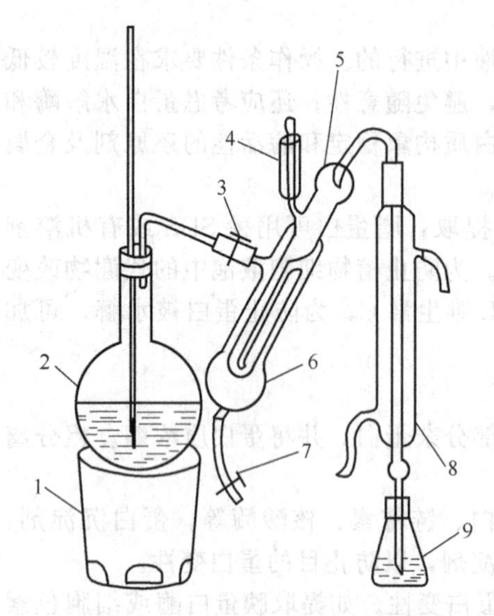

图 2-24 凯氏定氮仪示意

1—电炉；2—水蒸气发生器；3—螺旋夹；4—小玻杯及棒状玻塞；5—反应室；6—反应室外层；7—橡皮管及螺旋夹；8—冷凝管；9—蒸汽液接收瓶

倍，比 Biuret 法高 100 倍以上。凯氏定氮法虽然比较复杂，但较准确，往往以凯氏定氮法测定的蛋白质作为其他方法测定的标准蛋白质。

值得注意的是，除凯氏定氮法外，其他 4 种方法并不能在任何条件下适用于任何形式的蛋白质，因为对同一种蛋白质溶液用这 4 种方法测定，有可能得出 4 种不同的结果。每种测定法都不是完美无缺的，都有其优缺点。在选择方法时应考虑：①实验对测定所要求的灵敏度和精确度；②蛋白质的性质；③溶液中存在的干扰物质；④测定所要花费的时间；⑤产品检验相关规定（如国标、药典等）。

考马斯亮蓝法（Bradford 法）由于其突出的优点，得到了越来越广泛的应用。

1. 凯氏定氮法（总氮）

凯氏定氮法测定蛋白质含量的装置如图 2-24 所示。样品与浓硫酸共热，含氮有机物即分解产生氨（消化），氨又与硫酸作用，变成硫酸铵。经强碱碱化使样品分解放出氨，借蒸汽将氨蒸至酸液中，根据此酸液被中和的程度可计算得样品之氮含量。若以甘氨酸为例，其反应式如下：

$$\underset{\displaystyle NH_2}{CH_2}\text{—}COOH+3H_2SO_4 \longrightarrow 2CO_2+3SO_2+4H_2O+NH_3 \tag{2-1}$$

$$2NH_3+H_2SO_4 \longrightarrow (NH_4)_2SO_4 \tag{2-2}$$

$$(NH_4)_2SO_4+2NaOH \longrightarrow Na_2SO_4+2NH_3+2H_2O \tag{2-3}$$

反应式（2-1）、反应式（2-2）在凯氏瓶内完成，反应式（2-3）在凯氏蒸馏装置中进行。为了加速消化，可以加入 $CuSO_4$ 作催化剂，加入 K_2SO_4 以提高溶液的沸点。收集氨可用硼酸溶液，滴定则用强酸。实验和计算方法这里从略。凯氏定氮法的缺点是不能识别人工加入的非蛋白氮的含量。

目前已有整套半自动化、自动化的凯氏定氮装置，大大提高了凯氏定氮的速度和精度。

计算所得结果为样品总氮量，如欲求得样品中蛋白氮含量，将总氮量减去非蛋白氮即得。如欲进一步求得样品中蛋白质的含量，即用样品中蛋白氮乘以 6.25 即得。

2. 双缩脲法（Biuret 法）

双缩脲（$NH_3CONHCONH_3$）是两个分子尿素经 180℃左右加热，放出一个分子氨后得到的产物。在强碱性溶液中，双缩脲与 $CuSO_4$ 形成紫红色配合物，如图 2-25 所示，称为双缩脲反应。凡具有两个酰氨基或两个直接连接的肽键的化合物都有双缩脲反应。

紫红色配合物颜色的深浅与蛋白质浓度成正比，而与蛋白质分子量及氨基酸成分无关，故可用来测定蛋白质含量。测定范围为 1～10mg 蛋白质。干扰这一测定的物质主要有硫酸铵、Tris 缓冲溶液和某些氨基酸等。

此法的优点是速度较快，不同的蛋白质产生颜色的深浅相近，以及干扰物质少。主要的缺点是灵敏度差。因此双缩脲法常用于需要快速，但并不需要十分精确的蛋白质测定。

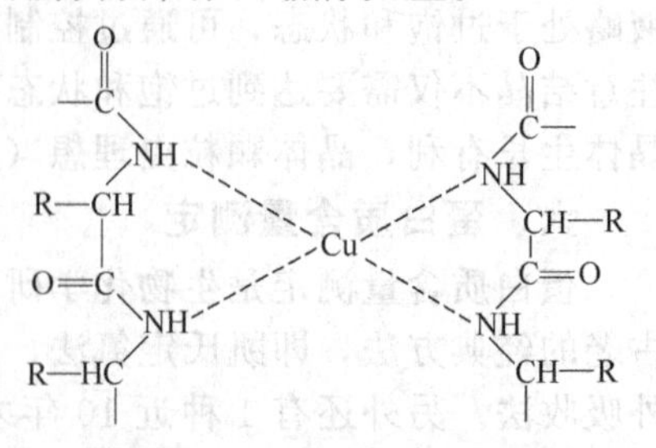

图 2-25 紫红色的配合物

3. Folin-酚试剂法（Lowry 法）

这种蛋白质测定法是最灵敏的方法之一。过去此法是应用最广泛的一种方法，但由于其试剂乙的配制较为困难（现在已可以订购），后来逐渐被考马斯亮蓝法所取代。此法的显色原理与双缩脲方法是相同的，只是加入了第二种试剂，即 Folin-酚试剂，以增加显色量，从而提高了检测蛋白质的灵敏度。这两种显色反应产生深蓝色的原因是：①在碱性条件下，蛋白质中的肽键与铜结合生成复合物；②Folin-酚试剂中的磷钼酸-磷钨酸被蛋白质中的酪氨酸和苯丙氨酸残基还原，产生深蓝色（钼蓝和钨蓝的混合物）。在一定的条件下，蓝色深度与蛋白质的量成正比。

Folin-酚试剂法最早由 Lowry 确定了蛋白质浓度测定的基本步骤，以后在生物化学领域得到广泛的应用。这个测定法的优点是灵敏度高，比双缩脲法灵敏得多，缺点是费时间较长，要精确控制操作时间，标准曲线也不是严格的直线形式，且专一性较差，干扰物质较多。对双缩脲反应发生干扰的离子，同样容易干扰 Lowry 反应，而且对后者的影响还要大得多。酚类、柠檬酸、硫酸铵、Tris 缓冲溶液、甘氨酸、糖类、甘油等均有干扰作用。浓度较低的尿素（0.5%）、硫酸钠（1%）、硝酸钠（1%）、三氯乙酸（0.5%）、乙醇（5%）、乙醚（5%）、丙酮（0.5%）等溶液对显色无影响，但这些物质浓度高时，必须作校正曲线。含硫酸铵的溶液，只需加浓碳酸钠-氢氧化钠溶液，即可显色测定。若样品酸度较高，显色后会色浅，则必须提高碳酸钠-氢氧化钠溶液的浓度1～2倍。

进行测定时，加 Folin-酚试剂时要特别小心，因为该试剂仅在酸性 pH 条件下稳定，但上述还原反应只在 pH＝10 的情况下发生，故当 Folin-酚试剂加到碱性的铜-蛋白质溶液中时，必须立即混匀，以便在磷钼酸-磷钨酸被破坏之前，还原反应即能发生。

此法也适用于酪氨酸和色氨酸的定量测定。

此法可检测的最低蛋白质量达 5μg/ml，通常测定范围是 20～250μg。

4. 紫外吸收法

蛋白质分子中，酪氨酸、苯丙氨酸和色氨酸残基的苯环含有共轭双键，使蛋白质具有吸收紫外光的性质。吸收高峰在 280nm 处，其吸光度与蛋白质含量成正比。此外，蛋白质溶液在 238nm 的光吸收值与肽键含量成正比。利用一定波长下，蛋白质溶液的光吸收值与蛋白质浓度的正比关系，可以进行蛋白质含量的测定。

紫外吸收法简便、灵敏、快速，不消耗样品，测定后仍能回收使用。低浓度的盐，如生化制备中常用的 $(NH_4)_2SO_4$ 等和大多数缓冲溶液不干扰测定。特别适用于柱色谱洗脱液的快速连续检测，因为此时只需测定蛋白质浓度的变化，而不需知道其绝对值。

此法的特点是测定蛋白质含量的准确度较差，干扰物质多，在用标准曲线法测定蛋白质含量时，对那些与标准蛋白质中酪氨酸和色氨酸含量差异大的蛋白质，有一定的误差。故该法适用于测定与标准蛋白质氨基酸组成相似的蛋白质。若样品中含有嘌呤、嘧啶及核酸等吸收紫外光的物质，会出现较大的干扰。核酸的干扰可以通过查校正表，再进行计算的方法，加以适当的校正。但是因为不同的蛋白质和核酸的紫外吸收是不相同的，虽然经过校正，测定的结果还是存在一定的误差。

此外，进行紫外吸收法测定时，由于蛋白质吸收高峰常因 pH 的改变而有变化，因此要注意溶液的 pH，测定样品时的 pH 要与测定标准曲线的 pH 相一致。

5. 考马斯亮蓝法（Bradford 法）

双缩脲法（Biuret 法）和 Folin-酚试剂法（Lowry 法）的明显缺点和许多限制，促使科学家们去寻找更好的蛋白质溶液测定的方法。

1976 年由 Bradford 建立的考马斯亮蓝法（Bradford 法），是根据蛋白质与染料相结合的原理设计的。这种蛋白质测定法具有超过其他几种方法的突出优点，因而正在得到广泛的应用。这一方法是目前灵敏度最高的蛋白质测定法。

考马斯亮蓝 G-250（coomassie brilliant blue G-250），在酸性溶液中与蛋白质结合，使染料的最大吸收峰的位置（λ_{max}）由 465nm 变为 595nm，溶液的颜色也由棕黑色变为蓝色。经研究认为，染料主要是与蛋白质中的碱性氨基酸（特别是精氨酸）和芳香族氨基酸残基相结合。其光吸收值与蛋白质含量成正比，因此可用于蛋白质的定量测定。

Bradford 法的突出优点如下所述。

① 灵敏度高。据估计比 Lowry 法约高 4 倍，其最低蛋白质检测量可达 1μg。这是因为蛋白质与染料结合后产生的颜色变化很大，蛋白质-染料复合物有更高的吸收系数，因而光吸收值随蛋白质浓度的变化比 Lowry 法要大得多。

② 测定快速、简便。只需加一种试剂，完成一个样品的测定，只需要 5min 左右。由于染料与蛋白质结合的过程，大约只要 2min 即可完成，其颜色可以在 1h 内保持稳定，且在5～20min 之间，颜色的稳定性最好。因而完全不用像 Lowry 法那样费时和严格地控制时间。

③ 干扰物质少。如干扰 Lowry 法的 K^+、Na^+、Mg^{2+}、Tris 缓冲溶液、糖和蔗糖、甘油、巯基乙醇、EDTA 等均不干扰此测定法。

此法的缺点如下所述。

① 由于各种蛋白质中的精氨酸和芳香族氨基酸的含量不同，因此 Bradford 法用于不同蛋白质测定时有较大的偏差，在制作标准曲线时通常选用 γ-球蛋白为标准蛋白质，以减少这方面的偏差。

② 仍有一些物质干扰此法的测定，主要的干扰物质有去污剂、Triton X-100、十二烷基磺酸钠（SDS）和 0.1mol/L 的 NaOH。

③ 标准曲线也有轻微的非线性，因而不能用 Beer 定律进行计算，而只能用标准曲线来测定未知蛋白质的浓度。5 种蛋白质分析方法对比见表 2-8。

表 2-8　蛋白质分析方法对比

方　法	灵敏度	时　间	原　理	干扰物质	说　明
凯氏定氮法	灵敏度低，适用于 0.2～1.0mg 氮，误差为±2%	费时，8～10h	将蛋白氮转化为氨，用酸吸收后滴定	非蛋白氮（可用三氯乙酸沉淀蛋白质而分离）	用于标准蛋白质含量的准确测定；干扰少；费时太长
双缩脲法（Biuret 法）	灵敏度低，1～20mg	中速，20～30min	多肽键＋碱性 Cu^{2+} → 紫红色配合物	硫酸铵，Tris 缓冲溶液，某些氨基酸	用于快速测定，但不太灵敏；不同蛋白质显色相似
Folin-酚试剂法（Lowry 法）	灵敏度高，约 5μg	慢速，40～60min	双缩脲反应，磷钼酸-磷钨酸试剂被 Tyr 和 Phe 还原	硫酸铵，Tris 缓冲溶液，甘氨酸，各种硫醇	耗费时间长；操作要严格计时；颜色深浅随不同蛋白质变化
紫外吸收法	较为灵敏，50～100μg	快速，5～10min	蛋白质中的酪氨酸和色氨酸残基在 280nm 处的光吸收	各种嘌呤和嘧啶，各种核苷酸	用于色谱柱流出液的检测；核酸的吸收可以校正
考马斯亮蓝法（Bradford 法）	灵敏度最高，1～5μg	快速，5～15min	考马斯亮蓝染料与蛋白质结合时，其 λ_{max} 由 465nm 变为 595nm	强碱性缓冲溶液，Triton X-100，SDS	最好的方法；干扰物质少；颜色稳定；颜色深浅随不同蛋白质而变化

6. 其他检测方法

随着现代分析检测技术的发展，在医学和生物学方面，蛋白质的检测技术有了质的变化，特别是现代电泳技术、高效液相技术的应用为蛋白质的快速检测提供了更先进的检测技术。

第五节* 蛋白质与氨基酸类药物

一、蛋白质与人体健康

人体的大部分是由蛋白质组成的，皮肤、肌肉、内脏、头发、指甲、大脑甚至是骨骼等，只有蛋白质充足时，才能维持人体正常的新陈代谢。由于人体组织中肌肉的蛋白质含量最高，因此，人们很容易自我判断所摄取的蛋白质是否充足。

当人们饮食中蛋白质摄取量足够充足时，便可以增加抵抗力。人体有各种抵抗疾病的机能，其中抗体及白细胞与蛋白质的摄取密切相关。在正常情况下，肝脏会制造抗体和球蛋白，它们能吞噬各种细菌、细菌性毒素及病毒，使其变成无害。

近年来，医学界开始从健康人的血浆中抽取免疫性球蛋白，再注射到营养不良的人身上。这种治疗方式已经被用于预防感冒。营养充足时，身体可以自行制造所需的抗体。研究显示，如果改善饮食，摄取丰富的蛋白质，在一周内，人体所产生的抗体数量就可以明显上升。

人体另一种自我保护机能就是产生吞噬细菌的白细胞。白细胞在血液及淋巴液中流动，有些则固定在血管壁及肺泡或人体的其他组织中，发挥保护的功能。当细菌侵入体内时，白细胞会自动包围细菌，将其吞噬和消化。这种抗体就是由蛋白质组成的，而丰富的蛋白质则从食物中摄取而得。

充足的蛋白质有助于消化机能的正常运作。因为分解食物的酶，也是由蛋白质所组成，可以将食物分解为微小的粒子，使其溶解于水中，再进入血液之中。饮食中的蛋白质充足时，消化器官就能不断地分泌足够的酶，加上消化器官的正常蠕动，使食物与消化液及酶混合，食物被分解后，养分为消化器官所吸收，再进入血液之中。

蛋白质能中和酸性或碱性物质，它也是大部分激素的基本组成物质，并且有助于血液的凝结。

如果长时间缺乏蛋白质，将使体内积存水分。有些蛋白质本来就缺乏的人节食减肥时就易形成恶性循环，傍晚时脚肿得特别厉害，早晨脸部及双手则明显浮肿，眼睑也会松弛。

二、氨基酸药物

氨基酸是生命机体的重要物质基础。每一个细胞的重要组成部分都要有氨基酸的参与，没有氨基酸就没有生命。正因为如此，增强人体抵抗力的各类氨基酸营养液和用于治疗疾病的各种氨基酸药物层出不穷。常见的氨基酸药物剂型有氨基酸片、复合氨基酸、氨基酸注射液等。

在氨基酸片方面，像谷氨酰胺、组氨酸，可用于治疗消化道溃疡；天冬氨酸可治疗心律失调；亮氨酸可作为高血糖、头晕的治疗药物等。

近代研究证明，肝昏迷的发生可能与血清氨基酸平衡失调特别是支链氨基酸的减少和芳香氨基酸的增多有关（简称支/芳值），并发现在严重肝病和肝昏迷时，支/芳值明显低于正常。像由缬氨酸、亮氨酸及异亮氨酸组成的复合氨基酸，可用于调节体内血浆中支链氨基酸和芳香氨基酸的比值，从而改善肝昏迷的症状，使肝昏迷患者苏醒，提高存活率。此外，本品对肝功能不全所致的低蛋白血症也有一定疗效，可提高血浆蛋白含量，降低血浆中非蛋白氮和尿素氮含量，有利于肝细胞再生及肝功能恢复。主要用于肝性脑病、重症肝炎、肝硬化、慢性肝炎的治疗，也用于肝炎、肝昏迷及肝功能不全的蛋白营养缺乏症。

氨基酸注射液方面，如 14 氨基酸注射液-800 为 14 种纯结晶氨基酸（L-异亮氨酸、L-缬氨酸、L-亮氨酸、L-丙氨酸、L-赖氨酸、L-精氨酸、L-蛋氨酸、L-组氨酸、L-苯丙氨酸、L-

脯氨酸、L-苏氨酸、L-酪氨酸、L-色氨酸和甘氨酸）以适当比例配制而成，为无色或微黄色的澄明灭菌溶液，同样可以纠正血浆支/芳比值的偏低，使肝昏迷患者苏醒，其中部分患者可以存活，提高存活率。像 11 氨基酸注射液-833 按人体生理氨基酸需要量和一定比例配制，其中必需氨基酸和非必需氨基酸亦按一定比例，可供机体有效利用，纠正因蛋白质供给不足引起的恶性循环，它含 11 种 L 型氨基酸、每 100ml 内含赖氨酸 1.54g、苏氨酸 0.70g、蛋氨酸 0.68g、色氨酸 0.30g、亮氨酸 1.00g、异亮氨酸 0.66g、苯丙氨酸 0.96g、缬氨酸 0.64g、精氨酸 0.90g、组氨酸 0.35g、甘氨酸 0.60g，每 1ml 内含氨基酸总量为 83.3mg，有效氮量为 13.13mg。它主要用于：①改善大型手术前的营养状态；②供给消化吸收障碍患者蛋白质营养成分；③用于创伤、烧伤、骨折、化脓及术后蛋白质严重损失的患者；④用于低蛋白血症。

三、蛋白质药物

肽由氨基酸组成，是蛋白质的结构与功能片段，并使蛋白质具有数以千万计的生理功能。肽本身也具有很强的生物活性。由 2 个或 3 个氨基酸脱水缩合而成的肽分别叫二肽和三肽，以此类推为四肽、五肽……一般说来，肽链上氨基酸数目在 10 个以内的叫寡肽，达到 10～50 个的叫多肽，50 个以上的叫蛋白质。目前，三者均能人工合成，其合成的难易程度以及生理活性的大小依次是蛋白质、多肽和寡肽。按分子量分类，寡肽、多肽属于小分子化合物，蛋白质是大分子化合物。人们熟知的胰岛素由 51 个氨基酸组成，是首次人工合成的一种分子量最小的蛋白质。

人类从合成第一个多肽到今天，已走过了一个世纪。目前医药领域常见的多肽有激肽、液肽、胸腺肽、丝胶肽、神经肽、肠肽、谷胱甘肽、胰腺肽和多肽生长因子等。多肽因组成结构的不同而对人体具有不同的功能，概括起来为抑制、激活、修复和促进。抑制细胞病变，增强人体免疫力；激活细胞活性，清除对人体有害的自由基；修复人体已经病变的细胞，改善新陈代谢；促进人体蛋白质、酶和酵素的合成与调控。多肽产品的应用，已从单纯的治疗领域延伸到保健领域，剂型也从注射剂发展到口服剂。

已上市的和正在研制的基因工程多肽药物，中国已能生产的包括基因工程诊断试剂和疫苗类产品、重组人干扰素（重组人干扰素 α-1b、重组人干扰素 α-2a、重组人干扰素 α-2b、重组人干扰素 γ 4 种类型）、重组人白介素-2、重组人粒细胞集落刺激因子（G-CSF）、粒细胞巨噬细胞集落刺激因子（GM-CSF）、重组人促红细胞生成素（EPO）、重组链激酶、重组人碱性成纤维细胞生长因子（rh-bFGF）、重组牛碱性成纤维细胞生长因子、重组人表皮生长因子、重组人胰岛素、重组人生长激素等十几类基因工程药物。

有关专家认为，在医学领域，21 世纪将是肽和蛋白质的世纪。肽和蛋白质将成为今后最有希望的临床治疗与保健药物。2003 年发生非典疫情时，白蛋白、丙种球蛋白、胸腺肽和干扰素等产品的供不应求就是明证。

阅读材料　三聚氰胺等检测与伪蛋白问题

三聚氰胺，化学式：$C_3H_6N_6$，俗称密胺、蛋白精，是一种三嗪类含氮杂环有机化合物，被用作化工原料。它是白色单斜晶体，几乎无味，微溶于水（3.1g/L 常温），可溶于甲醇、甲醛、乙酸、热乙二醇、甘油、吡啶等，不溶于丙酮、醚类，对身体有害，不可用于食品加工或食品添加物。奶粉等很多食品在检测蛋白质含量时，为了方便，使用测定食品中氮的含量，然后换算成蛋白质含量。不法分子在奶粉中添加三聚氰胺这种有毒物质，以便使得奶粉检测时蛋白质含量高。

由于中国估测食品和饲料工业蛋白质含量方法的缺陷，三聚氰胺也常被不法商人掺杂进食品或饲料中，以提升食品或饲料检测中的蛋白质含量指标。蛋白质主要由氨基酸组成，蛋白质平均含氮量为16%左右，而三聚氰胺的含氮量为66%左右。常用的蛋白质测试方法“凯氏定氮法”是通过测出含氮量乘以6.25来估算蛋白质含量，因此，添加三聚氰胺会使得食品的蛋白质测试含量虚高，从而使劣质食品和饲料在检验机构只做粗蛋白质简易测试时蒙混过关。有人估算在植物蛋白粉和饲料中使测试蛋白质含量增加一个百分点，用三聚氰胺的花费只有真实蛋白质原料的1/5。三聚氰胺作为一种白色结晶粉末，没有什么气味和味道，所以掺杂后不易被发现。

2008年9月，震惊中外的“三鹿婴幼儿奶粉事件”暴露出乳制品行业的“潜规则”，国内一些知名乳品品牌也被检出其产品中含三聚氰胺。各个品牌奶粉中蛋白质含量为15%～20%，蛋白质中含氮量平均为16%。某合格奶粉蛋白质含量为18%计算，含氮量为2.88%。而三聚氰胺含氮量为66.6%，是鲜牛奶的151倍，是奶粉的23倍。每100g牛奶中添加0.1g三聚氰胺，理论上就能提高0.625%蛋白质。

本章小结

蛋白质是生命的物质基础。没有蛋白质就没有生命。

蛋白质是由20种氨基酸组成的。氨基酸性质方面的差别反映了它们侧链的不同。除了甘氨酸没有手性碳以外，其他19种氨基酸都至少含有1个手性碳。氨基酸的侧链可以按照它们的化学结构分为脂肪族的、芳香族的、含硫的、含醇的、碱性的、酸性的和酰胺类，还可以按侧链的极性和营养价值分类。

蛋白质的供给与人类的营养水平、健康状况有关，同时蛋白质、氨基酸、小分子肽既是营养品又可作为药物使用，如抗体、激素等对某些疾病的治疗有一定的疗效。

多肽链中相邻氨基酸残基通过肽键连接，肽键具有部分双键特性，所以整个肽单位是一个极性的平面结构。由于立体上的限制，肽键的构型大都是反式，$N\text{-}C_\alpha$ 和 $C_\alpha\text{-}C$ 键的旋转赋予了多肽链构象上的柔性。

氨基酸的各种侧链基团可以进行很多种化学反应，如与茚三酮、DNFB、PITC、甲醛、亚硝酸等的反应。每种氨基酸均有自己的等电点，在电场中可以发生电泳。

蛋白质结构水平分为四级，一级结构指的是氨基酸序列，二级结构是指在局部肽段中相邻氨基酸的空间关系，三级结构是整个多肽链的三维构象，四级结构是指能稳定结合的两条或两条以上多肽链（亚基）的空间关系。蛋白质具有由基因确定的唯一的氨基酸序列，一级结构决定了蛋白质的构象。蛋白质存在几种不同的二级结构，其中包括α-螺旋、β-折叠和转角等。

蛋白质有各种理化性质，如蛋白质的两性解离及等电点、胶体性质、变性、复性、沉淀反应、各种呈色反应等。蛋白质含量测定的方法有双缩脲法、凯式定氮法、考马斯亮蓝法、Folin-酚试剂法、紫外吸收法等。

了解蛋白质分离、纯化与鉴别技术对医学、工业化生产的推动作用。

练 习 题

一、名词解释

1. 基本氨基酸；2. 肽键；3. 等电点（p*I*）；4. 必需氨基酸；5. 蛋白质的变性；6. 蛋白质的沉淀；7. 肽；8. 结构域；9. 蛋白质的四级结构；10. 结合蛋白；11. 蛋白质的亚基；12. 蛋白质的变性与复性；13. 超二级结构；14. 盐析；15. 蛋白质的凝固。

二、选择题

1. 在寡聚蛋白质中，亚基间的立体排布、相互作用以及接触部位间的空间结构称之为（ ）。

A. 三级结构 B. 缔合现象 C. 四级结构 D. 变构现象

2. 形成稳定的肽链空间结构，非常重要的一点是肽键中的4个原子以及和它相邻的两个α-碳原子处于（ ）。

A. 不断绕动状态 B. 可以相对自由旋转 C. 同一平面 D. 随不同外界环境而变化的状态

3. 甘氨酸的解离常数是$pK_1=2.34$，$pK_2=9.60$，它的等电点（pI）是（ ）。

A. 7.26 B. 5.97 C. 7.14 D. 10.77

4. 肽链中的肽键是（ ）。

A. 顺式结构 B. 顺式和反式共存 C. 反式结构

5. 维持蛋白质二级结构稳定的主要因素是（ ）。

A. 静电作用力 B. 氢键 C. 疏水键 D. 范德华作用力

6. 蛋白质变性是由于（ ）。

A. 一级结构改变 B. 空间构象被破坏 C. 辅基脱落 D. 蛋白质水解

7. 在下列所有氨基酸溶液中，不引起偏振光旋转的氨基酸是（ ）。

A. 丙氨酸 B. 亮氨酸 C. 甘氨酸 D. 丝氨酸

8. 天然蛋白质中含有的20种氨基酸的结构（ ）。

A. 全部是L型 B. 全部是D型

C. 部分是L型，部分是D型 D. 除甘氨酸外都是L型

9. 天然蛋白质中不存在的氨基酸是（ ）。

A. 半胱氨酸 B. 瓜氨酸 C. 丝氨酸 D. 蛋氨酸

10. 破坏α-螺旋结构的氨基酸残基之一是（ ）。

A. 亮氨酸 B. 丙氨酸 C. 脯氨酸 D. 谷氨酸

三、是非题（在题后括号内打√或×）

1. 一氨基一羧基氨基酸的pI为中性，因为—COOH和—$\overset{+}{N}H_3$的解离度相等。（ ）

2. 构型的改变必须有旧的共价键的破坏和新的共价键的形成，而构象的改变则不发生此变化。（ ）

3. 生物体内只有蛋白质才含有氨基酸。（ ）

4. 所有的蛋白质都具有一级结构、二级结构、三级结构、四级结构。（ ）

5. 蛋白质分子中个别氨基酸的取代未必会引起蛋白质活性的改变。（ ）

6. 镰刀型红细胞贫血病是一种先天遗传性的分子病，其病因是由于正常血红蛋白分子中的一个谷氨酸残基被缬氨酸残基所置换。（ ）

7. 在蛋白质和多肽中，只有一种连接氨基酸残基的共价键，即肽键。（ ）

8. 天然氨基酸都有一个不对称α-碳原子。（ ）

9. 变性后的蛋白质其分子量也发生改变。（ ）

10. 蛋白质在等电点时净电荷为零，溶解度最小。（ ）

四、问答及计算题

1. 氨基酸的侧链对多肽或蛋白质的结构和生物学功能非常重要。用三字母和单字母缩写形式列出其侧链为如下要求的氨基酸。

(a) 含有一个羟基。(b) 含有一个氨基。(c) 含有一个具有芳香族性质的基团。(d) 含

有分支的脂肪族烃链。(e) 含有硫。

2. 氨基酸的定量分析表明牛血清白蛋白含有0.58%的色氨酸（色氨酸的分子量为204）。

(a) 试计算牛血清白蛋白的最小分子量（假设每个蛋白分子只含有一个色氨酸残基）。

(b) 凝胶过滤测得的牛血清白蛋白的相对分子质量为70000，试问牛血清白蛋白分子含有几个色氨酸残基？

3. 羊毛衫等羊毛制品在热水中洗后在电干燥器内干燥，则收缩，但是丝制品进行同样处理时，却不收缩。如何解释这两种现象？

4. 毛发的水解产物是什么？常用什么方法进行水解？如人的头发每年以15～20cm的速度生长，头发主要是α-角蛋白纤维，是在表皮细胞的里面合成和组装成“绳子”。α-角蛋白的基本结构单元是α-螺旋。如果α-螺旋的生物合成是头发生长的限速因素，计算α-螺旋链的肽键以什么样的速度（每秒钟）合成才能解释头发每年的生长长度？

5. 一个α-螺旋片段含有180个氨基酸残基，该片段中有多少圈螺旋？计算该α-螺旋片段的轴长。

6. 如何利用现代蛋白质分离、纯化和检测技术防范检测蛋白质种类与含量时可能出现的偏差？

讨 论 题

1. 为什么在做氨基酸等电点结晶实验或在谷氨酸生产中利用等电点技术提取谷氨酸时，人们在调整pH时要分段进行，并要求在一定pH范围内保温一定时间，观察是否有结晶后才能进入下步操作？请利用图书馆或网络资源查询味精行业中谷氨酸等电点提取时有多少种提取工艺？了解α型晶体结晶与β型晶体结晶之间的差异？为什么会出现转晶工艺？

2. 为什么利用茚三酮比色法定量检测氨基酸含量时要先绘制标准曲线？

3. 能否利用旋光法定量测定样品中氨基酸的含量？

4. 为什么利用氨基酸自动分析仪、高效液相色谱仪（HPLC）检测氨基酸的组成与含量测定时要进行消化、除杂处理？哪些杂质会影响分析结果？如何除杂？

5. 为什么在众多的新提取分离技术中，盐析、纸上色谱仍然是中药有效成分提取分离的重要手段？

6. 为什么在设计蛋白质或酶的提取分离方案时，要关注蛋白质变性与复性及回收率问题？

7. 三聚氰胺蛋白对人体健康有何影响？

第三章 核酸化学

【学习目标】

1. 熟悉核酸的分类、核酸在细胞中的分布及其生物学功能。

2. 掌握核酸的元素组成特点、磷平均含量及其与碱基含量之间的换算。

3. 掌握核苷酸、核苷、碱基、核糖的基本概念及其结构，熟记常见核苷酸的缩写符号。

4. 了解核糖核酸（RNA）和脱氧核糖核酸（DNA）分子碱基组成的异同，掌握核糖类→核苷类→核苷酸类的组合方式。

5. 通过了解单体→聚合物的聚合反应形成高分子聚合物的方式，掌握多核苷酸链的特性，了解单核苷酸之间通过磷酸二酯键连接形成多核苷酸链的方式，理解多核苷酸链的方向性。

6. 了解生物内重要的环化核苷酸——cAMP 和 cGMP 在信息传递中的作用。

7. 掌握 DNA 的一级结构特点和多核苷酸链的书写方式，重点掌握二级双螺旋结构模型要点及碱基配对规律，了解 DNA 的三级结构——核小体的结构特点。

8. 了解核糖核酸中 rRNA、mRNA 和 tRNA 三小类的结构特点及功能，了解 tRNA 二级结构特点——三叶草形结构。

9. 掌握核酸的理化性质，熟悉核酸的紫外吸收性质、DNA 变性、复性及杂交等概念。

10. 了解核酸的分离与提纯基本方法。

11. 了解核酸含量的测定方法。

核酸是重要的生物大分子之一，是遗传信息的携带者，又是传递者。物种和个体之间的差异可以认为是其携带的核酸之间的差异，可以确定亲代与子代之间的遗传与变异现象的分子基础是核酸。

核酸分子与蛋白质分子一样，是由少数的几种单体（“建筑材料”）通过特定的化学键相互连接而成的有生物活性的生物大分子，同样具有复杂的空间结构。核酸的生物学功能是贮存遗传信息。虽然核酸是四大类生物大分子中研究起步最晚的，但却是发展最快的分支，近 20 年核酸研究的发展已改变了整个生命科学的面貌，目前分子生物学是 21 世纪发展最迅速、最有活力的学科。

(1) 核酸的发展简史　1869 年瑞士外科医生 Friedrich Miescher 首次从脓细胞核中分离出一种可溶于碱、不溶于酸的含磷丰富的有机化合物，称为核素（nuclein），后来证明是核蛋白。1889 年 R. Altman 从动植物细胞中分离出不含蛋白质的核素，因其具有酸性故称为核酸（nucleic acid）。1928 年，格里菲思的肺炎双球菌转化试验和 1944 年 Avery 等人通过肺炎球菌的转化试验证明了生物的遗传物质是 DNA，而且证明了通过 DNA 可以把一个细菌的性状转移给另一个细菌。证明了核酸是遗传信息的携带者之后，人们对遗传物质的研究进入了一个新阶段。

(2) 核酸的存在与分布　动物、植物、微生物和病毒中均存在核酸，大部分核酸分布在细胞核内，少量核酸分布在细胞质中。

(3) 核酸的组成成分　核糖、碱基和磷酸。

(4) 积木模式搭建方式　核糖与碱基结合生成核苷，核苷与磷酸结合生成核苷酸。核苷酸是组成核酸的基本结构单位。

(5) 三维空间结构的形成　核酸其实就是由 4 种基本的核苷酸（或脱氧核苷酸）通过磷酸二酯键组成的多核苷酸链（可认为是一维结构），再通过形成二维结构（α-螺旋、β-折叠等），再进一步盘旋、卷曲形成复杂的三维空间结构。

(6) 核酸的复合方式　核酸还与蛋白质结合形成复合物，并能以染色质、染色体、质粒等多种形态出现在细胞内。

(7) 核酸的基本结构单位　其基本结构单位只有 4 种核苷酸，与组成由 20 种氨基酸作为基本结构单位的蛋白质相比，核酸分子的化学组成相对简单，但核酸通过利用在多核苷酸中连续的三联碱基密码，同样可以达到 20 种氨基酸能表达的信息，根据排列组合理论，4 种核苷酸碱基的三联密码总数有 $4\times3\times2=24$ 种，三联密码携带信息量可达到甚至超过 20 种天然氨基酸携带的信息量。

(8) 核酸与健康　核酸作为遗传的物质基础，不仅与遗传变异、生长发育、细胞分化等正常的生命活动有密切的关系，而且还与肿瘤的发生、辐射损伤、遗传病及其他代谢疾病等生命的异常现象有密切的关系。

近年来，核酸的研究有了飞速的发展，在分子生物学的基础上又产生了一门新的学科——基因工程学。人们可利用基因工程技术构建基因工程菌并将其用于生产生物技术药物，或改变生物的遗传特性，人为制造新的物种等。目前利用基因工程（又称 DNA 体外重组）等先进技术，人们可以大量生产以前难以用人工合成的药物，如人胰岛素、人干扰素、人生长激素等多种生物技术药物，出现了一门新的高技术制药行业——生物制药产业，促进了制药、医药、医学的发展。

第一节　核酸的化学组成

核酸是生物大分子，也可通过逐步水解方法了解其化学组成。核酸经最终水解后得到的化学成分有戊糖、碱基和磷酸 3 种化合物。

根据核酸分子中所含戊糖的不同将核酸分为两类。含脱氧核糖的核酸称为脱氧核糖核酸（deoxyribonucleic acid，DNA），含核糖的核酸称为核糖核酸（ribonucleic acid，RNA）。两类核酸中的戊糖只有一个原子之差，但它们的结构与功能有本质的差别。

经研究发现，动物细胞、植物细胞和微生物细胞等都含有核酸。脱氧核糖核酸一般存在于细胞核内，少量脱氧核糖核酸存在于细胞质中。细胞上的核酸含量相对稳定，其含量一般占细胞干重的5%～15%。

在真核细胞中，98%以上的 DNA 存在于细胞核的染色质中，并与组蛋白结合在一起，细胞质内的 DNA 主要有存在于线粒体中的 DNA 和存在于叶绿体中的 DNA。

RNA 约 90%存在于细胞质中，仅 10%存在于细胞核内。RNA 在蛋白质的生物合成中起着极为重要的作用。

一、核酸的元素组成

组成核酸（DNA 和 RNA）分子的主要元素有碳、氢、氧、氮、磷等。其中磷在各种核酸中的含量比较接近和恒定，DNA 的平均含磷量为 9.9%，RNA 的平均含磷量为 9.4%。因此，只要测出生物样品中核酸的含磷量，就可以计算出该样品的核酸含量，这是定磷法的理论基础。

二、核酸的基本结构单位——核苷酸

核酸是由核苷酸组成的多核苷酸，属生物大分子化合物。将核酸用核酸水解酶水解可分离出四类核苷酸，将核苷酸进一步水解生成核苷和磷酸，核苷再进一步水解则生成戊糖和含氮碱基两类化学物质。其中戊糖有两种：一种是核糖，为 RNA 的降解产物；另一种是脱氧核糖，为 DNA 的降解产物。含氮碱基包括嘌呤碱基和嘧啶碱基两类。核酸水解过程及其水解产物可用图 3-1 表示。

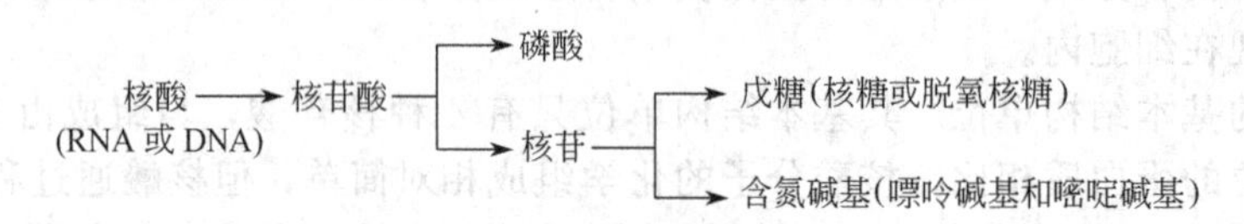

图 3-1 核酸水解及其水解产物

所以，核酸由核苷酸组成，而核苷酸又由碱基、戊糖与磷酸组成。核糖核苷酸是 RNA 的基本结构单位，脱氧核糖核苷酸是 DNA 的结构单位。

根据核酸的降解（水解）产物，人们可以了解 DNA 和 RNA 的化学组成特征。DNA 和 RNA 主要组成成分归纳见表 3-1。

表 3-1 DNA 和 RNA 主要组成成分

组成成分		RNA	DNA	组成成分	RNA	DNA
碱基	嘌呤	腺嘌呤(A)	腺嘌呤(A)	磷酸	磷酸	磷酸
		鸟嘌呤(G)	鸟嘌呤(G)			
	嘧啶	胞嘧啶(C)	胞嘧啶(C)	戊糖	D-核糖(R)	D-2-脱氧核糖(dR)
		尿嘧啶(U)	胸腺嘧啶(T)			

1．戊糖

核酸分子中的戊糖有两种：一种是存在 RNA 中的核糖，为 D-核糖（D-ribose，R）；另一种是 DNA 中的核糖，为 D-2-脱氧核糖（D-2-deoxyribose，dR）。它们都是 β 构型。

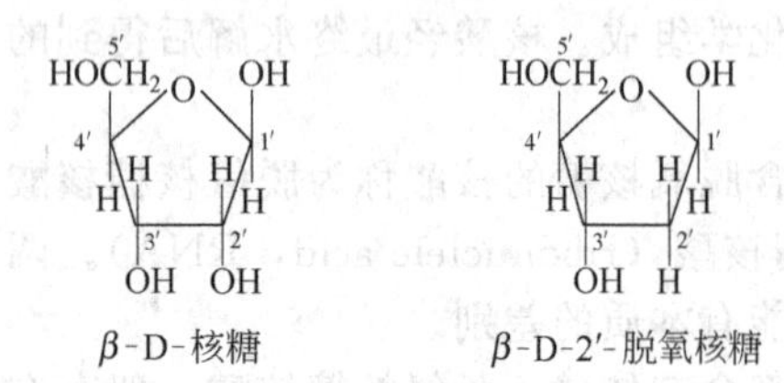

图 3-2 核糖结构示意

在核苷酸分子中戊糖和碱基均含碳原子，为了区别戊糖与含氮碱基分子中的碳原子，习惯上将戊糖上的碳原子编号上加标“撇”（“′”）表示。核酸中两种核糖的结构式及数字编号如图 3-2 所示。

2．碱基

核酸分子中的碱基有两类：嘌呤碱和嘧啶碱，它们是含氮的杂环化合物。

嘌呤碱类主要包括 2 种嘌呤：腺嘌呤（adenine，A）和鸟嘌呤（guanine，G）。

嘧啶碱类主要包括 3 种嘧啶：胞嘧啶（cytosine，C），胸腺嘧啶（thymine，T ）和尿嘧啶（uracil，U ）。其中 RNA 分子中只含其中的两种嘧啶——胞嘧啶（C）和尿嘧啶（U），不含胸腺嘧啶（A）；DNA 分子中则只含胞嘧啶（C）和胸腺嘧啶（A），而不含尿嘧啶（U）。两类核酸所含的 5 种基本碱基的化学结构及数字标号如图 3-3 所示。

上述 5 种碱基广泛存在于两类核酸中，称为基本碱基，尿嘧啶（U）发生甲基化生成胸腺嘧啶（A），其中尿嘧啶（U）是 RNA 的基本碱基，胸腺嘧啶（A）则是 DNA 的基本碱基。

在核酸中，除以上的 5 种基本碱基之外，在某些核酸特别是 tRNA 中尚还含有其他种类的碱基，因为它们在核酸中的含量很低，一般是通过甲基化、羟甲基化及硫化基本碱基内的某些基团所产生的，在分子中出现频率低，含量稀少，且分布也不均一，故被称为稀有

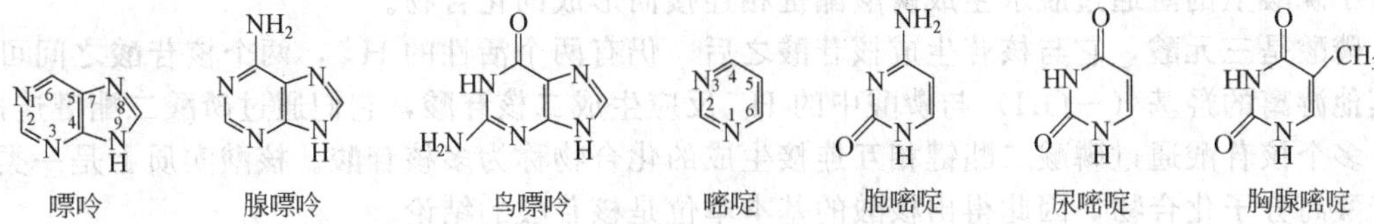

嘌呤　腺嘌呤　鸟嘌呤　嘧啶　胞嘧啶　尿嘧啶　胸腺嘧啶

图 3-3　碱基母核与碱基结构示意

碱基。

嘌呤类稀有碱基主要有甲基腺嘌呤、甲基鸟嘌呤、黄嘌呤和次黄嘌呤等。嘧啶类稀有碱基主要有 5-甲基胞嘧啶、二氢尿嘧啶等。常见稀有碱基结构式如图 3-4 所示。

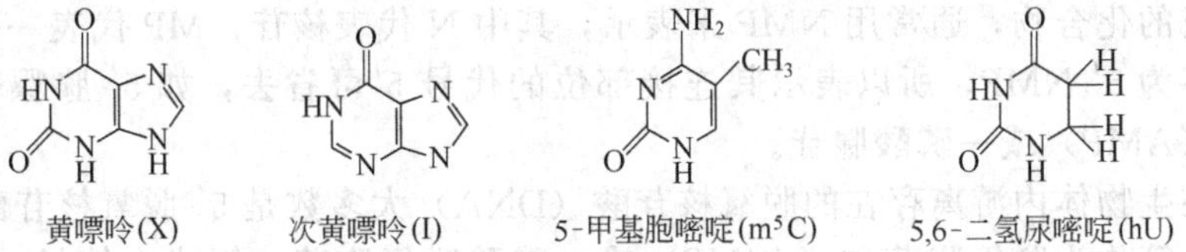

黄嘌呤(X)　次黄嘌呤(I)　5-甲基胞嘧啶(m^5C)　5,6-二氢尿嘧啶(hU)

图 3-4　稀有碱基结构示意

3. 核苷

糖苷是指糖类与醇类脱水生成的产物。戊糖上的羟基（—OH）和碱基上的氢脱水缩合后所形成的化合物称为核苷（nucleoside）。

嘌呤碱 N9 上的氢与核糖 C1′上的羟基脱水缩合构成 1′,9-糖苷键，形成的化合物称为嘌呤核苷。如腺嘌呤与核糖构成腺嘌呤核苷，简称腺苷。

嘧啶碱 N1 上的氢与核糖 C1′上的羟基脱水缩合构成 1′,1-糖苷键，形成的化合物称为嘧啶核苷，如尿苷、胞苷、胸苷等。嘌呤碱或嘧啶碱在同样部位与脱氧核糖脱水缩合所形成的化合物叫脱氧核糖核苷，如脱氧胞苷、脱氧腺苷、脱氧胸苷等。部分核苷结构举例如图 3-5 所示。

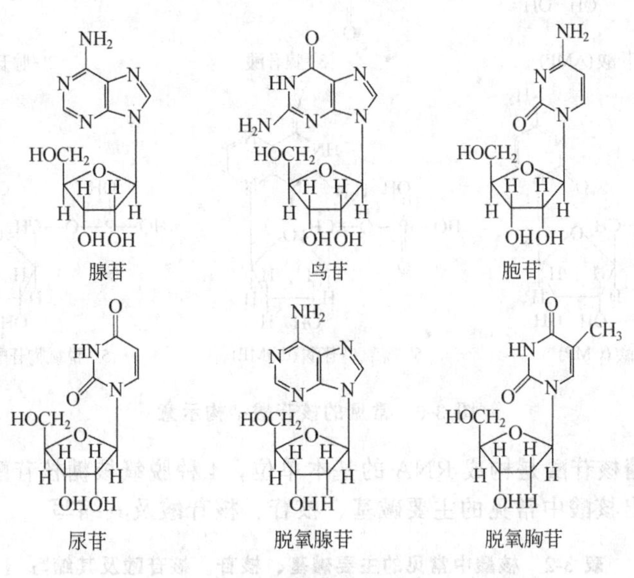

图 3-5　核苷结构示意

4. 核苷酸

核苷与磷酸结合生成的化合物称为核苷酸。即核苷酸是由核苷分子中戊糖环上的羟基与一分子磷酸上的氢通过脱水生成磷酸酯键相连接而形成的化合物。

磷酸是三元酸，它与核苷生成核苷酸之后，仍有两个活性的 H^+，两个核苷酸之间可通过其他游离的羟基（—OH）与磷酸中的 H^+ 反应生成二核苷酸，它们通过磷酸二酯键连接。

多个核苷酸通过磷酸二酯键相互连接生成的化合物称为多核苷酸。核酸实质上是一类多核苷酸高分子化合物，因此得出核酸的基本单位是核苷酸的结论。

根据多核苷酸分子中戊糖的不同，多核苷酸可分为核糖多核苷酸（RNA）和脱氧核糖多核苷酸（DAN）两类。核糖核苷的戊糖共有 3 个游离羟基（2′、3′、5′），理论上它可形成 3 种核苷酸：2′-核苷酸、3′-核苷酸和 5′-核苷酸。脱氧核糖核苷的戊糖只有两个游离羟基（3′、5′），理论上只能形成两种脱氧核苷酸：3′-脱氧核苷酸和 5′-脱氧核苷酸。

在生物体内游离存在的核苷酸（RNA）大多数是 5′-核苷酸，是由 C5′上羟基与一分子磷酸相连形成的化合物，通常用 NMP 来表示，其中 N 代表核苷，MP 代表一磷酸。因为核苷酸分子中多为 5′-NMP，所以表示其连接部位的代号 5′可省去，如 5′-腺嘌呤核苷酸，简称为腺苷酸（AMP）或一磷酸腺苷。

同样，在生物体内游离存在的脱氧核苷酸（DNA）大多数是 5′-脱氧核苷酸。5′-胞嘧啶脱氧核苷酸，简称为脱氧胞苷酸（dCMP）或一磷酸脱氧胞苷，简式中符号“d”表示脱氧之意。其他脱氧核苷酸的命名可照此类推。在核酸分子中常见的几种核苷酸的结构式如图 3-6 所示。

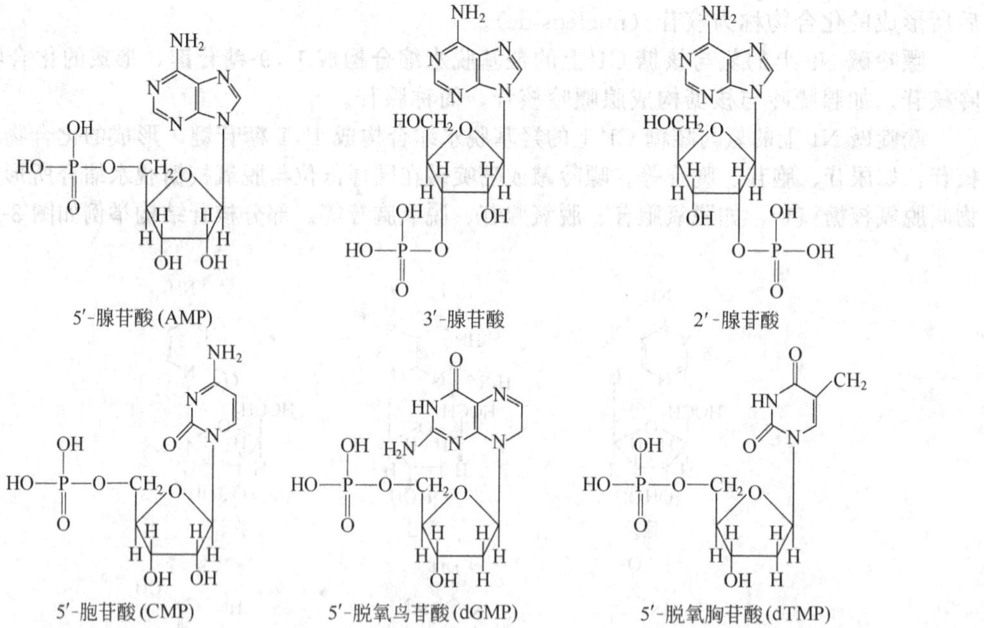

5′-腺苷酸(AMP)　3′-腺苷酸　2′-腺苷酸

5′-胞苷酸(CMP)　5′-脱氧鸟苷酸(dGMP)　5′-脱氧胸苷酸(dTMP)

图 3-6　常见的核苷酸结构示意

因此，4 种核糖核苷酸是构成 RNA 的基本单位，4 种脱氧核糖核苷酸是构成 DNA 的基本单位。表 3-2 列出核酸中常见的主要碱基、核苷、核苷酸及其缩写。

表 3-2　核酸中常见的主要碱基、核苷、核苷酸及其缩写

核酸	碱基	核苷	核苷酸
RNA	A	腺苷(adenosine)	腺苷酸(AMP)
	G	鸟苷(guanosine)	鸟苷酸(GMP)

续表

核　酸	碱　基	核　　苷	核　苷　酸
DNA	C	胞苷(cytidine)	胞苷酸(CMP)
	U	尿苷(uridine)	尿苷酸(UMP)
	A	脱氧腺苷(deoxyadenosine)	脱氧腺苷酸(dAMP)
	G	脱氧鸟苷(deoxyguanosine)	脱氧鸟苷酸(dGMP)
	C	脱氧胞苷(deoxycytidine)	脱氧胞苷酸(dCMP)
	T	脱氧胸苷(deoxyuridine)	脱氧胸苷酸(dTMP)

三、核苷酸的衍生物

除组成直链式多核苷酸的单核苷酸外，在生物体内还存在其他游离形式的核苷酸。有一些单核苷酸的衍生物参与体内许多重要的代谢反应，具有重要的生理功能。

1. 多磷酸核苷酸

凡是含有 1 个磷酸基的核苷酸可简称为一磷酸核苷。一磷酸核苷的磷酸基可进一步磷酸化而生成二磷酸核苷和三磷酸核苷，后两者属多磷酸核苷酸，如一磷酸腺苷（AMP）磷酸化生成二磷酸腺苷（ADP），二磷酸腺苷再磷酸化生成三磷酸腺苷（ATP），它们的结构式如图 3-7 所示。

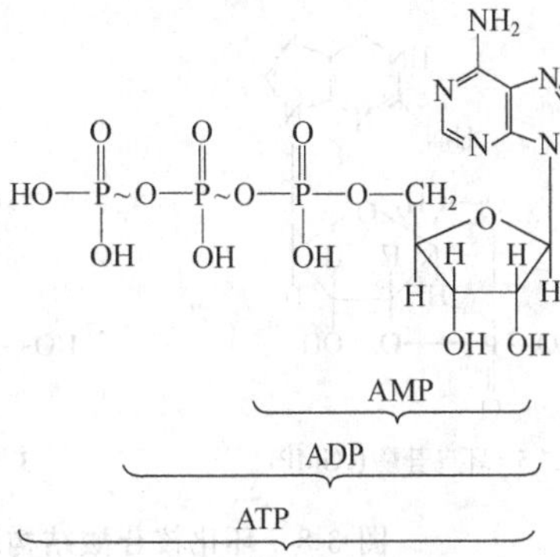

图 3-7　ATP 结构示意

在 ATP 分子的 3 个依次连接的磷酸基团中，末端两个磷酸基团称为高能磷酸基团，其一般用“～”表示高能键。

凡含有高能磷酸基团（或高能键）的化合物，如 ATP、ADP 等均称为高能磷酸化合物。

在 AMP 分子中所含的磷酸不是高能磷酸基团，所以它是普通磷酸化合物。普通磷酸化合物其磷酸键能较低，水解时只能释放 8.4kJ/mol 能量，而 ADP 与 ATP 分子中的高能磷酸键水解时可释放 30.7kJ/mol 能量。

$$ATP \longrightarrow ADP + Pi;\ ATP \longrightarrow AMP + PPi;\ ADP \longrightarrow AMP + Pi$$

ATP 分解为 ADP 或 AMP 时释放出大量的能量，这是生物体主要的供能方式，ATP 是机体生理活动、生化反应所需能量的重要来源。

反之，AMP 磷酸化生成 ADP、ADP 继续磷酸化生成 ATP 时则贮存能量，这是生物体暂时贮存能量的一种方式。

ATP 在生物体或细胞的能量代谢中起着极为重要的作用，被称为“能量货币”。此外体内存在的多种多磷酸核苷酸都能发生这种能量转化作用，如 GTP、CTP 和 UTP。在核酸合成中，4 种三磷酸核苷（ATP、GTP、CTP、UTP）是合成 RNA 的重要原料，4 种三磷酸脱氧核苷（dATP、dGTP、dCTP、dTTP）则是合成 DNA 的重要原料。

为了简化 4 类核苷酸的单磷酸和多磷酸化合物的化学符号的表示方法，一般将其中一磷酸核苷表示为 NMP，二磷酸核苷表示为 NDP，三磷酸核苷表示为 NTP，脱氧核苷酸在符号前面再加个“d”以示区别，在讨论核酸合成、PCR 等反应中常会用简式表示。生物体内常见重要的核苷酸和脱氧核苷酸及其简化式见表 3-3 和表 3-4。

2. 环化核苷酸

核苷酸之间除了形成直链式的磷酸二酯键外，核苷酸内部也能形成磷酸酯键，生成环状核苷酸。

5′-核苷酸的磷酸基可与戊糖环 C3′上的羟基脱水缩合形成 3′,5′-环核苷酸。重要的环核苷酸有 3′,5′-环腺苷酸（cAMP）和 3′,5′-环鸟苷酸（cGMP），其结构如图 3-8 所示。

表 3-3　常见重要核苷酸及其简化代表符号

核苷酸	一磷酸核苷(NMP)	二磷酸核苷(NDP)	三磷酸核苷(NTP)
腺苷酸	AMP	ADP	ATP
鸟苷酸	GMP	GDP	GTP
胞苷酸	CMP	CDP	CTP
尿苷酸	UMP	UDP	UTP

表 3-4　常见重要脱氧核苷酸及其简化代表符号

脱氧核苷酸	一磷酸脱氧核苷(dNMP)	二磷酸脱氧核苷(dNDP)	三磷酸脱氧核苷(dNTP)
脱氧腺苷酸	dAMP	dADP	dATP
脱氧鸟苷酸	dAMP	dADP	dATP
脱氧胞苷酸	dCMP	dCDP	dCTP
脱氧胸苷酸	dTMP	dTDP	dTTP

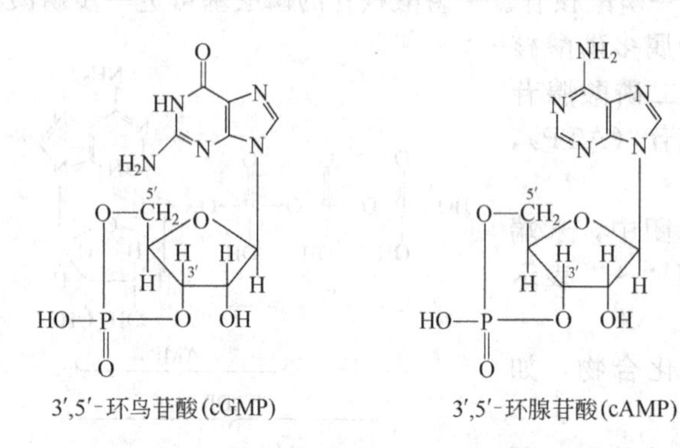
3′,5′-环鸟苷酸(cGMP)　　3′,5′-环腺苷酸(cAMP)

图 3-8　环化核苷酸结构示意

cAMP、cGMP 不是核酸的组成成分，在体内含量很少，但具有重要的生理功能，在组织细胞中起着传递信息的作用，是某些激素发挥作用的媒介物，参与代谢调节过程，因此，通常把 cAMP 和 cGMP 称为激素作用的第二信使。此外，cAMP 还参与大肠杆菌中 DNA 转录的调控，并且 cAMP 及其衍生物在治疗心绞痛及心肌梗死方面有一定疗效。

3. 辅酶类核苷酸

一些酶的辅酶或辅基属于核苷酸衍生物，如尼克酰胺腺嘌呤二核苷酸（即辅酶Ⅰ，NAD^+）、尼克酰胺腺嘌呤二核苷酸磷酸（即辅酶Ⅱ，$NADP^+$）、黄素单核苷酸（FMN）、黄素腺嘌呤二核苷酸（FAD）、辅酶 A（CoA-SH）等，分子中都含有腺苷酸。它们不参与核酸的构成，而在生物氧化过程中参与氢和某些化学基团的传递，在糖、脂肪和蛋白质代谢中起着重要的作用。

第二节　DNA 分子的组成和结构

核酸是一类组成简单，但结构复杂的生物大分子。DNA 的分子一般比蛋白质大得多，要提取、分离得到完整的 DNA 分子十分困难，至今只能分离到 DNA 分子的部分片段。人类基因组计划、农作物品种改良等均使人们进一步认识遗传物质及其表达的调控。

DNA 是由两条脱氧多核苷酸链组成的具有复杂三维结构的大分子化合物，是遗传基因的载体。

一、DNA 的碱基组成

DNA 由 4 种碱基组成，即腺嘌呤（A）、鸟嘌呤（G）、胞嘧啶（C）和胸腺嘧啶（T），并分别构成 dAMP、dGMP、dCMP、dTMP 4 种脱氧核苷酸（dNMP），它们是组成 DNA 的基本结构单位。Chargaff 等在 20 世纪 50 年代对 DNA 分子中的碱基组成分析研究中发现了如下的规律。

① 在同一生物体内，所有 DNA 分子中腺嘌呤与胸腺嘧啶的分子数相等，即 A=T；鸟嘌呤与胞嘧啶的分子数相等，即 G=C。由此可得出下述规律：

$$A+G=T+C;\ A+C=T+G$$

② DNA 的碱基组成具有种属特异性，即不同生物种属的 DNA 具有各自特异的碱基组成。

③ DNA 的碱基组成无组织或器官特异性，即同一生物体的各种不同器官或组织 DNA 的碱基组成相似。

④ 每种生物的 DNA 具有各自特异的碱基组成，与生物遗传特性有关，一般不受年龄、生长状况和环境等条件的影响。

上述 DNA 分子碱基组成规律的发现不但对 DNA 双螺旋结构模型的建立具有重要的指导意义，而且为研究 DNA 的生物学功能提供了重要依据。

二、DNA 的分子结构

1. DNA 一级结构

DNA 是脱氧多核苷酸链。组成 DNA 的基本结构单位是 4 种基本的脱氧单核苷酸（dNMP），它们通过磷酸二酯键连接成脱氧多核苷酸链。

脱氧单核苷酸（dNMP）之间通过一个核苷酸分子的 3′-羟基和另一个核苷酸分子的 5′-磷酸脱水缩合，形成 3′,5′-磷酸二酯键，连接可形成脱氧多核苷酸长链。因此由许多脱氧核苷酸（dNMP）借助于磷酸二酯键相连形成的化合物称为脱氧多核苷酸。

在脱氧多核苷酸链中，脱氧核糖核苷酸的排列顺序称为 DNA 的一级结构。图 3-9 为脱氧多核苷酸长链分子结构的一个片段。

5′-末端的磷酸基团

3′,5′-磷酸二酯键

3′-末端的羟基

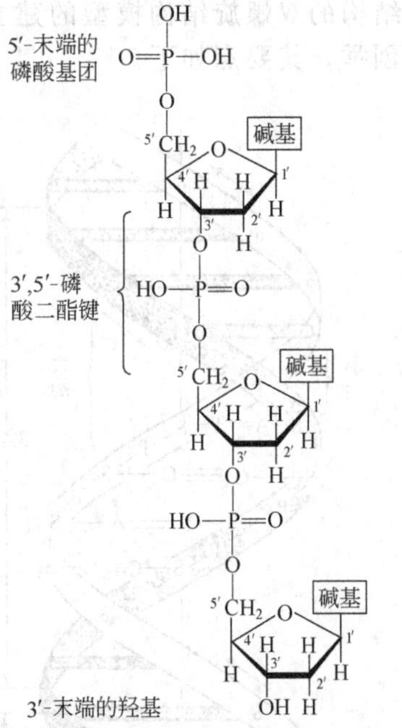

图 3-9 脱氧多核苷酸链的片段

由图 3-9 可看出，由 5′-脱氧核苷酸（dNMP）之间形成的磷酸二酯键是在相邻的两个脱氧核苷酸之间形成的。即一个脱氧核苷酸分子的 3′-羟基和相邻的脱氧核苷酸分子的 5′-磷酸之间形成磷酸二酯键。

在直链脱氧核苷酸链一端的戊糖上有一个 C3′游离的羟基，称为 3′-羟基末端（3′-末端或 3′端），而另一端 5′-脱氧核苷酸上磷酸是连接在戊糖 C5′上，称为 5′-磷酸末端（5′-末端或 5′端）。

在脱氧核苷酸链中，磷酸戊糖部分在脱氧核苷酸链中变成了主链，碱基作为相对独立的侧链，排列在主链一侧。因此脱氧多核苷酸链中碱基的种类及排列顺序具有重要的生物学意义。

为了表示脱氧多核苷酸分子中主链和侧链的结构，在书写脱氧多核苷酸链时要标明两端和其中的碱基顺序，一般将 5′-端写在左边，3′-端写在右边。因此可将脱氧多核苷酸分子中主链和侧链写成线条式，仅标明碱基的排列顺序，如图 3-10 所示。

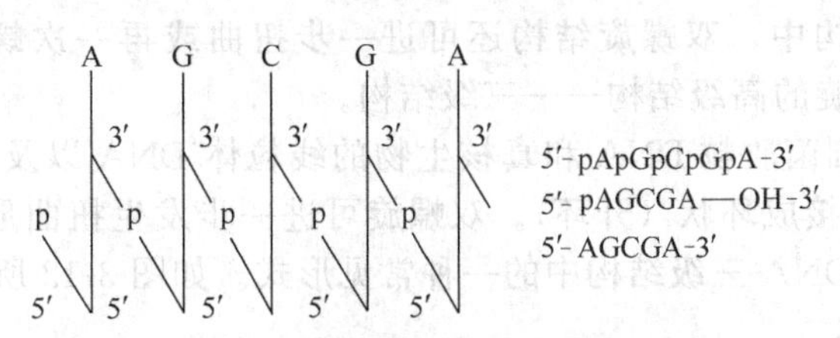

图 3-10 脱氧多核苷酸链的表示方法

核酸分子中核酸排列顺序的书写方法，习惯上将 5′-末端作为多核苷酸链的“头”写在左端，将 3′-末端作为“尾”写在右端，按 5′→3′方向书写。图中的垂线表示戊糖的碳链，垂线间含 P 的斜线代表 3′，5′-磷酸二酯键。因各种核酸的主链都由相同的戊糖、磷酸构成，只是碱基顺序不同，故简写式中的 A、G、C、T 既可代表碱基，也可以代表核酸中的核苷酸。

2. 二级结构

DNA 的二级结构一般是指两条脱氧多核苷酸链相互盘绕而成的双螺旋结构。它是 1953 年由美国物理学家 Watson 和英国生物学家 Crick 联手，根据对一种天然构象的 B-DNA（线状 DNA）结晶进行 X 射线衍射图谱及其他化学分析结果创建的。DNA 二级结构的双螺旋结构模型的建立，奠定了现代分子生物学的理论基础，是一项划时代的创举，其要点如下。

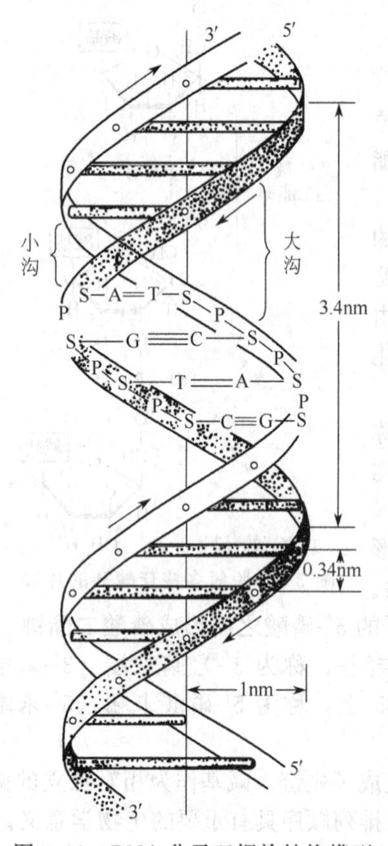

图 3-11 DNA 分子双螺旋结构模型

① DNA 分子是由两条互相平行、但走向相反（一条链为 3′→5′，另一条链为 5′→3′）的脱氧多核苷酸链组成的，两条链以右手螺旋方式围绕同一个假想的中心轴盘旋成双螺旋结构，如图 3-11 所示。

② 由脱氧核糖和磷酸构成双螺旋的骨架/主链，碱基分布于双螺旋的内侧。碱基平面与戊糖环平面互相垂直，各碱基对的平面彼此平行，互相重叠，呈板状堆积。

③ 两条脱氧多核苷酸链之间同一水平上的碱基是通过氢键相连形成碱基对，并且碱基配对按互补规律进行的，即 A 与 T 通过形成两个氢键配对（A═T），G 与 C 通过形成 3 个氢键配对（G≡C）。在碱基对之中的两个碱基称为互补碱基，由于 DNA 双链同一水平上的碱基对都是互补的，所以两条链也是互补的，称为互补链，只要知道一条链的碱基排列顺序，就能确定另一条链的碱基排列顺序。DNA 的复制、转录、反转录以及蛋白质的生物合成都是通过碱基互补原则实现的，碱基互补规律有重要的生物学意义。

④ 每两个相邻碱基对平面之间的距离是 0.34nm；螺旋每转一圈的螺距为 3.4nm，双螺旋的直径为 2nm，螺旋每上升一圈包括 10bp。

DNA 双螺旋结构十分稳定，分子中碱基的堆积可以使碱基之间缔合，这种力称为碱基堆积力，是由疏水作用形成的，它是维持 DNA 双螺旋结构空间稳定的主要作用力。通过加热等方式可以破坏 DNA 双螺旋结构，将双链解链成为单链。

3. 三级结构

在 DNA 的空间结构中，双螺旋结构还可进一步扭曲或再一次螺旋成线状、麻状、环状，再形成 DNA 超螺旋的高级结构——三级结构。

许多病毒 DNA、细菌质粒 DNA 和真核生物的线粒体 DNA 以及叶绿体 DNA，多是由双螺旋结构的首尾两端接成环状（开环）。双螺旋可进一步发生扭曲形成超螺旋结构（双股闭链环状），超螺旋是 DNA 三级结构中的一种常见形式。如图 3-12 所示。

4. 染色质与染色体

DNA、染色体、染色质是遗传物质的不同表现形式。DNA 是染色体的主要化学成分，也是遗传信息的载体，约占染色体全部成分的 27%，另外组蛋白和非组蛋白占 66%，RNA 占 6%。

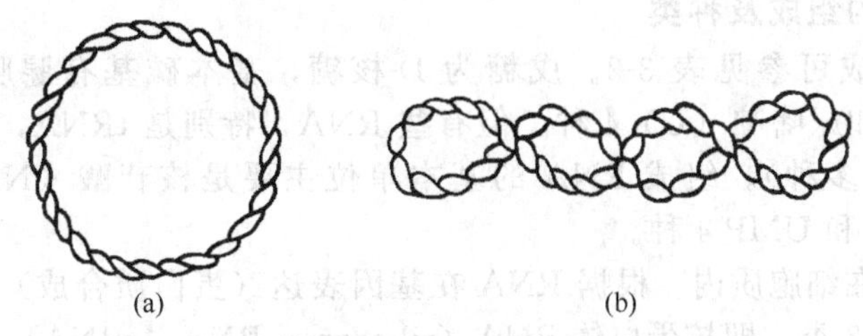

图 3-12 DNA 三级结构模式

(a) 开环结构；(b) 闭环超螺旋结构

真核细胞核染色质中 DNA 与组蛋白（呈碱性，故又称碱性蛋白）和非组蛋白（呈酸性，故又称酸性蛋白）相结合存在，双螺旋缠绕在组蛋白的八聚体上，形成核小体，许多核小体之间由 DNA 链相连，形成串珠样结构。组蛋白是一类富含赖氨酸和精氨酸的碱性蛋白，根据所含碱性氨基酸的不同，组蛋白可分为 H_1、H_{2A}、H_{2B}、H_3、H_4 5 类。每个核小体直径约为 5.5nm，其核心部分由 H_{2A}、H_{2B}、H_3、H_4 各两分子组成八聚体。DNA 分子缠绕在它的表面，长度约为 140～145bp。连接核小体的 DNA 链的碱基对，不同种生物长度不一，约为 25～100bp，H_1 组蛋白结合于该部位，如图 3-13 所示。

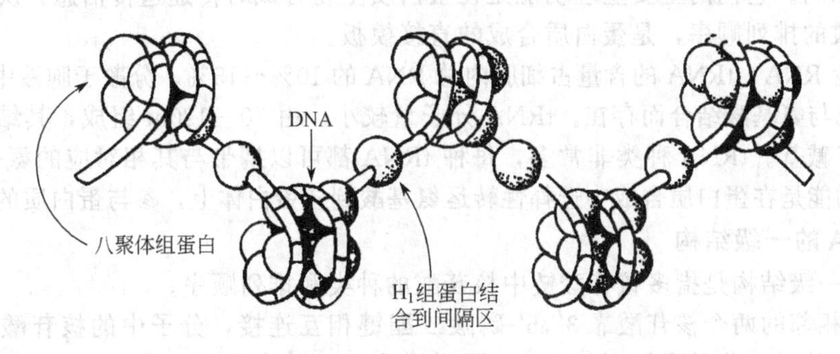

图 3-13 核小体结构示意

这种串珠样结构再进一步盘旋卷曲，形成超螺线管结构，即染色质纤维，染色质纤维进一步折叠最后形成染色单体。可见，染色单体是由一条连续的 DNA 分子的长链，经过逐层盘旋卷曲而形成的。

细胞核内染色体超螺旋结构的重要意义在于，它使 DNA 的体积变得很小，人类细胞核中有 23 对染色体，共有 46 条染色体。对 DNA 的二级结构、三级结构进行处理，能将总长度为 1.7m 的 DNA 压缩成 200μm 左右，几乎缩短至 1/6500～1/8000。图 3-14 为染色体压缩的比例和方法。

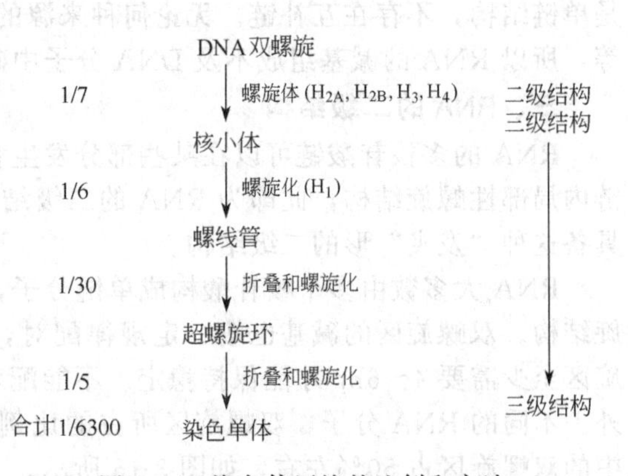

图 3-14 染色体压缩的比例和方法

第三节 RNA 分子的组成和结构

RNA 是一条由核糖核苷酸组成的多核苷酸链，它与 DNA 一样是具有一定三维结构的生物大分子化合物，它的主要生物学功能是参与蛋白质的生物合成。

一、RNA 分子的组成及种类

RNA 的化学组成可参见表 3-2。戊糖为 D-核糖，基本碱基有腺嘌呤（A)、鸟嘌呤（G)、胞嘧啶（C）和尿嘧啶（U）4 种，但有些 RNA，特别是 tRNA，还含有多种稀有碱基（现已发现有 60 多种)。组成 RNA 的基本单位主要是核苷酸（NMP)，它们分别是 AMP、GMP、CMP 和 UMP 4 种。

RNA 主要分布在细胞质内。根据 RNA 在基因表达（蛋白质合成）中所发挥的功能不同，可将 RNA 分为 3 类，即核蛋白体 RNA（ribosomal RNA，rRNA)、转运 RNA（transfer RNA，tRNA）和信使 RNA（messenger RNA，mRNA)。它们的碱基组成、分子大小、生物学功能及存在的形式等都有所不同。

（1）核蛋白体 RNA　rRNA 是细胞中含量最多的一类 RNA，约占细胞总 RNA 的 80% 左右，分子量都比较大，它们与蛋白质结合成核蛋白体。rRNA 的生物学功能是以核蛋白体的形式参与蛋白质生物合成，是蛋白质合成的场所或“装配机”。它的含量与细胞周期有关，不同的细胞 rRNA 含量高低不同，有些细胞中 rRNA 含量较高，被称为“高丰度细胞”，寻找“高丰度细胞”和分离出纯的 rRNA 是构建 cDNA[1] 文库的基础。

（2）信使 RNA　mRNA 含量占 RNA 总量的 5%～10%。mRNA 种类非常多，分子量大小也不尽相同。它们的主要生理功能是在蛋白质生物合成时传递遗传信息，决定所合成的肽链中氨基酸的排列顺序，是蛋白质合成的直接模板。

（3）转运 RNA　tRNA 的含量占细胞内总 RNA 的 10%～15%，分散于胞液中，它们或以游离状态，或与氨基酸结合而存在。tRNA 分子量较小，由 70～120nt 组成，其结构特点是含有较多的稀有碱基。tRNA 种类非常多，每种 tRNA 都可以携带与其相对应的氨基酸。tRNA 的主要生理功能是在蛋白质合成中选择性转运氨基酸到核蛋白体上，参与蛋白质的合成。

二、RNA 的一级结构

RNA 的一级结构是指多核苷酸链中核苷酸的种类和排列顺序。

RNA 中相邻的两个核苷酸靠 3′,5′-磷酸二酯键相互连接，分子中的核苷酸残基数目在数十至数千，其相对分子质量不如 DNA 那样巨大，一般在数百至数百万之间。RNA 分子是单链结构，不存在互补链。无论何种来源的 RNA，其分子中 4 种碱基的物质的量都不相等，所以 RNA 的碱基组成不及 DNA 分子中碱基组成那样有规律。

三、RNA 的二级结构

RNA 的多核苷酸链可以在某些部分发生自身弯曲折叠，形成局部双链区，再进而形成链内局部性螺旋结构，此即为 RNA 的二级结构，也称“发夹”结构。几乎所有的 RNA 都具备这种“发夹”形的二级结构。

RNA 大多数由多个核苷酸构成单链分子，但少数病毒的 RNA 具有类似于 DNA 的双螺旋结构。双螺旋区的碱基也按一定规律配对，即 A═U、 G≡C 互补形成氢键，每一段螺旋区至少需要 4～6bp 才能保持稳定。不能配对的区域形成环状结构，突出于双螺旋结构之外。不同的 RNA 分子，双螺旋区所占的比例不同，rRNA 中双螺旋区占 40%左右，tRNA 中的双螺旋区占 50%左右，如图 3-15 所示。

1. 转运 RNA 的结构（tRNA）

RNA 二级结构研究得比较清楚的是 tRNA。各种 tRNA 的一级结构互不相同，但它们的二级结构都呈三叶草形。如图 3-16（a）所示为酵母丙氨酸三叶草形 tRNA 的二级结构。

在三叶草形 tRNA 的二级结构中，4 个螺旋区构成 4 个臂。其中三叶草形结构的“叶

---

[1] 所谓 cDNA 是指以 mRNA 为模板，在反转录酶作用下合成的互补 DNA，它是成熟 mRNA 的拷贝，不含有任何内含子序列，可以在任何一种生物体中进行表达。

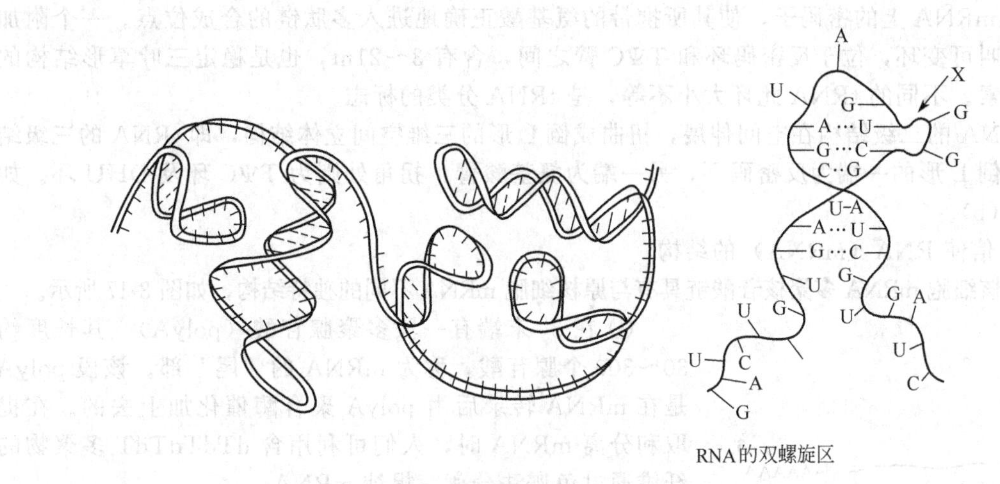

图 3-15　RNA 的二级结构

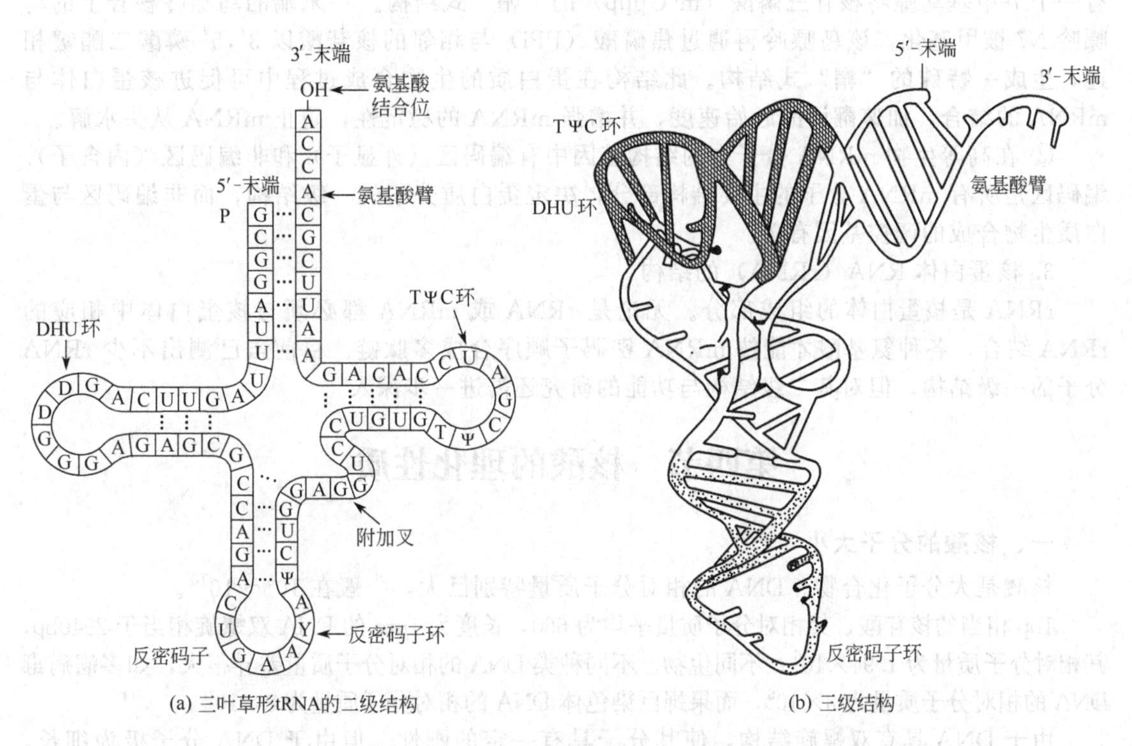

图 3-16　tRNA 的二级结构及三级结构

柄”称为氨基酸臂，由 7bp 组成的螺旋区与 3′-末端上 CCA 相连接的部分组成，它是结合氨基酸的部位。在蛋白质生物合成时，氨基酸的羧基与 3′-末端羟基脱水形成酯键相连，故 tRNA 具有携带和转运氨基酸的功能。

在三叶草形 tRNA 的二级结构中存在 3 个环。环Ⅰ通常由 7～10nt 组成，因含有 5,6-二氢尿嘧啶，故称为二氢尿嘧啶环（DHU 环），此环含有两个二氢尿嘧啶。环Ⅲ由 7nt 组成，因环中含有核糖胸苷（T）、假尿苷（Ψ）和胞嘧啶（C），称为 TΨC 环。最令人注意的是环Ⅱ，环Ⅱ由 7nt 构成，因环中间部分含有 3 个相邻的核苷酸组成的“反密码子”，故称为反密码子环。不同的 tRNA，其反密码子不同，借碱基配对，反密码子在蛋白质生物合成中可以辨认 mRNA 上的密码子，使其所携带的氨基酸正确地进入多肽链的合成位点。一个附加叉，也叫可变环，位于反密码环和 TΨC 臂之间，含有 3～21nt，也是稳定三叶草形结构的重要因素。不同的 tRNA 此环大小不等，是 tRNA 分类的标志。

tRNA 的二级结构在空间伸展，扭曲成倒 L 形的三维空间立体结构，即 tRNA 的三级结构。在倒 L 形的一端为反密码环，另一端为氨基酸臂，拐角处则为 TΨC 环及 DHU 环。如图 3-16(b)。

2. 信使 RNA（mRNA）的结构

真核细胞 mRNA 多聚核苷酸链具有与原核细胞 mRNA 不同的独特结构，如图 3-17 所示。

图 3-17　mRNA 两端的特殊结构

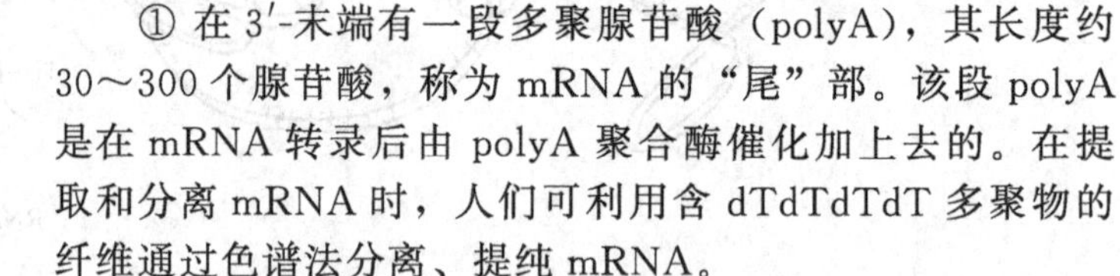

① 在 3′-末端有一段多聚腺苷酸（polyA），其长度约 30～300 个腺苷酸，称为 mRNA 的“尾”部。该段 polyA 是在 mRNA 转录后由 polyA 聚合酶催化加上去的。在提取和分离 mRNA 时，人们可利用含 dTdTdTdT 多聚物的纤维通过色谱法分离、提纯 mRNA。

② 在 5′-末端有一个称为“帽子”的结构，即 5′-末端有一个 7-甲基鸟嘌呤核苷三磷酸（m^7Gppp）的“帽”式结构。5′-末端的鸟嘌呤核苷上的鸟嘌呤 N7 被甲基化，该鸟嘌呤再通过焦磷酸（PPi）与相邻的核苷酸以 3′,5′-磷酸二酯键相连，生成一特殊的“帽”式结构。此结构在蛋白质的生物合成过程中可促进核蛋白体与 mRNA 的结合，加速翻译的起始速度，并增强 mRNA 的稳定性，防止 mRNA 从头水解。

③ 在高等生物 mRNA 分子中的结构基因中有编码区（外显子）和非编码区（内含子）。编码区是所有 mRNA 分子的主要结构部分，决定蛋白质分子的一级结构，而非编码区与蛋白质生物合成的调控基因有关。

3. 核蛋白体 RNA（rRNA）的结构

rRNA 是核蛋白体的组成部分。无论是 tRNA 或 mRNA 都必须与核蛋白体中相应的 rRNA 结合，各种氨基酸才能按 mRNA 密码子顺序合成多肽链。目前虽已测出不少 rRNA 分子的一级结构，但对其二级结构与功能的研究还需进一步深入。

第四节　核酸的理化性质

一、核酸的分子大小

核酸是大分子化合物。DNA 的相对分子质量特别巨大，一般在 10^6～10^{10}。

1bp 相当的核苷酸，其相对分子质量平均为 660，长度为 1μm 的 DNA 双螺旋相当于 2940bp，其相对分子质量为 1.94×10^6。不同生物、不同种类 DNA 的相对分子质量差异很大，如多瘤病毒 DNA 的相对分子质量为 3×10^6，而果蝇巨染色体 DNA 的相对分子质量为 8×10^{10}。

由于 DNA 具有双螺旋结构，使其分子具有一定的刚性。但由于 DNA 分子极为细长，其长度与直径之比可达 10^7，因此又具有柔性，使天然 DNA 可形成高度压缩的盘曲结构。

RNA 的相对分子质量比 DNA 小得多，在数百至数百万之间。

二、核酸的溶解性和黏度

DNA 和 RNA 都是极性化合物，一般都溶于水，而不溶于乙醇、氯仿、乙醚等有机溶剂。它们的钠盐比游离酸在水中的溶解度大，如 RNA 的钠盐在水中的溶解度可达 4%。RNA 的纯品呈白色粉末状或结晶，DNA 为白色、类似石棉样的纤维状物。

核酸是分子量很大的高分子化合物，高分子溶液比普通溶液黏度要大得多，高分子形状的不对称性愈大，其黏度也就愈大，不规则线团分子比球形分子的黏度大，线形分子的黏度更大。由于 DNA 分子极为细长，因此即使是极稀的溶液也有极大的黏度，RNA 的黏度要小得多。当核酸溶液因受热或在其他作用下发生变性或降解时，分子长短、直径比例减小，即分子不对称性降低，黏度下降。因此可用溶液黏度的测定作为DNA变性的指标。

三、核酸的酸碱性质

DNA和RNA分子在其多核苷酸链上既有酸性的磷酸基，又有碱基上的碱性基团，因此核酸和蛋白质一样，也是两性电解质，在溶液中可发生两性电离。因磷酸基的酸性较强，故整个分子通常呈酸性。核酸都有一定的等电点，能进行电泳，在中性或偏碱性溶液中，核酸常带有负电荷，在外加电场力的作用下，向阳极泳动。利用核酸这一性质，常可将分子量大小不同的核酸分离。

核酸中的酸性基团可与 K^+、Na^+、Ca^{2+}、Mg^{2+} 等金属离子结合成盐。当向核酸溶液中加入适当盐溶液后，其金属离子即可将负离子中和，在有乙醇或异丙醇存在时，即可从溶液中沉淀析出。常用的盐溶液有氯化钠、醋酸钠或醋酸钾。DNA双螺旋两条链间碱基的解离状态与溶液pH有关，溶液的pH将直接影响碱基对之间氢键的稳定性，在pH 4.0～11.0 DNA最为稳定，在此范围之外易变性。

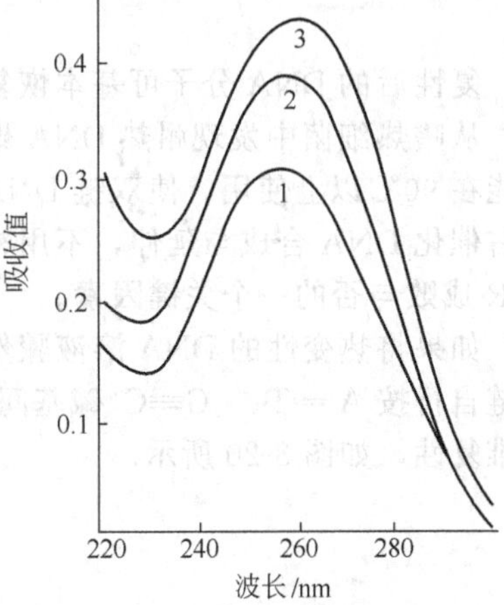

图 3-18　DNA的紫外吸收光谱

1—天然DNA；2—变性DNA；3—总吸收值

四、核酸的紫外吸收

核酸分子中的嘌呤碱和嘧啶碱具有共轭双键，可强烈吸收260～290nm的紫外光，最大吸收峰波长大约在260nm处，而蛋白质的最大吸收峰波长大约在280nm处。不同的核苷酸具有不同的吸收特性，利用这一特性可用紫外分光光度计对核酸加以定量测定，另外还可以鉴别核酸样品有无杂质蛋白质。DNA的紫外吸收光谱如图3-18所示。

五、核酸的变性、复性和DNA杂交

核酸同蛋白质一样有变性现象。在加热、酸、碱、乙醇、丙酮、尿素或酰胺等理化因素的作用下，核酸分子中双螺旋区的氢键断裂，双螺旋结构破坏，使双链解开形成单链线团结构，这种现象称为核酸的变性。核酸的变性仅是二级结构、三级结构的改变，而一级结构不变。

通常将加热引起的核酸变性称为热变性。如将DNA的稀盐溶液加热到80～100℃时，几分钟后两条链间氢键断裂，双螺旋解体，两条链彼此分开，形成两条无规则线团。热变性后的核酸理化性质发生一系列的变化：在260nm处紫外吸收值升高，称为增色效应；溶液的黏度降低；生物活性丧失。DNA热变性的特点主要是加热引起双螺旋结构解体，所以又称DNA的解链或融解作用。通常将使DNA变性达到50%时的温度称为该DNA的解链温度或融解温度，用 T_m 表示。DNA的解链过程发生于一个很窄的温度区内，通常核酸分子的 T_m 值大小与其 G≡C 含量有关，G≡C 含量越多，核酸

图 3-19　DNA的增色效应及解链温度

分子的 T_m 值也就越高。因为要破坏 3 个碱基对，必须消耗比破坏A＝T更多的能量。一定条件下，T_m 值的大小还与核酸分子的长度有关，核酸分子越长，T_m 值越大。图 3-19 为 DNA 的增色效应及解链温度，当温度上升时双链被破坏，吸光度上升。

DNA 的变性是可逆的。变性 DNA 在适当条件下，两条彼此分开的单链可借助碱基对重新形成链间氢键，连接成双螺旋结构，这个过程称为复性。热变性的 DNA 经缓慢冷却即可复性，这一过程也称为退火。最适宜的复性温度比 T_m 值约低 25℃，这个温度又叫退火温度。

复性后的 DNA 分子可基本恢复一系列理化性质以及生物学活性。

从嗜热细菌中发现耐热 DNA 聚合酶是 PCR 技术能广泛应用与推广的原因之一，如 Taq 酶能在 90℃以上使用，使双链 DNA 解链为单链，经 55℃左右退火后与引物结合，在 73℃左右催化 DNA 合成与延伸，不用补加酶即可进入下一循环。合理选择耐热 DNA 聚合酶是 PCR 成败与否的一个关键因素。

如果将热变性的 DNA 溶液骤然冷却至低温，两链间的碱基来不及形成适当配对，DNA 单链自行按 A＝T、 G≡C 碱基间配对，可能成为两个杂乱的线团，此时变性的 DNA 分子很难复性，如图 3-20 所示。

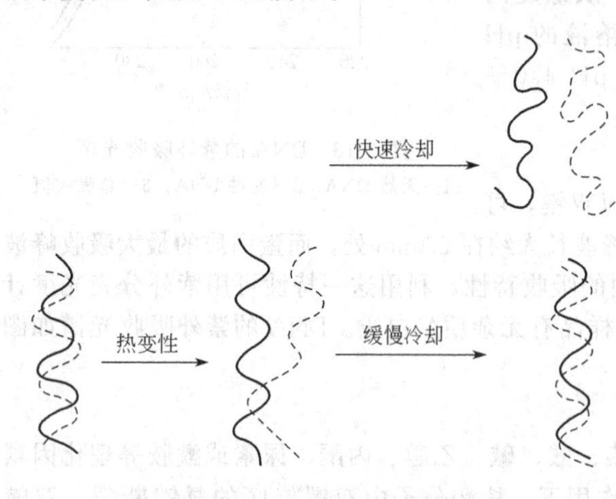

图 3-20　DNA 分子热变性后复性示意

核酸的变性-复性常用来进行 DNA 杂交。不同来源的核酸分子热变性后，形成的 DNA 片段在复性时，只要这些核酸分子的核苷酸序列含有可以形成碱基互补配对的片段，彼此之间就可形成局部双链，重新形成双螺旋结构，碱基不互补的区域则形成突环。把不同来源的具有同源性（碱基互补性）的核酸分子变性后，合并在一起进行复性，只要它们存在大致相同的碱基互补配对序列，就可形成杂化双链，在复性过程中形成杂化双链的过程称为分子杂交。

杂交分子可以是 DNA/DNA、DNA/RNA 或 RNA/DNA。用同位素标记一个已知序列的寡核苷酸，通过杂交反应就可确定待测核酸是否含有与之相同的序列，这种被标记的寡核苷酸叫作探针。杂交和探针技术对核酸结构和功能的研究、对遗传性疾病的诊断、对肿瘤病因学及基因工程的研究已有比较广泛的应用。除此以外，还可根据互补程序了解种属亲缘关系，如黑猩猩与人类 DNA 序列同源率高达 99%，说明两者亲缘关系极近。

第五节　核酸的提取、分离和含量测定

一、核酸的提取

从动植物组织和微生物中提取核酸的一般原则是首先要破碎细胞，提取核蛋白，然后把核酸和蛋白质分离，再沉淀核酸进行纯化，如图 3-21 所示。

核酸属于大分子化合物，具有复杂的空间三维结构，为了使得到的核酸保持天然状态，在提取分离时要注意避免强酸、强碱对核酸的降解，避免高温、机械剪切力对核酸空间结构的破坏，操作时在溶液中加入核酸酶抑制剂，整个操作过程要在低温（0℃左右）条件下进行，同时还要注意避免剧烈的搅拌。

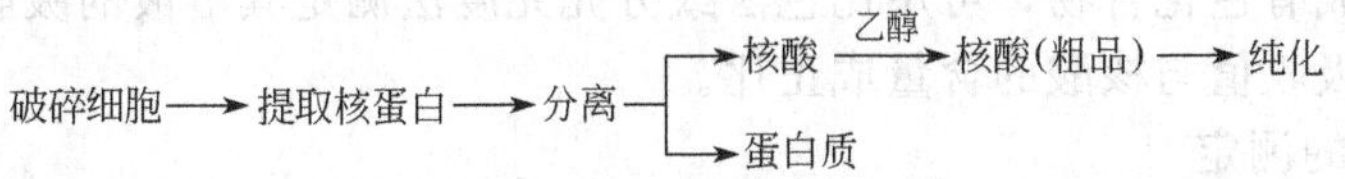

破碎细胞 → 提取核蛋白 → 分离 → 核酸 —乙醇→ 核酸(粗品) → 纯化；分离 → 蛋白质

图 3-21　核酸的提取程序

1. 核蛋白的提取

核酸在自然状态下往往以核蛋白的形式存在。根据 DNA 蛋白和 RNA 蛋白在不同浓度的氯化钠溶液中溶解度不同的特点，可将它们从细胞匀浆中提取出来并把它们分离。在 1～2mol/L 氯化钠溶液中 DNA 蛋白溶解度很高，而在 0.14mol/L 氯化钠溶液中，DNA 蛋白几乎不溶解；对于 RNA 蛋白来说则刚好相反。因此，可用 1～2mol/L 氯化钠溶液和 0.14mol/L 氯化钠溶液从细胞匀浆中分别将 DNA 蛋白和 RNA 蛋白提取出来。

2. 核蛋白中蛋白质的去除

提取到核蛋白后，还要除去其分子中的蛋白质成分，才能得到游离的核酸。去除核蛋白中的蛋白质成分常用的方法有变性法和酶解法。变性法常用氯仿-戊醇混合液、苯酚、十二烷基磺酸钠（SDS）等作为蛋白质的变性剂，蛋白质发生变性后，经沉淀与核酸分离出来。酶解法常选用广谱蛋白酶催化蛋白质水解，使核酸游离于溶液中。

在提取过程中，为了防止核酸酶对核酸的降解，常加入核酸酶的抑制剂。如提取 DNA 时，加入乙二胺四乙酸（EDTA）、柠檬酸、氟化物等来抑制脱氧核糖核酸酶的活性。提取 RNA 时，则加入硅藻土作为酶的抑制剂，抑制核糖核酸酶的活性。作用机制是硅藻土可吸附核糖核酸酶，将其从溶液中除去。

3. 核酸的纯化

核蛋白除去蛋白质后，得到的核酸需要进一步分离纯化。先用酒精沉淀核酸，得到核酸粗品，再将不同种类的核酸进行分离，如将线形 DNA 与环状 DNA 分离，将不同分子量的 DNA 分离。因核酸种类较多，同类核酸性质相似，纯化方法无通则可以遵循，应根据不同的核酸采用不同的纯化方法。常用的分离纯化方法有蔗糖密度梯度或氯化铯梯度超离心法、凝胶电泳法、纤维素色谱法、凝胶过滤法和超滤法等。

二、核酸含量的测定

（一）定磷法

核酸分子中磷的含量比较接近和恒定，DNA 的平均含磷量为 9.9%，RNA 的平均含磷量为 9.4%。故可通过测定核酸样品的含磷量计算出核酸的含量。

用强酸将核酸样品分子中的有机磷转变为无机磷酸，无机磷酸与钼酸反应生成磷钼酸，磷钼酸在还原剂如抗坏血酸、氯化亚锡等的作用下，还原成钼蓝。反应式如下：

$$\underset{\text{钼酸铵}}{(NH_4)_2MoO_4} + H_2SO_4 \longrightarrow \underset{\text{钼酸}}{H_2MoO_4} + (NH_4)_2SO_4$$

$$12H_2MoO_4 + H_3PO_4 \longrightarrow \underset{\text{磷钼酸}}{H_3PO_4 \cdot 12MoO_3} + 12H_2O$$

$$H_3PO_4 \cdot 12MoO_3 \longrightarrow \underset{\text{钼蓝}}{(MoO_2 \cdot 4MoO_3)_3 \cdot H_3PO_4 \cdot 4H_2O}$$

钼蓝于 660nm 处有最大吸收值，在一定浓度范围内，钼蓝溶液的颜色深浅和无机磷酸的含量成正比，可用比色法测定。

该法测得的磷含量为总磷量，需要减去无机磷的含量才是核酸磷的真实含量。

（二）定糖法

核酸中的戊糖在浓硫酸或浓盐酸的作用下可脱水生成醛类化合物，醛类化合物与某些呈色剂缩合反应生成有色化合物，可用比色法或分光光度法测定其溶液的吸收值。在一定浓度范围内，溶液的吸收值与核酸的含量成正比。

1. 脱氧核糖的测定

DNA 分子中的脱氧核糖在浓硫酸的作用下可脱水生成 ω-羟基-γ-酮基戊醛，该化合物可与二苯胺反应生成蓝色化合物，反应物在 595nm 处有最大吸收值，用比色法测定，光吸收值与 DNA 浓度成正比。反应式如下：

CHO—CH_2—CHOH—CHOH—CH_2OH $\xrightarrow{H_2SO_4}$ CHO—CH_2—CH_2—C=O—CH_2OH + H_2O

脱氧核糖　　　ω-羟基-γ-酮基戊醛

CHO—CH_2—CH_2—C=O—CH_2OH + 二苯胺 ⟶ 蓝色化合物

2. 核糖的测定

RNA 分子中的核糖和浓硫酸作用可脱水生成糠醛，糠醛与某些酚类化合物缩合生成有色化合物。如糠醛与地衣酚缩合生成绿色化合物。反应物在 670nm 处有最大吸收值，光吸收值与 RNA 浓度成正比。反应式如下：

核糖 $\xrightarrow{H_2SO_4}$ 糠醛 + $3H_2O$

糠醛 + 地衣酚 ⟶ 绿色化合物

三、酵母浸膏的生产及风味核苷酸的提取与含量分析

啤酒酵母中 RNA 含量相当丰富（含量高达 4.5%～8.3%），可作为生产酵母浸膏、风味核苷酸和核酸、核苷类药物的原料。

酵母经过蛋白酶、核酸酶（一类可将核酸定向水解为 5′-核苷酸的酶制剂。它可催化 RNA 或寡核酸分子上的 3′-碳原子羟基与磷酸之间形成的二酯键，使其断裂生成四种 5′-核苷酸和 5′-磷酸寡核苷酸）、脱氨酶的处理可生产出特鲜味的酵母浸提物，其特有的鲜味来自其中的四种 5′-核苷酸。具体工艺控制条件表现出酶促反应的特征（相关内容将在第四章学习），用酶量与其活性、最适温度、最适 pH 与底物浓度等现场控制条件均会影响酶促反应的时间，需根据实际情况调整，基本工艺流程如下：

啤酒回收酵母→洗涤处理→加水稀释，配制成 10% 酵母悬浮液→加入抽提酶酶解（55℃、pH6.5，12h）→加热灭酶（90℃，15min）→冷却（60℃）→酸化（pH5.0）→定向核酸二次酶解（60℃/70℃，8h 以上）→加热二次灭酶（95℃，15min）→冷却（60℃）→调整 pH5.6→脱氨酶处理（55℃，4h）→加热灭酶（95℃，15min）→高速离心分离→蛋白质提取

液（取样，用 HPLC 测定核苷酸含量）→真空减压浓缩→喷雾干燥→粉状酵母提取物。

说明：啤酒厂回收酵母泥工艺流程

发酵罐回收酵母→水洗→过筛→离心→2 倍体积的 0.5% $NaHCO_3$ 洗涤→酵母泥

第六节　基因工程及其应用技术

基因是 DNA 分子中具有完整信息的一个片段。中心法则可以简要阐明遗传信息传递的本质。基因、DNA、染色质与染色体是一类与核酸相关的概念。DNA、染色体、染色质是遗传物质的不同表现形式。

“基因”一词最早是由丹麦的生物学家于 1909 年提出的，它在希腊文中是“给予生命”的意思。基因既是携带遗传信息的结构单位，同时也是控制遗传性状的功能单位。

基因的化学本质是 DNA，在以 DNA 为遗传物质的生命体中，基因仅是含有完整遗传效应的 DNA 的一个片段。一个完整遗传效应的基因可简单分为调节基因和操纵子，操纵子包括有启动基因、操纵基因、结构基因和终止基因。通常不将调节基因包括在操纵子内。结构基因中的碱基排列顺序与蛋白质的氨基酸顺序相对应。

每条 DNA 分子链上含有很多个基因，每个基因中又可以含有成百上千的脱氧核苷酸。例如，细菌（如大肠杆菌）就约有 1000 个基因，而哺乳动物的基因高达 10 万个，人类基因组更加庞大，约含 4×10^9 bp。

在真核细胞中 DNA 分子上的基因一般是分散的，被不编码蛋白质的 DNA 片段分开。即结构基因是由外显子（蛋白质编码序列）与内含子（非蛋白质编码的间隔序列）排列组成的。

一、基因工程的概念

基因工程是指用人工的方法将所获得的目的基因在体外与基因载体进行重组，并将此重组的基因转移到适当的宿主细胞中，通过繁殖使其扩增，然后获得大量目的 DNA 的无性繁殖系，即 DNA 克隆，同时加以表达，以获得大量该基因编码的相应产物的过程。基因工程又称遗传工程、基因克隆、DNA 克隆或重组 DNA 技术等。基因工程是近年发展的一项高新技术，其意义在于它可以使人们根据自己的目的定向地改变遗传性状，以获取新的、有价值的产品。另外，基因工程还可用于细胞基因缺陷的检测与校正，进行基因诊断与基因治疗等。在农作物培育上，利用基因工程培育的新品种称为转基因作物。转基因作物是利用基因工程将原有作物的基因加入其他生物的遗传物质，并将不良基因移除，从而造成品质更好的作物。通常转基因作物可增加作物的产量、改善品质、提高抗旱和抗寒以及其他特性。例如转基因大豆、玉米等。

利用基因工程技术生产的生化药物有胰岛素、干扰素、乙型肝炎疫苗、尿激素、降钙素、肿瘤坏死因子、表皮生长因子、胸腺素-α 等。许多含量很低，无法生产的生化药物，也可利用基因工程技术生产。基因工程与当前发展的细胞工程、酶工程及蛋白质工程共同构成了当代新兴的学科领域——生物技术工程。生物技术工程的兴起为现代科学技术的发展和工农业、医药卫生事业的进步作出了巨大的贡献。

二、基因诊断与基因治疗

基因诊断又称 DNA 诊断，是利用分子生物学和分子遗传学的技术方法，在 DNA 水平上分析、鉴定遗传性疾病所涉及的基因的置换、缺失或插入等突变，直接检测基因结构及表达水平是否正常，从而对疾病作出诊断的方法。目前，用于基因诊断的方法很多，但其基本过程大致相同：首先分离、扩增待测的 DNA 片段，然后利用适当的分析手段，区分或鉴定 DNA 的异常。目前广泛用于待测基因分离、扩增的技术是聚合酶链反应（PCR）技术。基因诊断是以基因作为探测对象，因而具有一些其他诊断学所没有的特点，如针对性强，灵敏度高，诊断范围广等。

现代医学对于一些与基因变异或表达异常密切相关的疾病，如遗传性疾病、心、脑血管疾病、肿瘤等缺乏有效的防治措施，而近年来，基因治疗的兴起为上述疾病的医治开辟了新的途径，认为最理想的根治手段应是在基因水平上予以纠正。所谓基因治疗就是指向功能缺陷的细胞补充相应功能的基因，以纠正或补偿其基因缺陷，从而达到治疗疾病的目的。目前，基因治疗所采用的方法主要有基因矫正、基因置换、基因增补等。与在农作物方面应用一样，基因治疗技术也因为存在基因漂移问题而困扰此技术应用。基因漂移，指的是一种生物的目标基因向附近野生近缘种的自发转移，导致附近野生近缘种发生内在的基因变化，具有目标基因的一些优势特征，形成新的物种，以致整个生态环境发生结构性变化。

三、PCR 技术

（一）PCR 技术概述

聚合酶链反应（polymerase chain reaction，PCR）由美国 Mullis 于 1985 年创立，1987 年获得专利，1989 年被美国著名 Science 杂志列为十项重大科技发明之首，1993 年获得诺贝尔化学奖。如今 PCR 技术已成为分子克隆工作中必备的基本技术之一，并广泛渗透到医学分子基因诊断、法医、考古学等诸多领域。可以说 PCR 技术的发明给整个生命科学都带来了一场革命，同时也为目的基因的快速克隆提供了一种有效的手段。

1. PCR 技术的基本原理

DNA 是双螺旋分子，在高温条件下双链会发生分离，成为单链 DNA 分子，DNA 聚合酶以单链 DNA 分子为模板，在与待扩增 DNA 片段两端序列互补的人工合成的引物及 4 种脱氧核苷三磷酸的存在下，合成新的 DNA 互补链，该链的起点取决于一对寡核苷酸引物在模板 DNA 链两端的退火位点。两条 DNA 单链均可成为合成新的互补链的模板，鉴于引物是依扩增段两端序列互补原则设计的，因此每一条新生链的合成均起始于引物的退火点，继而沿相反链延伸，因此每条新合成 DNA 链均具有新的引物结合位点。当再度加热至高温条件下，可使新旧 DNA 双链分开，重复下一轮的循环反应，经过多次循环后反应体系中双链 DNA 的分子数，即一对引物结合位点间 DNA 片段的拷贝数理论上可达 2^n。上述结果显示 PCR 技术的特点是：①能够指导特定 DNA 的序列合成；②使特定 DNA 片段获得迅速大量扩增。

2. 耐热 DNA 聚合酶

从嗜热细菌中发现耐热 DNA 聚合酶是 PCR 能形成应用与推广的原因之一，此酶能在 90℃下使用，不用补加酶即可进入下一循环。合理选择耐热 DNA 聚合酶是 PCR 成败与否的一个关键因素。如何选择最合适的耐热 DNA 聚合酶，是用户首先考虑的问题。目前市面上有许多种耐热 DNA 聚合酶，名称各不相同，主要区别在于特异性、保真性、耐热性、扩增速率、扩增片段长度等几个指标。

天为时代公司生产的 6 种耐热 DNA 聚合酶全部采用国外生产工艺和质量检测标准，是经过多次分子筛、离子交换色谱柱纯化的超纯型产品，去除宿主 DNA 和蛋白酶等因素的影响，特异性非常好且特别稳定，经检测，室温放置 1 个月，活性不改变或改变甚微。

PCR（polymerase chain reaction）的全称为聚合酶链反应，应用这一技术可以将微量目的 DNA 片段扩增 100 万倍以上。PCR 的基本工作原理是以拟扩增的 DNA 分子为模板，以一对分别与模板 5′-末端和 3′-末端相互补的寡核苷酸片段为引物，在 DNA 聚合酶的作用下，按照半保留复制的机制沿着模板链延长直至完成新的 DNA 合成，不断重复这一过程，即可使目的 DNA 片段得到扩增。

（二）聚合酶链反应步骤

PCR 反应主要分为 3 个部分进行。

① 模板变性（95℃）。

② 退火（55℃）。

③ 延伸。利用引物和模板，通过酶，脱氧核苷酸、Mg^{2+} 进行双向合成 DNA 链。

PCR 的基本反应步骤是：将反应体系置于特殊装置，加热至 95℃，使模板 DNA 变性，再退火（一般是 55℃）使引物与模板互补成双链，再升温至 72℃，此时，DNA 聚合酶以 dNTP 为底物催化 DNA 的合成，以后再变性、退火、聚合如此循环，新合成的 DNA 分子继续作为下一轮合成的模板，经多次循环（25～30 次）后即可达到扩增 DNA 片段的目的。如图 3-22 所示。

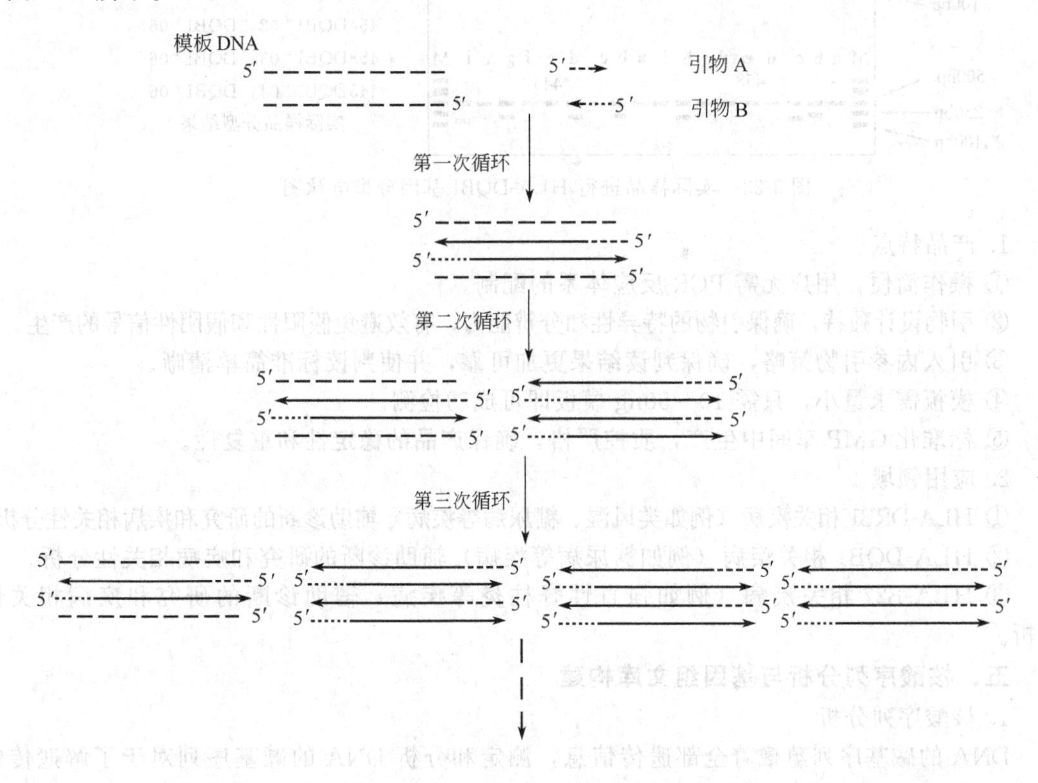

图 3-22 PCR 技术基本原理示意

PCR 技术应用广泛，可用于目的基因片段的获取，基因的体外突变、DNA 和 RNA 的微量分析以及 DNA 序列测定等。

四、DNA 生物芯片

DNA 生物芯片是指将许多特定的 DNA 片段作为探针，有规律地紧密排列固定于单位面积的支持物上，然后与待测的荧光标记样品进行杂交，杂交后用激光共聚焦荧光检测系统等对芯片进行扫描，通过计算机系统对每一探针位点的荧光信号作出检测、比较和分析，从而迅速得出定性和定量的结果。DNA 生物芯片可在同一时间内分析大量的基因，高密度的芯片可以在 $1cm^2$ 面积内排列 20000 个基因用于分析，实现了基因信息的大规模检测。

DNA 芯片可用于临床疾病的诊断，如核酸序列分析、基因表达分析、突变体检测等，也可广泛应用于药物筛选、药物作用机制研究耐药菌株等领域。

晶芯® HLA 基因分型检测试剂盒采用 PCR-SSP（sequence specific primers）方法进行 HLA 基因分型检测。试剂盒由引物-缓冲液混合体系和 *Taq* DNA 聚合酶两种成分组成，用户只需将待测样品 DNA 与这些试剂按比例混合后就可进行 PCR 扩增。扩增后的产物经过电泳后，判读分型结果。整个过程操作简便，用户无需进行 PCR 反应体系的配制。PCR 反应中引入内对照，能够确保判读结果更加可靠，同时使判读标准简单清晰。实际样品进行 HLA-DQB1 基因分型电泳图见图 3-23。

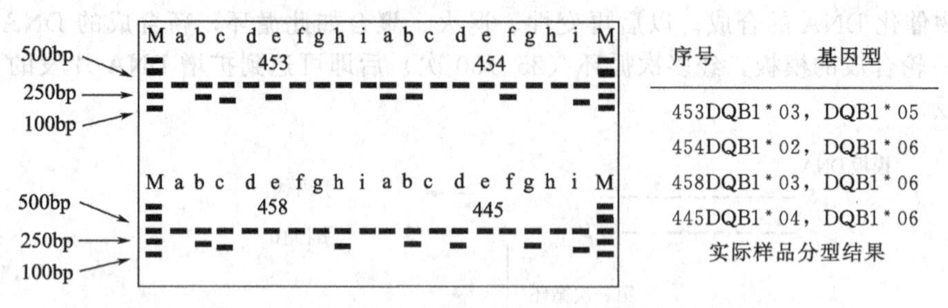

图 3-23 实际样品进行 HLA-DQB1 基因分型电泳图

1. 产品特点

① 操作简便，用户无需 PCR 反应体系的配制。

② 引物设计独特，确保引物的特异性和分辨能力，有效避免假阳性和假阴性信号的产生。

③ 引入内参引物策略，确保判读结果更加可靠，并使判读标准简单清晰。

④ 模板需求量小，只需 10～50ng 模板即可成功检测。

⑤ 标准化 GMP 车间中生产，质控严格，确保产品的稳定性和重复性。

2. 应用领域

① HLA-DRB1 相关疾病（例如类风湿、糖尿病等疾病）辅助诊断的研究和疾病相关性分析。

② HLA-DQB1 相关疾病（例如糖尿病等疾病）辅助诊断的研究和疾病相关性分析。

③ HLA-B27 相关疾病（例如强直性脊柱炎等疾病）辅助诊断的研究和疾病相关性分析。

五、核酸序列分析与基因组文库构建

1. 核酸序列分析

DNA 的碱基序列蕴藏着全部遗传信息，测定和分析 DNA 的碱基序列对于了解遗传的本质即了解每个基因的编码方式无疑是十分重要的。DNA 序列的分析有赖于基因工程技术的发展，在进行序列测定前，一般需要将一段待测 DNA 分子克隆入质粒或噬菌体中。DNA 序列的测定方法一般有化学裂解法 DNA 链末端合成法和 DNA 自动测序法。

2. 基因组文库构建

基因组文库是指一个包含了某一生物体全部 DNA 序列的克隆群体。当人们要对某一基因的结构和功能进行研究时，首先要获得这个基因，而最简捷的方法之一就是从基因组文库中获得。

基因组文库是通过机械剪切或限制性酶消化将某种生物的基因组切成一定大小的片段，然后与合适的载体连接，并导入宿主细胞中进行扩增，从而获得一群重组 DNA 克隆的混合物，其中包括了该生物的各种基因或基因组。原核生物和低等真核生物，由于基因结构简单，基因组文库可以作为直接提供目的基因的来源。

基因组文库构建的过程是：分离组织或细胞染色体 DNA，利用限制性核酸内切酶（能识别 DNA 的特异序列，并在识别位点或其周围切割双链 DNA 的一类内切酶）将染色体

DNA 切割成基因水平的许多片段，其中即含有人们感兴趣的基因片段，将它们与适当克隆载体（如噬菌体）拼接成重组 DNA 分子，继而转入受体菌进行扩增，使每个细菌内都携带一种重组 DNA 分子的多个拷贝。不同细菌所包含的重组 DNA 分子中可能存在有不同的染色体 DNA 片段，这样生长的全部细菌所携带的各种染色体 DNA 片段就代表了整个基因组，这就是基因组文库。基因组文库就像图书馆库存万卷书一样，涵盖了基因组全部遗传信息，也包括人们感兴趣的基因。建立基因组文库后，可从中获取目的基因。

3. cDNA 文库/互补基因阵列

在高等生物中由于结构基因是由外显子（蛋白质编码序列）与内含子（非蛋白质编码的间隔序列）排列组成的，其转录物需要经过剪接去除内含子，使外显子连接加工产生成熟的 mRNA，为获得完整的能直接进行表达的真核生物编码目的基因，就必须构建 cDNA 文库/互补基因阵列。

所谓 cDNA 是指以 mRNA 为模板，在反转录酶作用下合成的互补 DNA，它是成熟 mRNA 的拷贝，不含有任何内含子序列，可以在任何一种生物体中进行表达。将细胞总 mRNA 反转录成 cDNA 并获得克隆，由此得到的 cDNA 克隆群体便称为 cDNA 文库，它代表了某种生物的全部 mRNA 序列，即蛋白质编码信息。

阅读材料

1. 微生物菌株选育过程中利用中间代谢物缺陷型菌株选育的发酵机理

利用发酵法生产药品或食品，首先要找到一株以上优良菌株，才能进行工业生产。而自然界中微生物种类繁多，并且是以混合菌的形式共存，因此必须进行菌种筛选与选育工作。利用基因工程育种技术可大幅度提高菌种选育工作效率，有利于更加定向地获得人们所需的优良菌株，提高发酵水平并减少副产物，促进了微生物发酵工业的迅速发展。通过菌种选育，抗生素、氨基酸、维生素、药用酶等产物的发酵产量提高了几十倍、几百倍、甚至几千倍。菌种选育在提高产品质量、增加品种、改善工艺条件和生产菌的遗传学研究等方面也发挥重大作用。菌种选育的目的是改良菌种的特性，使其符合工业生产的要求。

2. 转酮酶缺陷型菌株生产 D-核糖

核糖是生命遗传物质核糖核酸的重要组成部分，也是一些辅酶和维生素的组成部分。其中 D-核糖是一种五碳糖，是 mRNA、tRNA、rRNA 等各种 RNA 的组成成分，也是各种核苷酸辅酶的组成成分，此外 D-核糖又是还原型诱导物，核糖与磷酸在体内一起运转，具有十分重要的生理作用，在生理上的重要性可与葡萄糖相比。D-核糖可用于治疗心肌局部缺血，并能提高心脏耐受局部缺血的能力，还可用于治疗肌肉疼痛及糖尿病等。

在医药工业及食品工业上，D-核糖也是维生素 B_2、核苷酸增鲜剂和核黄素、抗病毒和抗癌药物的重要生产原料。

D-核糖的生产方法通常有 4 种：最早从天然物中直接提取；其次发展到以呋喃或葡萄糖为原料的化学合成；或从酵母中提取核酸，再水解生成核苷酸、核苷的方法；第 4 种方法是发酵法。

D-核糖生物合成途径与代谢方向如下：

在发酵法生产代谢过程中，葡萄糖经磷酸戊糖途径的氧化途径，脱氢生成 6-磷酸葡萄糖酸，而后者在 6-磷酸葡萄糖酸脱氢酶的作用下生成 5-磷酸核酮糖。5-磷酸核酮糖在 5-磷酸核酮糖异构酶的作用下生成 5-磷酸核糖，5-磷酸核糖经磷酸酶的作用生成 D-核糖。D-核糖的积累受到很多相关酶的影响。

根据 D-核糖的生物合成途径及选育 D-核糖生产菌株的经验，D-核糖高产菌株应具丧失

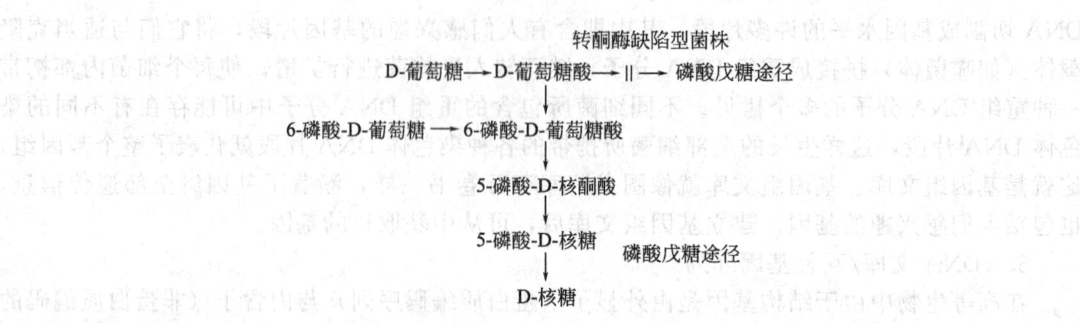

转酮酶活性生理生化特征。丧失转酮酶活力切断了5-磷酸-D-核酮糖代谢的一条支路，D-核糖才能大量分泌。研究表明，只有枯草芽孢杆菌或短小芽孢杆菌的转酮酶缺陷型菌株才能大量分泌D-核糖。选育出不利用D-葡萄糖酸或L-阿拉伯糖的突变株，因为D-葡萄糖酸和L-阿拉伯糖必须通过磷酸戊糖途径进行代谢，若转酮酶发生缺陷，那样菌体自然也就不能利用D-葡萄糖酸或L-阿拉伯糖。代谢物主要流向D-核糖生物合成，发酵产物的积累可提高40%以上。

本章小结

核酸是生物体内以核苷酸为组成单位的一类重要的高分子化合物，是遗传的物质基础。核酸分为脱氧核糖核酸（DNA）和核糖核酸（RNA）两大类。DNA是遗传信息的贮库，RNA主要参与蛋白质的生物合成。前者主要存在于细胞核内，后者主要分布于细胞质内。

核酸分子的化学元素组成主要有碳、氢、氧、氮、磷等，其中磷在各种核酸中含量比较恒定，DNA的平均含磷量为9.9%，RNA的平均含磷量为9.4%。故可通过测定含磷量来计算样品中核酸含量。

DNA的基本组成单位是脱氧核糖核苷酸，而RNA的基本组成单位则是核糖核苷酸。单核苷酸由碱基、戊糖和磷酸组成。其中碱基又分为嘌呤和嘧啶两类。DNA和RNA分子中碱基组成及戊糖有所不同。DNA分子中的脱氧核糖核苷酸的碱基成分为A、T、G和C 4种，戊糖为β-D-2-脱氧核糖，而RNA分子中的核糖核苷酸则由A、U、G和C 4种碱基组成，戊糖为β-D-核糖。碱基与戊糖结合形成核苷，核苷与磷酸通过酯键连接形成单核苷酸，单核苷酸之间通过3′,5′-磷酸二酯键连接而成多核苷酸链。

核酸分子与蛋白质分子一样也具有一级结构和高级结构。核酸的一级结构是指核酸分子中的核苷酸的碱基排列顺序，其中DNA对遗传信息的贮存就是利用碱基排列方式的变化而实现的。DNA的二级结构呈右手双螺旋结构，两条双链平行排列，走向相反，双螺旋结构的骨架由戊糖和磷酸构成，两条链之间靠碱基配对的原则借氢键连接，即A和T配对存在，形成两个氢键，G和C配对存在，形成3个氢键。DNA在形成双螺旋结构的基础上在细胞内还将进一步折叠成为超螺旋结构，即DNA的三级结构，并且在蛋白质的参与下构成核小体，核小体是染色体的基本单位。

RNA的分子结构与DNA不同，RNA的二级结构不是双链结构而基本上为单链分子，不存在互补链，但在某些区域可通过自身回折形成双链，双链结构中的碱基配对是A和U，G和C。RNA根据其结构和功能的不同可分为3类：信使RNA（mRNA）、转运RNA（tRNA）和核蛋白体RNA（rRNA）。

mRNA的主要生理功能是在蛋白质生物合成时传递遗传信息，是蛋白质合成的直接模板。成熟mRNA的结构特点是含有5′-末端“帽”结构和3′-末端的多聚A“尾”结构。

tRNA的主要生理功能是在蛋白质合成中选择性转运氨基酸到核蛋白体上，参与蛋白质的合成。tRNA 的结构特点是存在反密码子和含有稀有碱基等。rRNA 的主要生理功能是以核蛋白体形式参与蛋白质生物合成，为蛋白质的合成提供场所。

核酸具有多种重要的理化性质，如具有高分子化合物的某些特性——黏度、沉降等。还具有核苷酸的一些基本理化性质，如两性电离、紫外吸收特性等。DNA 的变性和复性是核酸最重要的理化性质之一。

DNA 变性的本质是双链的解链。紫外光吸收值达到最大值的 50%时的温度称为 DNA 的解链温度（T_m）。热变性后的 DNA 在适当条件下，两条链可重新配对而复性。在 DNA 变性后的复性过程中，只要不同的单链分子之间存在着一定程度的碱基配对关系，就可以在不同的分子间杂交形成杂化双链。核酸的分子杂交技术在核酸研究中具有广泛而重要的意义。

*了解基因检测技术在医学、制药工业中的应用。

练 习 题

一、名词解释

1. 核苷与核苷酸；2. 碱基互补；3. DNA 的一级结构；4. 核酸的变性；5. 复性；6. 核酸分子杂交；7. T_m 值；8. 增色效应。

二、问答题

1. 组成核酸的基本成分是什么？基本单位是什么？基本结构是什么？试用简式表达多核苷酸的连接方式。

2. 试比较 DNA 与 RNA 的分子组成、分子结构的异同。

3. 何谓 DNA 的二级结构，其要点有哪些？

4. 试述 RNA 的种类及其生物学功能。

5. 简述 tRNA 二级结构三叶草形结构的组成。

6. 已知 DNA 某片段一条链碱基顺序为 5′-CCATTCGAGT-3′，求其互补链的碱基顺序并指明方向。

讨 论 题

1. 什么是转基因作物？它有什么优势？

2. 什么叫做基因漂移？它对基因工程技术的应用有何影响？

3. DNA 测序常应用在哪些行业？

第四章 酶

【学习目标】

1. 掌握酶的化学本质，掌握酶的定义、分类与命名方法。
2. 了解酶的来源、酶的特异性、酶的催化机理。
3. 了解酶的组成、结构与功能的关系。
4. 掌握酶活性中心、催化机理、专一性、米氏方程等有关理论。
5. 掌握影响酶促反应速率的因素。
6. 了解酶的辅助因子对酶活力的影响。
7. 了解酶原激活的意义与方法。
8. 掌握确定酶作用的最适条件，如何控制反应条件与终止酶作用的方法。
9. 掌握酶活力的表示方法与酶活力的计算方法。
10. 掌握酶活力的测定方法和要点、影响测定结果的主要因素。
11. 了解酶制剂在实验室、工业生产中的应用。
12. 了解固定化酶、固定化细胞技术及其在生物制药技术、食品与发酵工业、生物技术中的应用。

第一节 概 述

生命活动最重要的特征是新陈代谢，在生物体的新陈代谢过程中包含着许多复杂的物质变化，这些物质变化受遗传控制，并受环境因素影响。简单地说DNA是内因，酶的合成与活力表达是外因。生物体的代谢过程可以认为是一个开放系统，代谢过程中系统与环境有物质、能量和信息的交换，代谢过程是受到精细调控的，在物质代谢的变化过程中与能量的供需相偶联。

细胞作为生物体的基本结构单位与功能单位，其代谢模式复杂性可以反映出生物体代谢模式的复杂性。

在细胞水平上的代谢调控主要是在酶分子水平（酶含量与活性），因此酶活力调节、酶合成调控（包括装配、输送及酶活力的表达）两个层次均对生物体的代谢有明显的调节作用。本章主要学习酶的组成、结构、性质与功能，重点放在酶活力测定，在实验室、工业应用时必须考虑的浓度、温度、pH、抑制剂、激活剂等对酶活力影响的问题。

一、酶的定义与其生物学功能

1. 酶的定义

酶是活细胞内产生的具有催化能力的蛋白质。因此它又被称为生物催化剂。重要的是生物体内几乎所有的化学反应都是在酶的催化下进行的。

2. 酶的生物学功能

酶的生物学功能是对特定的底物起催化作用（专一性）。它合成之后要经过进一步装配、包装并输送到选定的部位后才显出其催化作用。

如果酶合成之后并不显出其催化活性，而是经过某种处理之后才能起催化作用，此酶被称为酶原。酶原需要通过改变其成分或结构方式的“激活”过程才能起催化作用，酶这种从无活性转变为有活性的过程称为酶原激活。

酶可作为工业催化剂，不仅能在正常的细胞内发挥其催化作用，在体外适宜的条件下也能起催化作用，因此从细胞中提取的酶、工业生产的酶制剂均能应用在食品工业、生物技术产业、农业、医学等方面。在实验室或工业化生产中可通过加入酶制剂来加速某些选择性的特异性反应，提高反应速率。

二、酶的发现简史

人们对酶的认识起源于生产与社会实践。约在公元前 21 世纪夏禹时代，人们就会用微生物酿酒；公元前 12 世纪周代已能制作饴糖和酱；2000 多年前，春秋战国时期已知道用神曲治疗消化不良的疾病。

1810 年 Jaseph Gaylussac 发现酵母可将糖转化为酒精。

1833 年 Payen 和 Persoz 从麦芽的水抽提物中，用酒精沉淀得到了一种对热不稳定的物质，它可使淀粉水解成可溶性的糖。他们把这种物质称之为淀粉酶制剂（diastase)，其意思是“分离”，表示可以从淀粉中分离出可溶性糖来。虽然当时它还是一个很粗的酶制剂，但这是由于他们采用了最简单的提纯方法，得到了一个无细胞酶制剂，并指出了它的催化特性和热不稳定性，并开始涉及酶的本质问题。

1857 年微生物学家 Pasteur 等提出酒精发酵是酵母细胞活动的结果，他认为只有活的酵母细胞才能进行发酵。

1878 年 Kühne 才给酶一个统一的名词，叫 enzyme，这个字来自希腊文，其意思是“在酵母中”。酶也有“酵素”一词表示。

1890 年由 Emil Fischer 提出的“锁与钥匙学说”首次提出酶催化机理的理论。

1897 年 Buchner（布克奈）兄弟用石英砂磨碎酵母细胞，制备了不含酵母细胞的抽提液，并证明此不含细胞的酵母提取液也能使糖发酵，说明发酵与细胞的活动无关，从而说明了发酵过程其实就是酶催化的结果，奠定了酶学的基础，为此 Buchner 获得了 1911 年诺贝尔化学奖。

1926 年 Sumner 分离出尿酶，并成功地将其做成结晶。接着胃蛋白酶及胰蛋白酶也相继做成结晶。这样，酶的蛋白质性质就得到了肯定，对其性质及功能才能有详尽的了解，使体内新陈代谢的研究易于推进。

目前，酶学的研究已进入了新的阶段，基因工程的出现为人们寻找具有特定酶基因的生产菌种开拓了新的研究途径。将固定化酶技术、酶法水解等新技术应用于生产半合成抗生素所需的中间体（抗生素 3 种重要的母核：6-APA、7-ACA、7-ADCA)，大大降低了半合成抗生素的生产成本。

三、酶的存在与分布

酶合成后在细胞内直接起催化作用，则称它为胞内酶。如在柠檬酸、谷氨酸的发酵过程中与其糖代谢相关的一系列代谢反应均是在细胞内由不同的酶（酶系）协调催化、共同完成的，这些酶分布在细胞内的某一特定的区域，使一连串的发酵代谢反应得以有条不紊地进行。

酶合成后分泌到细胞外后才发挥其催化作用，则这类酶称为胞外酶。大部分水解酶是胞外酶。

四、酶的应用

在活细胞体内发生的绝大多数化学反应均是在酶催化下进行的。因而了解酶和掌握酶的催化特性是了解生物体进行新陈代谢的基本条件。

生物能利用外源性的大分子营养物质是先借助胞外酶的分解作用，使胞外的大分子营养物分解成小分子的化合物，再吸收与利用。例如，霉菌合成的胞外酶中有淀粉酶、脂肪酶、蛋白酶、核酸酶等水解酶类；而酵母菌因不能合成淀粉酶，它不能直接利用淀粉作为糖源，必须与霉菌或其他具有淀粉酶的细菌共存（共生），借助其他生物体合成的淀粉酶先将淀粉分解为可酵糖后，才能利用可酵糖经过糖酵解途径先形成丙酮酸，再将其还原为乙醛，最后生成乙醇（酒精）。

控制酶的合成已成为代谢调控的一个重要手段，人为造成胞内酶不能合成或缺失，将会改变代谢的方向与速率。

第二节　酶的催化特性

酶是生物催化剂，除具有无机催化剂的共性外，又具有蛋白质的特性。酶与无机催化剂一样，能提高反应速率。因酶蛋白易变性，所以酶的催化能力并不能长久保持，各种理化条件的变化均可能造成酶的催化效率下降或丧失。

一、酶与无机催化剂的共性

1. 参加反应但不改变酶促反应的平衡点

酶具有普通催化剂的共性，它和非生物催化剂一样只能提高所催化反应的反应速率，并不能改变反应的平衡点。虽然酶分子能循环参加反应，即在反应前后不发生变化，但酶也会像一般催化剂一样发生“中毒”现象，经过多次酶循环后，酶的催化活性会出现逐渐下降的现象。

2. 改变反应途径，降低反应的活化能

酶和一般催化剂的作用机理都是通过改变化学反应的途径，从而降低反应所需的活化能，提高反应速率。

在一个化学反应体系中，反应开始时，反应物（S）分子的平均能量水平较低，为“初态”(A)。在反应的任何一瞬间，反应物中都有一部分分子具有了比初态更高并可发生有效碰撞的能量，比初态高出的这一部分能量称为活化能，使这些分子进入“过渡态”（即活化态，A^*），这时就能形成或打破一些化学键，形成新的物质——产物（P）。即S变为P。这些具有较高能量、处于活化态的分子称为活化分子，反应物中这种活化分子愈多，反应速率就愈快。非催化过程与催化过程自由能的变化见图4-1。

二、酶催化的高效性

虽然酶在细胞中的含量很低，但因其催化效率极高，能保证生化反应高速进行，维持细胞较高的生长速率。

与无机催化剂不同之处是酶反应条件温和并且酶的催化效率更高。例如，工业上由氮和氢合成氨时，使用铁或其他催化剂时，反应温度高过700～900K，压力10～90MPa，而在微生物中的固氮酶能在常温、常压的温和条件下完成相同的反应。

一般而论，酶催化反应的反应速率比非催化反应高10^8～10^{20}倍，比其他催化反应高10^7～10^{13}倍。以过氧化氢水解为例，$2H_2O_2 \longrightarrow 2H_2O + O_2$，用$Fe^{2+}$催化，效率为$6\times10^{-4}$ mol/(mol·s)，即1mol Fe^{2+}每秒只能催化6×10^{-4} mol H_2O_2分解；而用过氧化氢酶催化，效率为6×10^6 mol/(mol·s)，两者相差10^{10}倍。

三、酶高度的专一性

酶对所催化的反应类型、反应物有一定的选择性。酶只能催化某一反应或某一类反应的现象称为酶的专一性。

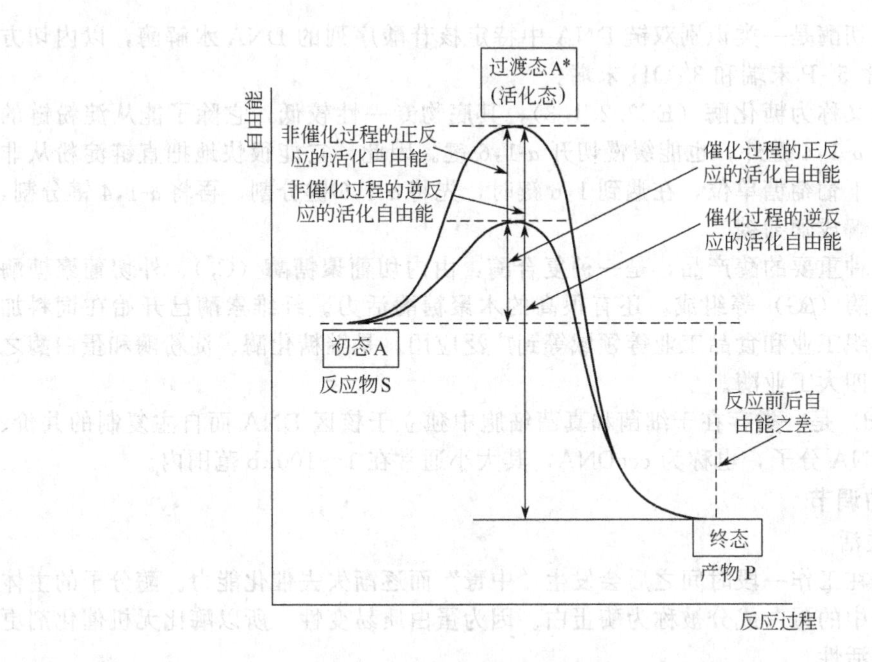

图 4-1 非催化过程与催化过程自由能的变化

通常把被酶作用的物质称为该酶的底物（substrate）。一般无机催化剂没有严格的专一性，例如，无机酸或碱均能催化糖苷键、酯键、肽键水解，但催化这三类化学键水解的酶分别是糖苷酶、酯酶、蛋白酶，它们只对其中某一类底物起催化作用，将对应的底物水解。

四、内切酶与外切酶

根据酶对底物的作用部位，酶可分为内切酶与外切酶（表 4-1）。

表 4-1 酶对底物催化部位的区别

酶种类	内切酶		外切酶		其他
	酶名称	酶作用部位	酶名称	酶作用部位	
核酸酶	DNaseⅠ DNaseⅡ	脱氧核糖多核苷酸链内部磷酸二酯键	脾脏磷酸二酯酶、嗜酸乳杆菌核酸酶； 大肠杆菌核酸外切酶Ⅰ、Ⅱ和Ⅲ	顺次水解脱氧核糖多核苷酸链末端[5′-末端，生成3′-单核苷酸（前者）；或3′-末端，生成5′-单核苷酸（后者）]的磷酸二酯键	首批被发现的限制性内切酶包括来源于大肠杆菌的 *Eco*R Ⅰ 和 *Eco*RⅡ
	RNase RNaseT1	核糖多核苷酸链内部磷酸二酯键		核糖多核苷酸链末端（5′-末端或3′-末端）的磷酸二酯键	
淀粉酶	α-淀粉酶	葡萄糖糖苷链内部糖苷键，能使淀粉迅速液化而生成低分子葡萄糖糖苷链	β-淀粉酶	葡萄糖糖苷链末端糖苷键，生成β-葡萄糖	
			葡萄糖淀粉酶	α-1,4-和α-1,6-糖苷键	
纤维素酶	C_x	β-1，4-糖苷键，生成葡萄糖	C_1	作用于不溶性纤维素表面，使结晶纤维素链开裂，长链纤维素分子末端部分游离，从而使纤维素链易于水化，加速纤维素分解	真菌分泌纤维素酶
			β-葡萄糖苷酶（βG）	将纤维二糖、纤维三糖及其他低分子纤维糊精分解为葡萄糖	

限制性核酸内切酶是一类识别双链DNA中特定核苷酸序列的DNA水解酶，以内切方式水解DNA，产生5′-P末端和3′-OH末端。

葡萄糖淀粉酶又称为糖化酶（EC3.2.1.3），其底物专一性较低，它除了能从淀粉链的非还原性末端切开α-1,4键外，也能缓慢切开α-1,6键。因此，它能很快地把直链淀粉从非还原性末端依次切下葡萄糖单位，在遇到1,6键时，先将α-1,6键分割，再将α-1,4键分割，从而使支链淀粉水解成葡萄糖

纤维素酶是一种重要的酶产品，是一种复合酶，由内切葡聚糖酶（C_x）、外切葡聚糖酶（C_1）、β-葡萄糖苷酶（βG）等组成，还有很高的木聚糖酶活力。纤维素酶已开始在饲料加工、酒精生产、纺织工业和食品工业等领域等到广泛应用，是继糖化酶、淀粉酶和蛋白酶之后的我国生产的第四大工业酶。

质粒（plasmid）是一类存在于细菌和真菌细胞中独立于核区DNA而自主复制的共价、闭合、环状双链DNA分子，也称为cccDNA，其大小通常在1～100kb范围内。

五、酶活力的调节

1. 酶蛋白易失活

一般的催化剂在工作一段时间之后会发生“中毒”而逐渐失去催化能力。酶分子的主体是蛋白质，酶分子中的蛋白成分被称为酶蛋白。因为蛋白质易变性，所以酶比无机催化剂更加脆弱，更易失去活性。

凡使蛋白质变性的因素，如强酸、强碱、高温等条件都能破坏酶蛋白的结构，从而影响酶的活性，甚至使其完全失去活性。所以，酶作用一般都要求比较温和的条件，如常温、常压、接近中性的酸碱度等。

2. 酶活力受环境因素调节控制

酶活力易受多方面的环境因素（温度、pH、离子强度等）影响。一些能改变蛋白质结构的变性剂、抑制剂等也对酶活力有明显的影响。因此在终止酶反应时，常采用使酶蛋白变性的方式终止反应。

此外，酶的合成方面也受多方面因素影响。例如，酶生物合成的诱导和阻遏、酶的化学修饰、抑制物的调节作用、代谢物对酶的反馈调节、酶的别构调节以及神经体液因素的调节等，这些调控保证酶在体内新陈代谢中发挥其恰如其分的催化作用，使生命活动中的种种化学反应都能够有条不紊、协调一致地进行。

3. 受辅助因子影响

酶的催化活力大小与辅助因子有关。酶催化活力的大小同时受激活剂、稳定剂、抑制剂的影响。常见的辅助因子有辅酶、辅基、金属离子。若将它们除去，酶的活性就会下降。

第三节 酶的命名与分类

1961年国际生物化学学会酶学委员会推荐了一套新的系统命名方案及分类方法，已被国际生物化学学会接受。因此对每一种酶有一个系统命名，同时也可能有一个习惯名称。

一、习惯命名法

1961年以前使用的酶的名称都是习惯沿用的，称为习惯名。主要依据以下两个原则。

① 根据酶作用的底物命名。如催化水解淀粉的酶叫淀粉酶，催化水解蛋白质的酶叫蛋白酶。有时还根据来源以区别不同来源的同一类酶，如胃蛋白酶、胰蛋白酶。

② 根据酶催化反应的性质及类型命名。如水解酶、转移酶、氧化酶等。

有的酶结合上述两个原则来命名，如琥珀酸脱氢酶是催化琥珀酸脱氢反应的酶。

根据酶对底物的切割位置不同，核酸酶可分为两类：核酸内切酶（endonuclease）和核

酸外切酶（exonuclease）。在基因工程中常用的限制性核酸酶（工具酶之一）属内切酶。核酸外切酶是从核酸的一端开始，一个接一个地把核苷酸水解下来；核酸内切酶则从核酸链中间水解 3′,5′-磷酸二酯键，将核酸链切断。

二、国际系统命名法

国际系统命名法原则，是以酶所催化的整体反应为基础的，规定每种酶的名称应当明确标明酶的底物及催化反应的性质。如果一种酶催化两个底物起反应，应在它们的系统名称中包括两种底物的名称，并以“:”号将其隔开。若底物之一是水时，可将水略去不写，见表 4-2。

表 4-2 酶国际系统命名法举例

习惯名称	系统名称	催化的反应
乙醇脱氢酶	乙醇:NAD^+氧化还原酶	乙醇＋NAD^+ ⟶ 乙醛＋NADH＋H^+
谷丙转氨酶	丙氨酸:α-酮戊二酸氨基转移酶	丙氨酸＋α-酮戊二酸 ⟶ 谷氨酸＋丙酮酸
脂肪酶	脂肪:水解酶	脂肪＋H_2O ⟶ 脂肪酸＋甘油

三、国际系统分类法及酶的编号

国际酶学委员会根据各种酶所催化反应的类型，把酶分为 6 大类，即氧化还原酶类、转移酶类、水解酶、裂合酶类、异构酶类和连接酶类。分别用 1、2、3、4、5、6 来表示。再根据底物中被作用的基团或键的特点将每一大类分为若干个亚类，每一个亚类又按顺序编成 1、2、3、4 等数字。每一个亚类可再分为亚亚类，仍用 1、2、3、4…编号。每一个酶的分类编号由 4 个数字组成，数字间由“.”隔开。第一个数字指明该酶属于 6 个大类中的哪一类；第二个数字指出该酶属于哪一个亚类；第三个数字指出该酶属于哪一个亚亚类；第四个数字则表明该酶在亚亚类中的排号。

一般在酶的编号之前加上国际酶学委员会的英文缩写 EC（enzyme commision）。例如，EC 1.1.1 表示氧化还原酶，作用于 >CHOH 基团，受体是 NAD^+ 或 $NADP^+$；EC 1.1.2 表示氧化还原酶，作用于 >CHOH 基团，受体是细胞色素；EC 1.1.3 表示氧化还原酶，作用于 >CHOH 基团，受体是分子氧。编号中第 4 个数字仅表示该酶在亚亚类中的位置。这种系统命名原则及系统编号是相当严格的，一种酶只可能有一个统一的名称和一个编号。一切新发现的酶，都能按此系统得到适当的编号。从酶的编号可了解到该酶的类型和反应性质。

四、六大类酶的特征和举例

1. 氧化还原酶类

氧化还原酶类是一类催化氧化还原反应的酶，可分为氧化酶和脱氢酶两类。

（1）氧化酶类　氧化酶催化底物脱氢，并将氢进一步氧化生成 H_2O_2 或 H_2O，一般有氧分子参加反应。

$$A\cdot 2H + O_2 \rightleftharpoons A + H_2O_2$$
$$4A\cdot 4H + O_2 \rightleftharpoons 4A + 2H_2O$$

例如，葡萄糖氧化酶（EC 1.1.3.4）的每个酶分子中含有两分子 FAD 作为氢受体，催化葡萄糖氧化生成葡糖酸，并产生 H_2O_2。

（2）脱氢酶类　从底物脱氢，将氢交给辅酶，再转移氢到另一化合物上（氢受体上）。即：

$$A\cdot 2H + B \rightleftharpoons A + B\cdot 2H$$

这类酶需要辅酶Ⅰ（NAD^+）或辅酶Ⅱ（$NADP^+$）作为氢供体或氢受体起传递氢的作用。例如，乳酸脱氢酶（EC 1.1.1.27）以 NAD^+ 为辅酶将乳酸氧化成丙酮酸。

2. 转移酶类

转移酶类催化化合物某些基团的转移，即将一种分子上的某一基团转移到另一种分子上的反应。

$$A \cdot X + B \rightleftharpoons A + BX$$

例如，谷丙转氨酶（EC 2.6.1.2）属于转移酶类中的转氨基酶。该酶需要磷酸吡哆醛为辅基，使谷氨酸上的氨基转移到丙酮酸上，丙酮酸成为丙氨酸，而谷氨酸成为 α-酮戊二酸。

3. 水解酶类

水解酶类催化水解反应，可用下面通式表示：

$$A \cdot B + HOH \rightleftharpoons AOH + BH$$

例如，磷酸二酯酶（EC 3.1.4.1）催化磷酸酯键水解。

4. 裂合酶类

裂合酶类催化从底物移去一个基团而形成双键的反应或其逆反应，用下式表示：

$$A \cdot B \rightleftharpoons A + B$$

例如，醛缩酶（EC 4.1.2.7）可催化 1,6-二磷酸果糖成为磷酸二羟丙酮及 3-磷酸甘油醛，是糖代谢过程中的一个关键酶。

5. 异构酶类

催化各种同分异构体之间的相互转变，即分子内部基团的重新排列，简式如下：

$$A \rightleftharpoons B$$

例如，6-磷酸葡萄糖异构酶（EC 5.3.1.9）可催化 6-磷酸葡萄糖转变成 6-磷酸果糖。

6. 连接酶类

连接酶类（合成酶类）催化有三磷酸腺苷（ATP）参加的合成反应，即由两种物质合成一种新物质的反应。例如，L-酪氨酰 tRNA 合成酶（EC 6.1.1.1）催化 L-Tyr-tRNA 的合成，这类酶在蛋白质生物合成中起重要作用。简式如下：

$$A + B + ATP \rightleftharpoons A \cdot B + ADP + Pi$$

$$A + B + ATP \rightleftharpoons A \cdot B + AMP + PPi$$

式中 Pi 表示无机磷；PPi 表示焦磷酸。

第四节　酶的化学组成与结构

一、酶的化学本质

经过物理和化学方法的多种分析，发现酶的化学成分与蛋白质一致，证明了酶的化学本质是蛋白质。

证明酶是蛋白质的主要依据有：①酶经酸或碱水解后的最终产物是氨基酸，酶能被蛋白酶水解而失活；②酶是具有复杂空间结构的生物大分子，凡使蛋白质变性的因素都可使酶变性而失去催化活性；③酶是两性电解质，在不同 pH 下呈现不同的离子状态，各自具有特定的等电点，能用电泳技术分离酶蛋白；④酶和蛋白质一样，具有不能通过半透膜等胶体性质；⑤酶也有蛋白质所具有的呈色反应。以上事实表明酶在化学本质上属于蛋白质。但是，不能说所有的蛋白质都是酶，只是具有催化作用的蛋白质，才称为酶。

20 世纪 80 年代以来相继发现某些病毒的 RNA 具有催化功能，这类 RNA 被称为“ribozyme”，国内称之为核酶或酶性 RNA。

二、酶的化学组成

酶的化学本质是蛋白质，酶的相对分子质量较大，一般从一万到几十万之间，最大者在百万以上，其化学元素组成、结构单位与蛋白质类似，因此可将酶分为酶蛋白成分与非酶蛋白成分。

根据化学组成特点，酶可分为单纯蛋白酶和结合蛋白酶两类。

单纯蛋白酶类，除蛋白质外不含其他物质。如脲酶、蛋白酶、淀粉酶、脂肪酶和核糖核酸酶等。

结合蛋白酶类，除蛋白质外，还要结合一些对热稳定的非蛋白质小分子物质或金属离子，前者称为酶蛋白，后者称为辅助因子，酶蛋白与辅助因子结合后所形成的复合物称为全酶，即全酶＝酶蛋白＋辅助因子。

此类酶在催化反应时，一定要有辅助因子参与才起到催化作用，二者各自单独存在时，均无催化作用。

酶的辅助因子包括金属离子及有机化合物，根据它们与酶蛋白结合的松紧程度不同，可分为两类，即辅酶和辅基。

辅酶是比较松弛的小分子有机物质，通过透析方法可以除去，如辅酶Ⅰ和辅酶Ⅱ等。

辅基是指以共价键和酶蛋白结合，不能通过透析除去的小分子有机物质。辅基需要经过一定的化学处理才能与酶蛋白分开，如细胞色素氧化酶中的铁卟啉、丙酮酸氧化酶中的黄素腺嘌呤二核苷酸（FAD），都属于辅基。

辅酶和辅基两者的区别在于它们与酶蛋白结合的牢固程度，并无严格的界限。每一种需要辅酶（或辅基）的酶蛋白往往只能与一特定的辅酶（或辅基）结合，即酶蛋白对辅酶（或辅基）有一定的选择性，当结合另一种辅酶（或辅基）就不具酶活力。如谷氨酸脱氢酶需要辅酶Ⅰ，若换以辅酶Ⅱ就失去活性。当用透析法除去酶的辅酶时，酶活力下降。

因生物体内的辅酶（或辅基）数目有限，同时体内的酶又种类繁多，故同一种辅酶（或辅基）往往可以与多种不同的酶蛋白结合而表现出多种不同的催化作用，如3-磷酸甘油醛脱氢酶、乳酸脱氢酶都需要辅酶Ⅰ，但各自催化不同的底物脱氢。这说明脱氢辅酶部分决定酶催化的专一性。

辅酶（或辅基）在酶催化中通常是起着传递电子、原子或某些化学基团的作用。例如，NAD^+、$NADP^+$、FMN、FAD在呼吸链中起转移电子的作用，CoA、硫辛酸一般参与酰基基团的转移。

三、单体酶、寡聚酶、多酶复合体

根据酶蛋白分子的特点，又可将酶分为以下3类。

1. 单体酶

单体酶一般是由一条肽链组成，例如，限制性核酸内切酶Ⅲ只由一条肽链构成。其他单体酶有：牛胰核糖核酸酶、溶菌酶、羧肽酶A等。但有的单体酶是由多条肽链组成的，如胰凝乳蛋白酶由3条肽链组成，肽链间二硫键相连构成一个共价整体。单体酶种类较少，相对分子质量在$(1.3\sim3.5)\times10^4$。

2. 寡聚酶

由两个或两个以上亚基组成的酶，这些亚基可以是相同的，也可以是不相同的。绝大部分寡聚酶都含偶数亚基，但个别寡聚酶含奇数亚基，如荧光素酶、嘌呤核苷磷酸化酶均含3个亚基。寡聚酶的相对分子质量一般大于3.5×10^4。大多数寡聚酶，其聚合形式是活性型，解聚形式是失活型。相当数量的寡聚酶是调节酶，在代谢调控中起重要作用。例如，限制性核酸内切酶Ⅱ是多亚基酶，相对分子质量较小，为$2.0\times10^4\sim1.0\times10^5$，是基因工程中简单的工具酶，它既有内切酶的活性，又有修饰酶的活性，切断位点在识别序列周围25～30bp，酶促反应除需Mg^{2+}外，也需要ATP供给能量。

3. 多酶复合体

多酶复合体是由几种酶借助非共价键彼此嵌合而成的，一般难以分离。多酶复合体一般催化链反应，这些反应依次连接。多酶复合体相对分子质量很高，如脂肪酸合成酶复合体由7种酶和一个酰基携带蛋白构成，相对分子质量为2.2×10^5。

四、酶的活性中心

酶的活性中心（或称活性部位）是指酶大分子中直接和小分子底物相结合的空间或参加催化作用直接相关的部位。对于单纯酶来说，它是由一些氨基酸残基的侧链基团组成的，有时还包括某些氨基酸残基的主链骨架上的基团。对于结合酶来说，辅酶或辅基上的某一部分结构往往也是活性部位的组成部分。

一般认为酶的活性中心有两个功能部位：第一个是结合部位，底物借助此部位与酶蛋白分子结合，借助结合部位的定位作用，底物进入酶蛋白分子内部的催化位置；第二个是催化部位，借助氨基酸残基的特异性侧链（如组氨酸中的咪唑基），将底物某一化学键破坏，并形成新的化学键，使原不易发生的化学反应在酶的催化下高速进行。

酶的活性中心形成要求酶蛋白分子具有一定的空间构象，酶蛋白空间结构中应有亲水区（常是酶蛋白表面）、疏水区（常是酶蛋白内部）和酶与底物相结合的“通道”。因此，酶活性中心外的酶蛋白空间结构对于酶的催化功能来说，可能是次要的，但绝不是毫无意义的，它们至少为酶活性中心的形成提供了结构基础。所以酶的活性中心与酶蛋白空间构象的完整性之间，是辩证统一的关系。

当外界物理、化学因素破坏了酶的空间结构时，就可能影响酶活性中心的特定结构，结果影响酶活力。

五、调节酶

有一些酶称为调节酶，可以在多酶体系中对代谢反应起调节作用，它们本身的活性受到严格的调节控制。下面主要以别构效应的调控和酶原的激活来说明。

1. 别构效应的调控

这种调节控制作用称别构酶调节。别构酶有受调控的动力学特征，在它的分子内，不同空间位置上的特定位点有传递改变构象信息的能力。即除了有酶的活性中心外，还有别构中心，当专一性代谢物非共价地结合到别构中心时，它的催化活性就发生改变，使这种酶能够适当而精巧地在准确的时间和正确的位点表现出它的催化活性。例如，大肠杆菌的天冬氨酸转氨甲酰酶，它的特殊结构使它在不同外界环境条件时，能作出不同的选择，进行不同的代谢调节。

（1）别构酶的性质、结构　迄今所有已知的别构酶都是寡聚酶，即含有两个或两个以上的亚基。

已知的别构酶在结构上有以下特点：①有多个亚基；②能形成四级结构；③除了有可以结合底物的酶的活性中心外，还有可以结合调节物的别构中心（有时也称调节中心），而且，这两个中心位于酶蛋白的不同部位上或处在不同的亚基上，或处在同一个亚基的不同部位上。别构酶的活性中心负责酶对底物的结合与催化，别构中心则负责调节酶的反应速率。如DNA聚合酶有5个亚基。

（2）别构效应　调节物（或效应物）与酶分子中的别构中心（调节中心或控制中心）结合后，诱导出稳定酶分子的某种构象，使酶活动中心对底物的结合与催化作用受到影响，从而调节酶的反应速率及代谢过程，此效应称为酶的“别构效应”。酶的别构效应与酶的四级结构相关。

2. 酶原的激活

有的酶当其肽链在生物合成之后，即可自发地折叠成一定的三维结构，一旦形成了一定的构象，酶就立即表现出全部酶活性，如溶菌酶。然而有些酶在生物体内首先合成出来的只是它的无活性的前体，称为酶原。这些酶原必须要在一定的条件下，去掉一个或几个特殊的肽键，从而使酶的构象发生一定的变化，才有活性。这种调节控制作用方式的特点是：无活性状态转变成有活性状态的过程是不可逆的。

例如，胰蛋白酶刚从胰脏细胞分泌出来时，是没有催化活性的胰蛋白酶原（分泌腺的自我保护）。当它随胰液进入小肠时，可被肠液中的肠激酶激活（也可被胰蛋白酶本身激活）。在肠激酶的作用下自N-端水解下一个6肽，因而促使酶的构象发生某些变化，使组氨酸、丝氨酸、缬氨酸、异亮氨酸等残基互相靠近，构成了活性中心，于是无活性的酶原就变成了有催化活性的胰蛋白酶。酶原激活过程如图4-2所示。相关内容在第九章将进一步学习。如果消化酶类在合成场所意外激活会出现代谢异常，例如胰蛋白酶在胰腺激活会引起急性胰腺炎。

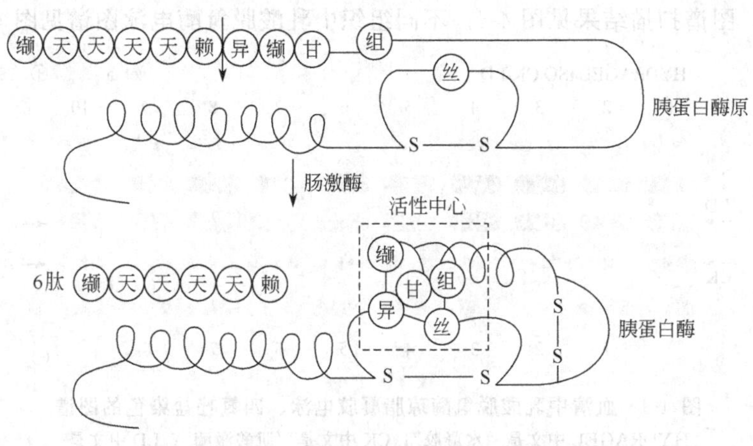

图 4-2 胰蛋白酶原激活示意

在组织细胞中，刚合成的某些酶以酶原的形式存在，具有重要的生物学意义。因为分泌酶原的组织细胞含有蛋白质，而酶原无催化活性，因此可以保护组织细胞不被水解破坏。

六、诱导酶与结构酶

根据酶的合成与代谢物的关系，人们把酶相对地区分为结构酶（固有酶）和诱导酶。结构酶是指细胞中天然存在的酶，它的含量较为稳定，受外界的影响很小。诱导酶是指当细胞中加入特定诱导物后诱导产生的酶，它的含量在加入诱导物的条件下显著增高，这种诱导物往往是该酶底物的类似物或底物本身。

当培养基不含葡萄糖，而只含乳糖时，开始时大肠杆菌的代谢强度大大低于培养基中含有葡萄糖的情况，继续培养一段时间后，代谢强度慢慢提高，最后达到与含葡萄糖时一样，因为这时大肠杆菌中已产生了属于诱导酶的半乳糖苷酶。诱导酶在微生物中较多见。如大肠杆菌，当它生长环境中有葡萄糖时，它不会先利用乳糖，而是当葡萄糖消耗将尽时，它才会合成能分解乳糖的水解酶。因此在含有葡萄糖、乳糖的培养基上培养大肠杆菌时可以观察到大肠杆菌的二次生长现象。

七、同工酶

与代谢调节关系密切的酶除了调节酶以外，还有一类称为同工酶的酶。同工酶是指在同种生物体内，能催化同一个反应的酶，但酶蛋白的组成成分、分子结构、理化性质有所不同。它们对细胞的发育及代谢调节都很重要，这类酶存在于生物的同一种属或同一个体的不同组织中，甚至同一组织，同一细胞中。这类酶一般由两个或两个以上的亚基聚合而成，功能相同（催化相同的化学反应），但是它们的生理性质、理化性质及反应机理却是不一定相同的。

近十余年来，由于蛋白质分离技术的发展，特别是凝胶电泳的应用，使同工酶可以从细胞提取物中分离出来。

目前已发现的同工酶有几百种，研究得较多的是乳酸脱氢酶（LDH）。乳酸脱氢酶几乎存在所有组织中，如脊椎动物中乳酸脱氢酶（lactate dehydrogenase，LDH）有5种同工酶。它们是由4个亚基组成的酶，其中M型同工酶主要出现在骨骼肌和肝脏中，而H型同工酶主要出现在心肌中。LDH催化酵解中的丙酮酸和乳酸之间的相互转换，它们都催化同样的反应，M型LDH通过NADH使丙酮酸还原为乳酸，而H型主要是催化它的逆反应。

$$\text{乳酸} + NAD^+ + H_2 \xrightleftharpoons{LDH} \text{丙酮酸} + NADH + H^+$$

M型亚基和H型亚基的相对分子质量都很相近，为$(1.3\sim1.5)\times10^5$，不过它们对底物的K_m值却有显著的区别。M亚基及H亚基可以分开，但分开后无活性。它们的氨基酸组成及顺序不同，电泳结果亦不同。血清中乳酸脱氢酶琼脂凝胶电泳、四氮唑盐染色的图谱如图4-3所示，图谱扫描结果见图4-4。不同组织中乳酸脱氢酶电泳图谱见图4-5。

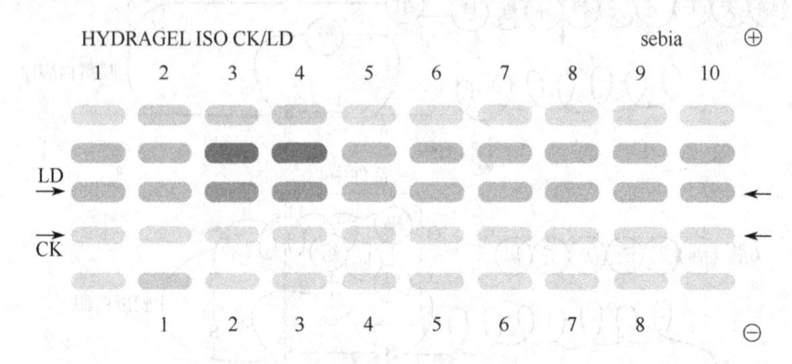

图4-3 血清中乳酸脱氢酶琼脂凝胶电泳、四氮唑盐染色的图谱
HYDRAGEL中文是“水凝胶”；CK中文是“肌酸激酶”；LD中文是“乳酸脱氢酶”；sebia是法国一家公司名称（生产电泳仪）

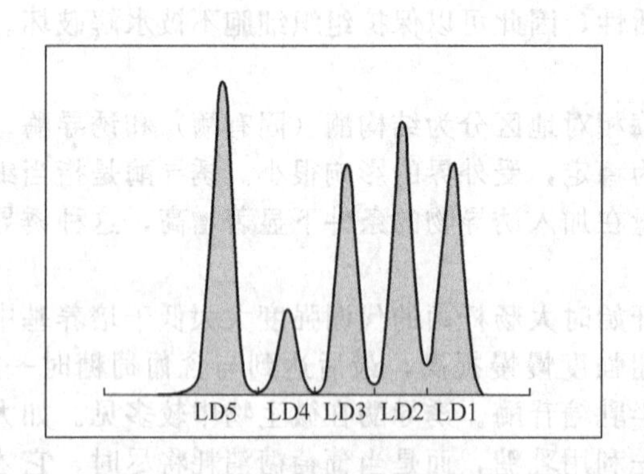

图4-4 血清中乳酸脱氢酶琼脂凝胶电泳图谱扫描结果

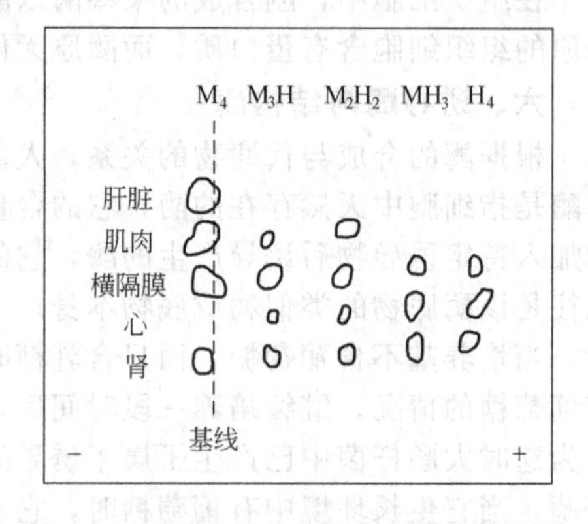

图4-5 不同组织中乳酸脱氢酶电泳图谱

正常人血清中LDH2大于LDH1。如有心肌酶释放入血则LDH1大于LDH2，利用此指标可以观察诊断心肌疾病。

同工酶分析法目前在农业上已开始用于优势杂交组合的预测，例如，番茄优势杂交组合种子与弱优势杂交组合的种子中的脂酶同工酶是有差异的，从这种差异中可以看出杂种优势。在临床上也已应用同工酶作诊断指标。

八、抗体酶

既是抗体又具有催化功能的蛋白质称为“抗体酶”。因为它是具有催化活性的抗体，故又称为“催化性抗体”。

1986 年 Richard Lerrur 和 Peter Schaltz 两个小组根据过渡态理论和免疫学原理，运用单克隆抗体技术成功地制备了具有酶活性的抗体，得到了抗体酶。两个小组成功的关键是巧妙地运用了过渡态类似物。他们选择合适的某催化反应的过渡态类似物作半抗原，结合蛋白质成为结合抗原，再免疫动物，制备单克隆抗体，经过筛选获得具有催化功能的抗体。这些抗体除能使所催化的反应加速 $10^2 \sim 10^5$ 倍外，还具有酶的其他基本特性，如对底物的专一性、立体专一性、动力学行为符合米氏方程、催化活性依赖于 pH 及温度、可被抑制剂抑制等。正因为它们既是抗体又具有酶的特性，故将其命名为“抗体酶”。

几年来，除用上述制备抗体酶的方法外，还陆续发展了其他新的方法。抗体酶催化反应的类型也更加广泛，除了催化水解反应外，还能催化酰基转移，酰胺键、碳碳键的形成以及氧化还原等反应。总之，抗体酶的研究工作发展迅速。

成功地制备出抗体酶的工作不仅有力地证明了过渡态理论的正确，加深了人们对酶作用原理的理解，进一步丰富了酶学的内容，而且创造出的新酶类在临床医学及制药工业等方面有极好的应用前景。

第五节 酶的作用机制

酶的作用机制主要研究酶催化机理、酶促反应的高效性和专一性等，酶的专一性可分为两种类型：结构专一性和立体异构专一性。

一、结构专一性

有些酶对底物的要求非常严格，只作用于一种底物，而不作用于任何其他物质，这种专一性称为酶的“绝对专一性”。

例如，脲酶只能水解尿素，催化尿素水解成 NH_3 和 CO_2，而对尿素的各种衍生物不起作用，如不能催化甲基尿素水解，可以说脲酶具有绝对专一性；麦芽糖酶只作用于麦芽糖，而不作用于其他双糖。

有些酶对底物的要求比上述绝对专一性要低一些，可作用具有相同化学键的一类结构相近的底物，这种专一性称为酶的“相对专一性”。

具有相对专一性的酶作用于底物时，对链两端的基团要求程度不同，对其中一个基团要求严格，对另一个则要求不严格，这种专一性称为“族专一性”或“基团专一性”。例如，α-D-葡萄糖苷酶不但要求 α-糖苷键，并且要求 α-糖苷键的一端必须有葡萄糖残基，即底物必须是 α-葡萄糖苷，而对键的另一端 R 基团则要求不严，因此它可催化各种 α-D-葡萄糖苷衍生物的 α-糖苷键的水解。

有些酶只要求作用于底物一定的键，而对键两端的基团并无严格要求，这是另一种相对专一性，称为“键专一性”。

二、立体异构专一性

当底物具有立体异构体时，酶只能作用其中的一种，这种专一性称为立体异构专一性。酶的立体异构专一性是相当普遍的现象。

1. 旋光异构专一性

例如，L-氨基酸氧化酶只能催化 L-氨基酸氧化，而对 D-氨基酸无催化作用。

$$\text{L-氨基酸} + H_2O + O_2 \xrightleftharpoons{\text{L-氨基酸氧化酶}} \alpha\text{-酮酸} + NH_3 + H_2O_2$$

2. 几何异构专一性

当底物具有几何异构体时，酶只能作用于其中的一种。例如，琥珀酸脱氢酶只能催化琥珀酸脱氢生成延胡索酸，而不能生成顺丁烯二酸，称为几何异构专一性。

$$\underset{\text{琥珀酸}}{\begin{array}{l}CH_2COOH\\|\\CH_2COOH\end{array}} \xrightleftharpoons{\text{琥珀酸脱氢酶}} \underset{\text{延胡索酸}}{\begin{array}{l}HOOC—CH\\\quad\quad\ \ \|\\\quad\quad\ HC—COOH\end{array}}$$

酶的立体专一性在实践中很有意义，旋光性药物一般只有某一种构型才有药效，而另一构型可能有毒性。有机合成的药物一般为消旋的产物，若改用酶法催化合成的药物则只能生成其中的一种构型。同样原理，在药物合成中利用酶的选择性可对有机合成的消旋药物进行不对称拆分，获得其中一种构型物。

酶的立体异构性表明，酶与底物结合时至少存在 3 个结合点。

三、酶具有高催化效率的机理

1. 邻近定向效应

邻近定向效应是指底物和酶的活性部位相互接近时产生的定向效应。对于双分子反应来说也包含酶活性部位上双底物分子之间的邻近效应，包括互相靠近的底物分子之间以及底物分子与酶活性部位的基团之间通过严格的三维定向（正确的立体化学排列）。这样就大大提高了活性部位上底物的有效浓度，使分子间反应近似于分子内的反应，同时还为分子轨道交叉提供了有利条件，使底物进入过渡态时的熵变负值减小，反应活化能降低，从而大大地增加了中间产物酶-底物进入过渡态的概率。

2. “张力”和“形变”

酶蛋白与底物结合后，可以诱导酶分子构象变化，而变化的酶分子又使底物分子的敏感键产生“张力”甚至“形变”，从而促进中间产物酶-底物进入过渡态。这实际上是酶与底物诱导契合的动态过程。

3. 酸碱催化

酸碱催化剂是催化有机反应的最普遍最有效的催化剂。有两种酸碱催化剂：一种是狭义的酸碱催化剂，即 H^+ 与 OH^-，由于酶反应的最适 pH 一般接近于中性，因此 H^+ 及 OH^- 的催化在酶反应中的重要性是比较有限的；另一种是广义的酸碱催化剂，指的是质子供体及质子受体的催化，它们在酶反应中的重要性大得多，发生在细胞内的许多类型的有机反应都是受广义的酸碱催化的，如将水加到羰基上、羧酸酯及磷酸酯的水解、从双键上脱水、各种分子的重排以及许多取代反应等。

酶蛋白中含有好几种可以起广义酸碱催化作用的功能基，如氨基、羧基、硫氢基、酚羟基及咪唑基等。其中组氨酸的咪唑基特别值得注意，因为它既是一个很强的亲核基团，又是一个有效的广义酸碱功能基。再如牛胰核糖核酸酶及牛凝乳蛋白酶等都是通过广义的酸碱催化而提高酶反应速率的。

4. 共价催化

某些酶可以和底物生成不稳定的共价中间产物，这种共价中间产物并不大量积累，而是进一步生成其他产物，进行反应的难易程度要比非催化反应容易得多。

以上这些因素确实使酶具有高催化效率，但是，并不是在所有的酶同时具有以上的催化机理，更可能的情况是只有其中的一种催化机理起作用，即讲不同的酶起主要作用的催化因素不完全相同。

四、中间产物学说

在一个反应体系中，只有达到或超过反应活化能的活化分子之间的碰撞才能完成化学反应。显然，活化分子越多，反应速率越快。

增加活化分子的途径有：①外部提供能量，通过加热或用光照射等，使反应物分子获得所需的能量达到活化状态；②使用适当的催化剂，改变反应途径，降低反应的活化能，使反应沿着一个活化能较低的途径进行。酶和一般催化剂的作用一样，就是通过改变反应途径，从而能降低反应的活化能。

酶如何使反应的活化能降低，目前比较圆满的解释是中间产物学说。假设一反应：

$$\underset{\text{底物}}{S} \longrightarrow \underset{\text{产物}}{P} \tag{4-1}$$

$$E+S \rightleftharpoons ES \longrightarrow E+P \tag{4-2}$$

酶在催化此反应时，它首先与底物结合成一个不稳定的中间产物 ES（也称为中间配合物），然后 ES 再分解成产物和原来的酶。由于酶催化的反应式（4-2）的活化能比没有酶催化的反应式（4-1）要低，反应式（4-2）所需的活化能亦比反应式（4-1）低，所以反应速率加快。

中间产物学说是否正确决定于中间产物是否确实存在。由于中间产物很不稳定，易迅速分解成产物，因此不易把它从反应体系中分离出来。但是有不少间接证据表明中间产物确实存在。

例如，通过光谱法可以证实过氧化氢酶和其底物过氧化氢所形成的中间产物的存在。过氧化氢酶催化下列反应：

$$H_2O_2+AH_2 \xrightarrow{\text{过氧化氢酶}} A+2H_2O$$

上式中 AH_2 表示氢供体，如焦性没食子酸、抗坏血酸或其他可氧化的染料等。

此酶为一铁卟啉蛋白，具有特征性吸收光谱。它在 645nm、583nm、548nm、498nm 处有 4 条吸收带。若向酶溶液中加入过氧化氢，光谱完全发生改变，只在 561nm 和 530.5nm 处显示 2 条新吸收带。发生这种现象的唯一解释就是酶与底物之间发生了某种作用。

$$\text{过氧化氢酶}+H_2O_2 \rightleftharpoons [\text{过氧化氢酶}\cdot H_2O_2]$$

此时若加入合适的氢供体，如焦性没食子酸，反应则进一步发生：

$$[\text{过氧化氢酶}\cdot H_2O_2]+AH_2 \longrightarrow \text{过氧化氢酶}+A+2H_2O$$

同时，光谱又发生了改变，新的 2 条吸收带消失了，原来的 4 条吸收带又重新出现，这说明中间产物已分解成产物和游离的酶。

除了间接证据之外，还有直接证据证明中间产物的存在。比如，用电子显微镜可以直接看到核酸和它的聚合酶形成的中间产物，甚至在某些情况下还可以把酶和底物的中间产物分离出来。

五、诱导契合学说

已经知道，酶在催化化学反应时要和底物形成中间产物，但是酶和底物如何结合成中间产物？又如何完成其催化过程呢？

因为酶对它所作用的底物有着严格的选择性，它只能催化具有一定化学结构或一些结构近似的化合物发生反应，于是有的学者认为酶和底物结合时，底物的结构必须和酶活性部位的结构非常吻合，就像锁和钥匙一样，这样才能紧密结合形成中间产物。这就是 1890 年由 Emil Fischer 提出的“锁与钥匙学说”，如图 4-6 左侧的结合模式所示。

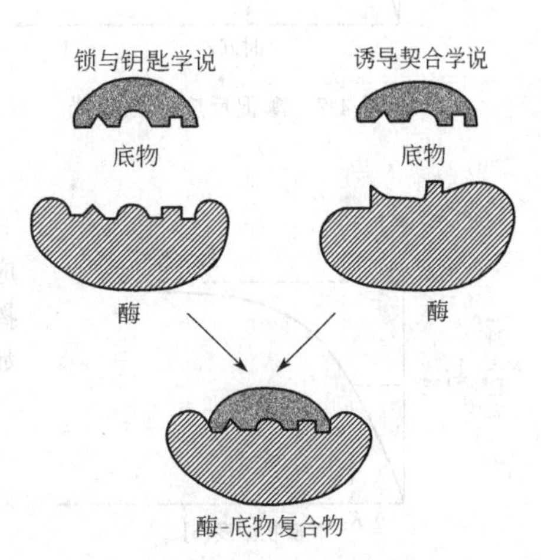

图 4-6 酶和底物结合示意

但是后来发现，当底物与酶结合时，酶分子上的某些基团常发生明显的变化，另外对于可逆反应，酶常能够催化正、逆两个方向的反应，很难解释酶活性部位的结构与底物和产物的结构都非常吻合，因此“锁与钥匙学说”把酶的结构看成固定不变是不切实际的。于是，有的学者认为酶分子活性部位的结构原来并非是和底物的结构互相吻合的刚性结构，它具有一定的柔性，可发生一定程度的变化。当底物与酶接近时，底物可诱导酶蛋白的构象发生相应的变化，使活性部位上有关的各个基团达到正确的排列和定向，因而使酶和底物契合而结合成中间产物，并催化底物发生化学反应。这就是 1958 年由 D. E. Koshland 提出的“诱导契合学说”，如图 4-6 右侧结合模式。后来，对羧肽酶等进行 X 射线衍射研究的结果也有力地支持了这个学说。可以说，诱导契合学说较好地解释了酶作用的专一性。

第六节　酶促反应速率及其影响因素

一、酶促反应速率的测定

与一般化学反应的反应速率一样，测定酶促反应速率有两种方法：①测定单位时间内底物的消耗量（$-d[S]/dt$）；②测定单位时间内产物的生成量（$d[P]/dt$）。

在酶促反应开始以后，于不同时间测定反应体系中产物的量，以产物的生成量对时间作图，即可得如图 4-7 中的酶促反应过程曲线。

不同时间的反应速率就是时间为不同值时曲线的斜率（$d[P]/dt$）。

从图 4-7 显然看出，在开始一段时间内反应速率几乎维持恒定（V_0），亦即产物的生成量与时间成直线关系。但随着时间的延长，曲线斜率逐渐降低，反应速率逐渐降低。产生这种现象的可能原因很多，如由于反应的进行使底物浓度降低、产物的生成逐渐增大了逆反应、酶本身在反应中失活、产物的抑制等。为了正确测定酶促反应速率并避免以上因素的干扰，就必须测定酶促反应初期的速率，称之为反应初速率——V_0。

一般测定酶促反应初速率，应先绘出反应过程曲线，根据由原点作曲线的切线或根据曲线的直线部分，来计算酶促反应的速率。

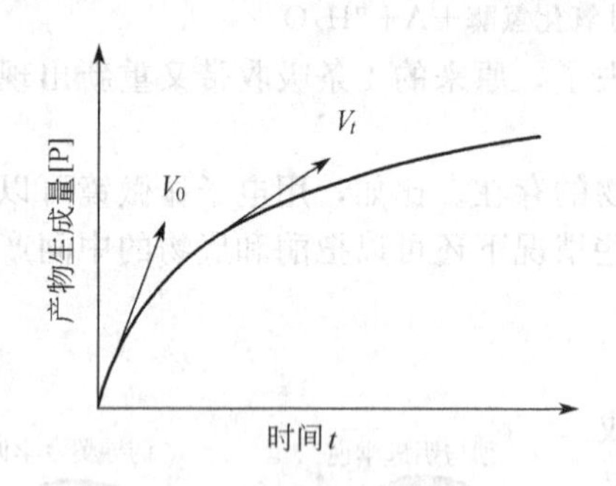

图 4-7　酶促反应过程曲线

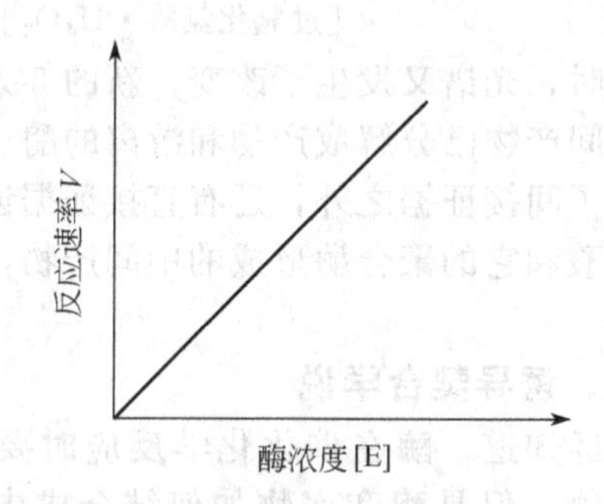

图 4-8　酶促反应速率与酶浓度的关系

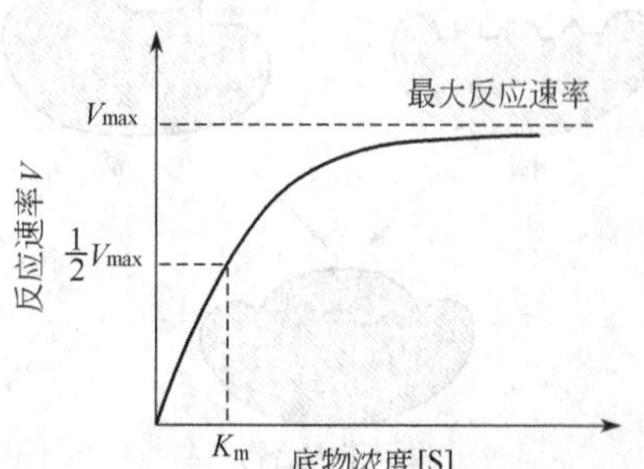

图 4-9　底物浓度对酶促反应速率的影响

二、酶浓度对酶促反应速率的影响

在底物足够过量，而其他条件固定不变，并且反应系统中不含有抑制酶活性的物质及其他不利于酶发挥作用的因素时，酶促反应的速率和酶浓度成正比，如图 4-8 所示。

$$V=k[E]$$

三、底物浓度对酶促反应速率的影响

1. 底物浓度对酶促反应速率的影响

若在酶浓度、pH、温度等条件固定不变的情况下研究底物浓度和反应速率的关系，可得图 4-9 中的

曲线。

酶促反应速率和底物浓度之间的这种关系，可利用中间产物学说加以说明，即酶作用时，酶E先与底物S结合成一中间产物ES，然后再分解为产物P并游离出酶。

在底物浓度低时，每一瞬时，只有一部分酶与底物形成中间产物ES，此时若增加底物浓度，则有更多的ES生成，因而反应速率亦随之增加。但当底物浓度很大时，每一瞬时，反应体系中的酶分子都已与底物结合生成ES，此时底物浓度虽再增加，但已无游离的酶与之结合，故无更多的ES生成，因而反应速率几乎不变。

2. 米氏方程式

Michaelis 和 Menten 根据中间产物学说推导了能够表示整个反应中底物浓度和反应速率关系的公式，称为米氏方程式。

$$V=\frac{V_{max}[S]}{K_m+[S]}$$

式中 K_m——米氏常数；

V_{max}——最大反应速率；

V——反应速率；

[S] ——底物浓度。

在底物浓度低时，$K_m \gg [S]$，米氏方程式中分母 [S] 一项可忽略不计。得：

$$V=\frac{V_{max}}{K_m}[S]$$

即反应速率与底物浓度成正比，符合一级反应。

在底物浓度很高时，$[S] \gg K_m$，米氏方程式中，K_m 项可忽略不计，得：

$$V=V_{max}$$

即反应速率与底物浓度无关，符合零级反应。

3. 米氏常数的意义

当酶促反应处于 $V=\frac{1}{2}V_{max}$ 的特殊情况时，有 $\frac{V_{max}}{2}=\frac{V_{max}[S]}{K_m+[S]}$

计算可以得到：$[S]=K_m$。

由此可以看出 K_m 值的物理意义，即 K_m 值是当酶反应速率达到最大反应速率一半时的底物浓度，它的单位是 mol/L，与底物浓度的单位一样。

① K_m 值是酶的特征常数之一。一般只与酶的性质有关，而与酶浓度无关，不同的酶 K_m 值不同，并且 K_m 值还受 pH 及温度的影响。因此，K_m 值作为常数只是对一定的底物、一定的 pH、一定的温度条件而言。测定酶的 K_m 值可以作为鉴别酶的一种手段，但是必须在指定的实验条件下进行。一些酶的 K_m 值见表 4-3。

表 4-3 某些酶的 K_m 值

酶	底物	K_m/(mmol/L)	酶	底物	K_m/(mmol/L)
过氧化氢酶	H_2O_2	25	谷氨酸脱氢酶	α-酮戊二酸	2.0
脲酶	尿素	25	乳酸脱氢酶	丙酮酸	0.017
己糖激酶	葡萄糖	0.15	丙酮酸脱氢酶	丙酮酸	1.3
	果糖	1.5	β-半乳糖苷酶	乳糖	4.0
蔗糖酶	蔗糖	28	苏氨酸脱氨酶	苏氨酸	5
碳酸酐酶	HCO_3^-	8.0～9.0	青霉素酶	苄基青霉素	0.05
谷氨酸脱氢酶	谷氨酸	0.12			

② $\frac{1}{K_m}$ 可近似地表示酶对底物亲和力的大小，$\frac{1}{K_m}$ 愈大，表明亲和力愈大，因为 $\frac{1}{K_m}$ 愈

大，K_m 就愈小，达到最大反应速率一半所需要的底物浓度就愈小。K_m 值最小的底物一般称为该酶的最适底物或天然底物，如蔗糖是蔗糖酶的天然底物。显然，最适底物与酶的亲和力最大，不需很高的底物浓度就可以很容易地达到 V_{max}。

③ K_m 值与米氏方程的实际用途。可由所要求的反应速率（应达到 V_{max} 的百分数），求出应当加入底物的合理浓度，反过来，也可以根据已知的底物浓度，求出该条件下的反应速率。

如果要求反应速率达到 V_{max} 的 99%，其底物浓度应为：$[S]=99K_m$。

根据米氏方程，以 V 对［S］作图，可得到与实验结果（如图 4-7）相符的曲线。这种一致性，从一个方面反映了米氏学说的正确性。

4. 米氏常数的求法

从酶的 V-[S] 图上可以得到 V_{max}，再从 $\frac{1}{2}V_{max}$，可求得相应的［S］，即 K_m 值。但实际上即使用很大的底物浓度，也只能得到趋近于 V_{max} 的反应速率，而达不到真正的 V_{max}，因此测不到准确的 K_m 值。为了得到准确的 K_m 值，可以把米氏方程的形式加以改变，使它成为相当于 $y=ax+b$ 的直线方程，然后用图解法求出 K_m 值。

例如，双倒数作图法（Lineweaver-Burk 法），将米氏方程改写成以下形式

$$\frac{1}{V}=\frac{K_m}{V_{max}}\times\frac{1}{[S]}+\frac{1}{V_{max}}$$

实验时选择不同的［S］测定相对应的 V。求出两者的倒数，以 $\frac{1}{V}$ 对 $\frac{1}{[S]}$ 作图，绘出直线，外推至与横轴相交，横轴截距 $-x$ 即为 $\frac{1}{K_m}$ 值，$K_m=-\frac{1}{x}$。此法因为方便而应用最广，但也有其缺点：实验点过分集中于直线的左端，作图不十分准确，如图 4-10 所示。

四、温度对酶促反应速率的影响

绝大多数化学反应的反应速率都和温度有关，酶催化的反应也不例外。如果在不同温度条件下进行某种酶反应，然后将测得的反应速率相对于温度作图，即可得到如图 4-11 所示的钟罩形曲线。从图上曲线可以看出，在较低的温度范围内，酶促反应速率随温度升高而增大，但超过一定温度后，反应速率反而下降，因此只有在某一温度下，反应速率才达到最大值，这个温度通常就称为酶促反应的最适温度。每种酶在一定条件下都有其最适温度。一般讲，动物细胞内的酶最适温度在 35～40℃，植物细胞中的酶最适温度稍高，通常在 40～50℃，微生物中的酶最适温度差别较大。

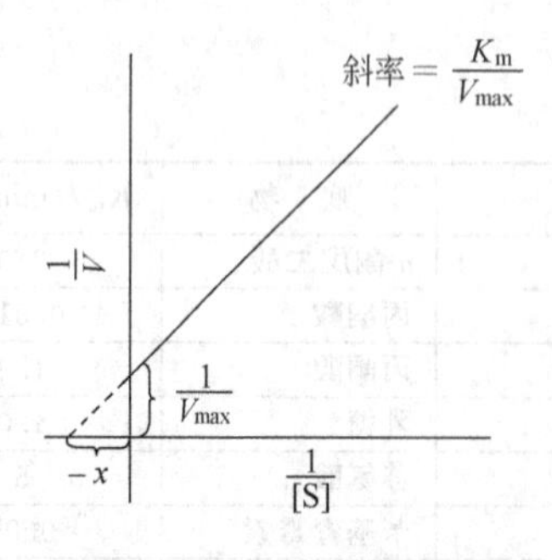

图 4-10 双倒数作图法

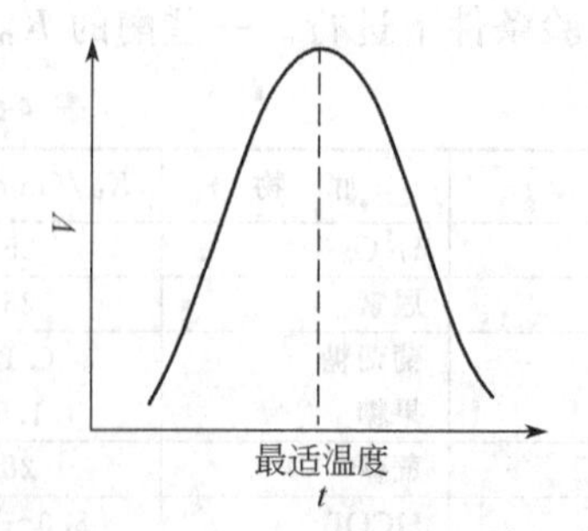

图 4-11 温度对酶促反应速率的影响

温度对酶促反应速率的影响表现在两个方面。一方面是当温度升高时，与一般化学反应一样，反应速率加快。反应温度提高 10℃，其反应速率与原来反应速率之比称为反应的温

度系数，用Q_{10}表示，对大多数酶来讲温度系数Q_{10}多为2，也就是说，即温度每升高10℃，酶反应速率为原反应速率的2倍。另一方面由于酶是蛋白质，随着温度升高，酶蛋白逐渐变性而失活，引起酶反应速率下降。酶所表现的最适温度是这两种影响的综合结果。在酶反应的最初阶段，酶蛋白的变性尚未表现出来，因此反应速率随温度升高而增加，但高于最适温度时，酶蛋白变性逐渐突出，反应速率随温度升高的效应将逐渐为酶蛋白变性效应所抵消，反应速率迅速下降，因此表现出最适温度。注意最适温度与K_m不一样，它不是酶的特征物理常数，常受到其他测定条件如底物种类、作用时间、pH和离子强度等因素影响而改变。

酶的最适温度随着酶促作用时间的长短而改变。由于温度使酶蛋白变性是随时间累加的，一般讲反应时间长，酶的最适温度低，反应时间短则最适温度就高，因此只有在规定的反应时间内才可确定酶的最适温度。具体实例可参考本章第七节表4-4中的数据。

酶的最适温度与其耐热温度是不同的概念，当温度超过其耐热温度时，酶活力迅速下降。如Taq的DNA聚合酶的最适温度高达70℃以上，并且当温度升高93℃时在短时间酶并不失去活性，这是Taq酶在基因工程中的聚合酶链反应（PCR）中得到广泛应用的原因。Taq酶是扩增效率最高的耐热DNA聚合酶，在PCR中应用最适温度73℃，能适应93℃下的DNA解链温度。

酶的固体状态比在溶液中对温度的耐受力要高。酶的冰冻干粉置冰箱中可放置几个月，甚至更长时间，而酶溶液在冰箱中只能保存几周，甚至几天就会失活。通常酶制剂以固体保存为佳。

五、pH对酶促反应速率的影响

大部分酶的活力受其环境pH的影响，在一定pH下，酶促反应具有最大速率，高于或低于此值，反应速率下降，通常称此pH为酶反应的最适pH。胰蛋白酶是胰腺分泌的一种蛋白酶，pH对胰蛋白酶活性的影响，如图4-12所示。具体实例可参考本章第七节表4-3中的数据。

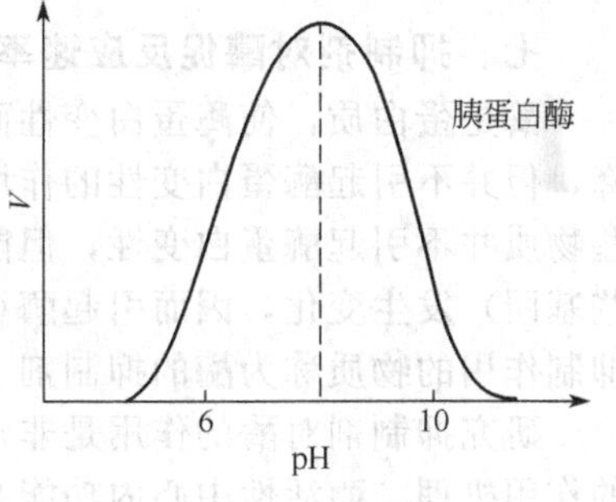

图4-12 pH对酶促反应速率（V）的影响

最适pH有时因底物种类、浓度及缓冲溶液成分不同而不同，而且常与酶的等电点不一致，因此，酶的最适pH并不是一个常数，只是在一定条件下才有意义。

酶的最适pH一般在4.0～8.0，动物酶最适pH在6.5～8.0，植物及微生物酶最适pH在4.5～6.5。但也有例外，如胃蛋白酶为1.5，精氨酸酶（肝脏中）为pH9.7。

pH影响酶活力的原因可能有以下几个方面。

① 过酸、过碱会影响酶蛋白的构象，甚至使酶变性而失活。

② 当pH改变不很剧烈时，酶虽不变性，但活力受影响。因为pH会影响底物分子的解离状态（影响程度取决于底物分子中与酶结合的那些功能基的pK值）；也会影响酶分子的解离状态，最适pH与酶活力中心结合底物的基团及参与催化的基团的pK值有关，往往只有一种解离状态最有利于与底物结合，在此pH下酶活力最高；也可能影响到中间产物ES的解离状态。总之，都影响到ES的形成，从而降低酶活性。

③ pH影响酶分子、底物分子中某些基团的解离，这些基团的离子化状态与酶的专一性、酶分子中活力中心的构象有关，影响到酶与底物的结合、催化等。

应当指出的是酶在试管反应中的最适pH与它所在正常细胞的生理pH并不一定完全相同。这是因为一个细胞内可能会有几百种酶，不同的酶对此细胞内的生理pH的敏感性不同，也就是说此 pH 对一些酶是最适 pH，而对另一些酶则不是，不同的酶表现出不同的活性。这种不同对于控制细胞内复杂的代谢途径可能具有很重要的意义。

六、激活剂对酶促反应速率的影响

凡是能提高酶活性的物质都称为激活剂，其中大部分是无机离子或简单的有机化合物。作为激活剂的金属离子有 K^+、Na^+、Ca^{2+}、Mg^{2+}、Zn^{2+}及 Fe^{2+} 等，无机阴离子如 Cl^-、Br^-、I^-、CN^-、PO_4^{3-} 等都可作为激活剂。如 Mg^{2+} 是多数激酶及合成酶的激活剂，Cl^- 是唾液淀粉酶的激活剂。激活剂对酶的作用具有一定的选择性，即一种激活剂对某种酶起激活作用，而对另一种酶可能起抑制作用。如 Mg^{2+} 对脱羧酶有激活作用，而对肌球蛋白腺苷三磷酸酶却有抑制作用；Ca^{2+} 则相反，对前者有抑制作用，但对后者却起激活作用。有时离子之间有拮抗作用，如 Na^+ 抑制 K^+ 激活的酶，Ca^{2+} 能抑制 Mg^{2+} 激活的酶。有时金属离子之间也可相互替代，如 Mg^{2+} 作为激酶的激活剂可被 Mn^{2+} 代替。另外，激活离子对于同一种酶，可因浓度不同而起不同的作用。如对于 $NADP^+$ 合成酶，当 Mg^{2+} 浓度为 $(5\sim10)\times10^{-3}$ mol/L 时起激活作用，但当浓度升高为 30×10^{-3} mol/L 时则酶活性下降；若用 Mn^{2+} 代替 Mg^{2+}，则在 1×10^{-3} mol/L 起激活作用，高于此浓度，酶活性下降，不再有激活作用。

有些小分子有机化合物可作为酶的激活剂，如半胱氨酸、还原型谷胱甘肽等还原剂对某些含巯基的酶有激活作用，使酶中二硫键还原成巯基，从而提高酶活性。木瓜蛋白酶和 3-磷酸甘油醛脱氢酶都属于巯基酶，在它们的分离纯化过程中，往往需加上述还原剂，以保护巯基不被氧化。再如一些金属螯合剂如 EDTA 等能除去重金属离子对酶的抑制，也可视为酶的激活剂。

另外酶原可被一些蛋白酶选择性水解肽键而被激活，这些蛋白酶也可看成为激活剂。

七、抑制剂对酶促反应速率的影响

酶是蛋白质，使酶蛋白变性而引起酶活力丧失的作用称为酶的失活作用。凡使酶活力下降，但并不引起酶蛋白变性的作用称为抑制作用。所以，抑制作用与变性作用是不同的。某些物质并不引起酶蛋白变性，但能使酶分子上的某些必需基团（主要是指酶活性中心上的一些基团）发生变化，因而引起酶活力下降，甚至丧失，致使酶促反应速率降低，能引起这种抑制作用的物质称为酶的抑制剂。

研究抑制剂对酶的作用是非常重要的，它有力地推动了对生物机体代谢途径、某些药物的作用机理、酶活性中心内功能基团的性质、维持酶分子构象的功能基团的性质、酶的底物专一性以及酶的作用机理等重要课题研究的进展。

抑制作用的类型，根据抑制剂与酶的作用方式及抑制作用是否可逆，可将其分为两大类。

1. 不可逆的抑制作用

这类抑制剂通常以比较牢固的共价键与酶蛋白中的基团结合，而使酶失活，不能用透析、超滤等物理方法除去抑制剂而恢复酶活性。不可逆抑制剂主要有以下几类。

① 有机磷化合物。常见的有丙氟磷（DFP）、敌敌畏、敌百虫、对硫磷等，它们的通式和结构式如图 4-13 所示。

这些有机磷化合物能抑制某些蛋白酶及酯酶活力，与酶分子活性部位的丝氨酸羟基共价结合，从而使酶失活。这类化合物强烈地抑制对神经传导有关的胆碱酯酶活力，使乙酰胆碱不能分解为乙酸和胆碱，引起乙酰胆碱的积累，使一些以乙酰胆碱为传导介质的神经系统处于过度兴奋状态，引起神经中毒症状，因此这类有机磷化合物又称为神经毒剂。有机磷制剂与酶结合后虽不解离，但用解磷定（碘化醛肟甲基吡啶）或氯磷定（氯化醛肟甲基吡啶）能把酶上的磷酸根除去，使酶复活。在临床上它们作为有机磷中毒后的解毒药物。其解毒机理如图 4-14 所示。

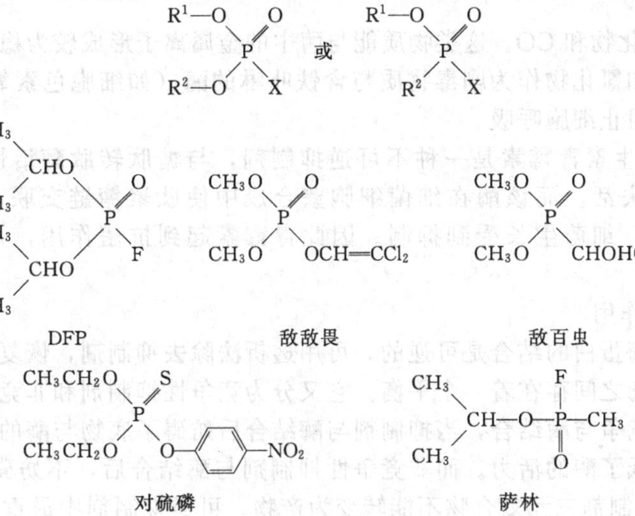

DFP　敌敌畏　敌百虫

对硫磷　萨林

图 4-13 常见磷系农药分子结构

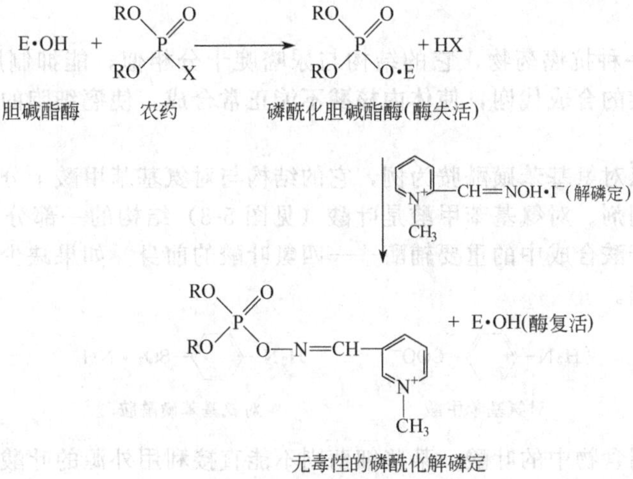

胆碱酯酶　农药　磷酰化胆碱酯酶(酶失活)

(解磷定)

$+ E\cdot OH$(酶复活)

无毒性的磷酰化解磷定

图 4-14 磷系农药解毒机理

② 有机汞、有机砷化合物。这类化合物与酶分子中的半胱氨酸残基的巯基作用，抑制含巯基的酶，如对氯汞苯甲酸，其作用如下：

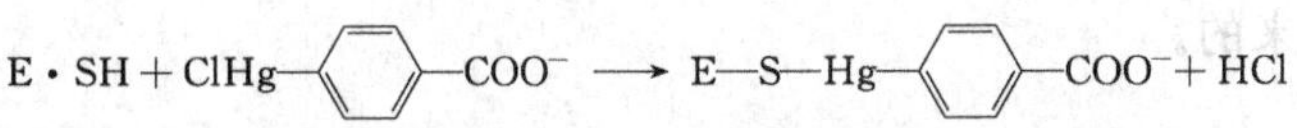

$$E\cdot SH + ClHg-C_6H_4-COO^- \longrightarrow E-S-Hg-C_6H_4-COO^- + HCl$$

这类抑制可通过加入过量的巯基化合物如半胱氨酸或还原型谷胱甘肽（GSH）而解除。有机砷化合物如路易斯毒气与酶的巯基结合而使人畜中毒。

③ 重金属盐。含 Ag^+、Cu^{2+}、Hg^{2+}、Pb^{2+}、Fe^{3+} 的重金属盐在高浓度时，能使酶蛋白变性失活。在低浓度时对某些酶的活性产生抑制作用，一般可以使用金属螯合剂如 EDTA、半胱氨酸等螯合除去有害的重金属离子，恢复酶的活力。

④ 烷化试剂。这一类试剂往往含一个活泼的卤素原子，如碘乙酸、碘乙酰胺和 2,4-二硝基氟苯等，被作用的基团有巯基、氨基、羧基、咪唑基和硫醚基等。如与巯基酶的

作用：

$$E \cdot SH + ICH_2CONH_2 \longrightarrow E{-}S{-}CH_2{-}CONH_2 + HI$$

⑤ 氰化物、硫化物和CO。这类物质能与酶中的金属离子形成较为稳定的配合物，使酶的活性受到抑制。如氰化物作为剧毒物质与含铁卟啉的酶（如细胞色素氧化酶）中的Fe^{2+}配合，使酶失活而阻止细胞呼吸。

⑥ 青霉素。抗生素青霉素是一种不可逆抑制剂，与糖肽转肽酶活性部位的丝氨酸羟基共价结合，使酶失活。而该酶在细菌细胞壁合成中使肽聚糖链交联，一旦酶失活，细菌细胞壁合成受阻，细菌生长受到抑制。因此青霉素起到抗菌作用，是临床上常用的抗菌药。

2. 可逆的抑制作用

这类抑制剂与酶蛋白的结合是可逆的，可用透析法除去抑制剂，恢复酶的活性。可逆抑制剂与游离状态的酶之间存在着一个平衡。它又分为竞争性抑制剂和非竞争性抑制剂。竞争性抑制剂能和底物竞争与酶结合，当抑制剂与酶结合后妨碍了底物与酶的结合，减少了酶的作用机会，从而降低了酶的活力。而非竞争性抑制剂与酶结合后，不妨碍酶再与底物结合，但形成的酶-底物-抑制剂三元复合物不能转变为产物。可逆抑制剂中最重要和最常见的是竞争性抑制剂。如一些竞争性抑制剂与天然代谢物在结构上十分相似，能选择性地抑制病菌或癌细胞在代谢过程中的某些酶，而具有抗菌和抗癌作用。这类抑制剂可称为抗代谢物或代谢类似物。

5′-氟尿嘧啶是一种抗癌药物，它的结构与尿嘧啶十分相似，能抑制胸腺嘧啶合成酶的活性，阻碍胸腺嘧啶的合成代谢，使体内核酸不能正常合成，使癌细胞的增殖受阻，起到抗癌作用。

磺胺类药物，以对氨基苯磺酰胺为例，它的结构与对氨基苯甲酸十分相似，它是对氨基苯甲酸的竞争性抑制剂。对氨基苯甲酸是叶酸（见图5-8）结构的一部分，叶酸和二氢叶酸则是核酸的嘌呤核苷酸合成中的重要辅酶——四氢叶酸的前身，如果缺少四氢叶酸，细菌生长繁殖便会受到影响。

$H_2N-C_6H_4-COO^-$　　　$H_2N-C_6H_4-SO_2 \cdot NH_2$

对氨基苯甲酸　　　对氨基苯磺酰胺

人体能直接利用食物中的叶酸，某些细菌则不能直接利用外源的叶酸，只能在二氢叶酸合成酶的作用下，利用对氨基苯甲酸为原料合成二氢叶酸。而磺胺类药物可与对氨基苯甲酸相互竞争，抑制二氢叶酸合成酶的活性，影响二氢叶酸的合成，导致细菌的生长繁殖受抑制，从而达到治病的效果。

可利用竞争性抑制的原理来设计药物，如抗癌药物阿拉伯糖胞苷、氨基叶酸等都是利用这一原理而设计出来的。

第七节　酶活力测定

一、酶活力概述及其测定

1. 酶活力

酶与其他生物活性物质（如抗生素）一样，不宜直接用称质量或量其体积来衡量其生物活性大小。酶蛋白的化学含量与其催化活性大小并没有因果关系，酶的催化能力大小只能通过催化反应速率来表达。因此通常是用单位时间内酶催化某一化学反应的能力来表示酶的催化能力，即用酶活力来表示酶的催化能力大小。酶活力的大小可以用在一定条件下所催化的某一化学反应的反应速率来表示，酶催化的反应速率愈大，酶的活力愈高；反应速率愈小，酶的活力就愈低。所以测定酶的活力就是测定酶促反应的速率。由于酶催化某一反应的速率受多种因素限制，故一般规定在某一条件下（恒温、使用缓冲溶液）用反应的初速率来表示酶活力。

酶催化的反应速率可用单位时间内底物的减少量（$-d[S]/dt$）或产物的增加量($d[P]/dt$）来表示。在酶活力测定实验中底物往往是过量的，因此底物的减少量只占总量的极小部分，测定时不易准确，而相反产物从无到有，只要测定方法足够灵敏，就可以准确测定。由于在酶促反应中，底物减少与产物增加的速率有一定的规律，因此在实际酶活测定中一般以测定产物的增加量为准。

2. 酶的活力单位

酶活力的大小即催化反应速率的能力，用酶活力单位（unit）表示，简写为 U。酶活力单位的定义是：在一定条件下，一定时间内将一定量的底物转化为产物所需的酶量。

在研究酶活力的早期阶段，各研究单位对酶活力单位、底物转化为产物量的大小与单位、反应时间的单位没有统一，各研究单位有自己的定义，这类研究单位自定义的酶活力单位被称为“习惯单位”。例如，丹麦诺和诺德公司酶制剂的酶活力单位与中国原轻工业部制定的酶活力单位不同，测定条件也不同。

为使各种酶活力单位标准化，1961 年国际生物化学学会酶学委员会及国际纯化学和应用化学协会临床化学委员会提出采用统一的“国际单位”（IU）来表示酶活力。规定为：在最适反应条件（温度 25℃）下，每分钟内催化 1 微摩（μmol）底物转化为产物所需的酶量定为一个酶活力单位，即 1IU＝1μmol/min。

但人们仍常用习惯沿用的单位。例如，α-淀粉酶的活力单位规定为每小时催化 1g 可溶性淀粉液化所需要的酶量，也有用每小时催化 1ml 2%的可溶性淀粉液所需要的酶量定义为一个酶单位。因此如果仍采用习惯单位，不便于对同一种酶的活力进行比较。

3. 酶的比活力与酶的纯度

酶活力单位仅解决单位的定义问题，不能直接表示酶制剂的相对酶活力，因此人们常用比活力来表示酶制剂的相对酶活力，常用 1g 酶制剂或 1ml 酶制剂含有多少个活力单位来表示（U/g 或 U/ml）。

比活力是酶学研究及生产中经常使用的数据。比活力大小可用来比较单位质量或单位体积中酶蛋白的催化能力。这样酶在酶制剂中的有效含量就可以用每克酶蛋白或每毫升酶蛋白含有多少酶单位来表示（U/g 或 U/ml）。

固体酶比活力＝活力 U/mg 蛋白＝总活力 U/总蛋白 mg

酶的比活力也可以代表酶的纯度，根据国际酶学委员会的规定，比活力用每 1mg 蛋白质所含的酶活力单位数表示，对同一种酶来说，比活力愈大，表示酶的纯度愈高。

4. 酶活力的测定

酶反应速率可用单位时间内产物（$d[P]/dt$）或底物（$-d[S]/dt$）的变化量来表示。为测定出酶促反应的最大速率，就必须在反应的初始阶段测定，即测定反应的初速率。假如不是测定的初速率，由于酶促反应速率随着反应时间的延长，反应速率下降，这样测定出的酶活力，不能反映出酶的最大催化能力，酶的活力大小实质上是被低估了。

对专一性不强的酶活力测定，存在选择何种底物进行测定的问题，一般选择与酶亲和力大、K_m 小的底物。选择 K_m 小的底物测定酶还有一个优点，就是在最大反应速率（V_{max}）时的底物浓度也将最低。

对酶促反应是可逆反应时，存在测定正反应速率或逆反应速率的问题，应根据反应体系中变化量明显并且易检测的项目进行测定。

关于离子强度和激活剂的问题。在酶促反应中，除了人们重视的温度控制、缓冲溶液的选择外，还应注意离子强度问题，有时要用重蒸馏水配制溶液，再加入反应所需的金属离子或非金属离子。因为很多酶需要特定离子帮助才能使其反应达到最大速率。最常见的是二价金属离子如 Mg^{2+}、Zn^{2+}、Mn^{2+}、Ca^{2+}、Fe^{2+} 等。所有转移磷酸的酶，如激酶类和碱性磷酸酶的反应都需要 Mg^{2+} 的参加。所以如在反应体系中加入金属螯合剂如 EDTA 或以它们为抗凝剂常抑制一些酶的活性。

酶活力测定包括两个阶段。首先要在一定条件下，将酶与作用底物混合均匀，反应一段时间，然后再测定反应液中底物或产物量的变化。常规测定酶活力的步骤如下。

(1) 酶液的稀释　在酶活力测定中，酶制剂若是粉剂则要溶解（乳化）和稀释，液体酶制剂也要稀释。对高活性的酶制剂可经两次稀释到测定浓度，至于究竟稀释多少倍，要看样品的酶活力大小。从测定要求来分析，要求底物浓度要远大于酶的浓度（$[S] \gg [E]$）。初测时，最佳稀释倍数只能通过实验来确定。

(2) 选择底物浓度　根据酶的专一性，选择适宜的底物，并配置成一定浓度的底物溶液。要求所用的底物均匀一致，达到一定的纯度。有的底物溶液要求新鲜配制，有的则可预先配置后置于冰箱中保存备用。

(3) 确定酶促反应的最适条件　根据资料或试验结果，确定酶促反应的最适条件。最适条件包括底物浓度、适宜的离子强度、适当稀释的酶液及严格的反应时间，抑制剂不可有，辅助因子不可缺少。

温度可选择酶反应最适温度或其他酶活力单位中规定的温度。pH 应是酶促反应的最适 pH 或酶活力单位中规定的 pH。

例如，对最适 pH 为 6.0 左右的耐高温型的 α-淀粉酶，在不同的反应条件下，酶活性和失活情况有所不同，见表 4-4、表 4-5。

表 4-4　反应 pH 对酶活性的影响

pH	4.0	5.0	6.0	7.0	8.0	9.0	10.0
相对速度/%	71.5	98.8	100.0	97.0	84.1	62.8	50.1

表 4-5　反应温度对酶活性的影响

反应温度/℃	40	50	60	70	80	90	95
相对速度/%	68.3	80.2	100.0	118.9	129.5	152.2	159.8

酶活力测定标准是 60℃，在 95℃以上，加入金属钙离子可提高酶的耐热性，镁离子、镍离子、钴离子对酶反应活性没有影响。

反应条件确定后，在反应过程中应尽量保持恒定不变。故此，酶促反应应当在超级恒温槽中进行，温度控制在规定温度范围内。pH 采用一定浓度的缓冲溶液维持。有些酶促反应要求有激活剂等其他条件，应根据需要适量添加。

由于酶反应受温度影响很大，在测定时间内，反应体系的温度变化应控制在±0.1℃内。应用国产普通恒温水浴箱来测酶活性是不合适的，应使用带有搅拌器的超级恒温水浴。一般通过缓冲溶液控制反应时的 pH（底物、酶混合后的 pH）。

由于实验室所测定的标本不是纯酶样品或酶制剂，而是粗酶制剂（或酶提取液），它们也是有一定 pH 和缓冲能力的缓冲溶液，和底物缓冲溶液混合后，pH 会变化，特别是当两溶液的 pH 相差甚远时，变化更大。同时要注意在不同的温度下缓冲溶液的 pH 也会有变化。缓冲溶液配制请参考本书中的附录或其他生化实验参考书。

(4) 反应计时必须准确　反应体系必须预热至规定温度后，加入酶液、搅拌均匀并立即计时，达到反应时间后，要立即灭酶活性，终止反应，并记录终了时间。对不耐热的酶可采用加热方式灭酶，其他终止酶作用的方法有加入重金属、抑制剂等。

(5) 反应量的测定　测底物减少量或产物生成量均可。只是因为酶促反应所用底物的浓度一般都很高，少量底物的消失不易测准，而产物则是从无到有，变化明显，测定较为灵敏准确，所以大都测定产物的生成量。

为了准确地反映酶促反应的结果，应当尽量采用快速、简便的检测方法，立即测出结果。若不能立即测出结果，则要及时终止酶反应，然后再进行测定。

终止酶反应的方法很多，常用的有：①加热使酶失活；②加入酶变性剂，如三氯乙酸等；③加入酸或碱溶液，使 pH 远离最适 pH；④降低温度（10℃以下）等。采用何种方法终止反应，要根据酶的特性、反应底物或产物的性质以及检测方法等加以选择。

二、酶活力测定举例

1. 福林-酚试剂法测定蛋白酶活力

基本原理：以酪蛋白为底物进行反应，然后用福林-酚试剂显色，并用分光光度法测定酶促反应产物酪蛋白的生成量。

实验操作程序如下。

(1) 酶液制备　准确称取蛋白酶制剂 0.5g，用规定的缓冲溶液配制成 1000ml 酶溶液。酶制剂活性高时采用二次稀释法进行高倍稀释，直至测定时吸光度 A_{680} 在 0.2～0.4 为宜。

(2) 测定

① 样品测定　取 3 只 10ml 离心管做平行实验。管中分别加入 1ml 酶液，在 40℃恒温状态下，与 1ml 酪蛋白准确反应 10min。加 2ml 0.4mol/L 三氯乙酸终止反应，并沉淀过量的底物，继续保温 10min，使残余蛋白沉淀完全。离心或过滤，取滤液 1ml，加 5ml 0.4mol/L 碳酸钠溶液，最后加入 1ml 福林-酚试剂，摇匀。在 40℃下显色 20min。在 680nm 处测定吸光度，得样品 A_{680}。

② 空白测定　另取一空白管，先加入 2ml 0.4mol/L 三氯乙酸，再加 1ml 2%酪蛋白溶液，在 40℃沉淀完全后加 1ml 酶液。其余操作同上。得空白 A_{680}。

③ 酶活单位定义　在给定条件下，以每分钟产生 1μg 酪氨酸的酶量为一个酶活单位。

④ 计算　$酶活力=K\times A_{680}\times\frac{4}{10}\times N\times\frac{1}{m}$

式中　K——在标准曲线上求得的 1ABS（吸光度）所相当的酪氨酸的质量，μg；

A_{680}——样品 A_{680}－空白 A_{680}；

4——反应液总体积，ml；

10——反应时间，min；

N——酶液稀释倍数；

m——酶制剂的质量，g。

例如，若测得 $K=110$，$A_{680}=0.400$，$N=1000$，$m=0.5$，则：

$$酶活力=110\times0.400\times\frac{4}{10}\times1000\times\frac{1}{0.5}=3.52\times10^4\ (\mu g/g)$$

2. 碘-淀粉显色法测定α-淀粉酶活力

基本原理：液化型淀粉酶能催化水解淀粉生成分子较小的糊精和少量的麦芽糖。本实验以碘的呈色反应来测定液化型淀粉酶水解淀粉的速度，从而衡量此酶活力的大小。

实验操作程序如下。

(1) 待测酶液　精确称取酶粉 0.5g，用规定的缓冲溶液（pH 6 的磷酸氢二钠-柠檬酸液：取磷酸氢二钠 113.08g、柠檬酸 20.17g，加蒸馏水定容到 2500ml）溶解，定容至一定体积（使其测定时酶解反应控制在 2～2.5min），过滤，滤液供测定用。

（2）测定　取 0.5ml 酶液与 20ml 2%淀粉溶液和 5ml pH 6 的缓冲溶液，在 60℃的条件下反应，定时取出反应液少许，滴在预先充满比色稀碘液的白瓷盘穴中，当穴内淀粉与碘的蓝色反应消失即为终点，记下秒表指示的时间 T（T 控制在 2～2.5min）。

（3）酶活单位定义　在上述反应条件下，1h 内液化 1g 可溶性淀粉所需的酶量定义为一个单位。

（4）计算　$酶活力=20\times0.02\times\frac{60}{T}\times\frac{1}{0.5}\times N\times\frac{1}{m}$

式中　20——可溶性淀粉体积，ml；

0.02——淀粉液的质量分数；

T——反应时间，min；

0.5——所取稀释酶液体积，ml；

N——稀释倍数；

m——酶制剂称样质量，g。

例如，当 $N=500$，$T=2\text{min}$，$m=0.5$ 时

$$酶的活力单位=20\times0.02\times\frac{60}{2}\times\frac{1}{0.5}\times500\times\frac{1}{0.5}=2.40\times10^4(\mu g/g)$$

三、采用双酶法制备淀粉水解糖的工艺关键要点

在发酵工业中，常采用廉价的玉米粉作为生产淀粉水解糖的原料，另一原因是原料中除富含淀粉外还含有相对丰富的蛋白质、少量脂肪及多种维生素、矿物质和微量元素等。

淀粉水解糖的制备工艺一般根据原料淀粉的性质及采用的水解催化剂的不同，分为双酶法、酶酸法、酸法和酸酶法四种不同的工艺。

当采取以 α-淀粉酶（液化酶）和葡萄糖淀粉酶（糖化酶）水解玉米淀粉或大米时，与其他工艺相比，应注意酶催化反应中影响酶促反应的因素，其中关键工艺控制点如下。

① 分析酶制剂的酶活力是否下降，并根据活力变化调整这两种酶的实际投入量；

② 根据原料和酶的特性，控制好液化温度、pH 和糖化温度、pH；

③ 控制好液化时间，将液化程度控制在合理范围内；

④ 注意灭酶温度与时间；

⑤ 注意降温的温度是否适宜，及时降温。

第八节　酶的制备与应用

一、酶的分离和纯化

已知绝大多数酶是蛋白质，因此酶的分离提纯方法也就是常用来分离提纯蛋白质的方法。酶的提纯常包括两方面的工作：一是把酶制剂从很大体积浓缩到比较小的体积；二是把酶制剂中大量的杂质蛋白和其他大分子物质分离出去。

胞外酶数量较多，对于这类酶必须采取一些机械、化学或者酶解等方法使胞内酶释放后再进行提取。为了获得更大量的酶制品，工业上一般用微生物发酵来生产酶制剂。根据酶的化学本质是蛋白质的特点，在分离纯化酶时应注意以下几点。

1. 选材

选择酶含量丰富的新鲜生物材料，一种酶含量丰富的器官或组织往往和含量较低的器官或组织相差上千倍或上万倍。目前常用微生物为材料制备各种酶制剂。

酶的提取工作应在获得材料后立即开始，否则应在低温下保存，－70～－20℃为宜。或将生物组织做成丙酮粉保存。

2. 破碎

动物组织细胞较易破碎，通过一般的研磨器、匀浆器、高速组织捣碎机就可达到目的。微生物及植物细胞壁较厚，需要用超声波、细菌磨、冻融、溶菌酶或用某些化学溶剂如甲苯、去氧胆酸钠、去垢剂等处理加以破碎，制成组织匀浆。

3. 抽提

在低温下，以水或低盐缓冲溶液，从组织匀浆中抽提酶，得到酶的粗提液。

4. 分离及纯化

酶是生物活性物质，在分离纯化时必须注意尽量减少酶活性的损失，操作条件要温和，即使采用盐析方法，在调整盐浓度时也应注意控制加入硫酸铵盐的速度和保持低速搅拌状态，防止局部盐浓度偏高。一般操作适宜在0～5℃进行。

根据酶的化学本质是蛋白质这一特性，用分离蛋白质的方法，如盐析、等电点沉淀、有机溶剂分级、选择性热变性等方法，可从粗酶液中初步分离出高浓度的酶液。然后再采用吸附色谱、离子交换色谱、凝胶过滤、亲和色谱、疏水色谱及高效液相色谱法等色谱分离技术或各种电泳技术进一步纯化酶，以得到纯的酶制品。为了得到比较理想的纯化结果，往往采用2～3种方法配合使用。

分段盐析法是根据酶和杂蛋白在不同盐浓度的溶液中溶解度的不同而达到分离目的，盐析法简便安全，大多数酶在高浓度盐溶液中相当稳定，重复性好。

利用有机溶剂分级法分离酶时，最重要的是严格控制温度，要在－20～－15℃下进行，冰冻离心得到的沉淀应立刻溶于适量的冷水或缓冲溶液中，以使有机溶剂稀释至无害的浓度，或将它在低温下透析。

选择性热变性方法是酶分离纯化工作中常用到的一类简便有效的方法。通过热变性可以除去大量杂蛋白，只要控制好不同的变性温度、pH和保温时间，就可大大提高酶的纯度。

使用各种柱色谱法分离酶时，要根据所分离酶分子量的大小、带电性质选择合适的色谱分离介质，柱大小要适当，特别要注意作为洗脱用缓冲溶液的pH和离子强度，要控制一定的流速。

制备电泳多采用凝胶电泳，要选择好电泳缓冲溶液，根据电泳设备条件选择一定的点样量，电泳后及时将样品透析，冰冻干燥保存。

在过滤或搅拌等操作过程中，要尽量防止泡沫的生成，以避免酶蛋白在溶液的表面变性。

重金属离子对于某些酶有破坏作用，为此制备这类酶时，在提取液中加入少量金属螯合剂EDTA或EGTA以防止重金属离子对酶的破坏作用。有些含巯基的酶在分离提纯过程中，往往需要加入某种巯基试剂，如巯基乙醇、二硫苏糖醇等，可防止酶的巯基在制备过程中被氧化。有时为了防止内源蛋白酶对酶的水解作用，在提取液加入少量蛋白酶抑制剂，如对甲苯磺酰氟、亮抑酶肽、抑蛋白酶肽等。

在酶的制备过程中，每一步骤都应测定留用以及准备弃去部分中所含酶的总活力和比活力，以了解经过某一步骤后酶的回收率、纯化倍数，从而决定这一步的取舍。

$$总活力=活力单位数/1ml\ 酶液\times总体积(ml)$$

$$比活力=活力单位数/1mg\ 蛋白(氮)=总活力单位数/总蛋白(氮)质量(mg)$$

$$纯化倍数=\frac{每次比活力}{第一次比活力}\qquad 回收率(产率)=\frac{每次总活力}{第一次总活力}\times100\%$$

5. 结晶

通过各种提纯方法获得较纯的酶溶液后就可能将酶进行结晶。酶的结晶过程进行得很慢，如果要得到好的晶体也许需要数天或数星期。通常的方法是把盐加入一个比较浓的酶溶液中至微呈混浊为止。有时需要改变溶液的 pH 及温度、轻轻摩擦玻璃壁等方法以便达到结晶的目的。

6. 保存

通常将纯化后的酶溶液经透析除盐后冰冻干燥得到酶粉，低温下可较长时期保存。或将酶溶液用饱和硫酸铵溶液反透析后在浓盐溶液中保存。也可将酶溶液制成 25%甘油或 50%甘油分别贮于－25℃或－50℃冰箱中保存。注意酶溶液浓度越低越易变性，因此切记不能保存酶的稀溶液。

二、酶的应用

目前国内外最广泛使用酶的领域是在食品和轻工业部门，见表 4-6。国内外大规模工业生产的α-淀粉酶、糖化酶、蛋白酶、葡萄糖异构酶、果胶酶、脂肪酶、纤维素酶、葡萄糖氧化酶等大部分都在轻工业和食品方面应用。

表 4-6　酶在轻工业、食品方面的应用

酶　名	来　源	主　要　用　途
α-淀粉酶	枯草杆菌、米曲霉、黑曲霉	发酵原料淀粉液化，制造葡萄糖、饴糖、果葡糖浆，纺织品退浆
β-淀粉酶	麦芽、巨大芽孢杆菌、多黏芽孢杆菌	制造麦芽，啤酒酿造
糖化酶	根霉、黑曲霉、红曲霉、内胞酶	发酵原料淀粉糖化，制造葡萄糖、果葡糖浆
异淀粉酶	气杆菌、假单胞杆菌	制造直链淀粉、麦芽糖
蛋白酶	胰脏、木瓜、枯草杆菌、霉菌	洗涤剂，皮革加工，丝绸脱胶，啤酒澄清，水解蛋白
右旋糖酐酶	霉菌	牙膏、漱口水、牙粉的添加剂(预防龋齿)
果胶酶	霉菌	果汁、果酒的澄清
葡萄糖异构酶	放线菌、细菌	制造果葡糖浆、果糖
葡萄糖氧化酶	黑曲霉、青霉	蛋白加工，食品保藏
橘苷酶	黑曲霉	水果加工，去除橘汁苦味
橙皮苷酶	黑曲霉	防止柑橘罐头及橘汁出现混浊
氨基酰化酶	霉菌、细菌	由 DL-氨基酸生产 L-氨基酸
天冬氨酸酶	大肠杆菌、假单胞杆菌	由反丁烯二酸制造天冬氨酸
磷酸二酯酶	橘青酶，米曲霉	降解 RNA，生产单核苷酸
色氨酸合成酶	细菌	生产色氨酸
核苷磷酸化酶	酵母	生产 ATP
纤维素酶	木霉、青酶	食品、发酵、饲料加工

轻工业、食品行业与人们日常生活息息相关。酶在轻工业、食品方面的广泛使用，促进了新产品、新工艺和新技术的发展。同时由于酶具有催化效率高、专一性强和作用条件温和等特点，固定化酶更具有稳定性好、可连续生产较长时间和容易与产物分离等优越性，所以酶的应用可增加产品产量、提高产品质量、降低原材料消耗、改善劳动条件、减轻劳动强度等，显示出良好的经济效益和社会效益。酶在医药领域的用途很广，随着酶分子修饰和酶固定化等技术的发展，酶在医药方面的应用将不断扩大。

酶在医药方面的应用多种多样，见表 4-7，可归纳为下列 3 个方面。①用酶进行疾病的诊断。例如，急性胰腺炎患者，血清和尿中淀粉酶活性显著升高；患肝炎和心肌炎时，血清中转氨酶活力增高；又如，有机磷农药中毒时，神经组织的胆碱酯酶受到抑制，血清中胆碱酯酶的活力也下降。②用酶治疗各种疾病。③用酶制造各种药物，已在医药方面应用的酶日益增多。由于酶具有专一性、高效性等特点，所以在医药方面使用的酶具有种类多、用量少、纯度高的特点。

在饲料工业方面，纤维素酶的应用已日益广泛，对青饲料的加工促进有积极意义。

表 4-7 主要的医药用酶

酶名称	来源	用途
淀粉酶	胰脏、麦芽、微生物	治疗消化不良，食欲不振
蛋白酶	胰脏、胃、植物、微生物	治疗消化不良，食欲不振，消炎，消肿，除去坏死组织，促进创伤愈合，降低血压，制造水解蛋白质
脂肪酶	胰脏、微生物	治疗消化不良，食欲不振
纤维素酶	霉菌	治疗消化不良，食欲不振
溶菌酶	蛋清、细菌	治疗手术性出血，咯血，鼻出血，分解脓液，消炎，镇痛，止血，治疗外伤性浮肿，增加放射线的疗效
尿激酶	人尿	治疗心肌梗死，结膜下出血，黄斑部出血
链激酶	链球菌	治疗血栓性静脉炎，咳痰，血肿，下出血，骨折，外伤
链道酶	链球菌	治疗炎症，血管栓塞，清洁外伤创面
青霉素酶	蜡状芽孢杆菌	治疗青霉素引起的变态反应
L-天冬酰胺酶	大肠杆菌	治疗白血病
青霉素酰化酶	微生物	制造半合成青霉素和头孢霉素
超氧化物歧化酶	微生物、血液、肝脏	预防辐射损伤，治疗红斑狼疮，皮肌炎，结肠炎氧中毒
凝血酶	蛇、细菌、酵母	治疗各种出血
胶原酶	细菌	分解胶原，消炎，化脓，脱痂，治疗溃疡
11-β-羟化酶	霉菌	制造可的松
L-酪氨酸转氨酶	细菌	制造多巴（L-二羟苯丙氨酸）
β-酪氨酸酶	植物	制造多巴
α-甘露糖苷酶	链霉菌	制造高效链霉菌
右旋糖酐	微生物	预防龋齿，制造右旋糖酐用作代血浆
葡萄糖氧化酶	微生物	测定血糖含量，诊断糖尿病
胆碱酯酶	细菌	测定胆固醇含量，治疗皮肤病、支气管炎、气喘
溶纤酶	蚯蚓	溶血栓
弹性蛋白酶	胰脏	治疗动脉硬化，降血脂
核糖核酸酶	胰脏	抗感染，祛痰，治肝癌
尿酸酶	牛肾	测定尿酸含量，治疗痛风
L-精氨酸酶	微生物	抗癌
L-组氨酸酶	微生物	抗癌
L-蛋氨酸酶	微生物	抗癌
谷氨酰胺酶	微生物	抗癌
α-半乳糖苷酶	牛肝、人胎盘	治疗遗传缺陷病（弗勃莱症）

淀粉糖双酶法制备工艺将在第六章学习。

此外，有些酶是科学研究中的重要工具，如DNA限制性内切酶和连接酶就是进行基因工程必不可少的工具酶。

三、固定化酶的制备及应用

固定化酶是20世纪60年代开始发展起来的一项新技术。所谓固定化酶，是指限制或固定于特定空间位置的酶，具体来说，是指经物理或化学方法处理，使酶变成不易随水流失，即运动受到限制，而又能发挥催化作用的酶制剂。制备固定化酶的过程称为酶的固定化。固定化所采用的酶，可以是经提取分离后得到的有一定纯度的酶，也可以是结合在菌体（死细胞）或细胞碎片上的酶或酶系。

固定化酶的最大特点是既具有生物催化剂的功能，又具有固相催化剂的特性。与天然酶相比，固定化酶具有下列优点。①可以多次使用，而且在多数情况下，酶的稳定性提高。如固定化的葡萄糖异构酶，可以在60～65℃条件下连续使用超过1000h；固定化黄色短杆菌的延胡索酸酶用于生产L-苹果酸，连续反应一年，其活力仍保持不变。②反应后，酶与底物和产物易于分开，产物中无残留酶，易于纯化，产品质量高。③反应条件易于控制，可实现转化反应的连续化和自动控制。④酶的利用效率高，单位酶催化的底物量增加，用酶量减少。⑤比水溶性酶更适合于多酶反应。

IPA-750（固定化青霉素酰化酶）是中国开发的β-内酰胺类抗生素用生物催化剂，它是生产半合成β-内酰胺类抗生素的重要中间体6-APA（6-氨基青霉烷酸）和7-ADCA（7-氨基-3-去乙酰氧基头孢烷酸）以及合成部分头孢类抗生素（头孢氨苄、头孢克肟等）的重要酶制剂。IPA-750的载体是聚甲基丙烯酰胺，合成酶的菌株是大肠杆菌基因工程菌。

本章小结

酶是生物体活细胞产生的一类具有催化能力的特殊蛋白质。酶的种类很多，各种酶所催化的反应互相结合，使生物体内复杂的化学反应有条不紊地进行，使生物体成为统一整体。酶不仅在机体细胞内也能在离体的条件下促进有关的化学反应，据此，可从生物组织中提取各种酶。

由于酶分子在化学结构及理化性质等方面与蛋白质一致性，完全证明了酶的化学本质就是蛋白质。一些酶是简单蛋白质，另一些则是结合蛋白质，其由蛋白质和非蛋白质两部分组成，构成全酶，全酶中的蛋白质部分称为酶蛋白，非蛋白质部分称为辅酶（或辅基），酶蛋白与辅酶（或辅基）分离单独存在则无催化活性。

酶与一般催化剂比较其共同点：均能加速化学反应；不因参与催化反应而发生质与量的改变；仅能促使可能进行的化学反应加速进行，不能引起热力学上根本不能进行的反应。与一般催化剂不同之处：催化效率极高；具有高度的专一性；作用条件温和；催化活性受调节和控制，但很不稳定。所谓专一性是指一种酶只能作用一种或一类结构相似的底物，发生一定的化学反应的性质。根据专一性的严格程度可分为绝对专一性与相对专一性（包括键专一性与基团专一性）两类情况。

酶的习惯名称的命名原则：①依其催化反应的性质命名，如转氨酶；②根据底物兼顾反应性质命名，如乳酸脱氢酶；③结合以上情况，并依据酶的来源和特性命名，如胃蛋白酶、碱性磷酸酶等。酶又根据其作用特点分为内切酶、外切酶；根据合成特点分为固有酶和诱导酶等。

国际系统分类法的分类原则是根据催化反应的性质把酶分成6大类：①氧化还原酶类；②转移酶类；③水解酶类；④裂解酶类；⑤异构酶类；⑥合成酶类。并对每一个酶进行了分类编号，由4个数字组成，第一个数字指该酶属6大酶类中的哪一类；第二个数字指该酶属于大类中的哪一个亚类；第三个数字指该酶属于亚类中的哪一个次亚类；第四个数字则表示该酶在次亚类中的编号。编号前冠以EC，为酶学委员会的缩写。例如，乳酸脱氢酶编号是EC 1.1.1.27。

酶的作用机制，一般用中间配合物学说来解释。即酶与底物先形成不稳定的中间配合物，然后此配合物放出酶及反应产物。这样原来一步完成的反应被分为两步进行，但所需的活化能大大降低，故总的反应速率加快。

酶是通过活力中心实现与底物的结合与催化作用的。酶的活力中心包括与底物发生结合的结合部位及参与催化反应的催化部位两个部分。两部分协同作用，使酶与底物有效结合并催化底物发生变化形成产物。

有些酶刚刚分泌出来无活力，在适当条件下，分子结构变化，才能表现催化活力，无活力的酶的前体称为酶原，酶原转变成有活力的酶的过程称为酶原的激活。酶原激活的基本原理是酶原在适当物质的作用下，水解脱掉部分多肽，从而立体结构改变，形成了活力中心，因而具有了酶的催化能力。

影响酶反应速率的因素主要有如下几个方面：温度、pH、酶浓度、底物浓度、抑制剂及激活剂。根据中间产物学说，Michaelis 等提出了米氏学说，并推导出了米氏公式。米氏公式指出了 K_m（米氏常数）、[S]（底物浓度）及 V_{max}（最大反应速率）之间的数量关系。K_m 值与米氏公式的实际用途在于可由所要求的反应速率（应达到 V_{max} 的百分数），求出应当加入底物的合理浓度，反过来，也可以根据已知的底物浓度，求出该条件下的反应速率。

具有生物活性的物质要用活力单位来表示，而不能用其质量、体积来表示其用量。酶活力就是酶加速其所催化的化学反应速率的能力。测定酶活力实质上就是测定酶催化反应的速率。酶反应速率可用单位时间内底物的消耗量或产物的生成量（一般用后者）来表示。由于所用测定的方法不同，酶的单位混乱不统一。国际酶学委员会 1964 年规定：一定条件下，1min 内能转化 1mol 的底物为产物的酶量叫作一个酶单位（U）。许多酶活力单位都是以最佳条件或某一固定条件下每分钟催化生成 1μmol 产物所需要的酶量为一个酶活力单位。而酶的比活力是指每毫克酶蛋白所含有的酶活力单位数，它是酶制剂纯度的一个指标。

不同国家、厂家的习惯单位有所差异，例如，α-淀粉酶习惯单位中国无锡酶制剂厂与丹麦诺和诺德公司活力单位（NU）不同。酶活力测定条件要求在恒温、缓冲溶液、[S]≫[E] 等条件下测定，温度一般利用超级恒温槽调节（±0.1℃），用缓冲溶液调节 pH，底物浓度大于酶浓度 100 倍以上测定酶活力。

酶可以从动物、植物、微生物等各种材料中提取。现在多采用微生物发酵法来获得大量的酶制剂。酶的应用非常广泛，在轻工业和医药上的应用尤为显著。固定化酶是通过吸附、结合法、交联和包埋等物理和化学方法把原来水溶性的酶作成仍有酶催化活性的水不溶性酶。因其具有许多优点，从而在食品工业、医药和生化分析等方面广泛应用。

思 考 题

1. 试阐明酶与蛋白质之间有何不同。

2. 酶作为一种生物催化剂有何特点？

3. 简述酶的分类方法及其优点。

4. 酶的化学本质是什么？如何证明？能否说明有催化能力的生物催化剂都是蛋白质？

5. 解释下列名词

全酶、辅酶、辅基、多酶复合物、调节酶、同工酶、抗体酶、别构酶、别构效应、诱导酶、酶原的激活、活力、比活力、固定化酶。

6. 解释酶的活性部位与必需基团两者关系。

7. 调节酶在结构上有什么特点？

8. 何谓酶的专一性？酶的专一性有哪几类？

9. 影响酶促反应速率的因素有哪些？试用曲线说明它们各自对酶活力有何影响。

10. 说明米氏常数的意义及应用。

11. 什么是竞争性抑制和非竞争性抑制？试用一两种药物举例说明不可逆抑制剂及可逆抑制剂对酶的抑制作用。

12. 当一酶促反应进行的速率为 V_{max} 的 80% 时，在 K_m 及 [S] 之间有何关系？

13. 如何优化酶促反应条件？有两种以上不同的酶参加催化反应时如何确定反应条件？

14. 如何测定酶活力大小？在测定过程中应注意哪些问题？

15. 试说明固定化酶在实验室和工业化生产上的优缺点。了解半合成抗生素的生产工艺。

16. 在酶的制备过程中如何保证提取率？一般用什么方法衡量提取率？

17. 哪些分离、鉴别蛋白质的方法可用在酶的分离与提纯上？

18. 什么叫做酶制剂？为什么酶制剂能广泛应用在生产实践工作中。

19. 了解利用双酶法用淀粉质原料生产葡萄糖溶液的原理，并说明酶的用量、温度、pH 变化时会影响生产效率和产品质量的原因。

20. 试举几例在日常生活中可能遇到的酶分离、检测的实例。

讨 论 题

1. 为什么在使用酶制剂时，需定期检查酶制剂的活力？

2. 结合第六章将要学习的多糖降解、双酶法制备淀粉水解糖工艺，上网查询淀粉的结构，淀粉的酸法水解工艺，说明双酶法制备淀粉水解糖工艺的优缺点及控制淀粉水解糖品质的关键控制点。

3. 为什么说纤维素降解问题是一个世界难题？如攻克此难题对人类发展有何意义？

4. 为什么在提取灵芝、花粉等中药活性成分时，要解决破壁技术？上网查询有关细胞破壁技术的发展情况。

5. 什么是内切酶、外切酶？为什么在测定核酸一级结构时多选用限制性内切酶？

第五章　维生素和辅酶

【学习目标】

1. 掌握维生素的概念与其分类方法。
2. 了解各种维生素的生理功能及其食物来源。
3. 了解辅酶或辅基与维生素的联系。
4. 了解维生素的生产方法及其疗效。
5. 了解维生素类药物的应用。

第一节　维生素概述

一、维生素的定义与其生物学功能

1. 维生素的定义

维生素是维持机体正常活动必不可少的一类微量小分子有机化合物。尽管生物体对维生素的需求量不多，但长期缺乏维生素会影响新陈代谢和机体的正常生长、发育甚至生育。某些维生素是构成辅酶的主要成分，并参与新陈代谢过程。

2. 维生素的发现

人们对于维生素的认识来源于长期的医药实践和科学实验，特别是通过实验动物的科学饲养试验而发现的。中国唐代医学家孙思邈（公元 581～682 年）就曾用动物肝脏防治夜盲症；用谷皮熬粥防治脚气病。

1886 年，荷兰医生艾克曼（Christian Eijkman，公元 1858～1930 年）研究亚洲普遍流行的脚气病，最初企图找出致病的细菌，但未成功。1890 年，在他的实验鸡群中发生了多发性神经炎病，其表现与脚气病极为相似。1897 年，他终于证明该病是由于用白精米喂养引起的，将丢弃的米糠放回饲料中就可治愈。他认为米糠中含有一种“保护因素”，可对抗食物中过量的糖。

1878～1882 年日本海军用大麦代替食物中大部分精米后，海军士官中出现脚气病的人数得到了控制。

1906 年英国的霍普金斯（F. G. Hopkins）发现大鼠用纯化的饲料喂养后，不能存活；如果在纯化饲料中增加极微量的牛奶后，大鼠就能正常生长。由此得出结论，正常膳食中除蛋白质、脂肪、糖类和矿物质外，还有必需的食物辅助因子，即维生素。

1910 年波兰学者冯克（Funk）从米糠中提取出一类胺类物质，可治疗脚气病，他把它命名为“活性胺”（vita-amino）。美国的生物化学家门的尔（L. B. Mendel）和奥斯本（T. B. Osborni）、麦科勒姆（E. V. McCollum）和戴维斯（M. Davis）于 1913 年发现脂溶性维生素 A 和水溶性维生素 B。

1912 年科学家霍普金斯提出的定义是“维生素是生物生长和代谢所必需的微量有机物”，人和动物缺乏维生素都不能正常生长。

其后，在天然食物中陆续发现了许多为动物和微生物生长所必需的物质，并证明大多数并不是胺类物质，故把这类物质统称为维生素（vitamin），意即维持生命之要素，维生素有时也称为维他命。

目前已发现的维生素有30多种，结构差异很大，根据其溶解性不同可分为水溶性维生素和脂溶性维生素。它是机体生长、发育、维持生命活动必不可少的营养物质。维生素常作为酶的辅酶或辅基参与代谢活动，因此维生素在生物学功能上是作为调节因子参与物质代谢过程。

3. 维生素的生物学作用

维生素在生物体内主要起调控作用，多数的维生素作为辅酶和辅基的组成成分参与了体内的代谢过程。有些维生素，如硫辛酸、抗坏血酸等本身就是辅酶。

辅酶可作为某一酶的固定组成成为，作为某种原子或化学基团的载体，参加催化一类反应，如黄素蛋白酶辅酶（FMN、FAD)、磷酸吡哆醛、硫辛酸等；另外同一辅酶可担当“二传手”的作用，是两个功能相近酶的辅酶，在中间作为某种原子或某种化学基团的载体，如辅酶Ⅰ(NAD^+)、辅酶Ⅱ($NADP^+$）和叶酸的作用。呼吸链就是由一系列辅酶组成的完成氢传递和电子传递的反应链。

不同的辅酶所转移的原子或化学基团是不同的。常见的有氢原子、氨基、一碳基团、磷酸基等。

某些维生素则似乎专一地作用于生物有机体的某些组织，具有某些特殊的功能。例如，维生素A对视觉起作用，维生素C对软骨的形成、维生素D对骨骼的形成、维生素E对于生育、维生素K对于血液凝固均起重要作用。

水溶性B族维生素，如硫胺素（维生素B_1)、核黄素（维生素B_2)、尼克酰胺（维生素PP)、泛酸、叶酸等，几乎全部是辅酶的组成成分。

4. 维生素的摄入量

人和动物不能合成自身所需的维生素，或合成的量很少，不能满足机体生长需要。维生素来源主要通过食物提供，食物中的维生素源经过一系列的转化过程可合成机体生长所需的维生素。

水溶性维生素因易排出体外，并且在体内积累较少，因此常需要从食物或保健营养品中补充。

长期缺乏维生素会引起代谢失调，可导致各种因维生素缺乏引起的维生素缺乏症，严重时会影响生命。维生素的另一来源是维生素药物或保健品。合理补充维生素有利儿童发育。

维生素摄入标准，应按中国国家食品药品监督管理局颁布的《维生素、矿物质种类和用量》中推荐的摄入量的范围。按中国营养学会制定的国家标准，2004国务院新闻办发布《中国居民营养与健康状况调查报告》表明，中国居民缺钙、铁、维生素A、维生素B_1、维生素B_2等状况仍然严重。

高等植物一般可以合成自身所需的各种维生素；有些微生物能合成自身所需要的维生素，如核黄菌能合成维生素B_2，人体肠道内的细菌可以合成一定量的维生素，供人体需要；有些微生物不能合成维生素，必须由外界供给维生素才能正常生长。

5. 发酵培养基中生长因子的浓度控制

在配制微生物培养基和发酵培养基时要严格控制对微生物生长和发酵产物合成有影响的生长因子的浓度，生长因子一般是微量元素、维生素、嘌呤、嘧啶等小分子物。

例如，谷氨酸生产菌中常通过控制生物素的含量来控制菌体的生长与谷氨酸分泌，生物素含量充足时，菌体以生长为主，在生物素浓度下降时，菌体开始大量合成谷氨酸。因此在培养基中通常控制生物素的浓度在“亚适量”范围（5~8μg/L)，既保证菌体适量生长，又能保证大量积累谷氨酸。

二、维生素的分类

维生素的种类很多，据不完全统计现在被列为维生素的物质有30余种，其中有20种已确定与人体健康和发育有关。尽管它们都是有机化合物，但其化学结构复杂多样，有胺类、醇类、酚类、醛类等，各种维生素的生理功能各异，故不能按其结构和功能来分类。目前多根据其溶解性能将维生素分为两大类。

① 脂溶性维生素，如维生素A、维生素D、维生素E、维生素K等。

② 水溶性维生素，如维生素C和B族维生素。B族维生素至少包括十余种维生素。其共同特点是：a. 在自然界常共同存在，分离难，最丰富的来源是酵母和肝脏；b. 从低等的微生物到高等动物和人类都需要它们作为营养要素。

三、维生素的命名

维生素的命名有以下几种方法。

① 习惯上采用拉丁字母A、B、C、D……来命名，中文命名则相应采用甲、乙、丙、丁……这些字母不表示发现该种维生素的历史次序（维生素A除外），也不说明相邻维生素之间存在什么关系。

② 根据生物学作用来命名。如维生素B_1有防止神经炎的功能，所以也称为神经炎维生素（aneurin）。

③ 根据其化学结构来命名。如维生素B_1，因分子中含有硫和氨基（$-NH_2$），又称为硫胺素。

④ 根据其物理特性来命名。如维生素B_2，因其结晶呈黄色而称为核黄素。

⑤ 1956年，国际纯化学与应用化学联合会要求按化学性质来命名。然而，固有的习惯命名仍然沿用。

四、维生素药物

维生素药物是指用于治疗由于某种维生素缺乏而引起的疾病的一大类药物。它包括水溶性维生素，如B族维生素、维生素C和硫辛酸等，和脂溶性维生素，如维生素A、维生素D、维生素E、维生素K、异维A等，也包括一些复合维生素片剂和液体针剂，及与维生素代谢相关的药物。维生素药物的主要用途是防止维生素缺乏症，也可用于某些疾病的辅助治疗，如常作为“能量剂”的成分。但过量食用维生素对人体非但无益，甚至会产生毒性反应，因此，服用维生素一定要掌握适应证，避免滥用和浪费。

第二节 水溶性维生素

B族维生素、维生素C和硫辛酸溶于水而不溶于有机溶剂，称为水溶性维生素。属于B族维生素的主要有维生素B_1、维生素B_2、维生素PP、维生素B_6、泛酸、生物素、叶酸和维生素B_{12}等。水溶性维生素特别是B族维生素在生物体内通过构成辅酶而发挥对物质代谢的影响。这类辅酶在肝脏内含量最丰富。与脂溶性维生素不同，进入人体的多余的水溶性维生素及其代谢产物均自尿中排出，体内不能多贮存。当机体饱和后，食入的水溶性维生素越多，尿中的排出量越大。

一、维生素B_1和羧化辅酶

维生素B_1又称为抗脚气病维生素、抗神经炎因子，化学名称为硫胺素（thiamine或tniamin）。维生素B_1化学结构是由R. R. Williams等于1936年测定出来的，1937年人工合成了维生素B_1。维生素B_1是最早被发现的一种维生素。它的化学结构是由嘧啶环和噻唑环借亚甲基连接而成的化合物，结构如图5-1表示。

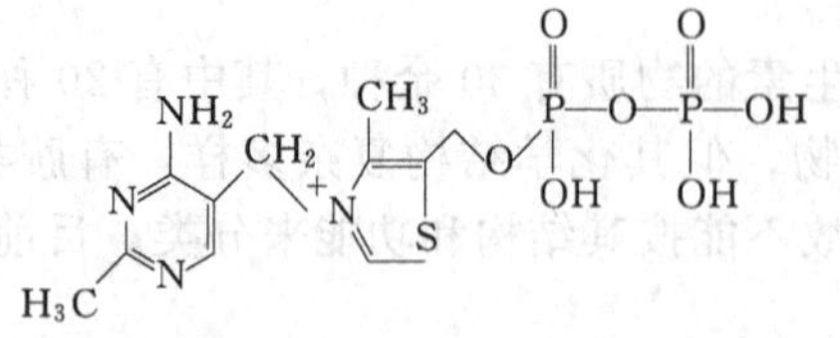

因维生素 B_1 分子中含有氨基，又称为噻嘧胺，与盐酸可生成盐酸盐。一般使用的维生素 B_1 都是化学合成的硫胺素盐酸盐，呈白色针状结晶。

图 5-1 维生素 B_1 的分子结构

维生素 B_1 广泛分布于种子的外皮、胚芽中。例如，米糠和麦麸中都含有丰富的维生素 B_1，而酵母中的维生素 B_1 含量最多。此外，瘦肉、白菜及芹菜中维生素 B_1 含量也比较丰富。

维生素 B_1 的熔点较高（250℃），在酸性、中性条件下较稳定，在 pH 为 3.5 时加热到 120℃仍可保持活性；在碱性条件下加热或用二氧化硫（食品中常用的漂白剂及消毒剂）处理均可使其破坏，也常因热烫预煮而损失。

维生素 B_1 在体内经硫胺素激酶催化，可与 ATP 作用转变为焦磷酸硫胺素（TPP）：

$$\text{硫胺素}+\text{ATP}\xrightarrow{\text{硫胺素激酶}}\text{焦磷酸硫胺素}+\text{AMP}$$

TPP 既是 α-酮酸（如丙酮酸和 α-酮戊二酸）脱羧酶的辅酶，又是转酮醇酶的辅酶，因此，它又称羧化辅酶。

由于维生素 B_1 与糖代谢有密切关系，所以，当维生素 B_1 缺乏时，体内 TPP 含量减少，从而使丙酮酸氧化脱羧作用发生障碍，糖代谢作用受阻，血、尿和神经组织中的丙酮酸、乳酸含量升高，从而影响心血管和神经组织的正常功能。同时，神经组织能量供应不足，可引发多发性神经炎、心率加快、烦躁易怒、四肢麻木、肌肉萎缩、心力衰竭、下肢水肿等症状，临床上称为脚气病。

此外，TPP 能抑制胆碱酯酶的活性，减少乙酰胆碱的水解，使神经传导所需的乙酰胆碱不被破坏，保持神经的正常传导功能，维持正常的消化腺分泌和胃肠道蠕动，从而促进消化。若维生素 B_1 缺乏，消化液分泌会减少，胃肠蠕动减慢，可产生食欲不振、消化不良等症状。

二、维生素 B_2 和黄素辅酶

维生素 B_2 又称为核黄素（riboflavin），它是核糖醇与 6,7-二甲基异咯嗪的缩合物。维生素 B_2 是橙黄色晶体，280℃即熔化并分解。在平常的湿度下，它是稳定的，而且不受空气中氧的影响。它微溶于水，溶液呈现出强的黄绿色荧光。它不溶于有机溶剂，极易溶于碱性溶液，在强酸溶液中稳定。在碱性条件下或者暴露于可见光或紫外线中时不稳定易分解。核黄素广泛分布在所有的叶类蔬菜、温血动物和鱼的肉中。

许多种动物的肠道细菌能合成核黄素，但人的肠道合成量不足以满足全身的需要。核黄素的日需要量可能与代谢的强度有关。维生素 B_2 也称为维生素 G，计算单位为毫克（mg）。与维生素 B_1 不同的是，维生素 B_2 能耐热、耐酸、耐氧化。

核黄素的结构为具有一个核糖醇侧链的异咯嗪的衍生物，而同义词“乳黄素”，是由于它存在于乳汁中。

一般医用维生素 B_2 为人工合成品，呈黄色，也用作食品添加剂使用。其结构如图 5-2 所示。

在生物体内，维生素 B_2 以黄素单核苷酸（flavin mononucleotide，FMN）和黄素腺嘌呤二核苷酸（flavin adenine dinucleotide，FAD）的形式存在，它们是呼吸链中的辅基成分。

FAD 和 FMN 又称为黄素辅酶，一般与酶蛋白结合较紧，不易分开。这两种辅酶的还原型为 $FMNH_2$ 和 $FADH_2$。

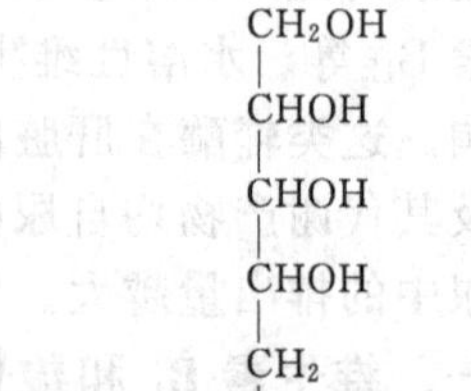

图 5-2 维生素 B_2 的分子结构

FMN和FAD是由维生素B_2经磷酸化作用和再进一步腺苷化形成的，反应如下：

$$\text{维生素 } B_2 + ATP \xrightarrow{\text{黄素激酶}} FMN + ADP$$

$$FMN + ATP \xrightarrow{\text{FAD 合成酶}} FAD + PPi$$

与FMN和FAD有关的酶见表5-1。

表5-1　与FMN和FAD有关的酶

酶	底物	产物	辅酶
D-氨基酸氧化酶	D-氨基酸	α-酮酸	FAD
NAD-细胞色素还原酶	NADH	NAD	FAD
羟基乙酸氧化酶	羟基乙酸	乙醛酸	FMN
琥珀酸脱氢酶	琥珀酸	反丁烯二酸	FAD
α-磷酸甘油脱氢酶	3-磷酸甘油	磷酸二羟丙酮	FAD
酰基辅酶A脱氢酶	酰基辅酶A	烯脂酰辅酶A	FAD

这类黄素蛋白有些作为烟酰胺核苷酸系统和细胞色素之间的连接物，它们是还原型烟酰胺腺嘌呤二核苷酸（NAD）和还原型烟酰胺腺嘌呤二核苷磷酸（NADP）重新氧化的氢受体。

另一些黄素蛋白，在代谢中作为多种氧化还原酶（黄素蛋白，或称黄酶）的辅酶。例如，在三羧酸循环中极为重要的琥珀酸脱氢酶，含有以铜作为基本成分的丁酰基辅酶A脱氢酶，以及所有的酰基辅酶，它们含有铁，能催化C_4～C_{16}酰基衍生物脱氢，这是脂肪酸β-氧化作用的第一步，是中间代谢和细胞色素系统之间的连接物。

因此，包括一些酶在内的黄素蛋白在电子传递链各阶段的生物氧化反应中是不可缺少的，FAD和FMN都参与。在这些反应中，被脱氢酶释放的氢转变成水并产生能量，并以ATP的形式被贮存起来。

维生素B_2在自然界中分布很广，动物的肝、肾、心、牛奶、蛋类、干酪、酵母和豆类、蔬菜如豆芽中都含有丰富的维生素B_2。绿色植物、某些细菌和霉菌能合成核黄素，但在动物体内不能合成，必须由食物供给。表5-2为人对核黄素的日需要量。

表5-2　人对核黄素的日需要量

性别、年龄	活动	核黄素/(mg/天)
成年男人	静坐	1.2
	适度活动	1.4
	剧烈活动	1.6
成年女人	静坐	1.1
	适度活动	1.3
	剧烈活动	1.4
	怀孕	1.6
	哺乳	2.0

性别、年龄		核黄素/(mg/天)
儿童(男孩和女孩)	1岁以下	0.6
	1～3岁	0.9
	4～6岁	1.2
	7～9岁	1.5
男孩	10～12岁	1.5
	13～15岁	1.8
	16～20岁	1.8
女孩	13～15岁	1.6
	16～20岁	1.6

维生素B_2的生理功能是作为辅酶参与生物氧化作用。维生素B_2缺乏常与其他B族维生素缺乏同时出现。缺乏维生素B_2，会影响细胞对物质代谢的氧化作用，引起多种疾病。人类的主要症状是唇炎、舌炎、口角炎、角膜炎、多发性神经炎等。

三、维生素B_3（泛酸）和辅酶A

维生素B_3（又称泛酸）是由α,γ-二羟基-β,β-二甲基丁酸和β-丙氨酸脱水缩合而成的一种有机酸。维生素B_3为黄色油状物，在中性条件下稳定，对氧化剂和还原剂极为稳定；无臭味，但味道发苦。商品泛酸为泛酸钙。维生素B_3的结构如图5-3所示。

在体内，维生素 B_3 和巯基乙胺、3-磷酸-AMP 缩合形成辅酶 A（简写为 CoA 或 HS-CoA）。辅酶 A 分子中所含的巯基可与酰基形成硫酯，其重要的生理功能是在代谢过程中作为酰基的载体。乙酰化作用中，辅酶 A 转运乙酰基，成为乙酰辅酶 A（acetyl-HS-CoA）。乙酰辅酶 A 与糖代谢和脂代谢等有关。

图 5-4 说明乙酰辅酶 A 是与脂类代谢有关的终点产物，又是代谢转折的关键中间产物。

维生素 B_3 广泛存在于生物界，故又名遍多酸（pantothenic acid）。在酵母、肝、肾、蛋、小麦、米糠、花生和豌豆中含量丰富，在蜂王浆中含量最多。人类极少发生泛酸缺乏症。辅酶 A 被广泛用作各种疾病的重要辅助药物。

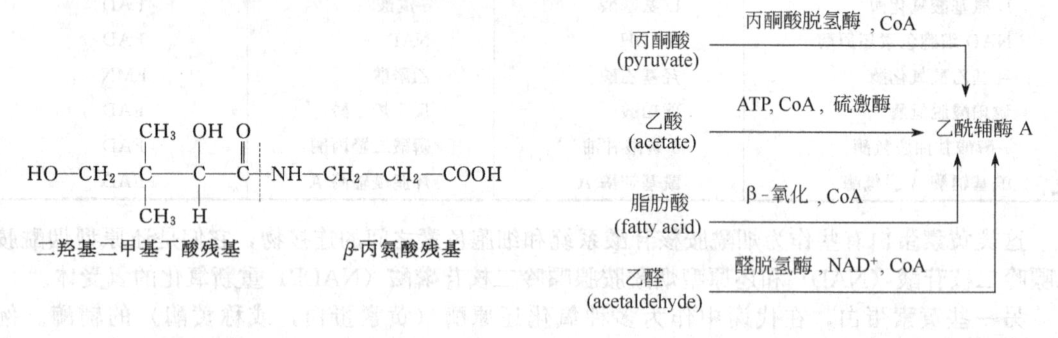

图 5-3　维生素 B_3 的分子结构

图 5-4　糖代谢、脂类代谢乙酰辅酶 A 的形成方式

四、维生素 PP 和辅酶Ⅰ、辅酶Ⅱ

维生素 PP（维生素 B_5）包括烟酸（nicotinic acid 或 niacin，又称尼克酸）和烟酰胺（nicotinamide，又称尼克酰胺）两种，又称抗癞皮病维生素，二者均属于吡啶衍生物。结构如图 5-5 所示。

烟酸　　烟酰胺

图 5-5　烟酸、烟酰胺的分子结构

维生素 PP 是维生素中最稳定的一种，为白色针状结晶，化学性质稳定，不易被酸、碱、光、热、氧所破坏。烟酸和烟酰胺遇碱均可成盐。

在体内，维生素 PP 主要以烟酰胺的形式存在，烟酸是烟酰胺的前体，两者在体内可相互转化，具有同样的生物效价。

含有烟酰胺的辅酶有两种。一种是烟酰胺腺嘌呤二核苷酸（nicotinamide adenine dinucleotide，NAD^+），又称辅酶Ⅰ（coenzyml Ⅰ，CoⅠ），以前的生化文献曾用 DPN 这个缩写，所以 NAD^+＝CoⅠ＝DNP，现在都用 NAD^+。另外一种是烟酰胺腺嘌呤二核苷酸磷酸（nicotinamide adenine dinucleotide phosphate，$NADP^+$），又称辅酶Ⅱ（CoⅡ），旧时缩写用 TPN，因此 $NADP^+$＝CoⅡ＝TPN，现在都用 $NADP^+$。

辅酶Ⅰ和辅酶Ⅱ是多种不需氧脱氢酶的辅酶，其分子结构中含有的烟酰胺中的吡啶环是参与催化作用的基团，反应中通过它可逆地进行氧化还原，在代谢反应中起传递氢的作用。它们与酶蛋白的结合非常松，容易脱离酶蛋白而单独存在。

常见的以辅酶Ⅰ（NAD^+）或辅酶Ⅱ（$NADP^+$）为辅酶的酶见表 5-3。

表 5-3　以辅酶Ⅰ（NAD^+）或辅酶Ⅱ（$NADP^+$）为辅酶的酶

酶	底物	产物	辅酶
醇脱氢酶	乙醇	乙醛	NAD^+
异柠檬酸脱氢酶	异柠檬酸	α-酮戊二酸，CO_2	NAD^+，$NADP^+$
磷酸甘油脱氢酶	α-磷酸甘油	磷酸二羟丙酮	NAD^+

续表

酶	底　物	产　物	辅　酶
乳酸脱氢酶	乳酸	丙酮酸	NAD^+
3-磷酸甘油醛脱氢酶	3-磷酸甘油醛	1,3-二磷酸甘油酸	NAD^+
6-磷酸葡萄糖脱氢酶	6-磷酸葡萄糖	6-磷酸葡萄糖酸	$NADP^+$
谷氨酸脱氢酶	L-谷氨酸	α-酮戊二酸,NH_4^+	NAD^+,$NADP^+$
谷胱甘肽还原酶	氧化型谷胱甘肽	还原型谷胱甘肽	NADPH
苹果酸脱氢酶	苹果酸	草酰乙酰	NAD^+
硝酸还原酶	硝酸	亚硝酸盐	NADH

这些辅酶的作用可以用下列的普遍公式说明：

$$MH_2+NAD^+ \longrightarrow M+NADH+H^+$$

底物 MH_2 在脱氢酶的催化下，其中一个 H 被 NAD^+ 所接受，生成 NADH，另一个释放在溶液中成为 H^+。如以下两个代谢反应：

$$苹果酸+NAD^+ \xrightleftharpoons{苹果酸脱氢酶} 草酰乙酸+NADH+H^+$$

$$异柠檬酸+NADP^+ \xrightleftharpoons{异柠檬酸脱氢酶} 草酰琥珀酸+NADPH+H^+$$

从脱氢酶的要求来看，有的酶需要 NAD^+ 为辅酶，有的需要 $NADP^+$ 为辅酶，但也有些酶如异柠檬酸脱氢酶，NAD^+ 或 $NADP^+$ 二者皆可。

维生素 PP 在自然界分布很广，以酵母、肝、鱼、绿叶蔬菜、肉类、谷物及花生中含量较丰富。在体内色氨酸能转变为维生素 PP。

缺乏维生素 PP 的主要症状是癞皮病，患者有皮炎、腹泻及痴呆等表现，皮炎尤为突出，患者一般还有神经疾病如抑郁症，到发病末期可发展为精神病。由于体内色氨酸能转变为烟酸，因此，人体内一般不缺乏烟酸。

但是，当服用过量烟酸时（每日 2～4g），很快会引起血管扩张、脸颊潮红、痤疮及胃肠不适等症状，长期大量服用烟酸对肝有损害。临床上使用的抗结核药物异烟肼（雷米封），结构与维生素 PP 十分相似，可与维生素 PP 起拮抗作用。因此，长期服用异烟肼的病人应注意补充维生素 PP，否则可能出现癞皮病的某些症状。由于玉米缺乏色氨酸和烟酸，故长期只食用玉米，也有可能患癞皮病。

最近，临床上用烟酸作为降胆固醇的药物，因其可抑制脂肪组织的脂肪分解，从而抑制脂肪的动员，使肝中极低密度脂蛋白（VLDL）的合成下降，从而起到降低胆固醇的作用。

五、维生素 B_6 和脱羧酶、转氨酶的辅酶

维生素 B_6 有三种结构，即吡哆醇（pyridoxol）、吡哆醛（pyridoxal）和吡哆胺（pyridoxamine），皆属于 2-甲基吡啶衍生物。其结构如图 5-6 所示。

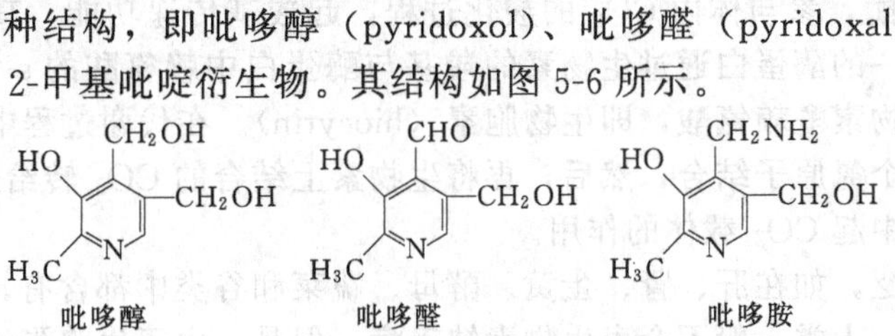

吡哆醇　吡哆醛　吡哆胺

图 5-6　维生素 B_6 的三种结构

维生素 B_6 为无色晶体，对光、碱敏感，遇高温易被破坏，在酸性条件下稳定。

在体内，维生素 B_6 经磷酸化作用转变为相应的磷酸酯——磷酸吡哆醛（pyridoxal phosphate）、磷酸吡哆胺（pyridoxamine phosphate）和磷酸吡哆醇（pyridoxine phosphate），它们之间可以相互转变。参加代谢作用的主要是磷酸吡哆醛和磷酸吡哆胺，二者是

维生素 B_6 的活性形式，在氨基酸代谢过程中非常重要，是氨基酸代谢中多种酶（如氨基酸转氨酶和氨基酸脱羧酶）的辅酶。磷酸吡哆醛还是氨基酸转氨、脱羧和消旋作用酶的辅酶。反应如下：

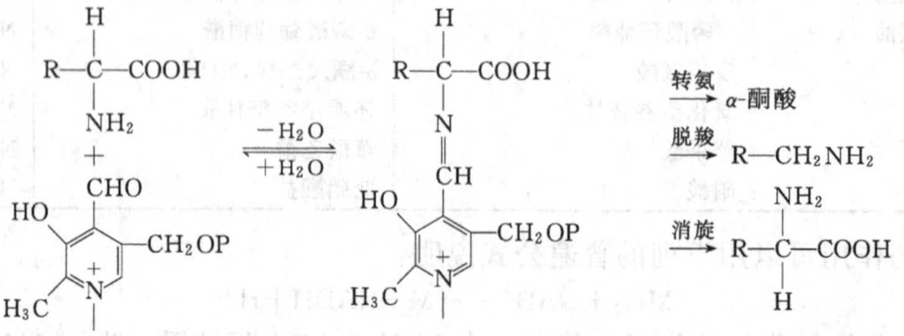
H
R—C—COOH
NH₂
+
CHO
HO
CH₂OP
H₃C
N
−H₂O
+H₂O
H
R—C—COOH
N
CH
HO
CH₂OP
H₃C
N
转氨
α-酮酸
脱羧
R—CH₂NH₂
NH₂
消旋
R—C—COOH
H

维生素 B_6 在动植物体内分布很广，酵母、肝、蛋黄、肉、鱼和谷类中含量都很丰富。同时，肠道细菌也可合成维生素 B_6 供人体需要，所以，人类很少发生维生素 B_6 缺乏症。由于乙醇在体内氧化为乙醛，而乙醛可促使磷酸吡哆醛的分解，故嗜酒者易导致吡哆醛的缺乏；吡哆醛易与异烟肼结合生成异烟腙而使其失去活性。因此，酗酒者和长期服用异烟肼的结核患者应及时补充维生素 B_6。否则，由于缺乏维生素 B_6，谷氨酸脱羧酶的活力降低，使重要的神经递质——γ-氨基丁酸的量减少，从而导致神经系统功能异常。

六、生物素和羧化酶的辅酶

生物素（biotin）也称维生素 B_7、维生素 H，为含硫维生素，是由噻吩环和尿素结合而成的一个双环化合物。自然界中的生物素至少有两种，α-生物素和 β-生物素，它们的生理功能相同，α-生物素的侧链为异戊酸，而 β-生物素的侧链是戊酸。如人体缺乏生物素，易引起皮炎、毛发脱落等。

生物素侧链上有一分子异戊酸，结构如图 5-7 所示。

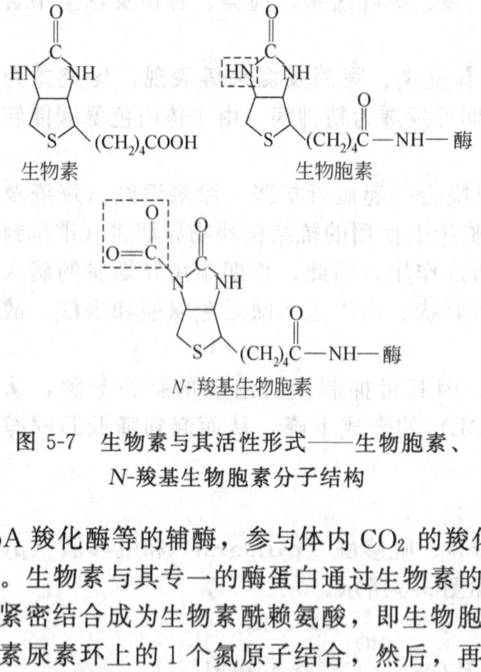
O
C
HN
NH
S
(CH₂)₄COOH
生物素
O
C
HN
NH
O
S
(CH₂)₄C—NH—酶
生物胞素
O
O=C
N
NH
O
S
(CH₂)₄C—NH—酶
N-羧基生物胞素

图 5-7 生物素与其活性形式——生物胞素、*N*-羧基生物胞素分子结构

生物素为无色针状结晶，耐酸而不耐碱，氧化剂及高温可使其失活。

生物素的主要作用是参与物质代谢中的羧化反应，是多种羧化酶如丙酮酸羧化酶、乙酰 CoA 羧化酶等的辅酶，参与体内 CO_2 的羧化过程，起羧基传递功能，其活性形式是生物胞素。生物素与其专一的酶蛋白通过生物素的羧基与酶蛋白中赖氨酸的 ε-氨基以酰胺键相连，而紧密结合成为生物素酰赖氨酸，即生物胞素（biocytin）。在代谢过程中，首先，CO_2 与生物素尿素环上的 1 个氮原子结合，然后，再将生物素上结合的 CO_2 转给适当的受体，因此，生物素在代谢过程中起 CO_2 载体的作用。

生物素来源广泛，如在肝、肾、蛋黄、酵母、蔬菜和谷类中都含有，人体肠道细菌也能合成生物素，因此，人类一般不会患生物素缺乏症。但是，由于生鸡蛋清中有一种抗生物素的碱性蛋白，能与生物素结合成一种无活性而又不易被吸收的抗生物素蛋白。因此，大量食入生鸡蛋清，可能引起生物素缺乏病。但鸡蛋清经加热处理，这种抗生物素蛋白被破坏，便不能与生物素结合。

生物素缺乏会引起疲劳、食欲不振、四肢皮炎、肌肉疼痛、感觉过敏、恶心等，有时也可出现贫血。注射生物素治疗可痊愈。长期口服抗生素药物，也应注意补充生物素。

在谷氨酸发酵的生产菌中，许多菌种是通过控制生物素的浓度来控制菌体的生长与谷氨酸合成的。发酵过程中可通过控制富含生物素的玉米浆、废糖蜜或添加纯生物素来使发酵液中的生物素含量维持在"亚适量"范围内，既保证菌体生产量足够，又能使菌体从"生长型"细胞转变为"产酸型"细胞。

七、叶酸和叶酸辅酶

叶酸（folic acid）又称维生素 B_{11}、蝶酰谷氨酸（pteroyl glutamic，PGA）和辅酶F(CoF)，是一碳单位（如甲基、亚甲基和甲酰基等）转移酶的辅酶，参与体内许多物质的合成，如嘌呤、嘧啶、胆碱等，由于叶酸间接与核酸、蛋白质合成有关，缺乏叶酸易引起多种疾病。

叶酸是一种在自然界中广泛存在的维生素，最初是由肝脏中分离出来的，后来发现绿叶中含量十分丰富，因此命名为叶酸。

叶酸分子是由 2-氨基-4-羟基-6-亚甲基蝶呤与对氨基苯甲酸及 L-谷氨酸 3 个部分结合而成的，其结构式如图 5-8 所示，其中蝶呤中的 C、N 编号如图中所示。

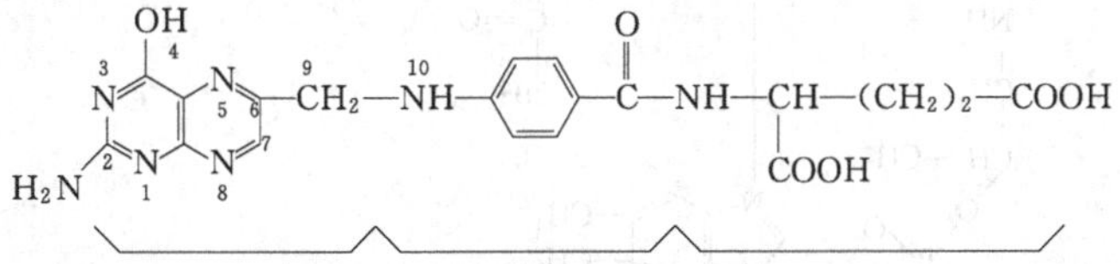

2-氨基-4-羟基-6-亚甲基蝶呤　　对氨基苯甲酸　　L-谷氨酸

图 5-8　叶酸的分子结构

叶酸纯品为黄色结晶，微溶于水，不溶于有机溶剂，易分解。

叶酸是所有氧化水平碳原子一碳单位（除 CO_2 之外）的重要受体和供体，如甲基、亚甲基（甲叉基）、甲酰基或亚胺甲基等一碳单位。

四氢叶酸（tetrahydrofolate，THF，或写作 FH_4）是叶酸的活性辅酶形式，称为辅酶F(CoF)，它是通过二氢叶酸还原酶连续还原叶酸而成的。反应如下：

$$叶酸 + NADPH + H^+ \longrightarrow 7,8\text{-二氢叶酸}（FH_2）+ NADP^+$$

$$FH_2 + NADPH + H^+ \longrightarrow 5,6,7,8\text{-四氢叶酸}（FH_4）+ NADP^+$$

四氢叶酸上 N5 及 N10 可以携带各种一碳单位，如甲基、亚甲基、甲酰基、甲烯基、羟甲基等，是一碳基团转移酶系的辅酶，以一碳基团的载体参与一些生物活性物质的合成，如嘌呤、嘧啶、肌酸、胆碱、肾上腺素等的合成。

四氢叶酸在代谢中起着重要的作用，其主要的生理功能如下。

① $N^{5,10}$-亚甲基四氢叶酸作为亚甲基的载体，使甘氨酸转变成丝氨酸。

② N^{10}-甲酰四氢叶酸作为甲酰基的载体，在转甲酰酶的作用下，参与嘌呤环的合成，形成嘌呤环中 C2。

③ $N^{5,10}$-亚甲基四氢叶酸通过亚甲基的转移，使尿苷酸变为胸苷酸。

④ N^5-甲基四氢叶酸，通过转甲基酶的作用，使同型半胱氨酸变为蛋氨酸。

由于叶酸参与嘌呤和嘧啶的合成，同时也影响到蛋白质的生物合成，因此，叶酸对于正常红细胞的形成有促进作用。当叶酸缺乏时，DNA 合成受到抑制，骨髓巨红细胞中 DNA 合成减少，细胞分裂速度降低，细胞体积较大，细胞核内染色质疏松，称为巨红细胞，这种巨红细胞大部分在骨髓内成熟前就被破坏，造成贫血，称为巨红细胞性贫血（macrocytic anemia）。因此，叶酸在临床上可用于治疗巨红细胞贫血症，故叶酸又称抗贫血维生素。用叶酸治疗恶性贫血病时，需与维生素 B_{12} 合并使用。

叶酸最丰富的食物来源是动物肝脏、肾脏，其次是绿叶蔬菜、酵母等。同时，肠道细菌又能合成叶酸，故一般人类不易发生叶酸缺乏病。但是，怀孕时由于对叶酸的需求量增加，可能导致叶酸缺乏；肠道的吸收不好，可导致继发性叶酸缺乏；几乎所有治疗癫痫病的抗惊厥剂都能使血清中叶酸浓度下降而导致叶酸缺乏。

八、维生素 B_{12} 和维生素 B_{12} 辅酶

维生素 B_{12} 又称抗恶性贫血维生素。因分子中含有金属元素钴，故又名钴胺素。维生素 B_{12} 结构如图 5-9 所示。

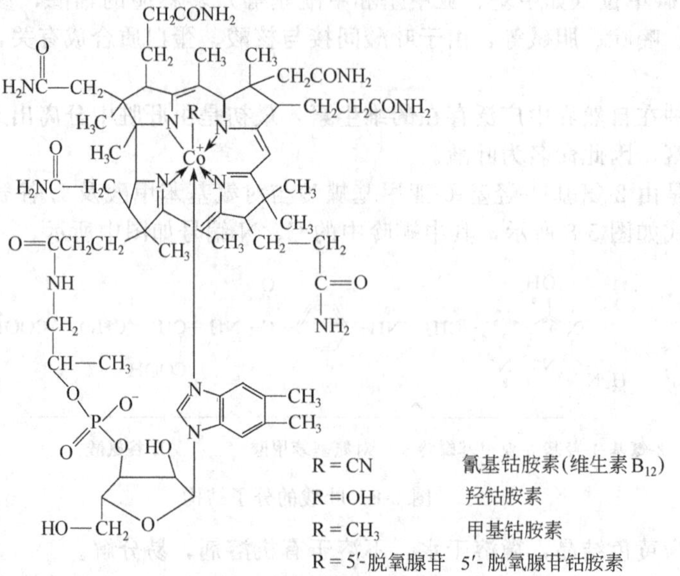

R = CN　氰基钴胺素(维生素 B_{12})
R = OH　羟钴胺素
R = CH_3　甲基钴胺素
R = 5′-脱氧腺苷　5′-脱氧腺苷钴胺素

图 5-9　维生素 B_{12} 的分子结构

药用维生素 B_{12} 可用发酵法生产。维生素 B_{12} 是一种含—CN 的钴胺素，又称为氰基钴胺素。它是深红色晶体，溶于水、酒精及丙酮，不溶于氯仿，左旋，熔点较高（大于 320℃）；易被酸、碱、日光等破坏。

维生素 B_{12} 在组织内以辅酶的形式参加代谢。维生素 B_{12} 辅酶有如下几类。

① 5′-脱氧腺苷钴胺素，即分子中的—CN 基被 5′-脱氧腺苷取代。5′-脱氧腺苷钴胺素是维生素 B_{12} 在体内的主要存在形式。5′-脱氧腺苷钴胺素是某些变位酶，如甲基丙二酸单酰辅酶 A 变位酶的辅酶，促进某些化合物的异构化作用。

② 甲基钴胺素（甲钴素），即氰基被甲基取代，是甲基转移酶的辅酶。在甲基化作用中与叶酸协同参加甲基转移作用，促进核酸和蛋白质的合成，促进红细胞的合成。

③ 羟钴胺素，即氰基被羟基取代。

肝、鱼、肉、蛋、奶等富含维生素 B_{12}，植物中不含维生素 B_{12}；有些微生物可以合成维生素 B_{12}，人体肠道细菌也可以合成一部分。

维生素 B_{12} 的吸收需要胃黏膜分泌的一种糖蛋白（称为内源因子）的协助，维生素 B_{12} 只有与这种糖蛋白结合后才能通过肠壁被吸收。内源因子缺乏，将导致维生素 B_{12} 吸收障碍。缺乏维生素 B_{12}，会引起恶性贫血、神经炎、神经萎缩、烟毒性弱视等病症。

九、维生素 C 和维生素 C 发酵

1. 维生素 C 的结构

维生素 C 是一种含有 6 个碳原子的酸性多羟基化合物，分子中 C2 及 C3 位上两个相邻的烯醇式羟基易解离而释放出 H^+，所以维生素 C 具有有机酸的性质。维生素 C 具有防治

坏血病的功能，因此又称为抗坏血酸（ascorbic acid）。

抗坏血酸共有 4 种异构体：L-抗坏血酸、D-抗坏血酸、L-异抗坏血酸、D-异抗坏血酸。L-抗坏血酸的生物活性高，其余的则无生物活性，通常所称的维生素 C 即指 L-抗坏血酸。抗坏血酸具有强的还原性，常被用作抗氧化剂，食品加工业中用作抗氧化剂的是 D-抗坏血酸。

维生素 C 为无色结晶，易溶于水。结晶的维生素 C 在空气中是稳定的，也具耐热性，加热到 100℃也不分解。但在中性或碱性溶液中对热不稳定，且极易被氧化破坏。此外，维生素 C 对光敏感，遇金属离子（如 Cu^{2+}）易被破坏。

L-抗坏血酸在组织中的存在形式有两种，即还原型抗坏血酸和脱氢氧化型抗坏血酸（又称脱氢抗坏血酸）。这两种形式可以通过氧化还原互变，因而都具有生理活性，若脱氢抗坏血酸继续氧化或加水分解，变成 L-二酮古洛糖酸或其他氧化物，则维生素 C 活性丧失。

其结构与相互转换如图 5-10 所示。

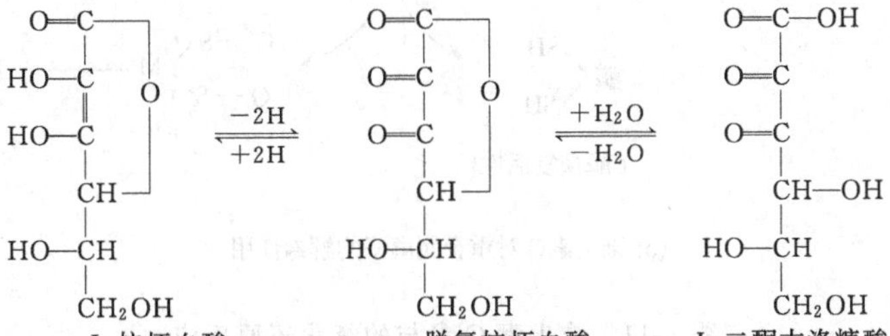

L-抗坏血酸（还原型） $\underset{+2H}{\overset{-2H}{\rightleftharpoons}}$ 脱氢抗坏血酸（氧化型） $\underset{-H_2O}{\overset{+H_2O}{\rightleftharpoons}}$ L-二酮古洛糖酸

图 5-10 抗坏血酸结构与氧化还原态相互转换

2. 维生素 C 的生理功能

维生素 C 的生理功能与其他水溶性维生素有所不同，即它没有辅酶的功能，但在某些关键反应中，可作为供氢体，对其他酶有保护、调节的作用。

（1）维生素 C 参与体内的氧化还原反应　由于维生素 C 在体内既可以氧化型存在，又可以还原型存在，所以它既可以作为供氢体又可以作为受氢体，在体内极其重要的氧化还原反应中发挥作用。

① 保持巯基酶的活性和谷胱甘肽的还原态，起解毒作用。如图 5-11 所示。

② 维生素 C 与红细胞内的氧化还原过程有密切联系。红细胞中的维生素 C 可直接还原高铁血红蛋白（HbM）成为血红蛋白（Hb），恢复其运输氧的能力。

③ 维生素 C 能促进肠道内铁的吸收。因为它能使难以吸收的三价铁（Fe^{3+}）还原成易于吸收的二价铁（Fe^{2+}），还能使血浆运铁蛋白中的三价铁还原成肝脏铁蛋白的二价铁。

④ 维生素 C 能保护维生素 A、维生素 E 及 B 族维生素免遭氧化，还能促进叶酸转变为有生理活性的四氢叶酸。

（2）维生素 C 参与体内多种羟化反应　代谢物的羟基化是生物氧化的一种方式，而维生素 C 在羟基化反应中起着必不可少的辅助因子的作用。

① 促进胶原蛋白的合成。维生素 C 的主要生理功能是促进胶原蛋白的合成。当胶原蛋白合成时，多肽链中的脯氨酸及赖氨酸等残基分别在胶原脯氨酸羟化酶及胶原赖氨酸羟化酶催化下羟化成为羟脯氨酸和羟赖氨酸残基。维生素 C 是羟化酶维持活性所必需的辅酶之一。胶原是结缔组织、骨及毛细血管等的重要组成成分，而结缔组织是伤口愈合的第一步。因此维生素 C 缺乏将导致毛细血管破裂、牙齿易松动、骨骼脆弱而易折断及创伤时伤口不易愈合。

② 维生素 C 参与胆固醇代谢。正常情况下体内的胆固醇约有 80%转变为胆汁酸后排

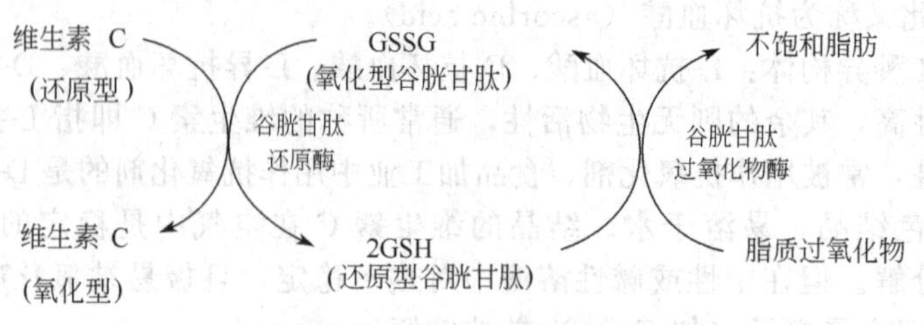

(a) 维生素C与谷胱甘肽的氧化还原反应

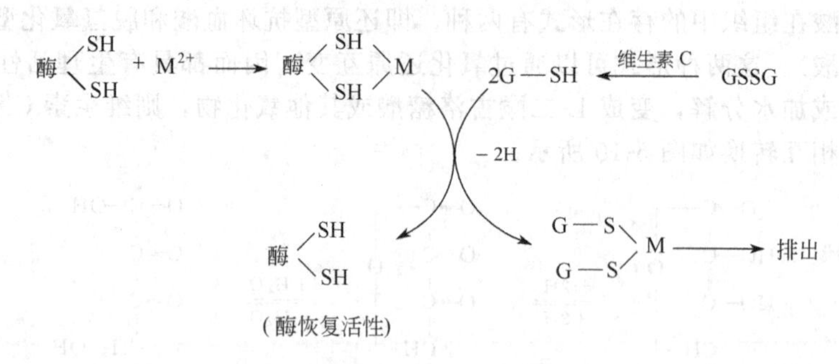

(b) 维生素C 对重金属离子的解毒作用

图 5-11 维生素C参与的氧化还原反应

出。胆固醇转变为胆汁酸先将环状部分羟基化，而后侧链分解，缺乏维生素C可能影响胆固醇的羟基化，使其不能变成胆汁酸而排出体外。

③ 参与神经介质、激素的生物合成。维生素C参与合成5-羟色胺和甲基肾上腺素的羟化作用。色氨酸经羟化、脱羧变为5-羟色胺；酪氨酸经羟化、脱羧变为多巴胺，再经羟化变为去甲肾上腺素，然后经甲基化即变为肾上腺素。以上这些羟化作用都是由依赖于维生素C的羟化酶催化的。

(3) 维生素C的其他功能　维生素C除了上述主要的生理功能外，还有以下生理功能。

① 维生素C有防止贫血的作用，也可减弱若干转运金属离子毒性的影响。离子从脾脏的转移（不是肝脏）是依赖维生素C的过程，因此，维生素C具有参与解毒的功能。

② 维生素C可改善变态反应。维生素C另外一个重要作用是涉及组胺代谢和变态反应。在铜离子存在下，维生素C可防止组胺的积累，有助于组胺的降解和清除；维生素C可调节前列腺素的合成，以便调节组胺的敏感性和影响舒张。

③ 维生素C刺激免疫系统可防止和治疗感染。单核白细胞对免疫系统是重要的，维生素C可抑制白细胞的氧化破坏，增加它们的流动性。免疫球蛋白的血清水平在维生素C的存在下增加。因为维生素C可刺激免疫系统，增强抵抗力，因此有人提出维生素C可以有效地防止感冒，但随后的研究尚无定论。

维生素C广泛存在于新鲜水果和蔬菜中，柑橘、枣、山楂、番茄、辣椒、豆芽、猕猴桃等中尤其丰富。人体不能合成维生素C，必须由食物中摄取。医用维生素C均为发酵或人工合成品。

缺乏维生素C时，即产生所谓的坏血病，其症状为创口溃疡不愈合，骨骼和牙齿易于折断或脱落，毛细血管通透性增大，皮下、黏膜、肌肉出血，常有鼻衄、月经过多及便血等现象。

3. 维生素C发酵

维生素C是人体营养所必需的一种维生素，生理作用广泛。它不仅作为重要的医药产品用于治疗多种疾病，也广泛应用于食品、饲料及化妆品中。每年全世界的销量超过 8 万吨。维生素 C 通常是先通过化学或微生物方法获得 2-酮基-L-古龙酸（2-KGA），再经烯醇化和内酯化生产而得的。由葡萄糖获得 2-酮基-L-古龙酸的方法有 D-山梨醇途径、L-山梨糖途径、L-古龙酸途径、2-酮基-D-葡萄糖酸途径、2,5-二酮基-D-葡萄糖酸途径和基因工程菌直接发酵葡萄糖途径。微生物发酵法生产维生素 C 目前应用较多的方法是“二步发酵法”。

“二步发酵法”生产维生素 C 是由中国科学院微生物研究所和北京制药厂合作，于 20 世纪 70 年代初最先发明的，也是目前唯一成功应用于维生素 C 工业生产的微生物转化法。该法遵循 L-山梨糖途径，即 D-山梨醇在细菌的作用下转化为 L-山梨糖，再经细菌发酵产生维生素 C 的前体 2-酮基-L-古龙酸，然后经烯醇化和内酯化得维生素 C。

除了“二步发酵法”生产维生素 C 外，目前研究比较多的还有“葡萄糖串联发酵法”生产维生素 C。该法经过 2,5-二酮基-D-葡萄糖酸途径，即葡萄糖经过中间体 2,5-二酮基-D-葡萄糖酸（2,5-DKG），再生成 2-酮基-L-古龙酸（2-KGA），“一步发酵法”生产维生素 C。该法是由葡萄糖氧化直接生成 2-KGA 的过程，称为 2-酮基-L-古龙酸途径。

十、复合维生素

复合维生素是含有多种维生素并按照一定的比例配成的维生素药物。目前，市场上销售的复合维生素主要有如下两类。①复合维生素 B 片，它包括维生素 B_1、维生素 B_2、维生素 B_6、烟酰胺、泛酸钙。复合维生素 B 片主要用于预防和治疗 B 族维生素缺乏所引起的各种疾病，也可作为妊娠期、全身感染和糖尿病所致的神经炎及心肌炎、食欲不振等的辅助治疗。②多种维生素和微量元素的复合片剂，如 21 金维他。这种复合片剂主要含有维生素 A、维生素 D、维生素 E、维生素 B_1、维生素 B_2、维生素 B_6、维生素 B_{12}、维生素 C、烟酰胺、泛酸钙、重酒石酸胆碱、肌醇、铁、碘、铜、锰、锌、磷酸氢钙、镁、钾、L-赖氨酸等成分。它主要用于预防和治疗因维生素与矿物质缺乏所引起的各种疾病。

第三节 脂溶性维生素

维生素 A、维生素 D、维生素 E、维生素 K 均不溶于水，而溶于有机溶剂，称为脂溶性维生素。它们在生物体内的存在与吸收都和脂肪有关。动物脂肪中因含有脂溶性维生素和其他色素而从乳白色变为微黄色。

一、维生素 A

维生素 A 是所有具有视黄醇生物活性的 β-紫罗宁衍生物的统称。它是一个具有脂环的不饱和一元醇类，有维生素 A_1 和维生素 A_2 两种。维生素 A_1 存在于哺乳动物及咸水鱼的肝脏中，即一般所说的视黄醇；维生素 A_2 为 3-脱氢视黄醇，存在于淡水鱼的肝脏中。两者的生理功能相同，但维生素 A_2 的生理活性只有维生素 A_1 的一半。维生素 A 及维生素 A 原的结构如图 5-12 所示。

在黄绿色植物中存在着胡萝卜素，其结构与维生素 A_1 相似，但不具有生物活性，它在人和动物的肠壁和肝脏中能转变成具有生物活性的维生素 A，因此称胡萝卜素为维生素 A 原。其中 β-胡萝卜素是 1 个具有 11 个双键的对称分子，含有两个维生素 A_1 的结构部分，理论上可以生成两分子的视黄醇（维生素 A_1）。但实际上维生素 A 原的吸收率、转化率和利用率都很低。

维生素 A 以国际单位（IU）定量，经过定量的比较试验，得知一个国际单位相当于 0.3mg 的视黄醇。

维生素 A 是构成视觉细胞内感光物质的成分。眼球视网膜上有两类感光细胞：一种是

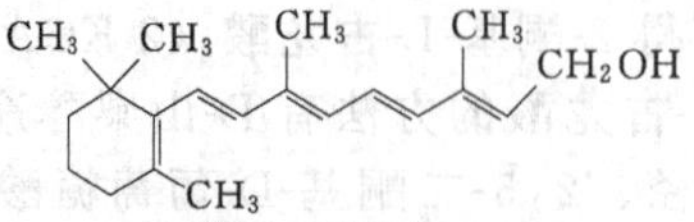

视黄醇（维生素 A_1）

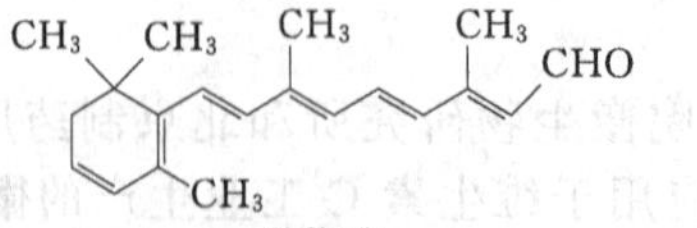

视黄醛

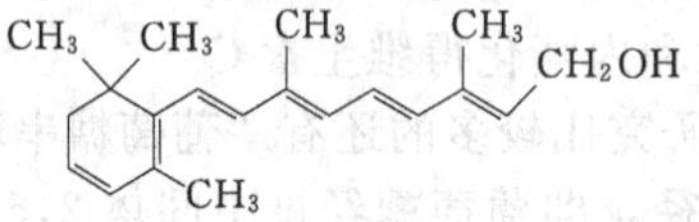

维生素 A_2

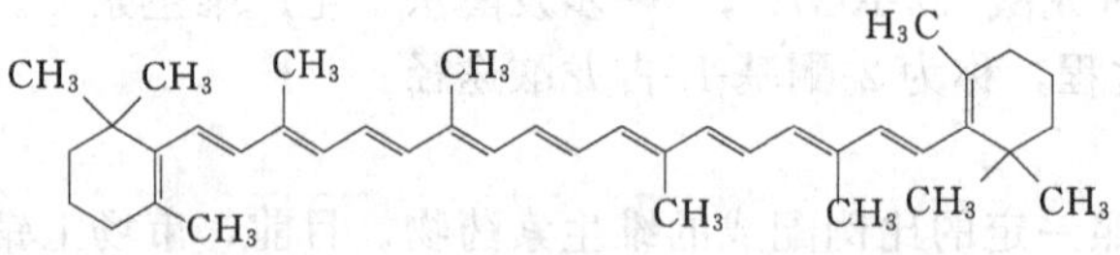

β-胡萝卜素

图 5-12 维生素 A 及维生素 A 原的结构

圆锥细胞，对强光及颜色敏感；另一种是杆细胞，对弱光敏感，对颜色不敏感，与暗视觉有关。杆细胞内含有的感光物质视紫红质在光中分解，在暗中合成。视紫红质是由9,11-顺视黄醛的醛基和视蛋白内赖氨酸的ε-氨基通过缩合形成的一种结合蛋白，而视黄醛是维生素 A 的氧化产物。

由于有共轭双键存在，故视黄醇有多种顺式、反式立体异构体，视黄醛同之。在弱光处视物时，视紫红质中的11-顺式视黄醛感光，发生异构化反应变为全反式视黄醛，与此反应的同时可出现神经冲动，引起视觉。

由于全反式视黄醛与视蛋白分子间构型不同而分离。全反式视黄醛可在脱氢酶和 NADH 作用下变为全反型维生素 A，也可在视黄醛异构酶的作用下再变为11-顺式视黄醛，后者再与视蛋白结合成视紫红质（视紫质）。当维生素 A 缺乏时，11-顺式视黄醛得不到足够的补充，视紫红质合成受阻，使视网膜不能很好地感受弱光，在暗处不能辨别物体，暗适应能力降低，严重时可出现夜盲症。

维生素 A 除了与视觉功能有关外，还具有刺激组织生长和分化，促进生长发育和维持上皮细胞结构完整性的作用。

维生素 A 广泛存在于高等动物及海产鱼类体中，以肝脏、眼球、乳制品及蛋黄中含量最多。胡萝卜素广泛存在于绿叶蔬菜、胡萝卜、玉米、番茄等植物性食物中。

正常成人每日维生素 A 生理需要量为 2600～3300 国际单位（IU），过多摄入维生素 A，长期每日超过 500000 国际单位可以引起中毒症状，严重危害健康。

当维生素 A 缺乏时，除了感受暗光发生障碍，导致夜盲、干眼、角膜软化、表皮细胞角化、失明等症状外，还会影响人的正常发育，上皮组织干燥以及抵抗病菌的能力降低，因而易于感染疾病。

二、维生素 D

维生素 D 是类固醇衍生物，具有抗佝偻病的作用，故又称抗佝偻病维生素。维生素 D 种类很多，其中以维生素 D_2 和维生素 D_3 最重要。维生素 D_2 又名麦角钙化醇，维生素 D_3 又名胆钙化醇，二者的区别仅在侧链上。类固醇和维生素 D 的结构及其转化如图 5-13 所示。

植物性食物中所含的麦角固醇经紫外线照射后可转变为维生素 D_2，故麦角固醇是维生素 D_2 的维生素原；维生素 D_2 又可称为麦角钙化醇。人和动物皮下含有 7-脱氢胆固醇，经日光或紫外线照射可转变为维生素 D_3，故 7-脱氢胆固醇是维生素 D_3 的维生素原。

维生素 D 为无色晶体，均易溶于大多数有机溶剂而不溶于水。但维生素 D 的硫酸盐却溶于水（在人乳中含量较多）。

维生素 D 的定量用国际单位（IU）来表示，1IU 维生素 D 相当于 0.025μg 结晶的维生素 D_2。

人体摄入的维生素 D（外源性维生素 D）在小肠与甘油二酯、脂肪酸等一起被吸收，并与内源性维生素 D（体内合成的维生素 D_3）以脂肪酸酯的形式贮藏于脂肪组织和肌肉中，

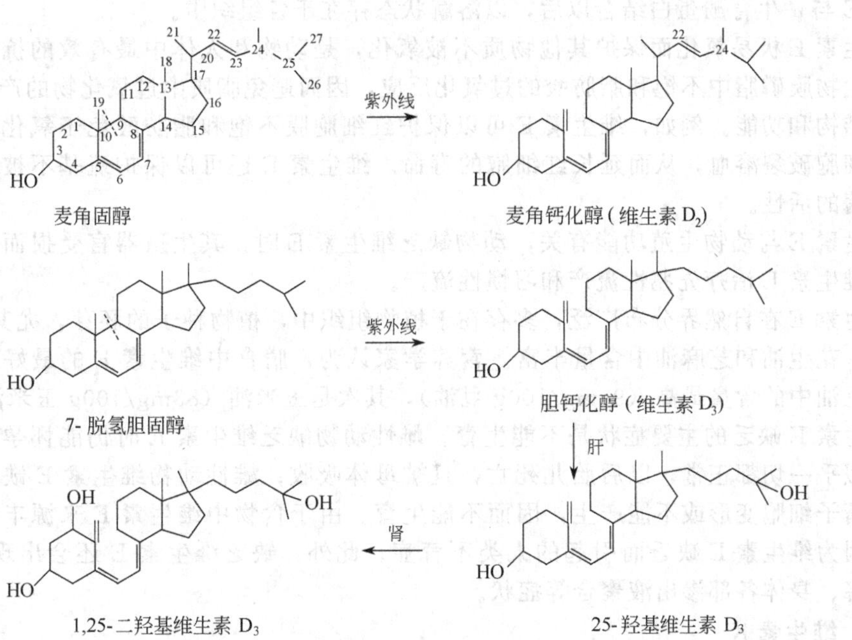

麦角固醇 →紫外线→ 麦角钙化醇（维生素 D_2）

7-脱氢胆固醇 →紫外线→ 胆钙化醇（维生素 D_3）→肝→ 25-羟基维生素 D_3 →肾→ 1,25-二羟基维生素 D_3

图 5-13 类固醇和维生素 D 的结构及其转化

或运至肝脏进行转化。维生素 D_3 经羟化成 25-(OH)-D_3、1,24,25-$(OH)_3$-D_3 以及 1,25-$(OH)_2$-D_3 等活性物质才具有生理功能。其中 1,25-$(OH)_2$-D_3 是最主要的活性物质。1,25-$(OH)_2$-D_3 能促进小肠对钙和无机磷的吸收和转运，也能促进肾小管对无机磷的重吸收，还能协同甲状旁腺素增强破骨细胞对钙盐的溶解作用，释放出钙盐，从而使血钙和血磷的浓度升高，促进骨样组织钙化，而具有成骨作用。所以，维生素 D 的主要生理功能是调节钙、磷代谢，维持血钙和血磷水平，从而维持牙齿和骨骼的正常生长和发育。

维生素 D 在食物中与维生素 A 伴存，肉、牛奶中含量较少，而鱼、蛋黄、奶油中含量相当丰富，尤其是海产鱼肝油中特别丰富。

维生素 D 缺乏时，肠道内钙、磷吸收发生障碍，血液中钙、磷浓度下降，儿童引起佝偻病，成人引起软骨病，特别是孕妇和哺乳妇女更易发生骨软化症。过多服用维生素 D 将引起急性中毒。发现维生素 D 中毒后，应及时停止摄入维生素 D，避免日光和紫外线照射，并给予治疗。

三、维生素 E

维生素 E 属于酚类化合物，与动物的生殖有关，故又称为生育酚（tocopherol）或抗不育维生素，其结构如图 5-14 所示。

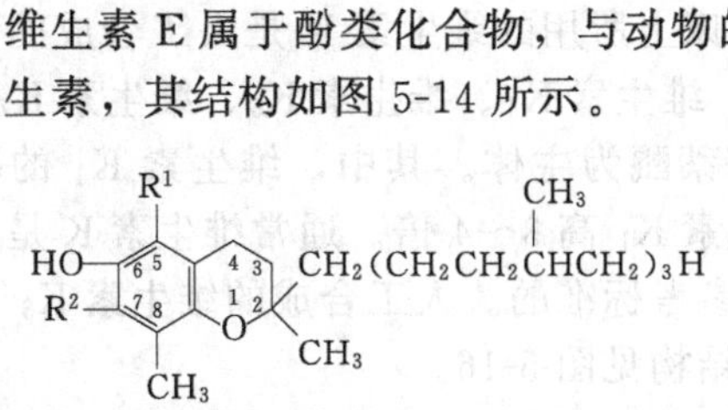

$CH_2(CH_2CH_2CHCH_2)_3H$（CH_3）

维生素 E 组分	R^1	R^2	维生素 E 组分	R^1	R^2
α-生育酚	$-CH_3$	$-CH_3$	γ-生育酚	$-H$	$-CH_3$
β-生育酚	$-CH_3$	$-H$	δ-生育酚	$-H$	$-H$

图 5-14 生育酚的基本结构

天然的维生素 E 有多种，其中有 4 种（α-生育酚、β-生育酚、γ-生育酚、δ-生育酚）较为重要。维生素 E 均为橙黄色或淡黄色油状物质，不溶于水，不易被酸、碱破坏，但很易氧化，具有抗氧化剂的作用。不同的维生素 E，其结构的差异仅在侧链上。其生物活性以 α-生育酚最强。

维生素 E 在体内的转运、分布都依赖于 α-生育酚结合蛋白，后者是由肝脏合成的。

维生素 E 与 α-生育酚蛋白结合以后，以溶解状态存在于各组织中。

维生素 E 极易氧化而保护其他物质不被氧化，是动物和人体中最有效的抗氧化剂。它能对抗生物膜磷脂中不饱和脂肪酸的过氧化反应，因而避免脂质中过氧化物的产生，保护生物膜的结构和功能。例如，维生素 E 可以保护红细胞膜不饱和脂肪酸免于氧化破坏，因而防止红细胞破裂溶血，从而延长红细胞的寿命。维生素 E 还可以保护巯基不被氧化，而保护某些酶的活性。

维生素 E 与动物生殖功能有关，动物缺乏维生素 E 时，其生殖器官受损而不育。临床上常用维生素 E 治疗先兆性流产和习惯性流产。

维生素 E 在自然界分布广泛，多存在于植物组织中，植物种子的胚芽，尤其是麦胚油、玉米油、花生油和芝麻油中含量丰富。营养学家认为，膳食中维生素 E 的最好来源是植物油，以豆油中的含量最高（94mg/100g 豆油），其次是玉米油（83mg/100g 玉米油）。

维生素 E 缺乏的主要症状是不能生育。雌性动物缺乏维生素 E 时仍能怀孕，直到妊娠末期前似乎一切都正常，以后胎儿死亡，且被母体吸收；雄性动物维生素 E 缺乏时，睾丸萎缩，精子细胞变形或不能产生，因而不能生育。由于食物中维生素 E 来源丰富，至今还未发现因为维生素 E 缺乏而引起的人类不育症。此外，缺乏维生素 E 还会出现肌肉萎缩、肾脏损害、身体各部渗出液聚合等症状。

四、维生素 K

维生素 K 是一切具有叶绿醌生物活性的 2-甲基-1,4-萘醌衍生物的统称。维生素 K 是凝血酶原形成所必需的因子，故又称凝血维生素。天然的维生素 K 有两种：维生素 K_1 和维生素 K_2。维生素 K_1 在绿叶植物中含量丰富，因此维生素 K_1 又称为叶绿-2-甲基萘醌。维生素 K_2 是人体肠道细菌的代谢产物。维生素 K_1 和维生素 K_2 的结构如图 5-15 所示。

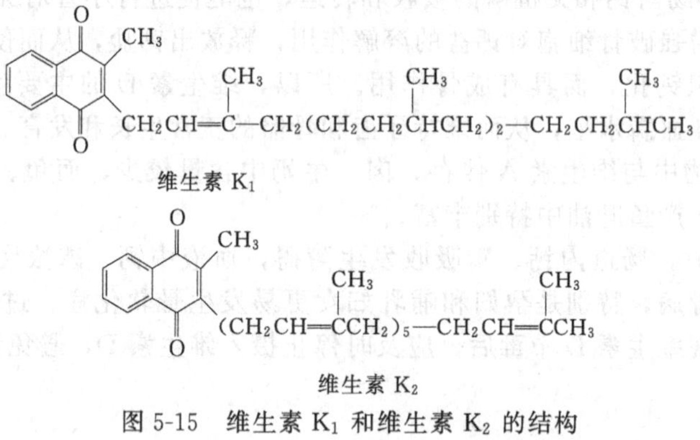

维生素 K_1

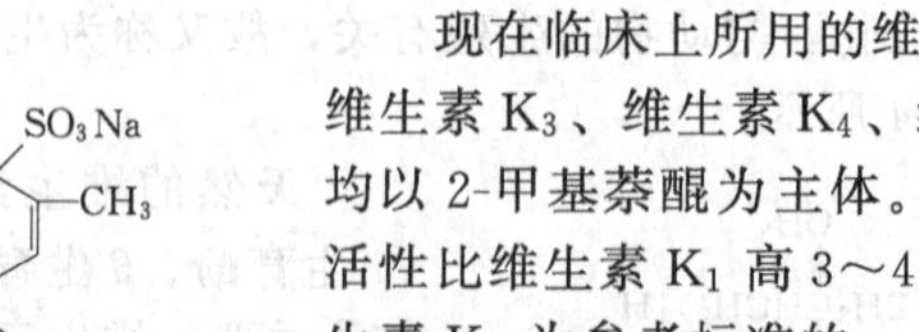

维生素 K_2

图 5-15　维生素 K_1 和维生素 K_2 的结构

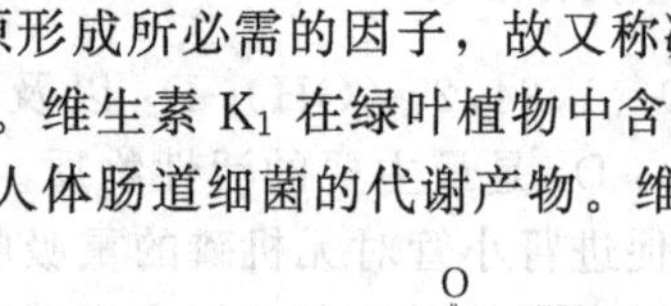

维生素 K_3　　维生素 K_4

图 5-16　人工合成的维生素 K_3 和维生素 K_4 结构

现在临床上所用的维生素 K 是人工合成的，有维生素 K_3、维生素 K_4、维生素 K_5、维生素 K_7 等，均以 2-甲基萘醌为主体。其中，维生素 K_4 的凝血活性比维生素 K_1 高 3～4 倍。通常维生素 K 是以维生素 K_1 为参考标准的。人工合成的维生素 K_3 和维生素 K_4 的结构见图 5-16。

维生素 K 的主要生理功能是：①促进肝脏合成凝血酶原（凝血因子Ⅱ），调节凝血因子Ⅶ、凝血因子Ⅸ、凝血因子Ⅹ的合成，促进血液凝固；②维生素 K 还可能作为电子传递系的一部分，参与氧化磷酸化过程；③维生素 K 参与骨盐代谢，骨化组织中也存在维生素 K 依赖的蛋白质，被称为骨钙蛋白，其分子中含有 3 个 γ-羧基谷氨酸残基，可与钙离子结合而参与调节钙盐沉积。

维生素 K 在蛋黄、苜蓿、绿叶蔬菜如菠菜、动物肝脏、鱼肉等中含量丰富，人体肠道中的大肠杆菌也可以合成维生素 K，故人体一般不会缺乏维生素 K。但是，肠道疾病患者，或长期服用广谱抗生素抑制了肠道细菌的生长的人，易导致维生素 K 的缺乏。

缺乏维生素 K，凝血酶原合成受阻，导致凝血时间延长，常发生肌肉和肠道出血。

五、鱼肝油与深海鱼油

鱼肝油富含维生素 A 和维生素 D。市场上销售的鱼肝油是维生素 A 和维生素 D 的复合剂，分为浓鱼肝油和淡鱼肝油。鱼肝油只用于维生素 A 缺乏症，不能用于维生素 D 缺乏症，否则将引起维生素 A 中毒。

深海鱼油是指富含二十碳五烯酸（EPA）和二十二碳六烯酸（DHA）的鱼体内的油脂。EPA 和 DHA 同属于多元不饱和脂肪酸，是人体自身不能合成但不可缺少的重要营养物质，是人体必需的脂肪酸，必须从食物中直接补充。此类脂肪酸在一般鱼类中含量较少，而深海冷水鱼类中含量较高，故称为深海鱼油。目前市场上销售的深海鱼油除 EPA 和 DHA 外，还含有卵磷脂和维生素 E，它们的主要作用是调节血脂，降低胆固醇和甘油三酯的含量，防止血管凝固，促进血液循环，预防脑溢血、脑血栓及老年痴呆，减少动脉硬化及高血压，促进脑部和眼睛的发育等。

为了检测深海鱼油的组成成分和杂质的类型、含量等，要利用 HPLC 进行检测。

本章小结

维生素是维持正常的生命过程所必需的一类小分子有机化合物。根据维生素的溶解性不同，可将其分为水溶性维生素和脂溶性维生素两大类。水溶性维生素包括 B 族维生素和维生素 C，脂溶性维生素主要包括维生素 A、维生素 D、维生素 E 和维生素 K 4 种。

人体缺乏维生素时，会出现维生素缺乏症。如缺乏维生素 A 的主要症状是视觉障碍，俗称夜盲症；缺乏维生素 D，儿童会出现佝偻病；维生素 C 缺乏会导致坏血病等。但是过量摄入维生素对机体不但没有益处，反而会引起维生素中毒。

B 族维生素是各类辅酶或辅基的组成成分，它们以辅酶的形式参与机体内的化学反应，如硫胺素（维生素 B_1）焦磷酸为脱羧辅酶。有些维生素还具有特殊的生物学功能，如维生素 C 和叶酸等。

思考题

1. 解释下列名词：

   维生素、水溶性维生素、脂溶性维生素、辅酶Ⅰ、辅酶Ⅱ、核黄素。
2. 维生素是如何分类的？
3. 维生素与辅酶有什么联系？列举一些比较重要的辅酶与维生素联系的例子。
4. 当维生素 A、维生素 B 或维生素 C 缺乏时会出现哪些症状？说明防治办法。
5. 维生素 D 的活性形式是什么？为什么晒太阳可防治佝偻病？
6. 各维生素的每日摄入量对食品、药品、保健品的质量控制有何指导意义？
7. 查阅生物素在谷氨酸发酵中的应用资料，了解其代谢原理。

第六章 糖代谢

【学习目标】

1. 了解新陈代谢是生命的基本特征，生物能的产生与用途。
2. 掌握糖的重要生理功能及在人体内的消化与吸收。
3. 掌握糖酵解的基本反应过程及其限速酶、ATP的生成，其生理意义。
4. 掌握糖氧化过程的基本反应过程及其限速酶、ATP的生成，生理意义。
5. 熟悉乙醛酸循环、丙酮酸羧化支路的反应过程及其意义。
6. 熟悉糖异生的概念与基本反应过程，掌握糖异生途径的限速酶及其生理意义。
7. 了解磷酸戊糖途径的基本过程及其生理意义。

根据有机化学对糖类的定义，糖类是含多羟基醛类（aldehyde）或酮类（ketone）的有机化合物，如淀粉、蔗糖、葡萄糖、果糖、纤维素等都属糖类化合物，糖类曾有“碳水化合物”之称，它是生物体内最重要的结构物和能源贮存物。

糖类在自然界分布极广，其中纤维素主要分布在植物细胞壁中，淀粉主要分布在植物根、茎和动物肝脏中，淀粉是植物种子或果实里的主要贮存物质，植物中的糖类占固形物的比例可高达90%；在动物血液的血细胞内，也有葡萄糖或由葡萄糖等单糖缩合成的多糖存在，而在肝脏、肌肉里的葡萄多糖则称为糖原。人和动物的组织器官中所含的糖类，一般不超过身体干重的2%。微生物体内的含糖量占身体干重的10%～13%，其中有的糖呈游离状态，有的是与蛋白质、脂肪结合成复杂的多糖，这些糖一般存在于细胞壁、黏液或荚膜中，也有的形成糖原或类似淀粉的多糖存在于细胞质中。

糖类化合物的供给：从溯源上讲，糖类来自光合作用，植物类中的糖类依靠光合作用完成合成过程，光合作用可将大气中的二氧化碳固定生成葡萄糖。其他不能进行光合作用的动物与生物则以糖类如葡萄糖、淀粉等为营养物质，从食物中吸收转变成体内的糖，并通过代谢向机体提供糖类；同时糖分子中的碳架，通过代谢过程转化成机体所需的蛋白质、核酸、脂类等各种有机物分子。所以糖类作为能源物质和细胞结构物质以及在参与细胞的某些特殊生理功能方面都是不可缺少的生物组成成分。

第一节 新陈代谢

新陈代谢是生物体与外界环境进行的物质交换和能量交换的过程。它是生物体最基本的特征之一。新陈代谢包括同化作用和异化作用两个相反的代谢过程。生物体把从环境中摄取的营养物，经一系列的生物化学反应转变为自身结构物或贮藏物的过程，称为同化作用或同化过程。因此，同化过程是一个贮能过程。而生物体内的贮藏物或结构物经一系列的降解反应，生成最终的分解产物并排出体外的过程，称为异化作用或异化过程，它是一个释放能量的过程。

从生物化学变化角度来观察，生物学中的同化作用和异化作用的实质都是通过一系列酶促反应来完成的。生物体内的物质，如蛋白质、糖类和脂类等的代谢变化（过程）统称为物质代谢（过程），代谢可分为分解代谢与合成代谢。并且在物质代谢过程中伴随着的能量变化，称能量代谢，它可分为贮能代谢和放能代谢。

分解代谢一般是外源性营养物通过消化吸收、中间代谢和排出废物 3 个阶段来完成的。通常把消化吸收的营养物质和体内原有的物质在一切组织和细胞中进行的各种化学变化称为中间代谢。生物化学的重点是研究中间代谢。

合成代谢是指外源性营养物经分解代谢之后，重新合成自身结构物的过程，合成代谢中所需的能量、结构物主要来自分解代谢（内源性贮藏物，甚至结构物也可参加分解代谢）。体内结构物的分解物也可重新利用，作为合成代谢的原料。

一、分解代谢与产能

分解代谢是指生物体将原有的或外源性的复杂的大分子物质分解为简单的小分子物质，并释放能量的过程，如由蛋白质分解为氨基酸，氨基酸可再进一步分解为二氧化碳、水和氨。它是一个产能的过程。分解代谢过程中所释放出的能量主要以高能磷酸键的形式存在于ATP 中，当与合成代谢过程偶联时，分解代谢提供的 ATP，可用于合成代谢，ATP 释放其高能磷酸键的键能供合成反应所用。

二、合成代谢与耗能

合成代谢是指生物体将从环境中获得的简单小分子物质或分解代谢提供的中间产物经过一系列的合成反应转变为复杂的生物大分子化合物和具有生物活性物质的过程，如由氨基酸合成蛋白质，由单糖合成多糖等的合成过程，它是一个耗能的过程。

合成代谢所需的还原能力也是通过分解代谢生成的具有还原性的 $NADH_2$ 和 $NADH+H^+$ 提供的。

合成代谢与分解代谢是生物体内供需矛盾的两个方面，它们之间存在相互联系、相互依存和相互制约的关系，是动态变化的。生物体内新物质的合成和旧物质的分解同时进行，合成代谢为细胞提供结构物、贮存营养物质和能量，分解代谢又为合成代谢提供中间体，提供合成代谢所需的能量。

第二节* 自由能与高能化合物

一、自由能的产生和变化

生命的一切活动必须靠能量来启动，而能量来自体内有机物质的氧化分解。当机体从外界环境摄取营养物时，也就等于从外界输入能量（营养物质所含的化学能）。当物质在体内进行分解代谢时，又将化学能释放出来，以供生命活动的需要。亦即机体一切生命活动所需的能量，都是从物质所含有的化学能转变而来的。物质分解所释放的化学能可用于合成另一物质，也可用于其他生命活动所需的各种形式的能，如肌肉收缩的机械能、神经冲动传导的电能等。但化学能不能全部转变为可做功的各种能，总有一部分化学能不可避免地转变为无用功而以热的形式释放，而可用于做功的一部分能量称为自由能。

二、高能化合物及其类型

生物体内各种物质分解代谢所释放的自由能，除一部分以热能的形式散发出来，用于维持体温外，其余部分则是转移到含有高能键的高能化合物中，暂时贮存起来，在机体需要时再释放出来利用。

一般将水解或基团转移时能释放出 20.9kJ/mol 以上能量的化学键称为高能键（high-energy bond)，含有高能键的化合物称为高能化合物（high-energy compound)，高能键常用符号“～”表示。一般情况下高能化合物中高能键中的能量释放出来时，可以将 ADP 转化为ATP，将部分能量转移到ATP上。

常见的高能化合物和高能键见表6-1。

表6-1 常见的高能化合物和高能键

高能化合物	高能键的种类	高能键的结构	实例
焦磷酸化合物	高能焦磷酸键	A—R—P～P～P A—R—P～P	ATP、GTP等 ADP、GDP等
胍基磷酸化合物	胍基磷酸键	—NH—C(=NH)—NH～P	磷酸肌酸，磷酸精氨酸
酰基磷酸化合物	酰基磷酸键	RCOO～P	1,3-二磷酸甘油
烯醇式磷酸化合物	烯醇磷酸键	R—C(=CH_2)—O～P	磷酸烯醇式丙酮酸
高能硫酯键化合物	高能硫酯键	RCO～S-CoA	乙酰CoA，脂酰CoA，琥珀酰CoA

由表6-1中可以看出，生物体内存在许多高能化合物，但在生物体的能量变换过程中起重要作用的高能化合物是ATP。1分子ATP水解为二磷酸腺苷（ADP）和磷酸（Pi）时，或当ATP水解为一磷酸腺苷（AMP）和焦磷酸（PPi）时，有大量的自由能释放出来（30.5kJ/mol），说明ATP很容易水解，是一个极不稳定的分子，具有较强的磷酸基团转移潜势。ATP是生物体中自由能的携带者和传递者，是生物体中自由能的流通货币。

第三节 多糖的降解

糖类是机体的重要组成成分之一，广泛存在于微生物、动植物体中。植物体中含量最丰富，占植物干重的85%～90%，也是最重要的供能物质。

糖类物质是一切生物体维持生命活动所需能量的主要来源，也是生物体在体内贮存能源的主要物质之一。在生物体内，糖类物质可以转化形成其他有机物质，如它是合成脂肪、蛋白质和核酸等物质的碳源；糖可与脂类形成糖脂，是构成神经组织与细胞膜的成分；糖还可以与蛋白质结合成糖蛋白及黏蛋白，它是具有重要生理功能的物质，如抗体、某些酶类、激素、结缔组织的基质等。

糖类可分为单糖、低聚糖和多糖3大类。

① 单糖。单糖是不能再水解成为更简单的糖的糖类化合物。它是构成各种二糖、三糖、多糖、复合糖分子的基本结构单位。

重要的单糖有丙糖（如甘油醛、二羟丙酮等）、戊糖（如核糖、脱氧核糖）和己糖（如葡萄糖、果糖、半乳糖、甘露糖）等。葡萄糖结构式为：

```
                      OH
                      |
CH2—CH—CH—CH—CH—CHO
    |     |     |           |
    OH   OH   OH          OH
```

② 低聚糖。由2～9个单糖分子组成，通常多由2或3个单糖分子组成，水解后可得原来的单糖。二糖为低聚糖中最普通的一类，重要的二糖有蔗糖、麦芽糖和乳糖。

蔗糖分子中不含醛基，是一种非还原性糖，而麦芽糖分子中含有醛基，是一种还原性糖。所以它们互为同分异构体。

③ 多糖。又可分为均一（或单一）多糖与杂多糖两类。均一多糖由若干相同的单糖分子缩合而成，如纤维素、淀粉和糖原等，其完全水解后可产生若干相同的单糖分子；杂多糖则由若干个不同的单糖和糖的衍生物缩合而成，如黏多糖类，其完全水解后，可产生若干个

不同的糖和糖的衍生物。

一、多糖的酶促降解

1. 糖苷键与多糖的结构单位

在有机化学中，由醇与酚脱水反应生成的产物称为苷，其特征键即是糖苷键。葡萄糖成苷反应时最易生成的糖苷键是1,4-糖苷键（直链）、1,6-糖苷键（分支）。根据糖苷键是在葡萄糖环的下方或上方，糖苷键又可分为α型与β型。

2. 多糖的类型

多糖是许多单糖分子缩合而成的高分子物质。根据构成多糖的结构单位不同，可分为均一多糖和杂多糖。均一多糖的分子链仅由一种单糖或单糖的衍生物通过糖苷键连接而成，如淀粉、糖原、纤维素，均是由葡萄糖分子以糖苷键连接而成的，其中淀粉和糖原分子中是α-D-1,4-糖苷键，纤维素是β-D-1,4-糖苷键，而几丁质主要是由*N*-乙酰-D-葡萄糖胺以β-D-1,4-糖苷键连接而成的线形均一多糖。杂多糖的分子链由几种单糖及其衍生物构成，杂多糖又称异质多糖，其结构单位因其来源不同而名称各异。如动物杂多糖多为糖胺聚糖，主要由乙糖胺和己糖醛酸组成，来源于动物组织的糖胺聚糖有透明质酸、4-硫酸软骨素或6-硫酸软骨素、硫酸皮肤素、硫酸角质素、肝素等；植物杂多糖包括半纤维素、树胶和果胶等物质，半纤维素由2～4种（少数是5～6种）不同的糖醛组成。

3. 多糖部分水解与完全水解

糖类中的二糖、低聚糖及多糖在被生物体利用之前必须水解成单糖，水解糖类的酶称为糖酶，糖酶分为多糖酶和糖苷酶两类。多糖酶可水解多糖类，糖苷酶可催化简单糖苷及二糖的水解。多糖酶的种类很多，如淀粉酶、纤维素酶、木聚糖酶、果胶酶等，以淀粉为例对多糖的酶水解加以阐述。

$$\underset{\text{淀粉}}{2\,(C_6H_{10}O_5)_n} + nH_2O \xrightarrow{\text{淀粉酶}} \underset{\text{麦芽糖}}{nC_{12}H_{22}O_{11}}$$

$$\underset{\text{淀粉}}{(C_6H_{10}O_5)_n} + nH_2O \xrightarrow[\text{或淀粉酶}]{\text{稀硫酸}} \underset{\text{葡萄糖}}{nC_6H_{12}O_6}$$

$$\underset{\text{葡萄糖}}{C_6H_{12}O_6} \xrightarrow{\text{酒化酶}} 2C_2H_5OH + 2CO_2$$

（1）水解淀粉的酶类　水解淀粉和糖原的酶称为淀粉酶。淀粉酶广泛存在于动植物和微生物中。根据水解淀粉的方法不同，淀粉酶可分为α-淀粉酶、β-淀粉酶、α-1,6-糖苷酶等。

α-淀粉酶主要存在于动物体中（如唾液中的唾液酶），它可以从淀粉和糖原分子的内部水解任何部位的α-1,4-葡萄糖苷键。α-淀粉酶水解淀粉的产物为葡萄糖、麦芽糖、麦芽三糖和低聚糖的混合物。水解产物的还原性末端残基C1原子为α型，故称为α-淀粉酶。它不能使淀粉彻底水解。

β-淀粉酶从淀粉分子链的非还原末端依次水解麦芽糖单位，遇到α-1,6-糖苷键时，则停止水解。β-淀粉酶水解淀粉的产物是麦芽糖和β-极限糊精。该酶水解淀粉的产物麦芽糖由α型转变为β型，因此称为β-淀粉酶，并非指其作用于β-糖苷键。

α-1,6-糖苷酶水解支链淀粉分支点的α-1,6-糖苷键，切下整个分支，产生长短不一的支链淀粉，俗称解支酶。α-淀粉酶和β-淀粉酶对α-1,6-糖苷键都不起作用。

麦芽糖酶水解麦芽糖为葡萄糖，异麦芽糖酶水解异麦芽糖为葡萄糖。

（2）生物体中多糖的降解　植物的种子、块茎和块根发芽时，α-淀粉酶和β-淀粉酶的活性很高，淀粉降解很快。但是这两种酶只能水解α-1,4-糖苷键，所以它们只能使淀粉水解54%～55%，剩下的部分为极限糊精。极限糊精在分支酶——R-酶的作用下水解。R-酶只

能水解 α-1,6-糖苷键，它只能分解支链淀粉分子外围的分支点，却不能作用于支链淀粉分子内部的分支点。植物体内的淀粉在 α-淀粉酶、β-淀粉酶和 R-酶的共同作用下，可完全降解为葡萄糖和麦芽糖。麦芽糖被麦芽糖酶水解为葡萄糖。

动物对淀粉的降解主要是在小肠中进行的。动物唾液中的淀粉酶使淀粉部分降解为糊精和少量的麦芽糖；食物进入胃内，胃酸使淀粉酶失活，也使淀粉发生部分酸水解；食物进入小肠后受到胰淀粉酶、麦芽糖酶、蔗糖酶和乳糖酶的共同作用，降解为葡萄糖、果糖和半乳糖等单糖，单糖被小肠黏膜细胞吸收，与载体蛋白结合后，被转运至细胞内，进行细胞内的糖代谢。

纤维素能水解生成葡萄糖，但纤维素水解比淀粉要困难得多。它至少要有 3 种纤维素酶参加反应：破坏纤维素晶状结构的 C1 酶，水解纤维素分子的 Cx 酶和水解纤维素二糖的 β-葡萄糖苷酶。

$$\text{天然纤维素} \xrightarrow{\text{C1 酶}} \text{游离（直链）纤维素} \xrightarrow{\text{Cx 酶}} \text{纤维二糖} \xrightarrow{\beta\text{-葡萄糖苷酶}} \text{D-葡萄糖}$$

总反应：

$$\underset{\text{纤维素}}{(C_6H_{10}O_5)_n} + nH_2O \xrightarrow{H^+} \underset{\text{葡萄糖}}{nC_6H_{12}O_6}$$

4. 多糖的酶法与酸法水解

由多糖制备单糖的水解方法常用的有酸法水解和酶法水解两种。多糖的酸法水解是以酸作为水解多糖的唯一催化剂，如淀粉的酸法水解制葡萄糖，采用的是盐酸作催化剂；酶法水解是以多糖的水解酶为催化剂进行的水解，如淀粉的酶法水解即使用淀粉酶对淀粉进行水解。

二、淀粉水解糖的制备

淀粉水解糖（简称淀粉糖）是以淀粉为原料，经酶法、酸法加工制备的糖品的总称，是淀粉深加工的主要产品。

淀粉糖种类按其组成成分大致分为液体葡萄糖（又称葡麦糖浆）、结晶葡萄糖（又称全糖）、麦芽糖浆（饴糖、高麦芽糖浆、麦芽糖）、麦芽低聚糖、麦芽糊精、果葡糖浆等。具有各种甜度及功能的淀粉糖产品，可广泛适用于各种食品、营养保健品及医药产品，目前玉米糖浆也开始应用在啤酒、饮料行业。

制备淀粉糖的原料是淀粉，任何含淀粉的农作物，如玉米、水稻、马铃薯等均可用于生产淀粉糖，生产不受地区和季节的限制。

淀粉糖的制备方法常用的有酸法、酸酶法、酶酸法和全酶法（双酶或多酶法）。淀粉糖工业上常用葡萄糖值（dextrose equivalent，DE）来表示淀粉糖的水解程度。下面介绍酸法和全酶法制备淀粉糖的方法。

1. 酸法制备淀粉糖

淀粉是由众多葡萄糖分子缩合而成的碳水化合物，酸水解时，随着淀粉分子中糖苷键断裂，逐渐生成葡萄糖、麦芽糖和各种分子量较低的葡萄糖多聚物。如果水解持续进行，最终葡萄糖多聚物能完全水解为葡萄糖。

酸法水解制糖工艺主要包括：调浆（乳化）、水解、中和脱色、过滤等工艺。主要工艺要点如下。

① 用盐酸对质量分数为 30% 的淀粉乳调节 pH 为 1.8～2.0。

② 进行加压糖化至所需的 DE 值。

③ 进行中和、脱色等后处理阶段。

酸法水解具有操作简单、生产周期短、设备投资少的优点，但水解程度不易控制。

2. 全酶法制备淀粉糖

全酶法制糖是在液化和糖化阶段均采用酶法水解。该法具有反应条件温和、对水解设备几乎无腐蚀、可直接采用原粮如大米作为原料、有利于降低成本、糖液纯度（DE值）和产率高的优点，已在大中型企业实现了连续化生产。

全酶法制糖工艺主要包括如下几步。

(1) 液化　即利用淀粉酶对糊化的淀粉进行迅速催化水解，当DE值达到20%左右时，即可停止液化。

(2) 糖化　进一步用葡萄糖淀粉酶对达到液化要求（一般DE值在42%左右）的糊化液进行糖化，直至所需的水解程度。

(3) 精制及后处理阶段　后处理包括脱色、浓缩、结晶及干燥等处理过程。

如麦芽糖化生产麦芽汁，继而生产啤酒的工艺如下。

大麦经过发芽、干燥后制备成生产啤酒用的麦芽，麦芽中含有丰富的α-淀粉酶、β-淀粉酶和其他水解酶类，麦芽经过粉碎、加水后，水解酶开始发挥催化作用，将淀粉部分水解为麦芽汁。

麦芽汁经冷却、排除冷凝物和充氧后输送到发酵罐，接入酵母进行啤酒发酵。

第四节　糖的分解代谢

糖类物质是人类食物的主要成分，是人类三大营养物质之一。可以提供迅速被有机体利用的能量是糖类最主要的生理功能，人类能从食物中摄取的糖类有淀粉、动物糖原、蔗糖、乳糖、麦芽糖、葡萄糖、果糖及纤维等。

除葡萄糖、果糖等单糖外，其他糖类都必须经过消化道中的水解酶类分解为单糖后才能被机体吸收。因人体不分泌水解纤维素的酶，所以人体不能消化纤维素，但纤维素可以促进肠道蠕动，对维持健康有重要作用。

食物中的糖经消化系统水解生成的单糖主要在小肠中被小肠黏膜细胞吸收进入血液。血液中的单糖（主要是葡萄糖）称为血糖（blood sugar）。正常人在安静空腹状态下，血糖浓度是较恒定的，一般为4.6～6.7mmol/L。若此时血糖低于3.7mmol/L，则为低血糖；若高于8.8mmol/L，则为高血糖，此时尿中出现葡萄糖，称为尿糖。饱食后，血糖浓度会暂时升高，12h后即恢复正常水平；长期饥饿时，血糖浓度略低于正常值。

糖代谢主要是指葡萄糖在生物体内的分解代谢与合成代谢。其他糖的代谢一般回归葡萄糖代谢，或通过其他途径进行代谢。

糖的分解代谢主要是指葡萄糖在生物细胞内氧化分解并释放出分子中蕴藏着的化学能的过程，是生物获得维持生命所必需的代谢能的方式。糖的分解代谢主要有3条途径：①在无氧或缺氧情况下进行的无氧分解；②在有氧情况下进行的有氧氧化；③磷酸己糖途径。其中，无氧代谢不能将葡萄糖完全分解为二氧化碳，部分能量仍积累在其代谢产物中；而有氧代谢，通过呼吸链将葡萄糖完全氧化成二氧化碳和水，可将葡萄糖中的能量完全释放出来为生物体利用，因此有氧氧化是糖分解代谢的主要途径。

一、糖的无氧分解代谢

葡萄糖或糖原的葡萄糖单位通过糖酵解途径分解为丙酮酸，这个过程称为糖的无氧分解。由于此过程与酵母菌使糖生醇发酵的过程基本相似，故又称糖酵解。

广义的发酵作用是酵母及其他厌氧微生物体内所进行的糖代谢过程。人和高等动物体内也存在着糖的无氧代谢过程，但不同于微生物的发酵作用，动物体内的肌糖原或葡萄糖在胞液中经一系列酶促反应分解为丙酮酸后，部分还原生成乳酸，此过程与酵母菌的发酵作用过程基本相同，因此肌糖原的糖酵解作用也称乳酸发酵。

1. 糖酵解途径（EMP途径）

由酵母发酵葡萄糖生成酒精的过程，称为糖酵解过程（glycolysis），此过程也是葡萄糖的裂解过程，1940年此过程被人们研究清楚，并把该过程称为糖酵解途径（embden-meyer-hof-parnas，EMP）或EMP途径，EMP途径的反应过程发生在所有原核细胞和真核细胞的细胞质溶胶中。

糖的无氧分解代谢又称为无氧呼吸（anaerobic respiration）。在缺氧或无氧情况下，高等动物体内的葡萄糖在酶的催化下降解为乳酸的过程称为糖酵解过程，又称为乳酸发酵。在厌氧情况下，酵母菌将葡萄糖转化为乙醇和二氧化碳的过程称为酒精发酵作用。乳酸菌将葡萄糖转化为乳酸和二氧化碳的过程称为乳酸发酵作用。

高等动物体体内进行的糖酵解代谢反应过程可分为：①葡萄糖先分解为丙酮酸的糖酵解途径（EMP途径）；②丙酮酸再转变为乳酸的过程。糖酵解的全部反应在胞浆中进行。

糖酵解途径又进一步细分为4个阶段，共11步反应。

第一阶段：磷酸己糖的生成

这一阶段包括以下4步反应。

① 葡萄糖在己糖激酶的催化下，生成1-磷酸葡萄糖，同时消耗1分子的ATP。

$$\text{葡萄糖 (G)} \xrightarrow{\text{己糖激酶/葡萄糖激酶}} \text{1-磷酸葡萄糖 (G-1-P)}$$

激酶是指催化磷酰基转移到底物上的酶，一般需要Mg^{2+}参加。己糖激酶分布很广，而葡萄糖激酶只存在于肝脏中。由葡萄糖催化生成1-磷酸葡萄糖的反应是一步耗能的不可逆反应，为糖酵解的第一个限速反应。己糖激酶（葡萄糖激酶）是糖酵解反应的第一个关键酶。葡萄糖进入细胞首先进行磷酸化，可以使葡萄糖不能自由通过细胞膜而逸出细胞，为葡萄糖在细胞内的代谢做好了物质准备。

② 1-磷酸葡萄糖在磷酸葡萄糖变位酶的催化下，生成6-磷酸葡萄糖。

$$\text{1-磷酸葡萄糖} \xrightarrow{\text{磷酸葡萄糖变位酶}} \text{6-磷酸葡萄糖 (G-6-P)}$$

③ 6-磷酸葡萄糖在己糖异构酶的催化下生成6-磷酸果糖。

$$\text{6-磷酸葡萄糖} \xleftrightarrow{\text{己糖异构酶}} \text{6-磷酸果糖 (F-6-P)}$$

④ 6-磷酸果糖在磷酸果糖激酶的催化下生成1,6-二磷酸果糖，同时消耗1分子ATP。

$$\text{6-磷酸果糖} \xrightarrow[\text{ATP} \quad \text{ADP}]{\text{磷酸果糖激酶}} \text{1,6-二磷酸果糖}$$

这是糖酵解过程的第2个限速反应，磷酸果糖激酶是糖酵解的第2个关键酶。

糖酵解的第一阶段是耗能的反应过程。从葡萄糖开始，每分子的葡萄糖生成1分子的1,6-二磷酸果糖，需消耗2分子的ATP。

第二阶段：1,6-二磷酸果糖降解为3-磷酸甘油醛

这一阶段包括以下2步反应（反应序号接前）。

⑤ 1,6-二磷酸果糖分解为两个磷酸丙糖。在醛缩酶的催化下，1,6-二磷酸果糖裂解为磷酸二羟丙酮和3-磷酸甘油醛。

$$\text{1,6-二磷酸果糖} \xleftrightarrow{\text{醛缩酶}} \text{磷酸二羟丙酮} + \text{3-磷酸甘油醛}$$

此步反应是可逆的。

⑥ 磷酸丙糖的同分异构化。3-磷酸甘油醛和磷酸二羟丙酮是同分异构体，在磷酸丙糖异构酶催化下可互相转变。

$$\text{3-磷酸甘油醛} \xleftrightarrow{\text{磷酸丙糖异构酶}} \text{磷酸二羟丙酮}$$

3-磷酸甘油醛在下一步反应中不断被移去后，磷酸二羟丙酮迅速转变为3-磷酸甘油醛，继续进行糖酵解。

第三阶段：由3-磷酸甘油醛生成2-磷酸甘油酸（反应序号接前）

⑦ 3-磷酸甘油醛氧化为1,3-二磷酸甘油酸。3-磷酸甘油醛在3-磷酸甘油醛脱氢酶的催化下，将3-磷酸甘油醛的醛基氧化成羧基，同时也将羧基中的羟基磷酸化。

$$\text{3-磷酸甘油醛} \xrightarrow[\text{NAD + Pi} \curvearrowright \text{NADH}_2]{\text{3-磷酸甘油醛脱氢酶}} \text{1,3-二磷酸甘油酸}$$

反应中以NAD（NAD^+）为辅酶接受氢和电子，同时参加反应的还有无机磷酸（Pi）。反应中生成的$NADH_2$（$NADH+H^+$）在糖的无氧氧化中作为丙酮酸还原为乳酸或乙醇的还原动力，在糖的有氧氧化中通过穿梭作用进入线粒体的呼吸链，生成水，产生ATP。

⑧ 1,3-二磷酸甘油酸转变为3-磷酸甘油酸。1,3-二磷酸甘油酸在磷酸甘油激酶的催化下，将其高能磷酸键从羧基上转移到ADP上，形成ATP和3-磷酸甘油酸。

$$\text{1,3-二磷酸甘油酸} \xrightarrow[\text{ADP} \curvearrowright \text{ATP}]{\text{磷酸甘油激酶}} \text{3-磷酸甘油酸}$$

此反应是糖酵解中第一个产生ATP的反应，属于底物水平磷酸化。

⑨ 3-磷酸甘油酸转变为2-磷酸甘油酸。3-磷酸甘油酸在磷酸甘油酸变位酶的催化下，将磷酸基从它的C3位转移到C2位，形成2-磷酸甘油酸。在催化反应中Mg^{2+}参加是必需的，该反应是可逆的。

$$\text{3-磷酸甘油酸} \xleftrightarrow{\text{磷酸甘油酸变位酶}} \text{2-磷酸甘油酸}$$

第四阶段：2-磷酸甘油酸转变为丙酮酸（反应序号接前）

⑩ 2-磷酸甘油酸转变为磷酸烯醇式丙酮酸。2-磷酸甘油酸在烯醇化酶的催化下生成磷酸烯醇式丙酮酸，反应中脱去水的同时引起分子内部能量的重新分配，形成一个高能磷酸键，为下一步反应做了准备。

$$\text{2-磷酸甘油酸} \xrightarrow[\searrow H_2O]{\text{烯醇化酶}} \text{磷酸烯醇式丙酮酸}$$

⑪ 酸烯醇式丙酮酸转变为丙酮酸。磷酸烯醇式丙酮酸在丙酮酸激酶的催化下，转变为丙酮酸。反应中磷酸烯醇式丙酮酸将高能磷酸键转移给ADP生成ATP，这是糖酵解途径中的第二次底物水平磷酸化。

$$\text{磷酸烯醇式丙酮酸} \xrightarrow[\text{ADP + Pi} \curvearrowright \text{ATP}]{\text{丙酮酸激酶}} \text{丙酮酸}$$

此步反应是糖酵解途径中的第3个限速反应，丙酮酸激酶是糖酵解途径中的第3个关键酶。

糖酵解途径的全部反应如图6-1所示。

2. 丙酮酸去路

从葡萄糖到丙酮酸的生成，在所有生物体中和各种细胞内都是非常相似的。但是，在有氧和无氧情况下，丙酮酸的去路或代谢途径是不同的。丙酮酸的去路有以下3个方面。

（1）丙酮酸转变为乳酸　在缺氧或无氧情况下，丙酮酸在乳酸脱氢酶的催化下，由糖酵解途径中产生的NADH提供氢，将丙酮酸还原为乳酸，这是肌肉中糖酵解的最终产物。而NADH重新转变NAD^+，继续进行糖酵解。

葡萄糖转变为乳酸的总反应为：

$$\text{葡萄糖} + 2Pi + 2ADP \longrightarrow 2\ \text{乳酸} + 2ATP + 2H_2O$$

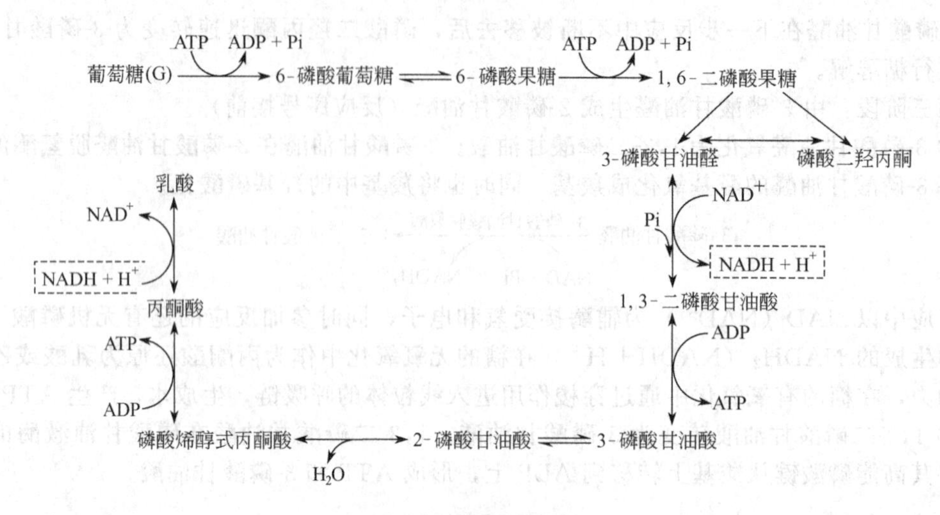

图 6-1 糖酵解途径

(2) 丙酮酸转变为乙醇　在酵母和其他部分微生物体的细胞内有丙酮酸脱羧酶，在无氧情况下，丙酮酸脱羧生成乙醛。后者在乙醇脱氢酶的催化下，由 $NADH+H^+$ 提供氢，使乙醛还原为乙醇。由葡萄糖经糖酵解途径转变为乙醇的过程称为酒精发酵。

由葡萄糖转变为乙醇的总反应为：

$$葡萄糖+2Pi+2ADP \longrightarrow 2\,乙醇+2CO_2+2ATP+2H_2O$$

(3) 丙酮酸转变为乙酰 CoA　在有氧情况下，丙酮酸在丙酮酸氧化脱羧酶系的催化下转变为乙酰 CoA，或进入三羧酸循环，被彻底氧化为二氧化碳和水，并释放出能量；或参与合成脂肪酸、胆固醇等物质；或参与乙酰化反应。

3. 糖酵解途径中的能量变化和关键酶

从葡萄糖开始进行的糖酵解，是由 1 分子葡萄糖分解成 2 分子磷酸丙糖，而在每 1 分子磷酸丙糖转变为乳酸或乙醇时，可由 ADP 生成 2 分子 ATP，因而 1 分子葡萄糖经糖酵解共生成 4 分子 ATP。而由葡萄糖生成 1,6-二磷酸果糖消耗 2 分子 ATP，因此，葡萄糖酵解过程净生成 2 分子 ATP。糖酵解途径中的能量变化见表 6-2。

表 6-2　糖酵解途径中的能量变化

反　应	ATP 数的变化	反　应	ATP 数的变化
G ⟶ G-6-P	−1	2×磷酸烯醇式丙酮酸⟶2×丙酮酸	1×2
F-6-P ⟶ F-1,6-P_2	−1		净生成 2ATP
2×1,3-二磷酸甘油醛⟶2×3-磷酸甘油醛	1×2		

糖酵解的全过程，虽有氧化还原反应发生，但无需氧分子参加，因此糖酵解过程是一个不需氧的产能途径。在糖酵解的全部反应中，除了己糖激酶、6-磷酸果糖激酶和丙酮酸激酶所催化的反应是不可逆反应外，其余都是可逆反应，所以己糖激酶、6-磷酸果糖激酶和丙酮酸激酶 3 个激酶是糖酵解途径的关键酶。

4. 糖酵解的生理意义

糖酵解时每分子磷酸丙酮有 2 次底物水磷酸化，可生成 2 分子 ATP。1 分子葡萄糖可生成 2 分子磷酸丙酮，因此，1mol 葡萄糖可生成 4mol ATP。在葡萄糖和 6-磷酸果糖磷酸化时共消耗 2ATP，故 1mol 葡萄糖经糖酵解可净生成 2mol ATP，可贮能 61kJ。因此，糖酵解最重要的生理意义在于迅速提供能量。尽管糖酵解释放的能量不多，但在某些情况下如激烈运动或在机体缺氧时，主要通过糖酵解获得能量，因此在激烈运动后，血液中乳酸的浓度成倍升高；成熟的红细胞没有线粒体，完全依赖糖酵解供能；而机体中代谢极为活跃的神经细胞、白细胞、骨髓、视网膜细胞等即使在不缺氧时也常通过糖酵解提供部分能量。据报道，表皮中50%～70%的葡萄糖可经糖酵解产生乳酸。某些病理条件下，如严重贫血、大量失血、呼吸障碍、肺及心血管疾病所引起的机体缺氧，组织也可增强糖酵解以获得能量。

糖酵解途径是一条重要的糖代谢通路。糖酵解途径中生成的丙酮酸是糖的无氧酵解和有氧分解的交叉点。在缺氧的情况下，丙酮酸被还原为乳酸；有氧的情况下，进入线粒体彻底氧化为二氧化碳和水，并生成 ATP。

二、糖的有氧分解代谢

在有氧情况下，葡萄糖彻底氧化成二氧化碳和水，并释放大量能量的反应过程，称为糖的有氧分解代谢，又称糖的有氧氧化。糖的有氧分解代谢是糖氧化分解的主要方式，绝大多数细胞都通过它获得能量。葡萄糖的有氧分解代谢途径是一条完整的代谢途径，整个反应过程是在细胞的胞液和线粒体两个部位进行的，如图 6-2 所示。

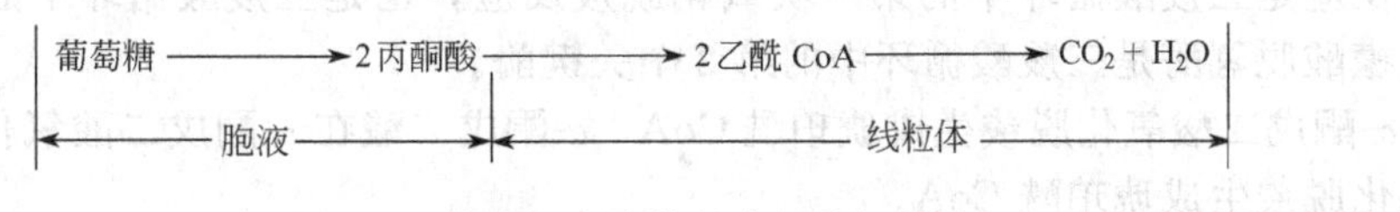

图 6-2 糖在细胞内外的有氧分解区域

糖的有氧分解代谢可分为以下 3 个阶段。

第一阶段：葡萄糖分解为丙酮酸

从葡萄糖开始，在有氧情况下，1 分子葡萄糖生成 2 分子丙酮酸。这个阶段的反应与糖酵解反应过程基本相同，在胞液中进行。所不同的是，在糖的有氧代谢中，3-磷酸甘油醛脱氢产生的 NADH 通过线粒体中的氧化呼吸链，使 NADH 中的 H 氧化生成水并产生 ATP。

第二阶段：丙酮酸氧化脱羧生成乙酰 CoA

丙酮酸在丙酮酸氧化脱羧酶系的催化下脱羧生成乙酰 CoA。丙酮酸氧化脱羧酶系是由 3 种酶和 6 种辅酶因子组成的多酶体系。3 种酶及其辅酶分别是：丙酮酸脱氢酶（E_1）和辅酶硫辛酸；二氢硫辛酰胺乙酰转移酶（E_2）和辅酶焦磷酸硫胺素（TPP）；二氢硫辛酰胺脱氢酶（E_3）和辅酶黄素腺嘌呤二核苷酸（FAD）。此外，还需辅酶 A（HS-CoA）、辅酶Ⅰ（NAD^+）和 Mg^{2+}。

丙酮酸氧化脱羧反应是在细胞的线粒体中进行的。反应比较复杂，整个反应中无游离的中间产物，是个不可逆的连续反应过程，因此丙酮酸氧化脱羧酶系是糖有氧代谢的关键酶。总的反应式可用下式来表示：

$$\text{丙酮酸}+\text{HS-CoA}+NAD^+ \xrightarrow{\text{丙酮酸氧化脱羧酶}} \text{乙酰 CoA}+CO_2+NADH+H^+$$

第三阶段：乙酰 CoA 的氧化

在有氧情况下，丙酮酸氧化脱羧生成的乙酰 CoA 被彻底氧化成二氧化碳和水还需经历一个环式代谢途径。这一环式代谢途径是由 Krebs 正式提出的，它的第一个中间产物是 1 个含 3 个羧基的柠檬酸，所以这一环式代谢途径又称 Krebs 循环、柠檬酸循环（citrate cycle）或三羧酸循环（tricarboxylic acid cycle，TAC）。

1. 三羧酸循环的反应步骤

三羧酸循环是在细胞的线粒体中进行的，它由一连串的反应组成。三羧酸循环的反应如下。

（1）乙酰 CoA 与草酰乙酸缩合形成柠檬酸　在柠檬酸合成酶的催化下，乙酰 CoA 中的乙酰基与草酰乙酸发生缩合反应，生成三羧酸循环中的第一个三羧酸——柠檬酸，并释放出

HS-CoA。该步反应为不可逆反应，是三羧酸循环中的第一个限速步骤，柠檬酸合成酶为三羧酸循环的第一个关键酶。

$$\text{乙酰 CoA}+\text{草酰乙酸}\xrightarrow{\text{柠檬酸合成酶}}\text{柠檬酸}$$

（2）柠檬酸异构化生成异柠檬酸　柠檬酸在顺乌头酸酶的催化下，经过脱水形成第 2 个三羧酸——顺乌头酸，后者再经加水形成第 3 个三羧酸——异柠檬酸。

$$\text{柠檬酸}\rightleftharpoons\text{顺乌头酸}\rightleftharpoons\text{异柠檬酸}\quad(H_2O,\ H_2O)$$

（3）异柠檬酸氧化脱羧生成 α-酮戊二酸　异柠檬酸在异柠檬酸脱氢酶的催化下生成草酰琥珀酸，后者迅速脱羧生成 α-酮戊二酸。反应中脱下的氢由 NAD^+ 接受形成 $NADH+H^+$ 进入呼吸链，氧化成 H_2O，释放出 ATP。

$$\text{异柠檬酸}\xrightarrow[NAD^+\ \to\ NADH+H^+]{\text{异柠檬酸脱氢酶}}\text{草酰琥珀酸}\xrightarrow{}\ \alpha\text{-酮戊二酸}+CO_2$$

此步反应是三羧酸循环中的第一次氧化脱羧反应，也是三羧酸循环中的第 2 步限速步骤，异柠檬酸脱氢酶是三羧酸循环中的第 2 个关键酶。

（4）α-酮戊二酸氧化脱羧生成琥珀酰 CoA　α-酮戊二酸在 α-酮戊二酸氧化脱羧酶系的催化下，氧化脱羧生成琥珀酰 CoA。

$$\alpha\text{-酮戊二酸}+\text{HS-CoA}\xrightarrow[NAD^+\ \to\ NADH+H^+\quad CO_2]{\alpha\text{-酮戊二酸氧化脱羧酶系}}\text{琥珀酰CoA}$$

此步反应是三羧酸循环中的第 2 个氧化脱羧反应，也是三羧酸循环中的第 3 步限速步骤，α-酮戊二酸氧化脱羧酶系是三羧酸循环中的第 3 个关键酶。该酶与丙酮酸氧化脱羧酶系相似，由 3 种酶和 6 种辅酶因子组成。它们是 α-酮戊二酸脱氢酶、二氢硫辛酰胺转琥珀酰基酶、二氢硫辛酰胺脱氢酶、FAD、TPP、HS-CoA、NAD^+、硫辛酸及金属离子，其反应同丙酮酸脱氢酶系催化的氧化脱羧类似。

（5）琥珀酰 CoA 转化成琥珀酸　琥珀酰 CoA 在琥珀酸硫激酶的催化下，高能硫酯键被水解生成琥珀酸，并使二磷酸鸟苷（GDP）磷酸化形成三磷酸鸟苷（GTP）。这是三羧酸循环中唯一的一次底物水平磷酸化。

$$\text{琥珀酰CoA}\underset{\text{琥珀酸硫激酶}}{\overset{GDP+Pi\ \to\ GTP}{\rightleftharpoons}}\text{琥珀酸}+\text{HS-CoA}$$

反应中生成的 GTP 可以用于蛋白质的合成，也可以在二磷酸核苷激酶的催化下将磷酰基转给 ADP 生成 ATP。

$$GTP+ADP\rightleftharpoons GDP+ATP$$

（6）琥珀酸脱氢生成延胡索酸　琥珀酸在琥珀酸脱氢酶的催化下生成延胡索酸，反应中氢的受体是琥珀酸脱氢酶的辅酶 FAD。这是三羧酸循环中的第 3 次脱氢反应。反应如下：

$$\text{琥珀酸}\underset{\text{琥珀酸脱氢酶}}{\overset{FAD\ \to\ FADH_2}{\rightleftharpoons}}\text{延胡索酸}$$

琥珀酸脱氢酶是三羧酸循环途径中唯一一个与线粒体内膜结合的酶，其辅酶除 FAD 外，还有铁硫中心。琥珀酸脱氢产生的 $FADH_2$ 可以转移到酶的铁硫中心，然后进入呼吸链被氧化，产生 2 个 ATP。

（7）延胡索酸加水生成苹果酸　延胡索酸在延胡索酸酶的催化下，加水生成苹果酸。此反应为可逆反应。

(8) 苹果酸脱氢生成草酰乙酸　苹果酸在苹果酸脱氢酶催化下，脱氢生成草酰乙酸。

$$\text{苹果酸} \xrightleftharpoons[\text{苹果酸脱氢酶}]{NAD^+ \quad NADH+H^+} \text{草酰乙酸}$$

此步反应是三羧酸循环中的第 4 个脱氢反应。反应中以 NAD^+ 作为受氢体，形成 $NADH+H^+$，经呼吸链氧化，产生 3 个 ATP。

反应产物草酰乙酸又可与另一分子乙酰 CoA 缩合生成柠檬酸，开始新一轮的三羧酸循环。

每一次三羧酸循环，经历 1 次底物水平磷酸化，2 次脱羧反应，3 个关键酶促反应和 4 次氧化脱氢反应。琥珀酰 CoA 生成琥珀酸的底物水平磷酸化形成 1 分子 GTP，可转化为 1 分子 ATP。两次脱羧从量上来说 1 个二碳化合物被氧化成 2 分子 CO_2。因此，三羧酸循环一周，实质上使 1 分子乙酰 CoA 氧化成 CO_2 和 H_2O。

3 个关键酶催化了 3 步不可逆反应，它们分别是柠檬酸合成酶、异柠檬酸脱氢酶和 α-酮戊二酸氧化脱羧酶。

4 次氧化脱氢反应共生成 3 分子的 $NADH+H^+$ 和 1 分子的 $FADH_2$。它们所携带的氢在线粒体中被传递给氧生成水，进而释放大量的能量，以满足生物体对能量的需求。1 分子 $NADH+H^+$ 经呼吸链可生成 3 分子 ATP，1 分子 $FADH_2$ 可生成 2 分子的 ATP，所以共生成 11 个 ATP，加上底物水平磷酸化形成的 1 分子的 ATP，1 分子乙酰 CoA 经三羧酸循环一周共可产生 12 分子的 ATP。

三羧酸循环的总反应式如下：

$$\text{乙酰 CoA}+2H_2O+3NAD^+ +FAD+ADP+Pi \longrightarrow 2CO_2+3NADH+3H^+ +FADH_2+HS\text{-}CoA+ATP$$

三羧酸循环的代谢过程如图 6-3 所示。

2. 三羧酸循环中间产物去路与回补

(1) 中间产物的去路　由前面的叙述可知，三羧酸循环的中间产物有柠檬酸、延胡索酸、α-酮戊二酸、琥珀酰 CoA 和草酰乙酸等。这些中间产物并不是孤立地存在于三羧酸循环中的，它们是连通蛋白质、脂肪酸和糖代谢的重要中间体。乙酰 CoA 是合成脂肪酸的碳源，脂肪酸的合成是在胞浆中进行的，线粒体中的乙酰 CoA 不能通过线粒体膜，但可以通过乙酰基穿梭系统进入胞浆。在穿梭系统中，线粒体中的乙酰 CoA 首先与草酰乙酸在柠檬酸合成酶催化下缩合成柠檬酸，所合成的柠檬酸穿过线粒体膜进入胞浆，然后在柠檬酸裂解酶的催化下生成胞浆中的乙酰 CoA，参加脂肪酸的生物合成。草酰乙酸、α-酮戊二酸接受氨基而转变为丙氨酸、天冬氨酸和谷氨酸，进入蛋白质代谢，同时草酰乙酸在酶的催化下还可以转变为丙酮酸而被消耗。琥珀酰 CoA 是合成卟啉的主要碳源。

(2) 中间产物的回补反应　三羧酸循环不仅是产生 ATP 的主要途径，而且它的中间产物也是生物合成的前体。中间产物特别是草酸乙酰的浓度下降，势必影响三羧酸循环的进行。因此，这些中间产物必须不断补充才能维持三羧酸循环的正常进行。补充三羧酸循环中间产物的反应称为“回补反应”。以下是草酰乙酸的回补反应。

① 丙酮酸在丙酮酸羧化酶的催化下形成草酰乙酸，需要生物素为辅酶。

② 磷酸烯醇式丙酮酸在磷酸烯醇式丙酮酸羧化激酶的催化下形成草酰乙酸。在脑和心脏中存在这个反应。

③ 天冬氨酸及谷氨酸的转氨作用可以形成草酰乙酸和 α-酮戊二酸。

此外，异亮氨酸、缬氨酸、苏氨酸和甲硫氨酸，也可以形成琥珀酰 CoA。

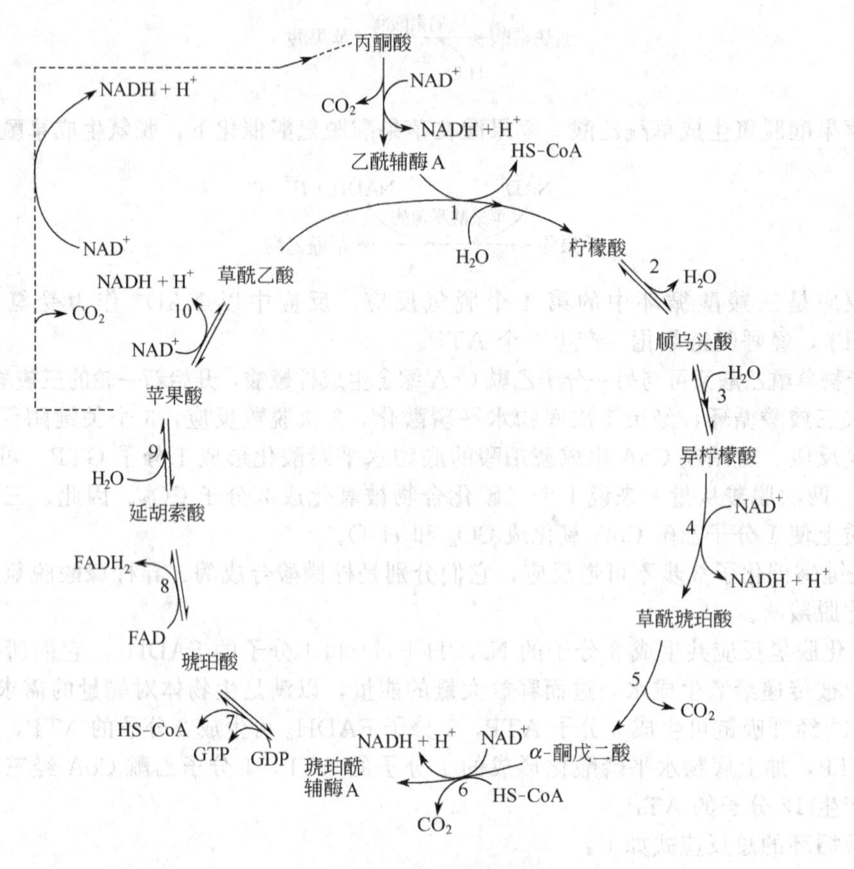

图 6-3 三羧酸循环

1—柠檬酸合成酶；2,3—顺乌头酸酶；4,5—异柠檬酸脱氢酶；6—α-酮戊二酸脱羧酶系；7—琥珀酸硫激酶；8—琥珀酸脱氢酶；9—延胡索酸酶；10—苹果酸脱氢酶

3. 三羧酸循环的生物学意义

三羧酸循环是生物界，包括动物、植物和微生物中普遍存在的代谢途径，具有普遍的生物学意义。

首先，三羧酸循环是糖有氧分解代谢的最重要阶段。

糖的有氧分解代谢是生物体获得能量的最有效的代谢途径。从表 6-3 可以看出，1mol 葡萄糖彻底氧化为 CO_2 和 H_2O，净生成 36mol 或 38mol 的 ATP。因此，在一般生理条件下，各种组织细胞（除红细胞外）主要从糖的有氧代谢获得能量。在糖的有氧分解代谢的整个过程中，共发生 6 次氧化反应，其中 4 次是在三羧酸循环中进行的；1 分子葡萄糖氧化分解代谢产生 6 分子 CO_2，其中 4 分子是在三羧酸循环中产生的（需经过两次三羧酸循环）；1mol 葡萄糖经有氧分解代谢，可提供多达 36mol 或 38mol ATP，其中 24mol 是在三羧酸循环产生的。

表 6-3 1mol 葡萄糖有氧氧化时 ATP 的生成

反应阶段	反应过程	ATP 的增减
酵解	葡萄糖⟶6-磷酸葡萄糖	−1
	6-磷酸葡萄糖⟶1,6-二磷酸葡萄糖	−1
	3-磷酸甘油醛⟶1,3-二磷酸甘油酸	2×3 或 2×4[1]
	1,3-二磷酸甘油酸⟶3-磷酸甘油酸	2×1
	磷酸烯醇式丙酮酸⟶烯醇式丙酮酸	2×1

续表

反应阶段	反 应 过 程	ATP 的增减
丙酮酸氧化脱羧	丙酮酸⟶乙酰 CoA	2×3
三羧酸循环	异柠檬酸⟶α-酮戊二酸	2×3
	α-酮戊二酸⟶琥珀酰 CoA	2×3
	琥珀酰 CoA⟶琥珀酸	2×1
	琥珀酸⟶延胡索酸	2×2
	苹果酸⟶草酰乙酸	2×3
总 计		36 或 38

① 根据 $NADH+H^+$ 穿梭进入线粒体的方式不同，可产生 3mol ATP，也可产生 2mol ATP。

再者，三羧酸循环不仅是三大营养物质在体内氧化供能的共同主要途径，而且也是三大营养物质相互转变的联系枢纽。乙酰辅酶 A 不仅是糖氧化分解的产物，也是脂肪酸和氨基酸代谢的产物。三羧酸循环的中间产物 α-酮戊二酸、丙酮酸和草酰乙酸等与氨结合可转变为相应的氨基酸；而这些氨基酸脱去氨基又可转变为相应的酮酸而进入三羧酸循环。脂类代谢产生的甘油和脂肪酸可转变为乙酰辅酶 A，然后进入三羧酸循环；由乙酰辅酶 A 作碳原可以合成甘油和脂肪酸，进而合成脂类物质。

三、乙醛酸循环与回补反应

有些微生物和植物细胞内除有三羧酸循环的各种酶以外，还有另外两种酶：异柠檬酸裂解酶和苹果酸合成酶。异柠檬酸在异柠檬酸裂解酶的催化下裂解为琥珀酸和乙醛酸。乙醛酸与另一分子的乙酰辅酶 A 在苹果酸合成酶的催化下合成苹果酸。而琥珀酸通过与三羧酸循环相同的反应形成草酰乙酸，从而形成一个循环途径，称为乙醛酸循环（glyoxylic acid cycle）。在这个循环中，柠檬酸走了一个捷径，跳过三羧酸循环中的草酰琥珀酸、α-酮戊二酸、琥珀酰 CoA，形成了与三羧酸相联系的小循环。这种循环是三羧酸的修改形式，但不存在于动物界。

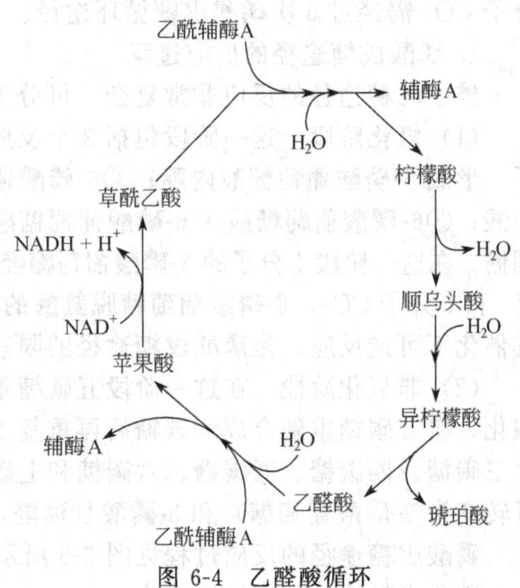

图 6-4 乙醛酸循环

乙醛酸循环的代谢过程如图 6-4 所示。

乙醛酸循环的总反应如下：

$$2\text{乙酰 CoA}+NAD^+ +2H_2O \longrightarrow \text{琥珀酸}+2\text{HS-CoA}+NADH+H^+$$

尽管乙醛酸循环是生物体内糖代谢的支路，但是它具有重要的生物学价值。

首先，乙醛酸循环不同于三羧酸循环，具有合成代谢的特征。

乙醛酸循环借助于三羧酸循环的某些反应，并通过该循环特有的 2 步反应——异柠檬酸裂解反应和乙醛酸与乙酰辅酶 A 的缩合反应，有效地避开了三羧酸循环中释放 CO_2 的 2 个反应，其结果是 2 分子的二碳化合物转变为 1 分子四碳化合物。因此，对于能利用乙酸和乙醇作为碳源的生物来说，乙醛酸循环是将碳源转变成其他有机物不可缺少的代谢途径。

再者，乙醛酸循环为三羧酸循环的顺利进行提供了重要的中间产物补充途径。

乙醛酸循环以少量四碳二羧酸为“引物”，利用二碳化合物作为起始物，生成三羧酸循环的中间产物：四碳二羧酸和六碳三羧酸。当三羧酸循环的中间产物被其他代谢过程大量消耗时，这种补充三羧酸循环内的物质缺失对维持代谢的正常运转与能量供应有着十分重要的意义，这类反应可简称为回补反应。

最后，在植物和微生物体内，乙醛酸循环是脂肪酸转变为糖类物质的重要代谢途径。在植物种子发芽过程中，通过乙醛酸循环将脂肪转变为糖类物质供植物生长需要。

四*、磷酸戊糖循环（磷酸己糖支路）

糖酵解和糖有氧分解代谢过程中的第一次脱氢反应是在3-磷酸脱氢酶的催化下进行的。但若在组织中加入该酶的抑制剂，如碘乙酸抑制酶的活性后，尽管糖酵解和糖的有氧氧化不能进行，但组织仍能消耗葡萄糖，说明葡萄糖还有其他的代谢途径。20世纪50年代初，Horecker等研究指出，6-磷酸葡萄糖直接脱氢和脱羧，中间形成三碳糖、四碳糖、五碳糖、六碳糖和七碳糖的磷酸酯的复杂代谢途径，通常把这条代谢途径称为磷酸戊糖途径（pentose phosphate pathway，PPP），或称磷酸己糖支路（hexose monophosphate shunt，简称HMS支路）。

磷酸戊糖途径在胞液中进行，主要在肝脏、脂肪、乳腺、肾上腺皮质和脊髓等组织中存在。该途径通过6-磷酸葡萄糖与糖酵解途径相衔接。

磷酸戊糖途径的主要特点是：①6-磷酸葡萄糖直接脱氢和脱羧，生成磷酸戊糖；②反应中的受氢体是辅酶Ⅱ（$NADP^+$）；③磷酸己糖经复杂的转化重新生成磷酸己糖，形成循环途径，每循环一次己糖的一个碳原子被氧化成CO_2，因此，1分子的己糖彻底氧化分解为6分子CO_2需经过6次磷酸戊糖循环途径。

1. 磷酸戊糖途径的反应过程

磷酸戊糖途径的反应非常复杂，可分为以下两个主要阶段。

（1）氧化阶段　这一阶段包括3个反应：①6-磷酸葡萄糖在6-磷酸葡萄糖脱氢酶的催化下，形成6-磷酸葡萄糖酸内酯；②6-磷酸葡萄糖酸内酯在内酯酶的催化下转变为6-磷酸葡萄糖酸；③6-磷酸葡萄糖酸在6-磷酸葡萄糖酸脱氢酶的催化下脱氢，同时脱羧转变为5-磷酸核酮糖。在这一阶段1分子的6-磷酸葡萄糖经过2次脱氢，1次脱羧，生成2分子的$NADPH+H^+$和1分子CO_2。6-磷酸葡萄糖脱氢酶的活性决定6-磷酸葡萄糖进入磷酸戊糖途径的流量，其催化不可逆反应，是磷酸戊糖途径的限速酶。

（2）非氧化阶段　在这一阶段五碳糖重新合成六碳糖。反应主要通过转醛酶和转酮酶的催化，将五碳糖重新合成六碳糖后再重复上述的循环。反应中经过一系列基团转移反应，产生三碳糖、四碳糖、五碳糖、六碳糖和七碳糖中间产物，最终形成6-磷酸果糖（6-磷酸果糖可转变为6-磷酸葡萄糖）和3-磷酸甘油醛，都可参与到糖酵解途径中。

磷酸戊糖途径的反应过程见图6-5所示。

磷酸戊糖途径的总反应式为：

$$6G\text{-}6\text{-}P + 12NADP^+ + 7H_2O \longrightarrow 5G\text{-}6\text{-}P + 12NADPH + 12H^+ + 6CO_2 + Pi$$

2. 磷酸戊糖途径的生物学意义

磷酸戊糖途径虽然不是生物体氧化供能的主要方式，但却是动植物的组织或器官中普遍存在的一种糖代谢方式。磷酸戊糖途径与糖的无氧代谢和有氧代谢联系，3-磷酸甘油醛是3种途径的枢纽点。磷酸戊糖途径具有重要的生物学意义，主要表现在下列几方面。

① 磷酸戊糖途径中产生的还原辅酶Ⅱ（NADPH），不仅可以为组织中的合成代谢提供还原动力，如脂肪酸长链的生物合成、固醇类化合物的生物合成等，还可以使红细胞中的还原型谷胱甘肽再生，对稳定红细胞膜、保持血红蛋白的还原状态有重要作用；而且，NADPH参与体内羟化反应，作为单加氧酶系（该酶主要存在于肝脏等与解毒有密切关系的器官的内质网中）的供氢体，因此与肝脏中药物、毒物和一些激素的生物转化有关。

② 磷酸戊糖途径中产生的5-磷酸核糖是核酸生物合成的必需原料，并且核酸中核糖的分解代谢也可通过此途径进行。

③ 磷酸戊糖途径产生的五碳糖是植物光合作用中从CO_2合成葡萄糖的必需的碳源。

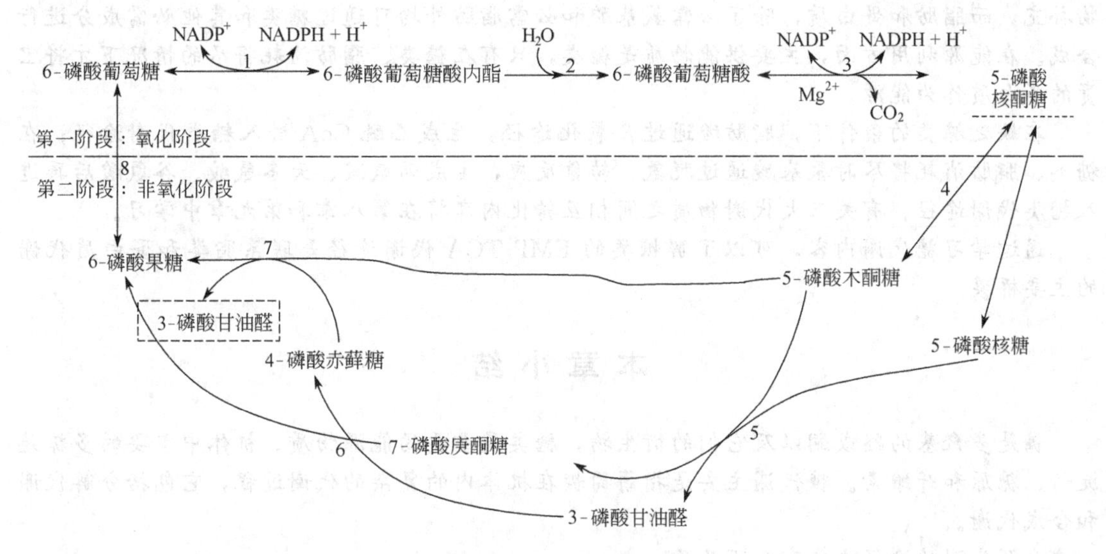

图 6-5 磷酸戊糖途径

1—6-磷酸葡萄糖脱氢酶；2—6-磷酸葡萄糖酸内酯水解酶；3—6-磷酸葡萄糖酸脱氢酶；
4—磷酸戊糖差向异构酶；5,7—转酮醇酶；6—转醛醇酶；8—磷酸己糖异构酶

五、其他糖类代谢途径

除前面介绍的几种糖代谢途径以外，还有其他的糖代谢途径，如糖醛酸途径。从6-磷酸葡萄糖或1-磷酸葡萄糖开始，经UDP-葡萄糖醛酸生成糖醛酸的途径称为糖醛酸途径(glucuronic acid cycle，或 uronic acid pathway)。大多数动植物多具有这一途径。

糖醛酸途径的反应过程如下。

(1) 6-磷酸葡萄糖转化为尿苷二磷酸葡萄糖（UDPG） 然后在脱氢酶的催化下，使之氧化成尿苷二磷酸葡萄糖醛酸（UDP-葡萄糖醛酸)。

(2) UDP-葡萄糖醛酸合成抗坏血酸或UDP-艾杜糖醛酸 合成方法如下。

① 合成抗坏血酸。UDP-葡萄糖醛酸水解生成D-葡萄糖醛酸，再经糖醛酸还原酶催化，以NADPH为供氢体还原为L-古洛糖酸，然后由内酯酶催化脱水形成L-古洛糖酸内酯，后者在L-古洛糖酸内酯氧化酶的催化下氧化为抗坏血酸。

② 合成UDP-艾杜糖醛酸。UDP葡萄糖醛酸在差向异构酶的催化下，使葡萄糖醛酸C5上的基团差向异构，生成UDP-艾杜糖醛酸。

(3) 葡萄糖醛酸生成木酮糖 葡萄糖醛酸经L-古洛糖酸脱氢，生成3-酮-L-古洛糖酸，后者脱羧生成L-木酮糖，然后由NADPH作为供氢体还原为木糖醇。生成的木糖醇以NAD^+为受氢体氧化为木酮糖，从而与磷酸戊糖途径相联系。

糖醛酸途径具有重要的生物学意义：①在肝脏中，糖醛酸可与药物或含羟基、羧基、氨基、巯基的异物结合成可溶于水的化合物，随尿、胆汁排出，从而起到解毒的作用；②从糖醛酸可以转变成抗坏血酸，但是灵长目动物、豚鼠和人因为缺乏L-古洛糖酸内酯氧化酶，所以不能合成抗坏血酸；③UDP-葡萄糖醛酸是糖醛酸基供体，可以形成许多重要的黏多糖如硫酸软骨素、透明质酸和肝素等；④从糖醛酸可以形成木酮糖，从而与磷酸戊糖途径相连。

阅读材料 糖代谢在三大供能物质代谢中的桥梁作用

糖类、脂肪和蛋白质是机体最重要的组分，从供给途径来讲，糖类可通过光合作用或食

物补充，而脂肪和蛋白质，除了必需氨基酸和必需脂肪外均可通过糖类和其他必需成分进行合成。在能源利用方面，主要供能物质是糖类，只有在糖类、脂肪消耗将尽的情况下才将宝贵的蛋白质作为能源。

在缺乏糖类的条件下，脂肪酸通过β-氧化途径，生成乙酰 CoA 进入糖类代谢途径；在糖类、脂肪消耗将尽时氨基酸通过脱氨、转氨反应，生成丙氨酸、天冬氨酸、谷氨酸后再进入糖类代谢途径。有关三大代谢物质之间相互转化内容将在第八章和第九章中学习。

通过学习糖代谢内容，可以了解糖类的 EMP-TCA 代谢途径是联系脂类和蛋白质代谢的主要桥梁。

本章小结

糖是多羟基的醛或酮以及它们的衍生物，糖类是重要的能源物质。机体中重要的多糖是淀粉、糖原和纤维素。糖代谢主要是指葡萄糖在机体内的复杂的代谢过程，它包括分解代谢和合成代谢。

分解代谢的途径主要有如下几条。

① 糖酵解途径。该途径是在无氧条件下葡萄糖经酵解反应，生成小分子有机化合物，同时释放出较少能量的代谢过程，是机体在缺氧条件下获得能量的一种方式。调节糖酵解途径的 3 个关键酶是己糖激酶、6-磷酸果糖激酶和丙酮酸激酶。糖酵解的主要生理意义在于迅速提供能量，1 分子葡萄糖经糖酵解可净生成 2 分子 ATP。

② 糖的有氧氧化。该途径是机体在有氧条件下，将葡萄糖彻底氧化成二氧化碳和水，同时释放出大量能量的过程，是糖氧化供能的主要方式。其反应过程分为 3 个阶段：第一阶段是葡萄糖循糖酵解途径降解为丙酮酸，在胞液中进行；第二阶段是胞液内的丙酮酸进入线粒体，然后在酶的催化下脱羧生成乙酰辅酶 A；第三阶段是三羧酸循环，该循环是由乙酰辅酶 A 和草酰乙酸缩合成柠檬酸开始的。调节三羧酸循环的 3 个关键酶是柠檬酸合成酶、异柠檬酸脱氢酶和α-酮戊二酸脱氢酶。1 分子乙酰辅酶 A 经 2 次脱羧反应、4 次氧化反应和 1 次底物水平磷酸化完成三羧酸循环一周，共生成 12 分子 ATP。三羧酸循环的主要生理意义在于它是三大营养物质的最终代谢通路和相互转变的联系枢纽。调节糖的有氧氧化的关键酶有己糖激酶、6-磷酸果糖激酶和丙酮酸激酶、丙酮酸脱氢酶系、柠檬酸合成酶、异柠檬酸脱氢酶和α-酮戊二酸脱氢酶。

③ 磷酸戊糖途径。葡萄糖通过磷酸戊糖途径可产生磷酸核糖和 NADPH。磷酸核糖是合成核酸和核苷酸的重要原料，NADPH 作为供氢体参与多种代谢反应。磷酸戊糖途径的关键酶是 6-磷酸葡萄糖脱氢酶。

糖的合成代谢包括蔗糖的合成、淀粉的合成、糖原的合成和糖异生作用等。蔗糖的合成中葡萄糖基的供体是 UDPG；淀粉合成中，葡萄糖基供体是 ADPG，形成分支的酶是 Q 酶，引物的结构相差较大；糖原合成中，葡萄糖基供体是 UDPG，形成分支的酶是分支酶，引物是小分子的糖原；糖异生作用的原料是非糖物质，如甘油、乳酸和生糖氨基酸等，糖异生的主要器官是肝脏。

练 习 题

一、名词解释

1. 糖酵解途径；2. 三羧酸循环；3. 糖异生作用；4. 糖原合成；5. 磷酸己糖途径；6. 丙酮酸羧化支路。

二、填空题

1. 葡萄糖在体内的主要分解代谢途径有______、______和______。

2. 酵解反应是在______进行的，最终产物是______。

3. 糖酵解途径中仅有的脱氢反应是在______酶的催化下完成的，受氢体是______。两个底物水平磷酸化反应分别由______酶和______酶催化。

4. 1 分子葡萄糖经糖酵解生成______分子 ATP，净生成________分子 ATP。其主要生理意义在于________________。

5. 三羧酸循环是由______与______缩合成柠檬酸开始的，每循环一次有______次脱氢、______次脱羧和______次底物水平磷酸化，共生成______分子 ATP。

6. 在三羧酸循环中催化氧化脱羧的酶分别是______和______。

7. 糖的有氧氧化反应是在______和______中进行的。1 分子葡萄糖氧化成二氧化碳和水净生成______或______分子 ATP。

8. 糖的运输形式是______，贮藏形式是______。

9. 人体主要通过______途径，为核酸的生物合成提供______。

10. 葡萄糖进入细胞后首先的反应是______，才不能自由通过细胞膜而逸出细胞。

11. 糖异生的主要器官是______，其次是______。

12. 糖异生的主要原料为______、______和______。

13. 血糖的正常值为______，高于______为高血糖，低于______为低血糖。

14. 丙酮酸脱氢酶系的辅助因子有______、______、______、______、______等。

15. 丙糖、丁糖、戊糖、己糖和庚糖在体内需经过______途径才能实现相互转变。

16. 磷酸己糖途径是在细胞的______进行的。

三、简答题

1. 简述糖酵解的生理意义。

2. 简述三羧酸循环的特点及生理意义。

3. 简述磷酸己糖途径的生理意义。

4. 简述 6-磷酸葡萄糖的来源、去路及在糖代谢中的作用。

5. 比较糖酵解与糖有氧氧化在中间产物、最终产物、产能方面有何不同。

6. 如何检测发酵液中糖的含量？

讨论题

1. 为什么在生产糖浆类药品时会发生涨瓶、涨罐（听）现象和沉淀现象？试分析其原因并提出可行的解决方法。

2. 绘制 EMP-TCA 循环物流方向图，并标出三大供能物质代谢中与脂肪酸代谢（β-氧化途径）、蛋白质与氨基酸代谢互通接入点，以突出糖代谢在三大供能物质代谢的桥梁作用。

第七章 生物氧化

【学习目标】

1. 了解生物氧化的定义、生物氧化的方式、生物氧化的特点及其在生物学上的意义。

2. 掌握生物氧化的本质，了解脱氢氧化方式是生物体主要的氧化方式，了解脱氢酶的作用特点。

3. 了解高能化合物、生物氧化的代谢产能水平。

4. 了解生物体选择生物氧化方式受遗传控制，了解生物氧化与呼吸、发酵类型的关系。

5. 了解呼吸链的组成成分，掌握它们在呼吸链中的排序及酶系，了解呼吸链中的氢传递和电子传递，在呼吸链中能量的释放方式、位置、产能水平。

6. 了解代谢过程中能量的产生、转移与利用特点。

7. 了解高能键、底物水平磷酸化和氧化磷酸化作用、二氧化碳和水的生成方式。掌握生物氧化过程中CO_2、H_2O及ATP的生成方式和生成条件。

8. 了解线粒体外$NADH^+$转运进入线粒体的穿梭机制，了解线粒体是生物氧化体系的主要场所，了解穿梭酶系统的作用和意义。

9. 了解呼吸抵制剂、解偶联剂对细胞呼吸和细胞能量供应的影响。

第一节　概　述

一、机体内的氧化还原体系

我们已经知道，机体内的生命物质是通过质膜、水等形成不同的分区，贮存在特定区域，形成一定的氧化还原体系。其次机体内贮存物质也需要通过输送系统传输到所需区域。机体内的氧化还原反应是生物体内普遍存在并且十分重要的生物化学反应。反应过程与机体（细胞）内的氧化还原状态有关，同时机体能利用的能量供给和释放应是温和的，不会引起机体体温变化过大。

机体内的化学反应均由酶催化，而酶的合成受遗传控制。本章将学习机体内的物质降解、转化、合成涉及的氧化还原反应部分内容。一般有机化合物的降解反应为氧化反应，最终产物是二氧化碳和水，并释放能量；反之，合成反应是还原反应，能将小分子化合物合成为高分子化合物，反应过程需要能量。

本章的学习难点是机体如何在酶催化下，通过分步反应完成，同时能量的供给和产生的渠道在哪里。

外源营养物的分解、吸收与利用以及内源物质的合成、分解是影响到细胞或机体生长、繁殖的物质基础。可以认为细胞或机体本身就是一个受控制的开放系统，在一个开放系统中与外部环境会出现物质、能量和信息的交换。细胞的生长、繁殖、运动需要从外界中摄取营养物质和能量（如光合作用），用于合成自身的生物大分子，提供运动、物质输送、信息传递所需的能量。

外源营养物的消化、吸收、分解与利用过程是一种营养物的分解、吸收的分解代谢过程。在生物体内或细胞内的分解代谢过程中，主要表现为有机物大分子先分解为小分子，被吸收后进入细胞内，在酶的作用下，最终氧化生成二氧化碳和水并提供能量的过程，因此发生在生物体或细胞内的物质分解代谢过程习惯上称为生物氧化。即生物氧化是指有机物质在生物体内的氧化过程。

生物氧化的中间产物可用于合成代谢，并为合成代谢提供所需的生物能。因此，在生物氧化过程中的能量产生、贮存和转换对合成代谢有着十分重要的意义。

动物通过吸入氧气，可将有机物氧化成二氧化碳和水的方式提供能量，因此生物氧化又称为细胞呼吸。

对原核细胞而言，生物氧化发生在细胞内；对真核细胞而言，生物氧化不仅发生在细胞胞液中，更是集中在线粒体内及线粒体外，如微粒体、过氧化物酶体、内质网等均可进行，但代谢途径与产能水平不同。线粒体内的生物氧化伴有 ATP 的生成；而线粒体外的生物氧化不伴有 ATP 的生成，其与机体内代谢物、药物、毒物的清除和排泄（即生物转化）有关。

二、生物氧化与能量供需

生物体内发生的氧化还原反应是按氧化还原规律进行的，能量的产生受氧化态/还原态及浓度变化的影响。

在生命活动过程中需要能量，从能量链角度来分析，生物体所需的能量是来自光能或化学能。

一般来说，生物物质的分解过程是产能代谢，当供能大于耗能时，细胞或机体利用吸收的营养物作为合成材料和能量进行合成代谢，合成细胞必需的生物大分子，细胞或机体就出现生长现象，并贮藏供能物质；当供能小于耗能时，为了获得所需的能量，细胞或机体就分解贮存在体内的贮存物（糖类、脂肪甚至蛋白质）以维持机体的正常代谢。如果长期出现供能不足现象，细胞或机体将会分解体内的结构物以提供维持生命活动所需的能量，直至达到新的能量平衡。

（一）生物氧化的定义

发生在生物体内的物质氧化分解过程称为生物氧化（biological oxidation）。它主要是指糖类、脂肪、蛋白质等在生物体内分解时逐步释放能量，最终生成二氧化碳和水的过程。在分解代谢过程中有相当一部分能量可使 ADP 磷酸化生成 ATP，供生命活动之需，其余能量主要以热能形式释放，可用于维持体温。

一般糖类、蛋白质、脂肪等有机物的分解代谢过程是氧化过程，氧化过程中所释放的部分化学能可贮存在 ATP 上，其余部分的能量则以发热的形式散发。

生物氧化作用是生物体新陈代谢中分解代谢最重要的反应。与在生理条件下所有发生的其他化学反应（如水解、脱羧、醇醛缩合等）相比，生物氧化提供的能量最多。因此，生物氧化是生命活动最重要、最基本的供能方式。在临时缺氧的条件下，生物体内的有机物质也可以在没有氧参与的条件下进行无氧氧化，放出部分能量，以维持生命运动。厌氧微生物能在无氧的条件下生存，其获取能量的途径就是通过厌氧生物氧化过程。

1. 有机物在生物体内外氧化过程的差异

在有氧条件下，有机物在体内和体外最终氧化的结果都是生成二氧化碳和水。

以葡萄糖完全氧化为例，葡萄糖在空气中燃烧生成二氧化碳和水，并放出大量热量。而在细胞或生物体内，1mol 葡萄糖经过 EMP 途径、TCA 循环、呼吸链三阶段，共近 30 步酶促反应，最终生成二氧化碳和水，并可生成 36mol ATP（真核生物）或 38mol ATP（原核生物），其余能量以热的形式散发。有氧呼吸过程示意见图 7-1。

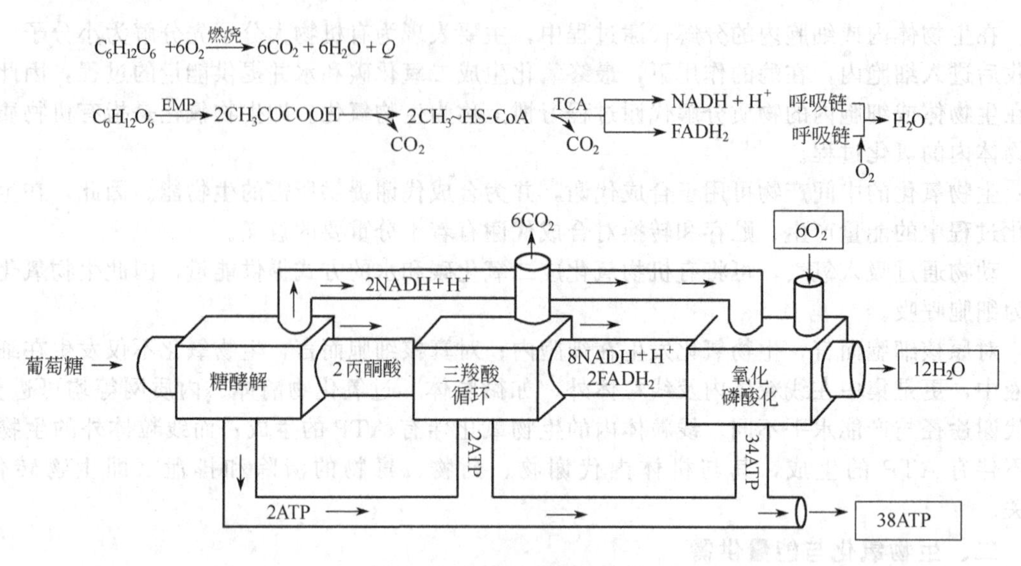

图 7-1 有氧呼吸过程示意

一般生物氧化过程中出现的脱氢、失电子或电子传递、氧直接结合的过程，都会有能量的产生。

在缺氧的条件下，有机物在体内的氧化可利用其他化合物（有机/无机）接受电子的方式，将有机物部分氧化，仅放出其部分能量。在植物或微生物中对有机物的无氧氧化现象称为发酵作用，在动物组织中这一相应的现象称酵解作用。

从化学反应本质来说，无氧参与的厌氧生物氧化过程并不彻底，氧化释放的能量少，如1分子葡萄糖进行酒精发酵时，仅产生两分子 ATP。

由于体内外氧化过程的化学反应最终结果相同，但实际反应的途径与反应方式上有巨大的差别。这些差别主要表现为体外反应是一步完成的，并放出大量热量；而细胞或生物体内发生的生物氧化则是在细胞内的生理条件下在酶催化下分步进行的，不像体外氧化过程需要高温、高压等反应条件，反应条件温和，近似恒温恒压过程。

更为突出的是生物氧化一般都要经过复杂的反应过程，由一系列酶促反应分步完成。不同的生物体发生的生物氧化过程有所不同，因而出现了大量的中间代谢物和大量的还原态辅酶（$NADH/FADH_2$），这些中间代谢物和还原态辅酶是不能在细胞中大量积累的，生物体必须将它们迅速利用，以保证代谢能正常运转。

体外发生氧化过程多为一步反应，即生成最终氧化产物；体外氧化过程产生的能量主要以热能形式爆发性地释放出来，造成环境温度急升。反之，分步进行的生物氧化，可分步释放化学能，并可通过偶合反应将反应释放出的能量转化成其他形式的高能化合物或生成 ATP。这些转贮的高能化合物或 ATP 可为其他生物合成反应、生理活动、运动提供能量。

其次，生物氧化过程还受到细胞的精确调节控制，有很强的遗传性、适应性，生物氧化过程可随环境和生理条件的改变，而改变代谢速率和代谢方向。

2. 生物氧化的化学类型与反应本质

生物氧化反应与体外氧化的化学本质一样，都是失去电子的过程。

生物体内的氧化反应类型与体外（一般化学）氧化反应类型相同，即主要通过失电子、脱氢、加氧方式进行。生物氧化反应中脱下的电子或氢原子不能游离存在，必须由另一物质接受，接受氢或电子的反应为还原反应。所以体内的氧化反应总是和还原反应偶联进行的，称为氧化还原反应。其中，失去电子或氢原子的物质称为供电子体或供氢体，接受电子或氢原子的物质称为受电子体或受氢体。

细胞/有机体内生物的氧化方式有失电子、加氧、脱氢、脱羧等。其中脱氢是最主要的生物氧化方式，脱氢过程一般会有脱氢、递氢和电子传递过程。当氢失去电子后，又出现电子传递过程，电子交给电子受体氧后，生成氧离子，氢离子与氧离子结合生成水。底物氧化规律一般为：醇→醛/酮→酸。

(1) 脱氢　如乙醇脱氢氧化为醛。

(2) 加氧　底物直接与氧反应。

(3) 失电子　如亚铁离子（二价）失电子氧化为铁离子（三价）。

(4) 加水脱氢　如延胡索酸加水脱氢生成草酰乙酸（丙酮酸羧化支路之一）。

(5) 脱羧　如丙酮酸氧化脱羧生成乙酰辅酶A。

在有氧条件下进行呼吸与在厌氧条件下进行发酵其本质上都是生物氧化作用，不同的是呼吸过程有分子氧参加，产能水平高，发酵过程没有分子氧参加，产能水平低。

（二）底物水平磷酸化

1. 生物能的产生与利用

伴随着生物体的物质代谢所发生的一系列的能量转变称能量代谢。生物体能量代谢服从热力学第一定律，即能量守恒定律。生命活动所需要的能量主要来自物质的分解代谢。生命机体内的机械能、电能、辐射能、化学能、热能等可以相互转变，但生物体与环境的总能量将保持不变。

动物不能直接利用光能，而植物、绿藻、蓝藻类生物能进行光合作用。因此生物体所利用的能量主要是通过进行光合作用，将 CO_2 和 H_2O 合成葡萄糖之后，将光能转变成化学能。

在生命活动中，由光合作用将光能转化为化学能后，再经不同途径转化为其他能量和热量，在各种能量转换时同样遵循能量守恒定律。

生物体不能利用热量作为其能量，但所有的生物能利用化学能。生物体内主要是通过ATP作为直接利用的能量，生物体内分解有机物的产生能量水平是以产生多少ATP来衡量的；同时，生物合成所需的能量也是以消耗多少ATP来计算的。ATP有能量“货币”之称。

生命体内的能量存贮在有机物的化学键中，如糖类、脂肪和蛋白质中，但在生命活动过程中直接使用的能量是ATP，它通过磷酸化作用将贮存在高能磷酸键中的能量释放出来，驱动相应的化学反应，产生各种生命活动，如肌肉的收缩、DNA的复制等。ATP的产生在细胞内主要通过细胞呼吸来实现。

呼吸作用释放的能用于细胞的各种生命活动过程。细胞呼吸产生的能量除约40%供生命活动所需外，其余约60%变为热能。ATP主要用于：①细胞生长、分裂时合成物质；②细胞生长；③维持体温；④细胞的主动运输；⑤转化为光能、电能；⑥肌肉收缩。

2. 高能化合物与ATP

生物体内的化学能存在于化学键中，1个化合物分子含有的化学能大小一般用其所含化学键能之和的大小来比较。

有机体内的化学能主要存放在以共价键为主的有机化合物中。共价键的能级较低，一般为几百千焦耳。

(1) 高能化合物　一般将水解或基团转移时释放出20.9kJ/mol以上自由能的化学键称为高能键，含有高能键的化合物称为高能化合物，高能化学键用“～”表示。常见的高能键及其键能见表7-1。

表 7-1 常见的高能键及其键能

化学键	键能/(kJ/mol)	化学键	键能/(kJ/mol)
C—H	413.4	C≡C	828.4
C—C	347.7	C—N	291.6
C═C	615.0		

(2) 高能磷酸化合物 一般磷酸酯键水解时释放的自由能只有 9.20kJ/mol。而 ATP 磷酸酐键水解时，释放出 30.54kJ/mol 能量。

含自由能高的磷酸化合物水解时，每摩尔化合物放出的自由能高达 30～67kJ，含自由能少的磷酸化合物如 6-磷酸葡萄糖、1-磷酸甘油等水解时，每摩尔仅释放出 8～20kJ 自由能。高能磷酸化合物常用～P 或～Ⓟ来表示，无机磷用 Pi 表示。某些磷酸化合物水解的标准自由能变化见表 7-2。

表 7-2 某些磷酸化合物水解的标准自由能变化

化合物	$\Delta G^{\ominus\prime}$		磷酸基团转移势能	
	kcal/mol	kJ/mol	kcal/mol	kJ/mol
磷酸烯醇式丙酮酸	−14.8	−61.9	14.8	61.9
3-磷酸甘油酸	−11.8	−49.3	11.8	49.3
磷酸肌酸	−10.3	−43.1	10.3	43.1
乙酰磷酸	−10.1	−42.3	10.1	42.3
磷酸精氨酸	−7.7	−32.2	7.7	32.2
ATP(⟶ADP＋Pi)	−7.3	−30.5	7.3	30.5
ADP(⟶AMP＋Pi)	−7.3	−30.5	7.3	30.5
AMP(⟶腺苷＋Pi)	−3.4	−14.2	3.4	14.2
1-磷酸葡萄糖	−5.0	−20.9	5.0	20.9
6-磷酸果糖	−3.8	−15.9	3.8	15.9
6-磷酸葡萄糖	−3.3	−13.8	3.3	13.8
1-磷酸甘油	−2.2	−9.2	2.2	9.2

高能化合物与普通化合物是相对而言的。化学反应的实质是破坏旧的化学键，形成新的化学键。化学家认为键能是断裂一个键所需要的能量，而生物化学家所说的高能化合物，是指水解该键时反应的 $\Delta G^{\ominus\prime}$，而不是指断裂该键所需要的能量。

高能化合物有磷酸型和非磷酸型两大类。常见的磷酸型高能化合物有：①烯醇式磷酸化合物，如烯醇式丙酮酸；②酰基磷酸化合物，如乙酰磷酸；③焦磷酸化合物，如 ATP、ADP、UTP；④胍基磷酸化合物，如肌酸磷酸。非磷酸型高能化合物主要有：①硫酯键化合物，如乙酰辅酶 A；②甲硫键化合物，如 *S*-腺苷甲硫氨酸/活性甲硫氨酸。

焦磷酸化合物如三磷酸腺苷（ATP）是高能磷酸化合物的典型代表。ATP 磷酸酐键水解时，释放出 30.54kJ/mol 能量，它有两个高能磷酸键，在能量转换中极为重要。酰基磷酸化合物（如 1,3-二磷酸甘油酸）以及烯醇式磷酸化合物（如磷酸烯醇式丙酮酸）也属此类。

此外，脊椎动物中的磷酸肌酸和无脊椎动物中的磷酸精氨酸，是 ATP 的能量贮存库，作为贮能物质又称为磷酸原。

3. 底物水平磷酸化

ATP 是生物体内的重要高能化合物，是生物细胞内能量代谢的偶联剂。由于 ATP ⟶ ADP＋Pi 反应释放能量，反应的生化自由能变化为：$\Delta G^{\ominus\prime} = -30.54$kJ/mol；反之，当 ADP＋Pi ⟶ATP 时，生成一个高能磷酸键，也需吸收 30.54kJ/mol 的自由能。

磷酸化作用是将生物氧化过程中释放出的自由能转移而使 ADP 形成高能 ATP 的过程。

底物在脱氢氧化时直接生成高能磷酸化合物的反应称底物磷酸化反应，此类生成 ATP 的方式称为底物水平磷酸化。

底物水平磷酸化发生在底物脱氢将氢原子交给第一级传递体时，底物上发生能量的重新分配，以底物磷酸化的方式将能量集中到高能磷酸键上，并在激酶的作用下连同磷酸根转移到 ADP 上成为 ATP。

$$\begin{matrix} CHO \\ | \\ CHOH \\ | \\ CH_2-O-Ⓟ \end{matrix} \xrightarrow[NAD^+ \to NADH+H^+]{H_2PO_4^-} \begin{matrix} C-O\sim Ⓟ \\ | \\ CHOH \\ | \\ CH_2-O-Ⓟ \end{matrix} \xrightarrow{ADP \to ATP} \begin{matrix} COOH \\ | \\ CHOH \\ | \\ CH_2-O-Ⓟ \end{matrix}$$

底物水平磷酸化在有氧和无氧条件下都能进行，其特殊意义在于它是无氧条件下兼性生物细胞或厌氧微生物从有机物取得生物能量的唯一方式。

通过底物（作用物）水平磷酸化生成的 ATP 在体内所占比例很小，如 1mol 葡萄糖彻底氧化产生的 36mol ATP 或 38mol ATP 中，只有 4mol 或 6mol 由作用物（底物）水平磷酸化生成，其余 ATP 均通过氧化磷酸化产生。

（三）氧化磷酸化

在形成高能磷酸化合物的磷酸化反应中，磷酸化反应与细胞呼吸相伴随生成 ATP 的生物氧化方式称为氧化磷酸化。例如，$NADH+H^+$、$FADH_2$ 在呼吸链中可发生以下反应：

$$NADH + H^+ + 3ADP + 3Pi + \frac{1}{2}O_2 \longrightarrow NAD^+ + H_2O + 3ATP$$

$$FADH_2 + \frac{1}{2}O_2 + 2ADP + 2Pi \longrightarrow FAD^+ + H_2O + 2ATP$$

脱氢辅酶将从代谢底物脱下的氢带入呼吸链，并经过一系列的递氢体传递氢，氢失电子后变成质子和电子，质子是游离的自由离子，而电子则由递电子体进行传递，最后将电子交给氧分子，生成氧离子，质子与氧离子结合生成水。在氢与电子传递过程中伴随有大量自由能的释放，释放的能量可将 ADP 磷酸化为 ATP。

这种磷酸化方式是氧化磷酸化的重要形式，又称为呼吸链磷酸化。

1. 氧化磷酸化的偶联作用和偶联部位

（1）氧化磷酸化反应的场所　真核生物氧化磷酸化的反应场所是线粒体膜系统。发生在呼吸链中的氧化水平磷酸化要求内膜结构完整无损，如果受损破裂，有缺口，则偶联反应不能发生。

呼吸链的作用是接受还原型辅酶上的氢原子对（$2H^+ + 2e$），使辅酶分子氧化，并将电子对顺序传递，直至激活分子氧，使氧负离子（O^{2-}）与质子对（$2H^+$）结合，生成水。电子对在传递过程中逐步释放能量，所释放的能量使 ADP 和无机磷发生磷酸化反应生成 ATP。

（2）氧化磷酸化反应的推动力　在呼吸作用中，电子从 NADH/或 $FADH_2$ 传递到 O_2 的推动力是电势差。

由于反应物$\frac{1}{2}O_2$、NADH 或 $FADH_2$ 与产物 NAD^+、H_2O 之间的电势差很大，电子要从 NADH 或 $FADH_2$ 开始，通过一系列中间传递物之后，再传给 O_2。在电子传递过程中，自由能也随之下降，释放的自由能在无抑制剂存在的条件下可转移到 ADP 上，生成 ATP。

根据氧化还原电位之间的电位差计算呼吸链释放的能量：在 NADH 呼吸链中应有 3 个偶联部位，亦可根据呼吸链传递过程中自由能的变化计算求得呼吸链释放的能量，在 NADH 呼吸链中能量偶合反应生成的 3 个 ATP 分子吸收了 NADH 呼吸链中电子由 NADH 传递到氧所产生的全部自由能的 41.64%，这个热效率比目前的机械效率均高。

(3) 氧化磷酸化反应偶联部位与 P/O 比　根据传递过程中释放自由能必须大于 30.54kJ/mol 时，才能将 ADP 磷酸化为 ATP 的条件，在 NADH 呼吸链的氢键和电子传递过程有 3 个反应部位的自由能释放大于 30.54kJ/mol，$FADH_2$ 有两个反应部位的自由能释放大于 30.54kJ/mol。

根据测定不同作用物经呼吸链氧化的 P/O 值，可大致推出偶联部位。P/O 值是指每消耗一摩尔氧所需消耗无机磷的物质的量。如 P/O 值接近 3，则认为生成 3 分子 ATP；如接近 2，则认为生成 2 分子 ATP。已知 β-羟丁酸氧化时生成的 NADH 进入呼吸链经黄素蛋白 (FMN)、辅酶 Q 等传递给氧生成水，测得 P/O 值接近 3，即生成 3 分子 ATP。琥珀酸氧化时经黄素蛋白（辅基为 FAD)、辅酶 Q 等传递给氧生成水，测得 P/O 值接近 2，即生成 2 分子 ATP。说明在 NADH→CoQ 之间，存在偶联部位。此外，测得抗坏血酸氧化时 P/O 值接近 1，还原型细胞色素 c 氧化时 P/O 值也接近 1，说明在 Cyt aa_3 →O_2 之间存在偶联部位。另外在 CoQ-细胞色素 c 之间必然存在一偶联部位。

通过化学计算能量释放所得结果与上述测定 P/O 值所得结果完全相同。呼吸链中各氧化还原对都具有不同的氧化还原电位，而且从呼吸链开始端至末端，氧化还原对的电位逐渐升高，即两个相邻的氧化还原对之间存在着电位差。当电子从一个氧化还原电位较低的还原型递体转移到较高电位的氧化型递体时，就有负自由能变化，即能量的释放。因此，沿着呼吸链的电子传递过程实质上是一个放能过程。所释放的能量约有 60%左右用于保持体温和对外释放热量，其余能量则以化学能形式存贮于 ATP 中。

当氧化还原对之间的电位差大于 0.2V 时，即有 1mol ATP 生成。经测定，NADH → CoQ 之间的电位差约为 0.33V，Cyt b →Cyt c 之间的电位差约为 0.31V，Cyt aa_3 →O_2 之间的电位差约为 0.58V，均大于 0.2V，所以此 3 个部位就是氧化磷酸化的偶联部位。这样，代谢物脱下的氢经 NDAH 进入呼吸链生成水，可生成 3 分子 ATP；若经 $FADH_2$ 进入呼吸链生成水，可生成 2 分子 ATP。

即在 NADH 链上有 3 个偶联 ATP 合成部位：一是在 NADH 和辅酶 Q 之间，二是在辅酶 Q 和细胞色素 c 之间，三是在细胞色素 a 和氧之间。因此 NADH 链消耗 1 个 O 可产生 3 个 ATP，P/O 为 3∶1。

对于 $FADH_2$ 链（琥珀酸链）ADP 形成 ATP 的部位有两个：一是在辅酶 Q 和细胞色素 c 之间；二是在细胞色素 a 和氧之间。由于 $FADH_2$ 链消耗 1 个 O 可产生 2 个 ATP，P/O 为 2∶1。呼吸链中的氧化磷酸化反应部位示意见图 7-2。

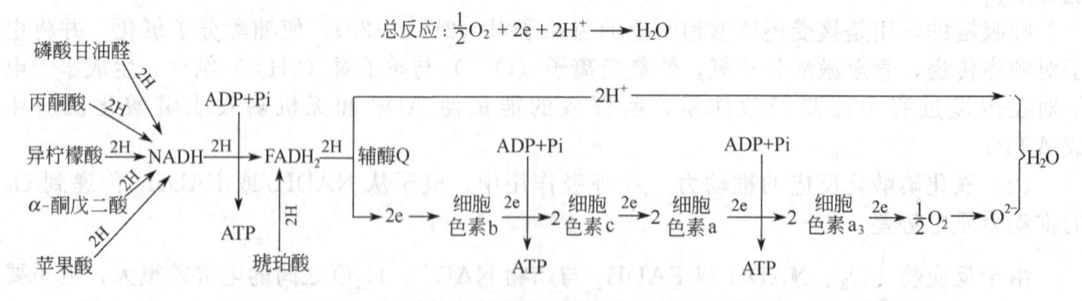

图 7-2　呼吸链中的氧化磷酸化反应部位示意

2. 氧化磷酸化的偶联机理

对氧化磷酸化的偶联机制有 3 种假设：化学偶联假说、构象偶联假说和化学渗透假说，公认和一些实验结果支持的是化学渗透假说。

(1) 化学偶联假说（chemicalcouplinghypothesis）　化学偶联假说的要点是：在电子传递和 ATP 形成之间起偶联作用的是 H^+ 离子“泵”，线粒体中的 H^+ 转移到内膜外侧，形成线粒体内膜外高内低的H^+梯度；这种因［H^+］梯度造成的膜电位再用于推动ATP酶复合物合成ATP。这一假说认为电子传递和ATP生成的偶联是通过一系列连续的化学反应，而形成一个高能共价中间物，这个中间物在电子传递中形成，随后又裂解，将其能量供给ATP的合成。

（2）构象偶联假说（conformationalcouplinghyopthesis）认为电子沿呼吸链传递使线粒体内膜蛋白质组分发生了构象变化而形成一种高能形式。

（3）化学渗透假说（chemiosmotichypothesis）假说是由英国生物化学家Peter Mitchell于1961年创立的。他认为电子传递的结果将H^+从线粒体内膜基质"泵"到膜外液体中，于是形成了一个跨内膜的H^+梯度，这梯度中所含有的渗透能促使ATP的生成。

ATP是在位于线粒体内膜上的ATP合成酶催化下生成的。ATP合成酶是一个大的膜蛋白复合体，主要由两部分组成：疏水的F_0、亲水的F_1。F_0区主要构成质子通道，其由3～4个亚基组成，其中一个称为寡霉素敏感蛋白（OSCP）；F_1区由9个亚基组成，其中a亚基、b亚基上有ATP结合部位。在生理条件下，质子只能从线粒体内膜外侧流向基质侧。目前对在质子回流时，能量如何转移到ATP合成酶上并催化ADP磷酸化生成ATP的还不清楚。

3. 影响氧化磷酸化的因素

（1）ADP和ATP的调节　氧化磷酸化的进行有赖于ADP和Pi（无机磷）的供应。线粒体内，Pi的含量足够用，因此ADP的水平对氧化磷酸化具有重要的调节作用。当ADP上升或ATP下降时，氧化磷酸化加速；反之，当ADP下降或ATP消耗减少时，氧化磷酸化减慢，此时体内合成代谢必然加速（由小分子合成复杂大分子的合成代谢是一个耗能过程）。所以能荷或ADP与ATP的比值是调节氧化磷酸化的重要因素。这种调节作用可使机体能量的产生适应生理需要，在合理利用和节约能源上有重要意义。

（2）甲状腺素的调节作用　甲状腺素可活化许多组织细胞膜上的Na^+-K^+-ATP酶，使ATP加速分解为ADP和Pi，ADP进入线粒体的数量增加，使氧化磷酸化反应增强。由于ATP的合成和分解速度均增加，导致机体耗氧量和产热量均增加，基础代谢率提高，基础代谢率偏高是甲状腺机能亢进病人最主要的临床指征之一。

（3）氧化磷酸化作用的抑制剂　抑制氧化磷酸化会对机体造成严重后果。氧化磷酸化抑制剂分为两大类：一类是电子传递抑制剂（呼吸链阻断剂），可抑制呼吸链的不同部位，使底物（作用物）的氧化过程（电子传递）受阻，偶联磷酸化也就无法进行，ATP生成也就随之减少；另一类是解偶联剂，可使氧化与磷酸化脱节，以致氧化过程照常进行，但不能生成ATP。氧化磷酸化抑制剂主要用作研究电子传递链中各组分的排列顺序和氧化磷酸化机制及作为杀虫剂等。

常见的电子传递抑制剂有如下几类。

① 由NADH+$H^+$$\longrightarrow$FMN的抑制剂主要有鱼藤酮、粉蝶霉素A、异戊巴比妥等，它们与复合体Ⅰ中的铁硫蛋白结合，从而阻断电子传递。

鱼藤酮是一种极毒的植物物质，是一种重要的杀虫剂；异戊巴比妥是一种麻醉药；粉蝶霉素A的结构类似CoQ，因此可和CoQ相竞争。

② 从细胞色素b→细胞色素c_1的抑制剂主要有抗霉素A、二巯基丙醇（BAL），可抑制复合体Ⅲ中细胞色素b与细胞色素c_1间的电子传递。

③ 从细胞色素b→细胞色素c_3的抑制剂有氰化物、硫化物、NaN_3、一氧化碳等。如氰化物（CN^-）、CO煤气中毒、H_2S等主要是抑制细胞色素氧化酶，抑制了呼吸链上电子的传递，使电子不能传递给氧，破坏了氧化磷酸化的正常进行，导致生命危险。

④ 此外，寡霉素可与ATP合成酶的OSCP亚基结合，阻止了H^+从质子通道回流，磷

酸化过程无法完成。还有一种铁螯合剂（简称 TTFA）可特异抑制还原当量从 FP（辅基为 FAD）至辅酶 Q 的传递。

(4) 氧化磷酸化作用的解偶联剂　解偶联剂对于电子传递没有抑制作用，只抑制由 ADP 变为 ATP 的磷酸化作用，即它使产能过程与贮能过程相脱离。2,4-二硝基苯酚（DNP）是最早发现的一种解偶联剂。2,4-二硝基苯酚为脂溶性物质，可在线粒体内膜中自由移动，将 H^+ 从内膜外侧搬运至内侧，从而使质子梯度遭到破坏，ATP 无法生成，导致氧化磷酸化分离。过去曾将 2,4-二硝基苯酚用作减肥药。

DNP 具弱酸性，在不同 pH 环境下可结合 H^+ 或释放 H^+；并且 DNP 具脂溶性，能透过磷脂双分子层，使线粒体内膜外侧的 H^+ 转移到内侧，从而消除 H^+ 梯度。

此外，离子载体如由链霉素产生的抗生素——缬氨霉素，具脂溶性，能与 K^+ 配位结合，使线粒体膜外的 K^+ 转运到膜内而消除跨膜电位梯度。另外还有存在于某些生物细胞线粒体内膜上的天然解偶联蛋白，该蛋白构成的质子通道可以让膜外质子经其通道返回膜内，而消除跨膜的质子浓度梯度，不能生成 ATP 而产生热量使体温增加。

氧化磷酸化解偶联作用可发生于新生儿的棕色脂肪组织（也称为褐色脂肪组织，其中含有较多的线粒体、细胞色素，血液供应也较多，比白色脂肪组织易分解供能），其线粒体内膜上有解偶联蛋白，可使氧化磷酸化解偶联。新生儿可通过此种机制产热以维持体温。

4*. 通过线粒体内膜的物质转运方式

(1) 线粒体的结构要点　线粒体有两层膜。外膜平滑，稍有弹性，内膜有许多向内折叠的嵴，嵴的数目和结构随细胞的不同类型而异。线粒体内膜是能量传递系统的重要部位。

(2) 胞液中 NADH 及 NADPH 的氧化　线粒体内生成的 NADH 和 $FADH_2$ 可直接参加氧化磷酸化过程，但在胞液中生成的 NADH 不能自由透过线粒体内膜。故线粒体外 NADH 所携带的氢必须通过某种转运机制才能进入线粒体，然后再经呼吸链进行氧化磷酸化。转运 NADH 的机制主要有：苹果酸-天冬氨酸穿梭系统、α-磷酸甘油穿梭系统。

① 苹果酸-天冬氨酸穿梭系统。此穿梭机制比较复杂，胞液中的 NADH 在苹果酸脱氢酶催化下，使草酰乙酸还原为苹果酸，后者可通过线粒体内膜上的载体进入线粒体。在线粒体内的苹果酸脱氢酶作用下重新生成草酰乙酸和 NADH，NADH 进入 NADH 氧化呼吸链，生成 3 分子 ATP；而草酰乙酸经谷草转氨酶（GOT，又称天冬氨酸转氨酶）作用生成天冬氨酸和 α-酮戊二酸，后者可借线粒体内膜上的载体进入胞液，再转变为草酰乙酸，以继续穿梭作用。此穿梭机制主要存在于肝、肾、心等器官中。故在这些组织器官中糖酵解过程中 3-磷酸甘油醛脱氢产生的 $NADH+H^+$ 可通过此穿梭机制进入线粒体中，生成 3 分子 ATP，即 1 分子葡萄糖彻底氧化生成 38 分子 ATP。

② α-磷酸甘油穿梭系统。此穿梭机制主要存在于肌肉、神经细胞中。胞液中的 NADH 可使磷酸二羟丙酮还原为 α-磷酸甘油，此反应在 α-磷酸甘油脱氢酶催化下完成。生成的 α-磷酸甘油进入线粒体，再经位于线粒体内膜近外侧部的 α-磷酸甘油脱氢酶催化生成磷酸二羟丙酮和 $FADH_2$，磷酸二羟丙酮可进入胞液继续穿梭，$FADH_2$ 经复合体Ⅱ（FAD 呼吸链）进入呼吸链，生成 2 分子 ATP。所以经此途径 1 分子葡萄糖彻底氧化生成 36 分子 ATP。

三、生物氧化的特点

(一) 体内生物氧化的共同特点

① 反应在酶催化下进行，反应条件温和（常温、常压、pH 接近中性），通过酶的催化作用使有机分子发生一系列的氧化分解过程。

② 在生物氧化进行过程中，必然伴随生物还原反应的发生。

③ 水是许多生物氧化反应的氧供体。通过加水脱氢作用直接参与了氧化反应。

④ 在生物氧化中，碳的氧化和脱氢的氧化是非同步进行的。氧化过程中脱下来的氢质

子和电子，通常由各种载体，如 $NADH^+$ 等传递到最终受体，如传递到氧并生成水。

⑤ 生物氧化是一个分步进行的过程，每一步都由特殊的酶催化，每一步反应的产物都可以分离出来。能量逐步氧化释放，不会引起体温的突然升高，而且可使放出的能量得到最有效的利用。

⑥ 生物氧化释放的能量一般都贮存于一些高能化合物中，主要是生物体能够直接利用的生物能 ATP（三磷酸腺苷）中。生物氧化过程的效率在 41.6%左右，其余能量以热的形式散发。

（二）生物氧化体系与酶系

1. 生物氧化的场所

真核生物生物氧化的主要场所是在线粒体中，原核生物生物氧化的主要场所是在细胞膜内。

线粒体是一种普遍存在于真核细胞中的细胞器，各种生命活动所需的能量大部分都是靠线粒体中合成的 ATP 提供的，因此有细胞的“动力工厂”之称。

线粒体主要由蛋白质和脂类组成，其中蛋白质占线粒体干重的一半以上。此外还有少量的 DNA、RNA、辅酶等。线粒体含有许多种酶类，其中有的酶是线粒体某一结构特有的（标记酶），比如线粒体外膜的标记酶为单胺氧化酶、内膜为细胞色素氧化酶、膜间隙为腺苷酸激酶、线粒体基质的为苹果酸脱氢酶。

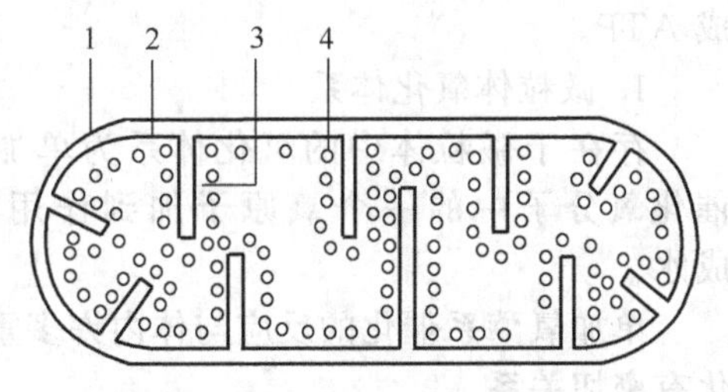

图 7-3 线粒体的结构示意

1—外膜；2—内膜；3—嵴；4—基粒

在大多数情况下，线粒体呈圆形、近似圆形、棒状或线状，如图 7-3 所示。

在电子显微镜下，线粒体为内外两层单位膜构成的封闭的囊状结构，可分为 4 个部分。

外膜为一个单位膜，膜中蛋白质与脂类含量几乎均等。物质通透性较高。

内膜也是一个单位膜，膜蛋白质含量高，占整个膜的 80%左右。内膜对物质有高度的选择通透性。部分内膜向线粒体腔内突出形成嵴。同时内膜内表面排列着一些颗粒状的结构，称为基粒。基粒包括 3 个部分：头部（F_1 因子，为水溶性蛋白质，具有 ATP 酶活性）、腹部（F_0 因子，由疏水性蛋白质组成）、柄部（位于 F_1 与 F_0 之间）。

在线粒体内膜上存在的电子传递键，能将代谢脱下的电子最终传给氧并生成水，同时释放能量，这种电子传送链又称呼吸键。它的各组分多以分子复合物形式存在于线粒体内膜中。在线粒体内膜中，各组分按严格的排列顺序和方向（氧化还原电位由低到高），参与电子传递。

2. 生物氧化体系与酶类

生物氧化是在一系列酶的催化下进行的，生物氧化可分为有氧氧化体系和无氧氧化体系。催化生物氧化的酶可分为 4 类：氧化酶类、脱氢酶类、加氧酶类、氢过氧化酶类。前两种酶类参与线粒体内的生物氧化过程，后两种酶类参与线粒体外的生物氧化过程，与机体内代谢物、药物、毒物的清除和排泄（即生物转化）有关。

（1）氧化酶类　此类酶是一类含铜或铁的色蛋白。氰化物和硫化氢对氧化酶有抑制作用。

① 含铜氧化酶。如酚氧化酶、抗坏血酸氧化酶（植物中多见）、漆酶、酪氨酸酶等。酪氨酸氧化酶等催化作用物脱氢氧化，氧分子接受氢生成水。

② 含铁氧化酶。如细胞色素氧化酶（Cyt aa_3）。

（2）脱氢酶类　根据是否直接将脱下的氢交给氧分子（需要氧作为受氢体），可将脱氢酶分为需氧脱氢酶和不需氧脱氢酶。

① 需氧脱氢酶。以FAD（黄素腺嘌呤二核苷酸）、FMN（黄素单核苷酸）为辅基，呈黄色，因而亦称为黄素蛋白或黄酶。此类酶催化作用物脱氢并以氧为受氢体，产物为H_2O_2而不是H_2O。人们习惯将需氧脱氢酶也称为氧化酶，如D-氨基酸氧化酶、L-氨基酸氧化酶、醛氧化酶、葡萄糖氧化酶、黄嘌呤氧化酶等。

② 不需氧脱氢酶。此类酶的辅酶或辅基为NAD^+、$NADP^+$、FAD、FMN等。其所催化的脱氢反应最为重要，已发现150种以上，脱下的氢被其辅酶或辅基接受，生成相应的还原型辅酶或辅基，如$NADH+H^+$、$NADPH+H^+$、$FADH_2$、$FMNH_2$等。其中$NADH+H^+$、$FADH_2$、$FMNH_2$作为呼吸链的组成成分，$NADPH+H^+$则在脂肪酸、胆固醇等物质的生物合成中起作用。乳酸脱氢酶、苹果酸脱氢酶、琥珀酸脱氢酶等均属于这一类酶。

（三）非线粒体氧化体系

除线粒体外，细胞的微粒体和过氧化物酶体也是生物氧化的重要场所。其氧化酶类与线粒体不同，组成特殊的氧化体系。其特点是在氧化过程中不伴有偶联磷酸化，不能生成ATP。

1. 微粒体氧化体系

存在于微粒体中的氧化体系为单加氧酶系，又称混合功能氧化酶、羟化酶。此酶系催化氧分子中的一个氧原子加到作用物分子上，另一个氧原子被$NADPH+H^+$还原成水。

单加氧酶系催化的反应与体内许多重要活性物质的生成、灭活以及药物、毒物的生物转化有密切关系。

2. 过氧化物酶体氧化体系

过氧化物酶体是一种特殊的细胞器，存在于动物的肝脏、肾脏、中性粒细胞和小肠黏膜细胞中。过氧化物酶体中含有多种催化生成H_2O_2的酶，同时含有分解H_2O_2的酶。

（1）过氧化氢和超氧负离子的生成　生物氧化过程中，分子氧必须接受4个电子才能完全还原，生成$2O^{2-}$，再与$4H^+$结合生成$2H_2O$。即：

$$O_2+4e \longrightarrow 2O^{2-}，2O^{2-}+4H^+ \longrightarrow 2H_2O$$

$$或\frac{1}{2}O_2+2e \longrightarrow O^{2-}，O^{2-}+2H^+ \longrightarrow H_2O$$

如电子供给不足或氧分子过量，则生成过氧化基团O_2^{2-}（—O—O—），即$O_2+2e \longrightarrow O_2^{2-}$，或超氧负离子$O^-$，即$O_2+2e \longrightarrow 2O^-$。过氧化物酶体中含有多种氧化酶可催化过氧化氢和超氧负离子的生成，如单胺氧化酶、黄嘌呤氧化酶等可催化生成H_2O_2。

（2）过氧化氢和超氧负离子的作用和毒性　H_2O_2在体内有一定的生理作用，如嗜中性粒细胞产生的H_2O_2可用于杀死吞噬进入细胞的细菌（H_2O_2常用作发炎伤口消毒剂原理），甲状腺中产生的H_2O_2可用于酪氨酸的碘化过程，为合成甲状腺素所必需。但对大多数组织来说，H_2O_2若积累过多，会对细胞有毒性作用。

超氧负离子的化学性质活跃，与H_2O_2作用可生成性质更活跃的羟基自由基—OH·。H_2O_2、超氧负离子和羟基自由基等可使DNA氧化、修饰、断裂，还可氧化蛋白质的巯基而使其丧失活性。自由基还可使细胞膜磷脂分子中的多不饱和脂肪酸氧化生成过氧化脂质(ROOH)，引起生物膜损伤（这是因为多不饱和脂肪酸含有双键，化学性质比较活跃，易与自由基反应）。因此必须及时将多余的H_2O_2、自由基清除。

X射线及γ射线的致癌作用可能与其促进自由基的生成有关，组织老化也与自由基的产生密切相关。此外，值得注意的是氧是维持生命所必需的物质，但也有一定的毒性，机体长时间在纯氧中呼吸或吸入的氧过多，可引起呼吸紊乱乃至死亡，这是因为氧不能在体内贮存（血红蛋白数量有限），如吸入过多则经生物氧化作用生成大量的 H_2O_2、超氧负离子，后者对机体造成严重损伤。

（3）过氧化氢和超氧负离子的清除

① 过氧化氢的清除。过氧化物酶体中含有过氧化氢酶和过氧化物酶，可处理和利用过氧化氢。红细胞等组织细胞中含有一种含硒的谷胱甘肽过氧化物酶，可使过氧化脂质（ROOH）和 H_2O_2 与还原型谷胱甘肽（GSH）反应，从而将它们转变为无毒的水或醇。

所以，还原型谷胱甘肽（GSH）可保护红细胞膜蛋白、血红蛋白及酶的巯基等免受氧化剂的毒害，从而维持细胞的正常功能。GSSG（氧化型谷胱甘肽）在谷胱甘肽还原酶作用下，由 NADPH 作为供氢体，又可重新生成 GSH（还原型谷胱甘肽）。如 NADPH 生成障碍（如缺乏 6-磷酸葡萄糖脱氢酶），谷胱甘肽则不能维持于还原状态，可引起溶血。这种溶血现象可因服用蚕豆及某些药物如磺胺药、阿司匹林而引起，称为蚕豆病。

② 超氧负离子的清除。超氧化物歧化酶（SOD）是人体防御内外环境中超氧负离子对自身侵害的重要酶。SOD 广泛存在于各种组织中，半衰期极短。胞液中的 SOD 以 Cu^{2+}、Zn^{2+} 为辅基，线粒体中的 SOD 则以 Mn^{2+} 为辅基。两者均可催化超氧负离子氧化还原生成 H_2O_2 与分子氧。

反应过程中，1 分子超氧负离子还原生成 H_2O_2，另 1 分子则氧化生成 O_2，故名歧化酶。所以 SOD 活性下降可引起超氧负离子堆积，超氧负离子对人体有较强的破坏作用，可引起许多疾病。若及时补充 SOD 可避免或减轻疾病。研究证明，SOD 对肿瘤的生长有抑制作用，SOD 活性降低是许多肿瘤的特征；SOD 可减少动物因缺血所造成的心肌区域性梗死的范围和程度。

第二节　生物氧化中 CO_2 的生成

一、体内生成 CO_2 的特点

生物体内二氧化碳的生成并不是物质中所含的碳原子、氧原子的直接化合，而是来源于由糖、脂肪等转变来的有机酸的脱羧。根据脱去二氧化碳的羧基在有机酸分子中的位置，可将脱羧反应分为 α-脱羧与 β-脱羧两种类型。有些脱羧反应不伴有氧化，称为单纯脱羧；有些则伴有氧化，称为氧化脱羧。例如，苹果酸的氧化脱羧，有关内容已在三羧酸循环中讲过了。

1. 直接脱羧基作用

$$CH_3-\overset{\overset{\displaystyle O}{\|}}{C}-COOH \xrightarrow[Me^{2+},\ TPP]{\alpha\text{-酮酸脱羧酶}} CH_3-\overset{\overset{\displaystyle O}{\|}}{C}-H + CO_2$$

2. 氧化脱羧基作用

$$CH_3-\overset{\overset{\displaystyle O}{\|}}{C}-COOH + HS\text{-}CoA \xrightarrow[NAD^+ \quad NADH+H^+]{\text{丙酮酸氧化脱羧酶系}} CH_3-\overset{\overset{\displaystyle O}{\|}}{C}-S\text{-}CoA + CO_2$$

二、有机酸的脱羧方式

1. α-脱羧方式

（1）α-单纯脱羧　例如，氨基酸在氨基酸脱羧酶作用下脱去羧基，生成胺和 CO_2。

（2）α-氧化脱羧　丙酮酸＋HS-CoA＋NAD^+⟶乙酰辅酶 A＋CO_2＋NADH＋H^+。

2. β-脱羧方式

（1）β-单纯脱羧　例如，草酰乙酸⟶丙酮酸＋ CO_2，其逆反应是丙酮酸羧化酶（辅酶是生物素）在消耗 ATP 条件下将 CO_2 固定，丙酮酸催化生成草酰乙酸，这就是重要的回补反应之一（丙酮酸羧化支路）。

（2）β-氧化脱羧　例如，苹果酸＋$NADP^+$ ⟶丙酮酸＋CO_2＋NADPH＋H^+，辅酶是 NAD^+ 或 $NADP^+$，反应提供 NADPH 用于生物合成。其逆反应也是重要的回补反应之一。

第三节　生物氧化中 H_2O 的生成

线粒体内的生物氧化过程实际上就是生成二氧化碳、水、能量的过程。本节重点讨论水和能量的生成过程。

线粒体内的生物氧化依赖于线粒体内膜上一系列酶或辅酶的作用。它们作为递氢体或递电子体，按一定的顺序排列在内膜上，组成递氢或递电子体系，称为电子传递链。该传递链进行的一系列连锁反应与细胞摄取氧的呼吸过程相关，故又称为呼吸链。代谢物脱下的氢经呼吸链传递给氧生成水，同时伴有能量的释放。

一、呼吸链的概念

（一）概念

电子传递链是在生物氧化中，底物脱下的氢（H^+ ＋e）经过一系列传递体传递，最后与氧结合生成 H_2O 的电子传递系统，由递氢体和递电子体按一定顺序排列构成的此连锁反应与细胞摄取氧的呼吸过程有关，故通常称为呼吸链。

呼吸链是由位于线粒体内膜中的一系列氢和电子传递体按标准氧化还原电位，由低到高顺序排列组成的一种能量转换体系。

（二）呼吸链的组成

构成呼吸链的成分已知的有 20 多种。参加呼吸链的氧化还原酶有尼克酰胺脱氢酶类、黄素脱氢酶类、铁硫蛋白类、辅酶 Q 类、细胞色素类等。组成呼吸链的主要成分有以下 5 类。

1. 尼克酰胺脱氢酶类

尼克酰胺是辅酶Ⅰ（NAD^+）和辅酶Ⅱ（$NADP^+$）的官能团，以 NAD^+、$NADP^+$ 为辅酶，参与体内脂质代谢、组织呼吸的氧化过程和糖的分解过程。它们能够可逆地加氢还原、脱氢氧化，故可作为递氢体而起作用。尼克酰胺只能接受一个氢原子和一个电子，而另一个质子则留在介质中。此类酶催化底物脱下的氢由其辅酶 NAD^+ 或 $NADP^+$ 接受。

$$NAD^+ + 2H \longrightarrow NADH + H^+$$

$$NADP^+ + 2H \longrightarrow NADPH + H^+$$

尼克酸（烟酸，nicotinic acid）在体内转化为尼克酰胺才能起药理作用。

（1）NAD^+（尼克酰胺腺嘌呤二核苷酸，又称辅酶Ⅰ）　它是体内许多不需氧脱氢酶的辅酶，将作用物的脱氢与呼吸链的传递氢过程联系起来，是递氢体。NAD^+ 中的尼克酰胺（维生素 PP）能进行可逆的加氢和脱氢反应，每次只能在烟酰胺的第 4 位碳上接受一个氢原子和一个电子，另一质子则留在溶质（介质）中，所以还原型辅酶Ⅰ（CoⅠ）写成 NADH＋H^+。

（2）$NADP^+$（烟酰胺腺嘌呤二核苷酸磷酸，又称辅酶Ⅱ）　NAD^+ 和 $NADP^+$ 是氧化-还原反应中的辅酶，分解代谢生成的 $NADP^+$ 多参加合成反应，为合成反应提供还原能力，在细胞代谢中至关重要。当人体缺乏烟酸和其前体色氨酸（人体能由色氨酸合成烟酸）时易出现糙皮病。

2. 黄素脱氢酶类（FMN 或 FAD）

黄素蛋白或黄素酶（FP），其辅基为 FMN、FAD，官能团是 6,7-二甲基异咯嗪基。第 1 位和第 10 位碳接受质子和电子，进行脱氢和加氢反应，故它们都可作为递氢体。

$$FAD+2H \rightleftharpoons FADH_2$$

$$FMN+2H \rightleftharpoons FMNH_2$$

核黄素（维生素 B_2）在体内经磷酸化作用可生成黄素单核苷酸（FMN）和黄素腺嘌呤二核苷酸（FAD），它们分别构成各种黄酶的辅酶，参与体内的生物氧化过程，黄素蛋白的种类很多，如琥珀酸脱氢酶、脂酰 CoA 脱氢酶等。FAD、FMN 中的异咯嗪部分可进行可逆的加氢和脱氢反应，故也是递氢体，每次可接受两个氢原子生成 $FADH_2$ 或 $FMNH_2$。

3. 铁硫蛋白类

铁硫蛋白类又称铁硫中心（Fe-S），其分子中含非叶啉铁和对酸不稳定的硫，其作用是借助三价铁和二价铁的的变价进行电子传递。

$$Fe^{3+}+e \rightleftharpoons Fe^{2+}$$

因其分子中含有两个活泼的硫和两个铁原子，故称铁硫中心。其特点是含有铁原子和硫原子，铁与无机硫原子或是蛋白质分子上的半胱氨酸残基的硫相结合。常见的铁硫蛋白有 3 种组合方式。铁硫蛋白是电子传递体，其中的铁能可逆地进行氧化还原反应，每次只能传递一个电子。在呼吸链中，铁硫蛋白多与黄素蛋白或细胞色素 b 结合成复合物存在。

铁硫中心只有一个 Fe 离子参加氧化还原反应，在呼吸链中作为单电子传递体，不传递氢。

4. 辅酶 Q 类（CoQ）

辅酶 Q（coenzyme Q，CoQ）属于醌类（quinone，Q），由于它广泛存在于生物系统中，所以又称为泛醌（ubiquinone）。此类酶是一种脂溶性的酯类化合物，其分子中的苯醌结构能可逆地进行加氢还原和脱氢氧化反应，而形成对苯二酚衍生物，故属于传氢体。

$$CoQ+2H \rightleftharpoons CoQH_2$$

CoQ 分子中含有一条由几个异戊二烯聚合而成的长链，在不同生物体内的 CoQ，此侧链的长度有所不同，动物 $n=10$，高等植物 $n=9$ 或 10，细菌 $n=6$。

5. 细胞色素（Cyt）类

细胞色素是一类以铁叶啉为辅基的结合蛋白质，此类蛋白质的颜色来自铁叶啉。根据其吸收光谱的不同可分为 3 大类：Cyt a、Cyt b、Cyt c。每类又可分为若干种，其中主要细胞色素有 Cyt a、Cyt a_3、Cyt b、Cyt c、Cyt c_1、Cyt b_5、细胞色素 P450 等。除 Cyt b_5 和细胞色素 P450 主要存在于微粒体外，大部分细胞色素存在于线粒体内膜中，并与内膜紧密结合，只有 Cyt c 结合较松散。细胞色素通过铁叶啉辅基中的铁原子的氧化还原反应传递电子，即细胞色素是传递电子体。

$$2Cyt \cdot Fe^{3+}+2e \rightleftharpoons 2Cyt \cdot Fe^{2+}$$

在呼吸链中，细胞色素也依靠铁化合价的变化传送电子。不同种类的细胞色素的辅基结构及与蛋白质连接的方式是不同的。在典型的线粒体呼吸链中，其顺序是 Cyt b→Cyt c_1→Cyt c→Cyt aa_3→O_2，其中仅最后一个 Cyt a_3 可被氧分子直接氧化，但目前还不能把 Cyt a 和 Cyt a_3 分开，两者组成一复合体称为 Cyt aa_3，故把 Cyt a 和 Cyt a_3 合称为细胞色素氧化酶。除 Cyt aa_3 外，其余的细胞色素中的铁原子均与其外叶啉环和蛋白质形成 6 个配位键，唯有 Cyt aa_3 的铁原子形成 5 个配位键，还保留 1 个配位键，与 O_2、CO、—CN 等结合，其正常功能是与氧结合，将氧分子激活为氧离子（O^{2-}）。

（三）呼吸链中传递体的排列顺序

呼吸链中传递体的排列顺序是根据下列实验数据确定的。

① 根据呼吸链各组分的标准氧化还原电位，按氧化还原电位递增的顺序依次排列。

② 利用阻断呼吸链的特殊抑制剂，阻断链中某些特定的电子传递环节。加入某种抑制剂后，则在阻断环节的负电子性侧递电子体（递氢体）因不能再氧化而大多处于还原状态，但在阻断环节的正电子性侧递氢体、送电子体不能被还原，而大多处于氧化状态。现已基本确定的两条主要的呼吸链中各传递体的排列顺序如下。

a. NADH 呼吸链。由辅酶Ⅰ、黄素蛋白、铁硫蛋白、辅酶 Q 和细胞色素组成。体内多种代谢物如苹果酸、乳酸、丙酮酸、异柠檬酸等在相应脱氢酶的催化下，脱下的氢都通过此条呼吸链传递给氧生成水。所以此条呼吸链为体内最重要的呼吸链。

从底物脱下的 2H 交给 NAD^+ 生成 $NADH+H^+$，后者又在 NADH 脱氢酶复合体作用下脱氢，经 FMN 传递给辅酶 Q，生成 $CoQH_2$。以后 $CoQH_2$ 脱下 2H，即 $2H^++2e$，其中 $2H^+$ 游离于介质中，2e 则首先由 2Cyt b 的 $2Fe^{3+}$ 接受，还原成 $2Fe^{2+}$，并沿着 Cyt b→Cyt c_1→Cyt c→Cyt aa_3→O_2 的顺序逐步传递给氧，生成 O^{2-}，O^{2-} 比较活泼，可与游离于介质中的 $2H^+$ 结合生成水。NADH 呼吸链中各组分的排列顺序如图 7-4 所示。

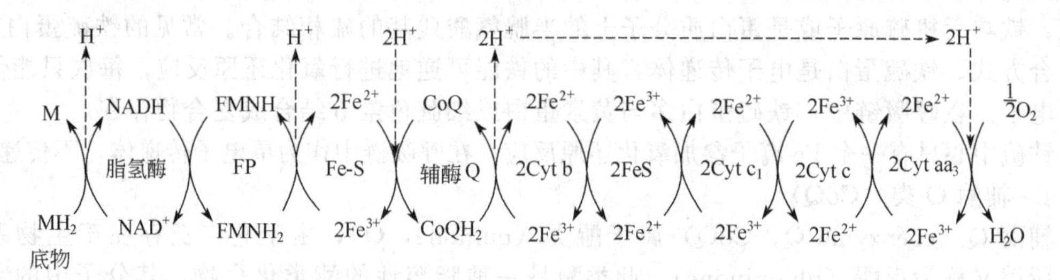

图 7-4 NADH 呼吸链传递反应历程

氧化还原电势的数值愈低，即负值越大或正值愈小，则该物质丢失电子的倾向愈大，愈易成为还原剂而处于呼吸链的前面。呼吸链中的 $NAD^+/NADH+H^+$ 的氧化还原电势最小，而 O_2/H_2O 的氧化还原电势最大，恰好表明电子的传递方向是从 NAD^+ 到分子氧。

b. FAD 呼吸链。NAD^+ 和 FAD 是最重要的两个电子传递体。NADH 呼吸链是已知传递过程最长的呼吸链，能产生 3 个 ATP。其传递反应历程如图 7-4 所示。

FAD 呼吸链是把氢原子直接传给了辅酶，其余传递过程与 NADH 相同，FAD 呼吸链比 NADH 呼吸链的传递历程短，产生的 ATP 也少一个（图 7-5）。

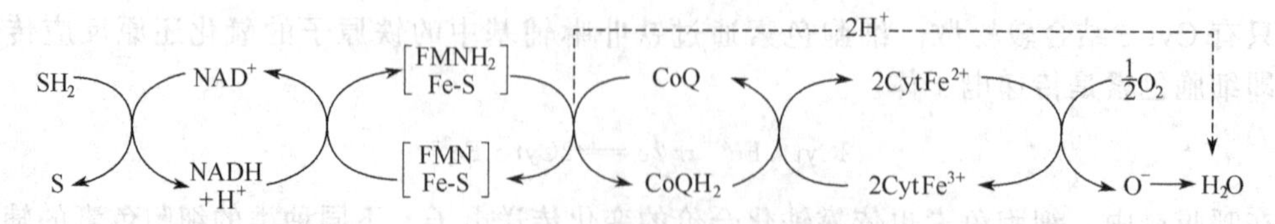

图 7-5 FAD 呼吸链传递反应历程

二、水的生成过程

生物氧化中水的生成，即代谢物脱下的成对氢原子通过多种酶和辅酶所组成的连锁反应，逐步传递，使之最终与氧结合生成水。

生物氧化中水的形成可以概括为两个阶段：第一阶段是脱氢酶将底物上的氢激活脱落；

第二阶段是氧化酶将来自大气中的分子态氧活化成为氢的最终受体而生成水。植物和部分微生物还可以利用 NO_3^-、SO_4^{2-} 等氧化物为受氢体。

本章小结

① 生物氧化。有机物质在生物体内的氧化作用称为生物氧化。生物氧化通常需要消耗氧，所以又称为呼吸作用。

呼吸作用是所有生物和活细胞的重要生理作用，不是宏观的气体交换过程，而是发生在每一个活细胞中的有机物的氧化分解、能量释放并且生成高能化合物ATP的过程。

生物氧化实际上是需氧细胞呼吸作用中的一系列氧化-还原反应，所以又称为细胞氧化或细胞呼吸，有时也称组织呼吸。在整个生物氧化过程中，有机物质（糖、脂肪、蛋白质等）最终被氧化成 CO_2 和水，并释放出能量。

② 生物氧化与燃烧的异同点。生物体内的氧化和外界的燃烧在化学本质上虽然最终产物都是水和二氧化碳，所释放的能量也完全相等，但两者所进行的方式却大不相同。首先，燃烧是通过点燃一步反应完成的，能量瞬间释放，而生物氧化是在温和的条件下通过一系列酶催化完成的，能量缓慢释放，其中部分能量以化学能的形式贮存在ATP分子中。其次，燃烧中 CO_2、H_2O、能量是同时产生的，而生物氧化 CO_2、H_2O 的产生及能量的释放是在不同反应和在细胞中的不同位置上发生的。

绝大部分有机物生物氧化中的 CO_2 生成是经三羧酸循环中的脱羧作用产生的。其他一些 CO_2 产生途径还有糖异生、氨基酸脱羧等。

生物氧化中 H_2O 的生成是在真核生物线粒体内膜或原核生物细胞膜上的呼吸链作用下产生的。

③ ATP可以把分解代谢的放能反应与合成代谢的吸能反应偶联在一起。利用ATP水解释放的自由能可以驱动各种需能的生命活动。例如，原生质的流动、肌肉的运动、电鳗放出的电能、萤火虫放出的光能，以及动植物分泌、吸收的渗透能，都靠ATP供给。

体内有些合成反应不一定都直接利用ATP供能，而可以用其他三磷酸核苷。例如，UTP用于多糖合成、CTP用于磷脂合成、GTP用于蛋白质合成等。但物质氧化时释放的能量大都是必须先合成ATP，然后ATP可使UDP、CDP或GDP生成相应的UTP、CTP或GTP。

④ 由NADH到 O_2 的电子传递链主要包括FMN、辅酶Q、细胞色素b、细胞色素 c_1、细胞色素c，以及一些铁硫蛋白。它们在电子传递链中的排列顺序是根据它们的还原电势大小，越靠近 O_2 的成员对电子亲和力越大。目前在电子传递链中所发现的组分已在20种以上。

⑤ 能够阻断呼吸链中某一部位电子传递的物质称为电子传递抑制剂。利用电子传递抑制剂是研究电子传递链顺序的一种重要方法。

⑥ 电子传递和ATP形成的偶联及调节机制。电子传递是ATP合成的前提，电子传递和ATP形成在正常细胞内总是相偶联的，ATP的生成必须以电子传递为前提，而呼吸链只有生成ATP才能推动电子的传递。氧化磷酸化作用也称为呼吸链磷酸化作用。

⑦ ADP和Pi对电子传递起调控作用。完整的线粒体只有当无机磷酸和ADP都充分时，电子传递速度才能达到最高水平。当缺少ADP时，因为缺乏磷酸受体而不能发生磷酸化作用，[ATP]/[ADP]值在细胞内对电子传递速度起着重要的调节作用，同时也对还原型辅酶的积累氧化起着调节作用。ADP作为关键物质对氧化磷酸化的调节作用称为呼吸

控制。

思 考 题

1. 葡萄糖通过生物氧化生成二氧化碳和水与在空气中燃烧从反应历程和产能方式上有何差别？

2. 广义的生物氧化过程是否包含有还原反应？

3. 什么叫做底物水平磷酸化反应？氧化磷酸化有哪些特点？

4. 什么叫做高能键、高能化合物？如何表示高能键和高能化合物？

5. 光合作用与再生能源有何联系？哪些能源可以称为再生能源？

6. 能否根据电子得失计算代谢反应的能量变化？

7. 在生物体的哪些方面可以观察到偶联现象？呼吸链解偶联对生物体有何伤害？

8. 什么是P/O值？它对培养基配制有何指导意义？

9. 如何估算糖类、蛋白质、脂类代谢的产能水平？

10. 在生物氧化过程中二氧化碳和水是如何生成的？

11. 底物脱氢就是氧化过程吗？试说明呼吸链在生物氧化、能量传递中的重要作用。

12. 非线粒体氧化体系对生物体有何重要意义？

13. 为什么氰化物是致命的毒物？如何预防氰化物中毒？

练 习 题

将下列物质按照容易给出电子的顺序加以排列。

(a) 细胞色素c；(b) NADH；(c) H_2；(d) 辅酶Q（氢醌）；(e) 乳酸

第八章　脂类及其代谢

【学习目标】

1. 了解脂肪的组成、结构，脂肪的分类。

2. 掌握甘油、脂肪酸、脂肪的理化性质。

3. 了解人体内脂类的生理功能、消化与吸收过程。

4. 掌握生物膜的结构，物质通过生物膜的转运方式。

5. 了解食用油酸败现象。

6. 了解甘油三酯的水解步骤，掌握甘油三酯水解的关键酶，脂肪酸活化、转运和β-氧化过程。

7. 了解脂类的溶解与乳化现象。

脂类是广泛存在于自然界的一类物质，是生物体内重要的主要结构物成分和能量贮藏物，部分脂类尽管在生物体内的含量较低，结构各异，但由于其独特不可替代的生理活动，仍在生命活动中显其重要性。

脂类的共同特点表现为不溶于水，易溶于有机溶剂。

第一节　脂类及其生理功能

一、脂类的定义

1. 脂、脂类的定义

按有机化学的定义，脂是脂肪酸与醇脱水生成的化合物。在生物化学上，脂类（lipid）亦译为脂质或类脂，是一类不易溶于水而易溶于非极性溶剂的生物有机分子，其化学本质是脂肪酸和醇所形成的酯及其衍生物。脂类应包括以下特征：①不溶于水但能溶于有机溶剂；②分子中常含有脂肪酸；③有可能被生物所利用。重要的脂类有胆固醇衍生物、甘油酯和脂蛋白等。脂蛋白是高分子量水溶性复合物，由脂类和一种或几种特异蛋白——载脂蛋白组成。脂肪酸多为四碳以上的长链一元羧酸，醇成分包括甘油、鞘氨醇、高级一元醇和固醇。

2. 脂类的元素组成

脂类的元素组成主要是C、H、O，有些脂类尚含有N、S、P等。

3. 脂类的共同特征

脂类是机体内的一类有机大分子物质，它也是维持生命所必需的营养物和结构物质。脂类的物质化学结构可能有很大差异，生理功能各异，但其共同的物理性质是不溶于水而溶于有机溶剂（如氯仿、乙醚、丙酮、苯等）。

脂类在生物体中还常通过共价键或其他次级键与其他生物分子结合成各种复合分子。如脂蛋白就是由脂类与蛋白质组成的一类重要的生物大分子物质。例如：人体血脂中的脂蛋白有高密度脂蛋白和低密度脂蛋白。

二、脂类的组成、结构

脂类主要由C、H、O、N、P等元素组成，在化学组成和结构上呈现出多样性。最简单的脂，如甘油三酯或称之为脂酰甘油，它是由1分子甘油（丙三醇）与3个分子脂肪酸通过酯键相结合而成的。复杂的脂如磷脂等。甘油酯和卵磷脂的结构如图8-1所示。

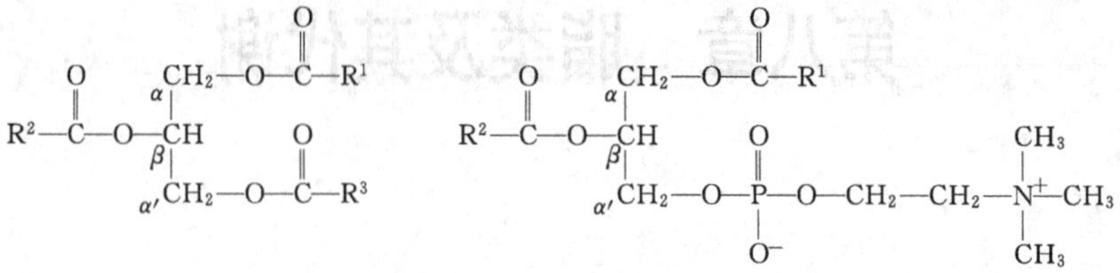

图8-1 甘油酯（左）和卵磷脂（右）

三、脂类的分类

脂类分为两大类，即脂肪和类脂。

脂肪即甘油三酯，R^1、R^2及R^3分别代表三分子脂肪酸的烃基，根据它们是否相同将脂肪分成单纯甘油酯和混合甘油酯两类。如果其中三分子脂肪酸是相同的，构成的脂肪称为单纯甘油酯，如三油酸甘油酯；如果是不同的，则称为混合甘油酯，如α-软脂酸-β-油酸-α'-硬脂酸甘油酯。人体的脂肪一般为混合甘油酯，所含的脂肪酸主要是软脂酸和油酸。由于人体内脂肪酸种类很多，生成甘油三酯时会有不同的排列组合，因此，甘油三酯具有多种结构形式。

类脂包括磷脂、糖脂、胆固醇及固醇酯三大类。

磷脂是含有磷酸的脂类，它们在自然界的分布很广，种类繁多。按其化学组成大体上可分为两大类：一类是分子中含甘油的，称为甘油磷脂；另一类是分子中含神经氨基醇的，称为神经磷脂。

甘油磷脂又按性质的不同再分为中性甘油磷脂和酸性甘油磷脂两类。前者如磷脂酰胆碱（卵磷脂）、磷脂酰乙醇胺（脑磷脂、缩醛磷脂）、溶血磷脂酰胆碱等；后者如磷脂酸、磷脂酰丝氨酸、二磷脂酰甘油（心磷脂）等。

磷脂中的神经磷脂以酰胺即脑酰胺形式存在，如脑酰胺磷酸胆碱（神经磷脂、鞘磷脂）、脑酰胺磷酸甘油等。含有鞘氨醇和糖成分的脂称为鞘糖脂。

胆固醇和脂溶性维生素因为其结构与五碳的异戊二烯分子相关，所以常被归类于聚异戊二烯化合物。胆固醇是人和动物体内重要的固醇类之一，其结构中含有一个环戊烷多氢菲环，大部分胆固醇以胆固醇脂（与脂肪酸结合）的形式存在。胆固醇在C7、C8位上脱氢后的化合物是7-脱氢胆固醇，它存在于皮肤和毛发，经阳光或紫外线照射后能转变为维生素D_3。

四、脂类的性质

由于脂类化学结构上的巨大差异，这里只简单介绍脂肪、脂肪酸和磷脂的一些性质。

（一）脂肪的性质

脂肪酸是长链的单羧酸，游离的脂肪酸较少，它一般都是以甘油三酯（脂肪和油）的复合脂形式贮存的。

（1）脂肪酸 自然界存在的主要游离脂肪酸其碳原子数多为偶数，碳原子数多为12～20，其中以C_{16}和C_{18}为多。通式为R—COOH，R中的碳原子数多为奇数。

如果碳氢链（R）是烷烃链，则这类脂肪酸是饱和脂肪酸，油脂中常见的饱和脂肪酸有十六烷酸（棕榈酸、软脂酸）和十八烷酸（硬脂酸）及花生酸（也叫二十烷酸）等。

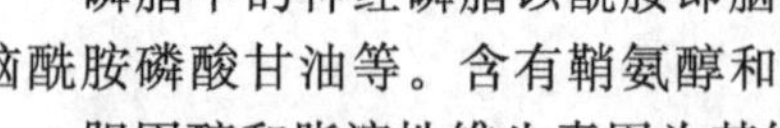

饱和脂肪酸的特点是碳氢链上没有双键存在，它们的构型可用一条锯齿形的碳氢链来表示。如十六烷酸（$C_{15}H_{29}COOH$）的结构如图8-2所示。

图8-2 十六烷酸结构示意

在碳氢链（R）中含有一个（或多个）双键的脂肪酸称之为单（多）不饱和脂肪酸。几乎所有的不饱和脂肪酸都是顺式构型。

常见重要脂肪酸的名称见表 8-1。

表 8-1　常见重要脂肪酸的名称

类别	系统名称	俗名	英文缩写	简写法
饱和脂肪酸	十二烷酸	月桂酸	Lau	12∶0
	十四烷酸	豆蔻酸	Myr	14∶0
	十六烷酸	棕榈酸、软脂酸	Pam	16∶0
	十八烷酸	硬脂酸	Ste	18∶0
	二十烷酸	花生酸	Ach	20∶0
不饱和脂肪酸	9-十六碳烯酸	棕榈硬脂酸	ΔPam	16∶1
	9-十八碳烯酸	油酸	Ole	18∶1(9)
	9,12-十八碳二烯酸	亚油酸	Lin	18∶2(9,12)
	9,12,15-十八碳三烯酸	亚麻酸	αLnn	18∶3(9,12,15)
	5,8,11,14-二十碳四烯酸	花生四烯酸	Δ_4Ach	20∶4(5,8,11,14)
	5,8,11,14,17-二十碳五烯酸	二十碳五烯酸	EPA	20∶5(5,8,11,14,17)
	13-二十二碳烯酸	芥酸	E	22∶1(13)
	4,7,10,13,16,19-二十二碳六烯酸	二十二碳六烯酸	DHA	22∶6(4,7,10,13,16,19)

（2）多不饱和脂肪酸　含有 3 个双键以上的脂肪酸，称为多不饱和脂肪酸。如植物油中的花生四烯酸和深海鱼油中含有的二十碳五烯酸、二十二碳六烯酸。

（3）必需脂肪酸　天然油脂中的不饱和脂肪酸主要是十八碳烯酸和二十碳四烯酸，如表 8-2 所示。

表 8-2　天然油脂中的常见不饱和脂肪酸

名称	俗名	分子式	熔点/℃	来源
十八碳一烯酸	油酸	$CH_3(CH_2)_7-CH=CH-(CH_2)_7COOH$	13.4	动植物油脂
十八碳二烯酸	亚油酸	$CH_3(CH_2)_4-CH=CH-CH_2-CH=CH-(CH_2)_7COOH$	−5.0	棉子油
十八碳三烯酸	亚麻酸	$CH_3-(CH=CH-CH_2)_3-(CH_2)_6COOH$	−11	亚麻仁油
二十碳四烯酸	花生四烯酸	$CH_3(CH_2)_4-(CH=CH-CH_2)_4-(CH_2)_2COOH$	−50	卵磷脂、脑磷脂

人体中能合成大多数脂肪酸，只有亚油酸、亚麻酸和花生四烯酸等多双键的不饱和脂肪酸不能在人体内合成，必须由食物供给，故称为人体必需脂肪酸。它们在人体内有特殊的生理功能，如花生四烯酸是合成前列腺素的前体，前列腺素是属于类花生酸（二十碳多不饱和脂肪酸的加氧衍生物）一类的化合物。阿司匹林是众所周知的解热、镇痛、消肿和抗感染的药物，其作用是抑制前列腺素的合成。亚油酸可以合成人体所需的其他 n-6 系列脂肪酸。其衍生物还是前列腺素的前体。如果亚油酸缺乏，则动物生长迟缓，皮肤易发生病变，肝功能退化。人类中婴儿易发生缺乏并可出现生长缓慢和皮肤症状，如皮肤湿疹或皮肤干燥、脱屑等。

必需脂肪酸的主要来源是植物油和深海鱼油。α-亚麻酸在体内衍生的二十碳五烯酸（EPA）和二十二碳六烯酸（DHA）是视网膜光受体中最丰富的脂肪酸，为维持视紫红质正常功能所必需，它对增强视力有良好作用。若体内缺乏这两种脂肪酸，尤其是在妊娠期内缺乏可影响子代视力，出现异常视网膜电流等。此外，如长期缺乏 α-亚麻酸则对调节注意力和认知过程有不良影响。

亚油酸、亚麻酸、花生四烯酸的分子结构如图 8-3 所示。

由于脂肪酸是许多脂肪的重要组成成分。所以脂肪酸的性质往往会影响脂肪的性质。脂肪酸与脂肪的主要理化性质如下。

1. 溶解性

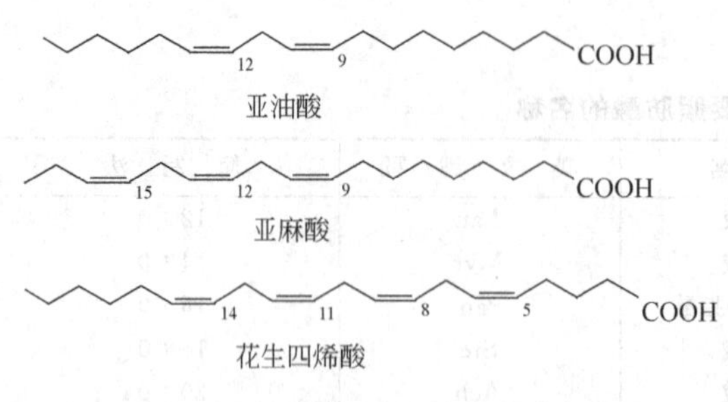

图 8-3　人体必需脂肪酸结构示意

脂肪酸分子有极性的羧基端和非极性的烃基端。因此，它具有亲水端（羧基）和疏水端（碳氢链），脂肪酸分子中的亲水性、疏水性两种不同的性质竞争决定其水溶性或脂溶性，常可作为乳化剂使用。

一般短链的脂肪酸能溶于水，长链的脂肪酸不能溶于水。碳链的长度对溶解度有影响，随着碳链的增加其溶解度减小。

脂肪一般不溶于水，易溶于有机溶剂如乙醚、石油醚、氯仿、二硫化碳、四氯化碳、苯等。脂肪的相对密度小于1，故能浮于水面上。由低级脂肪酸构成的脂肪则能在水中溶解，由高级脂肪酸构成的脂肪虽不溶于水，但经胆酸盐的乳化作用可变成微粒，就可以和水形成乳状液，此过程称为乳化作用，人体内脂肪的消化和吸收与胆汁盐有关。

2. 熔点

脂肪的熔点决定于脂肪酸链的长短及其双键数的多少。饱和脂肪酸的熔点依其分子量而变动，分子量越大（碳链愈长），其熔点就越高。不饱和脂肪酸的双键愈多，熔点愈低。由单一脂肪酸组成的脂肪，其凝固点和熔点是一致的，而由混合脂肪酸组成的油脂其凝固点和熔点则各不相同，除了棕榈果、椰子和可可豆等几种热带植物油外，其他所有的植物油在室温下都是液态。动物性脂肪在室温下是固态，并且熔点较高。

3. 吸收光谱

脂肪酸在紫外区显示出特有的吸收光谱，故可用其对脂肪酸进行定性、定量的研究。饱和脂肪酸和非共轭脂肪酸在220nm以下的波长区域有吸收峰。共轭酸中的二烯酸在230nm附近、三烯酸在260～270nm附近、四烯酸在290～315nm附近各显示出吸收峰。利用紫外分光光度计测定其吸光度，就能通过光吸收定律计算出其含量。对脂肪酸在远红外区的吸收光谱分析可有效地鉴定脂肪酸的结构，它可以区别有没有不饱和键、是顺式结构还是反式结构、脂肪酸侧链可能存在的官能团等。

4. 皂化作用

脂肪内脂肪酸和甘油形成的酯键容易在氢氧化钾或氢氧化钠溶液中水解，生成甘油和水溶性的肥皂。这种水解称为皂化作用。通过皂化作用得到的皂化值（皂化1g脂肪所需氢氧化钾的毫克数），可以求出脂肪的相对分子质量。

$$脂肪的相对分子质量=3\times 氢氧化钾相对分子质量\times 1000/皂化值$$

5. 加氢作用与食用油异构化

油脂中不饱和脂肪酸的双键非常活泼，能与许多物质起加成反应。重要的反应有氢化和卤化，脂肪链上双键和氢气发生加成反应，从而变为饱和脂肪酸。含双键数目越多，则需氢的物质的量就越多。植物脂肪所含的不饱和脂肪酸比动物脂肪多，在常温下是液体。植物脂肪通过加氢作用，变为比较饱和的固体，它的性质也和动物脂肪相似。人造黄油就是一种加氢的植物油。食用油中不饱和脂肪多为顺式结构，加氢作用生产人造黄油时会出现少量反式脂肪酸、它是人体难以消化、对健康有影响的脂肪酸。

6. 加碘作用

当使用的卤化剂是碘时，脂肪分子中的不饱和双键可以与碘发生加成反应。每100g脂肪所吸收碘的克数称为碘值。脂肪所含的不饱和脂肪酸愈多，碘值愈高。根据碘值高低可以判断脂肪中脂肪酸的不饱和程度，也可以判断植物油的生产原料。

7. 氧化和酸败作用

脂肪分子中的不饱和脂肪酸可被空气中的氧或各种细菌、霉菌所产生的脂肪酶和过氧化物酶所氧化，形成一种过氧化物，后者继续分解或进一步氧化、分解，产生有臭味的短链酸、醛和酮类化合物，这些物质能使油脂散发出刺激性的臭味，这种现象称为酸败作用。

酸败过程能使油脂的营养价值遭到破坏，脂肪的大部分或全部变成有毒的过氧化物，蛋白质在其影响下发生变性，维生素也同时遭到破坏。因为酸败产物在烹调中不会被破坏，所以长期食用变质的油脂，会出现中毒现象，轻则引起恶心、呕吐、腹痛、腹泻，重则使机体内的相应酶系统受到损害。因此，酸败的油脂或含油酸败的食品不宜食用。另外，脂类的多不饱和脂肪酸在体内也容易氧化而生成过氧化脂质，它不仅能破坏生物膜的生理功能，导致机体的衰老，还会伴随某些溶血现象的发生，促使贫血、血栓形成、动脉硬化、糖尿病、肝肺损害等的发生。动物试验还证实，过氧化脂质具有致突变性，诱发癌瘤。

（二）磷脂的性质

磷脂分子中因含有极性甘油和磷酸成分，故可溶于水，它还含有脂肪酸，故又可溶于有机溶剂。但磷脂不同于其他脂类，在丙酮中不溶解。根据此特点，可将磷脂和其他脂类分开。

卵磷脂、脑磷脂及神经鞘磷脂的溶解度在不同的有机溶剂中具有显著的差别，可利用其溶解度的差别来分离这 3 种磷脂。

卵磷脂为白色蜡状固体，在空气中极易被氧化，迅速变成暗褐色，可能由于磷脂分子中的不饱和脂肪酸氧化所致。卵磷脂有降低表面张力的能力，它与其他脂类结合后，在体内水系统中均匀扩散，因此能使不溶于水的脂类处于乳化状态，若与蛋白质或碳水化合物结合则作用更大，是一种极有效的脂肪乳化剂。卵磷脂和脑磷脂均可被相应的酶水解。

眼镜蛇与响尾蛇等的毒液中含有卵磷脂酶，它能使卵磷脂水解，失去一分子脂肪酸变成溶血卵磷脂，它具有强烈的溶血作用。此种酶对脑磷脂亦有相似作用，但其产物的溶血能力较差。神经鞘磷脂不溶于乙醚及冷乙醇，但可溶于苯、氯仿及热乙醇，它对氧较为稳定。这一点与卵磷脂和脑磷脂不同。

五、脂类的生物学功能

脂类的主要生物学功能是：贮存能量、作为结构物、参与代谢调节等。

（一）脂肪的生理功能

脂肪最重要的生理功能是贮存能量和供给能量。1g 脂肪在体内完全氧化时可释放出 37.7kJ（9.3kcal）的能量，大约比糖类（约 17.2kJ/g）或蛋白质（约 18kJ/g）放出的能量多两倍以上，脂肪在体内氧化时产生的大量热量，能满足成人每日需要热量的 20%～50%。脂肪组织是体内专门用于贮存脂肪的组织，当机体需要时，脂肪组织中贮存的脂肪可被分解供给机体能量。

脂肪乳剂在肠外营养制剂中占有一定的重要地位。它是完全肠外营养时热量的主要来源。因为婴儿所需热量的一半通常由脂肪代谢来满足，所以给婴儿输注脂肪乳剂尤为有益。此外，长时间以葡萄糖和氨基酸提供营养时，会发生必需脂肪酸（人体不能自行合成，如亚油酸、亚麻酸等）的缺乏，如果输注脂肪乳剂，则可以纠正必需脂肪酸的缺乏。

脂肪还可以促进脂溶性维生素（维生素 A、维生素 D、维生素 E、维生素 K）和胡萝卜素等的吸收。患有肠梗阻的病人不仅脂肪的消化与吸收发生障碍，而且由此引发的脂溶性维生素的吸收也将发生障碍，造成维生素缺乏病。

脂肪组织较为柔软，存在于器官组织间，可减少摩擦，保护机体免受损伤。臀部皮下脂肪很多，所以可以久坐而不觉局部劳累。足底也有较多的皮下脂肪，故而步行、站立而不致伤及筋骨。

脂肪不易传热，故能防止散热，维持体温恒定，抵御寒冷。肥胖的人由于在皮肤下及肠系膜等处贮存着大量脂肪，体温散发较慢，所以在冬天不觉得冷，但在夏日因体温不易散发而怕热。

（二）类脂的生理功能

1. 磷脂的生理功能

磷脂可与蛋白质结合形成脂蛋白，并以这种形式构成细胞的各种膜（细胞膜、核膜、线粒体膜等），维持细胞和细胞器的正常形态和功能。由于磷脂内的不饱和脂肪酸分子中存在双键，使得生物膜具有良好的流动性与特殊的通透性。这些膜在体内新陈代谢中起着重要作用，如细胞只与外界发生有选择性的物质交换，摄取营养素，推出废物。酶类可以有规律地排列在膜上，使物质代谢能有规律且能有序地进行，保证细胞的正常生理功能。

神经组织中含有大量磷脂，以中枢神经系统而言，其干重的51%～54%为脂类，而其中半数以上是磷脂。磷脂和神经兴奋有关。当神经膜处于静止状态时，在膜上形成三磷酸磷脂酰肌醇-蛋白质-Ca^{2+}复合物，膜电阻加大，离子不能通过。当加入乙酰胆碱或给予电刺激时，均能促使磷脂酰肌醇磷酸二酯酶活性增强，此酶能水解三磷酸磷脂酰肌醇变成二磷酸磷脂酰肌醇，Ca^{2+}被乙酰胆碱或K^{+}取代，膜的分子构型发生变化而改变膜的通透性。以后在酶的催化下，二磷酸磷脂酰肌醇又变成三磷酸磷脂酰肌醇，后者又与Ca^{2+}结合，使神经膜恢复到静止状态。二磷酸磷脂酰肌醇和三磷酸磷脂酰肌醇如此反复变化，便完成离子的能动输送，使神经兴奋。

磷脂还是血浆脂蛋白的重要组成成分，具有稳定脂蛋白的作用。因此，组织中脂类如脂肪和胆固醇在血液中运输时，需要有足够的磷脂才能顺利进行。在胆汁中磷脂与胆盐、胆固醇一起形成胶粒，以利于胆固醇的溶解和排泄。

此外，磷脂还与膜上许多酶的活性有关。还有研究认为，磷脂很可能与多肽类激素的信息传递有关，对激素的作用起一定的影响。

2. 胆固醇的生理功能

胆固醇是细胞膜和细胞器膜的重要结构成分，它不仅关系到膜的通透性，而且是某些酶在细胞内有规律分布的重要条件，保证物质代谢的酶促反应顺利进行。胆固醇还是血浆脂蛋白的组成成分，可携带大量甘油三酯和胆固醇酯，在血液中运输。

胆固醇是体内合成维生素D_3、胆汁酸的原料。维生素D_3缺乏时，成人会发生骨质软化症，小孩就会得佝偻病。胆汁酸的功能主要是乳化脂类，帮助脂类的消化与吸收，缺乏时会引起脂溶性维生素缺乏病。胆固醇在体内可以转变成各种肾上腺皮质激素，如影响蛋白质、糖和脂类代谢的皮质醇等。胆固醇还是性激素睾酮、雌二醇的前体。

六、脂类的消化与吸收

正常人一般每日每人从食物中消化50～60g的脂类，其中甘油三酯占到90%以上，除此以外还有少量的磷脂、胆固醇及其酯和一些游离脂肪酸。食物中的脂类在成人口腔和胃中不能被消化，这是由于口腔中没有消化脂类的酶，胃中虽有少量脂肪酶，但此酶只有在中性pH时才有活性，因此在正常胃液中此酶几乎没有活性（但是婴儿时期，胃酸浓度低，胃中pH接近中性，脂肪尤其是乳脂可被部分消化）。脂类的消化及吸收主要在小肠中进行，首先在小肠上段，通过小肠蠕动，由胆汁中的胆汁酸盐使食物脂类乳化，使不溶于水的脂类分散成水包油的小胶体颗粒，提高溶解度，增加了酶与脂类的接触面积，有利于脂类的消化及吸收。在形成的水油界面上，分泌入小肠的胰液中包含的酶类，开始对食物中的脂类进行消化，这些酶包括胰脂肪酶、胆固醇酯酶和磷脂酶等。

脂类的吸收主要在十二指肠下段和盲肠。食物中脂类的吸收通过淋巴直接进入体循环，而不通过肝脏。

第二节* 生物膜与物质转运

一、生物膜的组成与结构

生物膜是构成细胞的所有膜的总称。按其所处位置可分为两种：处于细胞质外面的一层膜叫质膜（或原生质膜）；处于细胞质中构成各种细胞器的膜，叫内膜。质膜可由内膜转化而来（如子细胞的质膜由高尔基体小泡融合而成）。

生物膜是细胞结构的基本形式，它对细胞内很多生物大分子的有序反应和整个细胞的区域化都提供了必需的结构基础，使各个细胞器和亚细胞结构既各自具有恒定、动态的内环境，又相互联系相互制约，从而使整个细胞活动有条不紊、协调一致地进行。

生物膜确定了细胞和细胞内的各个分立区域的外部边界。一个典型的生物膜是由脂和蛋白质组成的，含有磷脂、鞘糖脂和胆固醇（在一些真核细胞中），同时在鞘糖脂和糖蛋白上带有少量的糖。脂类以双分子层构成生物膜的基本结构，而蛋白质分子则“镶嵌”于其中。生物膜中含有的脂具有共同的特点，它们都是两性分子，含有极性成分和非极性成分。磷脂和鞘糖脂在一定的条件下可以像肥皂那样形成单层膜或微团，由于磷脂和鞘糖脂含有两条烃链的尾巴，虽然不能很好地包装成微团，但可以精巧地组装成脂双层。

在生物膜中，不能形成脂双层的胆固醇和其他脂（大约占整个膜脂的 30%）可以稳定地排列在其余 70%脂组成的脂双层中。脂双层内脂分子的疏水尾巴指向脂双层内部，而它们的亲水头部与每一面的水相接触，磷脂中带正电荷和负电荷的头部基团为脂双层提供了两层离子表面，脂双层的内部是高度非极性的。

脂双层倾向于闭合形成球形结构，这一特性可以减少脂双层的疏水边界与水相之间的不利接触。在实验室里可以合成由脂双层构成的小泡，小泡内是一个水相空间，这样的脂双层结构称为脂质体，它相当稳定，并且对许多物质是不通透的。它可以包裹药物分子，将药物带到体内特定组织中。

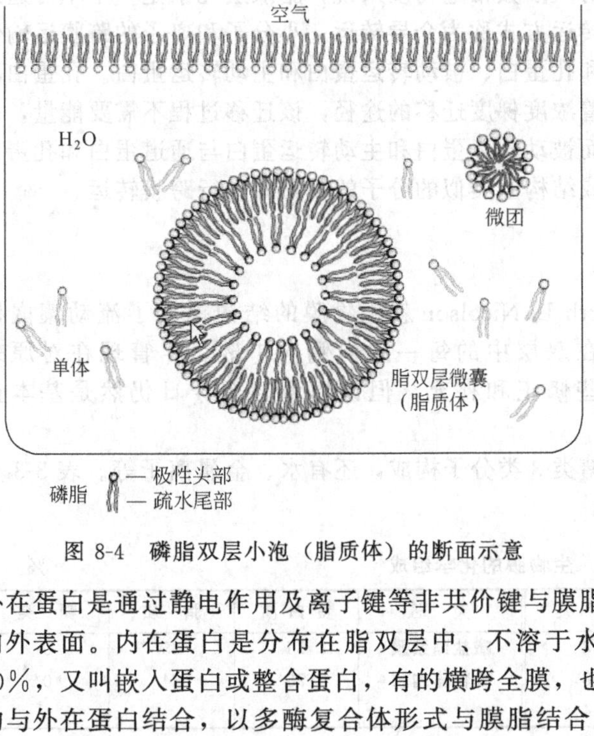

图 8-4 磷脂双层小泡（脂质体）的断面示意

图 8-4 所示为磷脂分子在水溶液中可能的稳定排列方式。

脂双层形成了所有生物膜的基础，而蛋白质是生物膜的必要成分。不含蛋白质的脂双层的厚度大约是 5～6nm，而典型的生物膜的厚度大约是 6～10nm。

二、生物膜的功能

生物膜中的蛋白质约占细胞蛋白总量的 20%～30%，它们或是单纯蛋白，或是与糖、脂结合形成的结合蛋白。根据它们与膜脂相互作用的方式及其在膜中的排列部位，大体地将膜蛋白分为两类：外在蛋白与内在蛋白。外在蛋白是通过静电作用及离子键等非共价键与膜脂相连的水溶性球状蛋白质，分布在膜的内外表面。内在蛋白是分布在脂双层中、不溶于水的蛋白质，它占膜蛋白总量的 70%～80%，又叫嵌入蛋白或整合蛋白，有的横跨全膜，也称跨膜蛋白，有的全部埋入疏水区，有的与外在蛋白结合，以多酶复合体形式与膜脂结合。最近，又在生物中发现一类新的膜蛋白，叫膜脂蛋白，它们的蛋白部分不直接嵌入膜，而依赖所含的脂肪酸，插入脂双层中。膜蛋白执行着生物膜的主要功能。

1. 分室作用

细胞的膜系统不仅把细胞与外界环境隔开，而且把细胞内的空间分隔，使细胞内部区域化，即形成各种细胞器，从而使细胞的代谢活动“按室进行”。各区域内均具有特定的 pH、电位、离子强度和酶系统等。同时，由于内膜系统的存在，又将各个细胞器联系起来共同完成各种连续的生理生化反应。

2. 代谢反应的场所

细胞内的许多生理生化过程在膜上有序进行。如呼吸作用的电子传递及氧化磷酸化过程就是在线粒体的内膜上进行的。

3. 物质交换

质膜的另一个重要特性是对物质的透过具有选择性，控制膜内外进行物质交换。如质膜可通过扩散、离子通道、主动运输及内吞外排等方式来控制物质进出细胞。各种细胞器上的膜也通过类似方式控制其小区域与胞质进行物质交换。

4. 识别功能

质膜上的多糖链分布于其外表面，似“触角”一样能够识别外界物质，并可接受外界的某种刺激或信号，使细胞作出相应的反应。膜上还存在着各种各样的受体，能感应刺激、传导信息、调控代谢等。

三、物质的转运

生物膜是从物理角度将活细胞与它周围的环境分开的，但是它的另一个作用也非常重要，那就是生物膜使细胞生长所需要的水、氧和所有其他营养物质进入细胞内，而将细胞生成的产物（如激素、某些降解酶和毒素等）输出，以及使一些废物（如二氧化碳和尿素等）排泄掉。疏水的、小的、不带电荷的分子可以自由地扩散通过细胞膜，这种不依赖其他蛋白质帮助的转运方式称为非介导转运。但对大多数带电物质来说，脂双层几乎是一个不可通透的壁垒，需要通过转运蛋白转运，这种转运方式称为介导转运。小分子和离子的跨膜运输借助于 3 种类型的内在膜蛋白：通道蛋白和孔蛋白、被动转运蛋白和主动转运蛋白。孔蛋白和通道蛋白为小分子和离子提供了一个沿着浓度梯度迁移的途径，该迁移过程不需要能量，是通过这些蛋白而不是通过脂双层扩散，而被动转运蛋白和主动转运蛋白与通道蛋白和孔蛋白不同，它们通常能特异地结合某些分子或结构上类似的分子的基团并进行跨膜转运。

四、生物膜的特异性

1. 生物膜的流动镶嵌模型与细胞膜

1972 年，S. Jonathan Singer 和 Garth L. Nicolson 就生物膜的结构提出了流动镶嵌模型，即膜中的蛋白质和脂可以快速地在双层中的每一层内侧向扩散。尽管现在对原来的流动镶嵌模型中的某些方面作了一些修正和补充，但该模型时至今日仍然是基本正确的。

生物膜系统主要由类脂、蛋白质和糖类 3 类分子构成，还有水、金属离子等。表 8-3 是各种生物膜的化学成分。

表 8-3　生物膜的化学组成 %

类别	蛋白质	脂质	糖类	类别	蛋白质	脂质	糖类
神经鞘质膜	18	79	3	嗜盐菌紫膜	75	25	0
人红细胞	49	43	8	线粒体内膜	76	24	0
小鼠肝细胞	44	52	4				

图 8-5 是细胞膜的结构与组成示意。

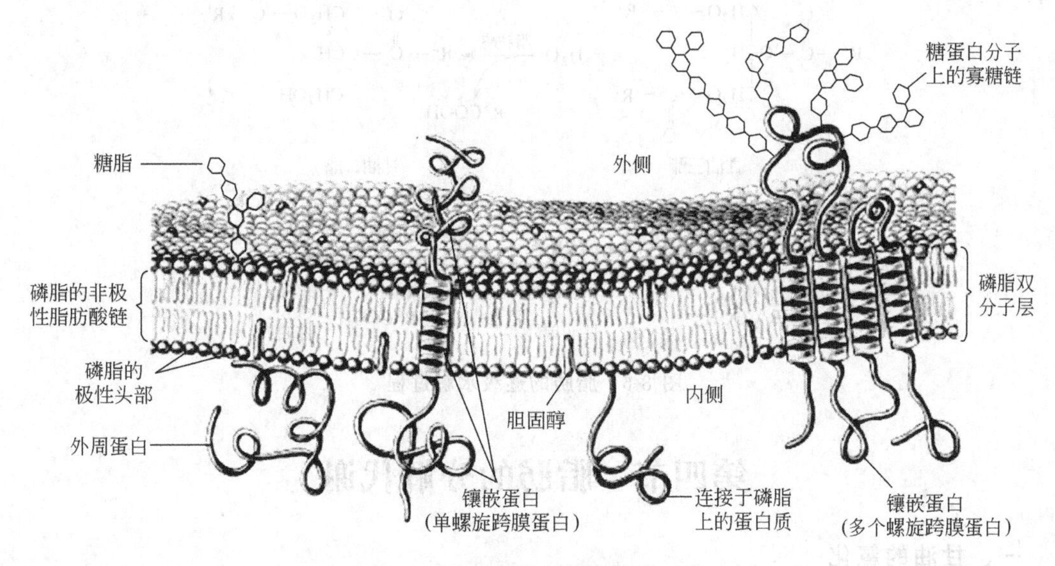

图 8-5 细胞膜的结构与组成示意

2. 膜可以从细胞中分离

人们所了解的许多有关生物膜的结构和功能的知识都是通过对从人体红细胞分离出的膜的研究中获得的。首先红细胞在低渗溶液中裂解，然后通过洗涤将胞质蛋白除去，可以获得大量的无其他细胞污染的质膜。通过不同的离心作用也可以从真核细胞中分离出质膜和胞内膜。

3. 脂双层是动态结构

脂双层中的脂处于恒定的运动之中，因此赋予脂双层许多流体的特性。双层膜中的脂在每层平面内的运动是非常快的，但是从某一层过渡到另一层是非常慢的。脂双层的流动特性也取决于脂酰链的链内旋转和它们的曲伸能力。对许多生物来说，在不同的条件下，膜的流动性是相对恒定的，因为流动性的变化会影响膜蛋白的催化功能，如动物细胞膜中胆固醇的存在就有利于维持非常恒定的流动性。

第三节 脂肪及类脂的酶促水解

一、脂肪的酶促水解

脂肪即脂肪酸的甘油三酯，是脂类中含量最丰富的一大类，它是甘油的 3 个羟基和 3 个脂肪酸分子缩合、失水后形成的酯。脂肪降解的第一步是水解生成甘油和脂肪酸，此反应由脂肪酶（简称脂酶）催化。组织器官中有 3 种脂肪酶，即脂肪酶、甘油二酯脂肪酶和甘油单酯脂肪酶，逐步把甘油三酯水解成甘油和脂肪酸。这 3 种酶水解步骤如图 8-6 所示。

在人和动物消化道内有脂肪酶，分解食物中的脂肪转变为甘油和脂肪酸，甘油和脂肪酸在体内再进一步氧化分解。详见第四节脂肪的分解代谢。

二、类脂的酶促水解

类脂包括磷脂、糖脂和胆固醇及其酯 3 大类。这 3 类物质在相应酶的作用下会发生水解。

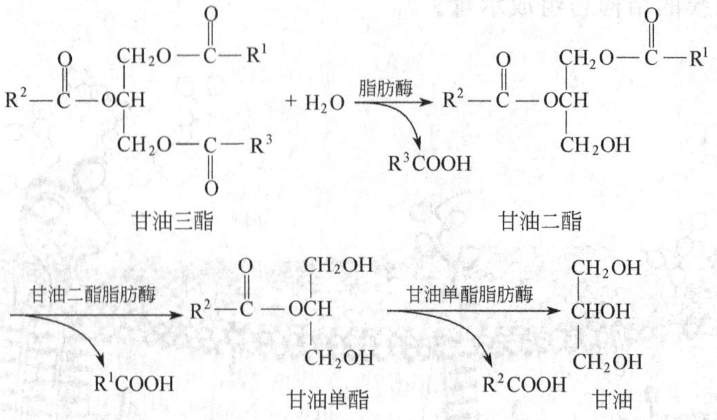

$$\underset{\text{甘油三酯}}{\begin{array}{l}\quad\quad\quad\ \ CH_2O-\overset{O}{\overset{\|}{C}}-R^1\\ R^2-\overset{O}{\overset{\|}{C}}-OCH\\ \quad\quad\quad\ \ CH_2O-\underset{O}{\underset{\|}{C}}-R^3\end{array}} + H_2O \xrightarrow[\searrow R^3COOH]{\text{脂肪酶}} \underset{\text{甘油二酯}}{\begin{array}{l}\quad\quad\quad\ \ CH_2O-\overset{O}{\overset{\|}{C}}-R^1\\ R^2-\overset{O}{\overset{\|}{C}}-OCH\\ \quad\quad\quad\ \ CH_2OH\end{array}}$$

$$\xrightarrow[\searrow R^1COOH]{\text{甘油二酯脂肪酶}} \underset{\text{甘油单酯}}{\begin{array}{l}\quad\quad\quad\ \ CH_2OH\\ R^2-\overset{O}{\overset{\|}{C}}-OCH\\ \quad\quad\quad\ \ CH_2OH\end{array}} \xrightarrow[\searrow R^2COOH]{\text{甘油单酯脂肪酶}} \underset{\text{甘油}}{\begin{array}{l}CH_2OH\\ CHOH\\ CH_2OH\end{array}}$$

图 8-6 脂肪的逐级水解过程

第四节 脂肪的分解代谢

一、甘油的氧化

甘油先与 ATP 作用，在甘油激酶催化下生成 α-磷酸甘油，然后被氧化生成磷酸二羟丙酮，再经异构化，生成 3-磷酸甘油醛，然后可经糖酵解途径转化成丙酮酸，进入三羧酸循环而彻底氧化，或经过糖异生途径合成糖原。因此甘油代谢和糖代谢的关系极为密切。甘油转化成磷酸二羟丙酮以及与糖的相互转变关系如图 8-7 所示。

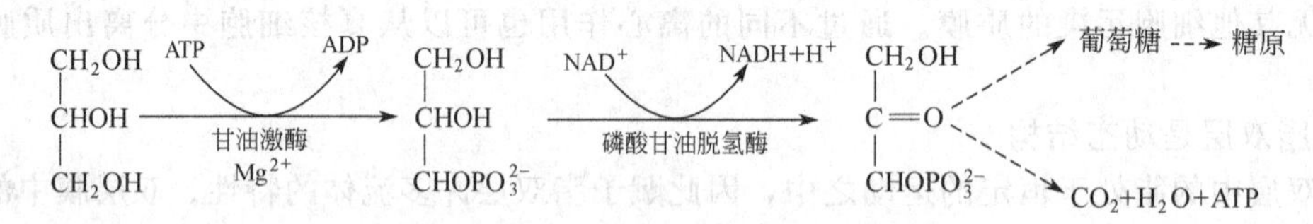

图 8-7 磷酸二羟丙酮、糖的相互转化

二、脂肪酸的β-氧化

脂肪酸的β-氧化作用是指脂肪酸在一系列酶的作用下，在 α-碳原子、β-碳原子之间断裂，β-碳原子氧化成羧基，生成含 2 个碳原子的乙酰 CoA 和比原来少 2 个碳原子的脂肪酸。脂肪酸的β-氧化过程是在线粒体中进行的。β-氧化作用并不是一步完成的，而是要经过活化、转运，然后再进入氧化过程。

1. 脂肪酸的活化

脂肪酸在进行β-氧化前，在细胞质内必须先被激活成脂酰 CoA，该反应由脂酰 CoA 合成酶催化，需要 ATP 和 CoA 参与，总反应如图 8-8 所示。

2. 脂酰 CoA 的转移

由于脂肪酸活化是在内质网或线粒体膜外，而脂肪酸的氧化是在线粒体内进行的，但脂酰 CoA 不能自由通过线粒体内膜，所以需要一个转运系统将其转运到线粒体的基质中。转运脂酰 CoA 的载体是肉毒碱，即 L-β 羟基-γ-三甲基氨基丁酸，是一个由赖氨酸衍生而成的兼性化合物。它可将脂肪酸以酰基形式从线粒体膜外转运至膜内。其转运机制如图 8-9 所示。

3. 脂肪酸的β-氧化过程

脂酰 CoA 进入线粒体后，在基质中进行β-氧化作用，包括 4 个循环步骤。

（1）脂酰 CoA 的 α,β-脱氢作用　在脂酰 CoA 脱氢酶（FAD 作为辅基）的催化下脂酰

CoA脱氢，在α-碳和β-碳之间形成一个双键，生成反式-Δ^2-烯脂酰CoA，同时使酶的辅基FAD还原为$FADH_2$。

（2）水化反应　烯脂酰CoA在烯脂酰CoA水化酶的催化下，水化生成L-β-羟脂酰CoA。

（3）L-β-羟脂酰CoA的脱氢作用　在β-羟脂酰CoA脱氢酶的催化下，L-β-羟脂酰CoA上的两个氢被脱去，生成β-酮脂酰CoA和$NADH+H^+$，反应以NAD^+为辅酶。

（4）硫解反应　β-酮脂酰CoA被硫解酶裂解，生成一分子乙酰CoA和比起始的脂酰CoA少了2个碳的脂酰CoA，缩短了2个碳的脂酰CoA再作为底物重复上述（1）～（4）反应，直至整个脂酰CoA都转换成乙酰CoA。氧化过程如图8-10所示。

β-氧化途径是在脂肪酸的β-碳原子上进行氧化，然后在α-碳原子和β-碳原子之间发生断裂。每进行一次β-氧化作用，分解出一个二碳片段，生成较原来少两个碳原子的脂肪酸。

β-氧化是可以重复进行的。脂肪酸每经过一次β-氧化过程，从羧基端的β-碳原子开始脱下一个含二碳的乙酰辅酶A，故将此过程称为β-氧化。在正常情况下，生成的乙酰CoA一部分用来合成新的脂肪酸，大部分进入三羧酸循环彻底氧化。

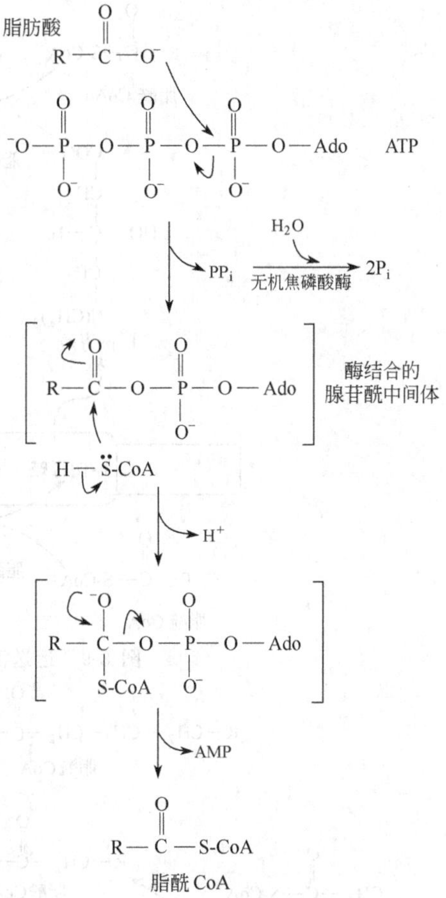

图8-8　脂肪酸的活化

三*、脂肪酸氧化过程中的能量转化

在脂肪酸的β-氧化过程中，脂肪酸活化时，需要消耗1个ATP分子的2个高能磷酸键，即相当于消耗2个ATP，在剩下的3个循环步骤中，每形成1分子乙酰CoA，就使1分子FAD还原为$FADH_2$，并使1分子NAD^+还原为$NADH+H^+$。$FADH_2$进入呼吸链，生成2分子ATP；$NADH+H^+$进入呼吸链，生成3分子ATP。因此，每生成1分子乙酰CoA，就生成5分子ATP。现以软脂酰CoA为例，其产生ATP分子的过程如下：

软脂酰CoA＋HS-CoA＋FAD＋NAD^+＋H_2O ⟶ 豆蔻脂酰CoA＋乙酰CoA＋$FADH_2$＋$NADH+H^+$

经过7次上述的β-氧化循环，即可将软脂酰CoA转变为8分子的乙酰CoA。

软脂酰CoA＋7HS-CoA＋7FAD＋7NAD^+＋7H_2O ⟶ 8乙酰CoA＋7$FADH_2$＋7NADH＋7H^+

每分子乙酰CoA进入三羧酸循环彻底氧化共生成12分子ATP。因此由8个分子乙酰CoA氧化为H_2O和CO_2，共形成8×12＝96分子ATP。

所以在软脂酸的β-氧化过程中转移的能量为96＋5×7－2＝129个ATP。表8-4说明软脂酸β-氧化过程的产能水平。

表8-4　软脂酸的β-氧化过程产能水平

1分子C_{16}彻底氧化	生成ATP的分子数	1分子C_{16}彻底氧化	生成ATP的分子数
一次活化作用	－2	八分子乙酰CoA的氧化	＋12×8＝＋96
七轮β-氧化作用	＋5×7＝＋35	合计	＋129

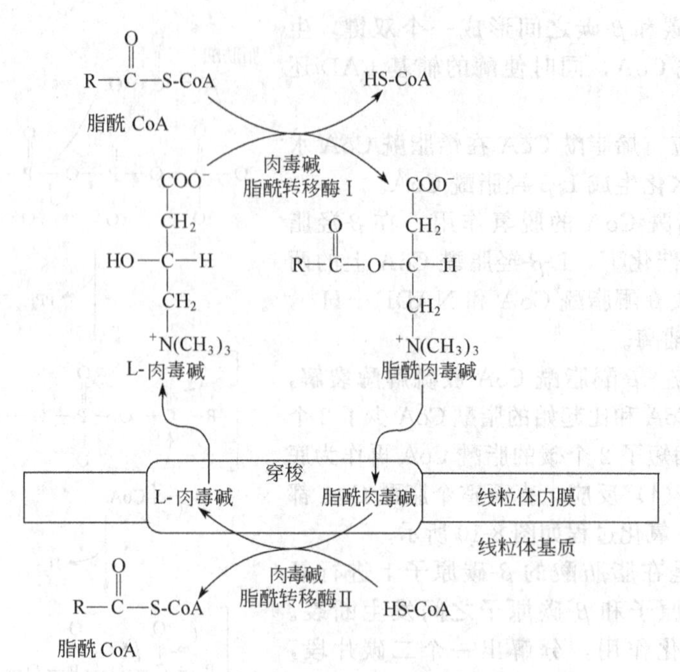

图 8-9 运送活化脂肪酸的肉毒碱穿梭系统

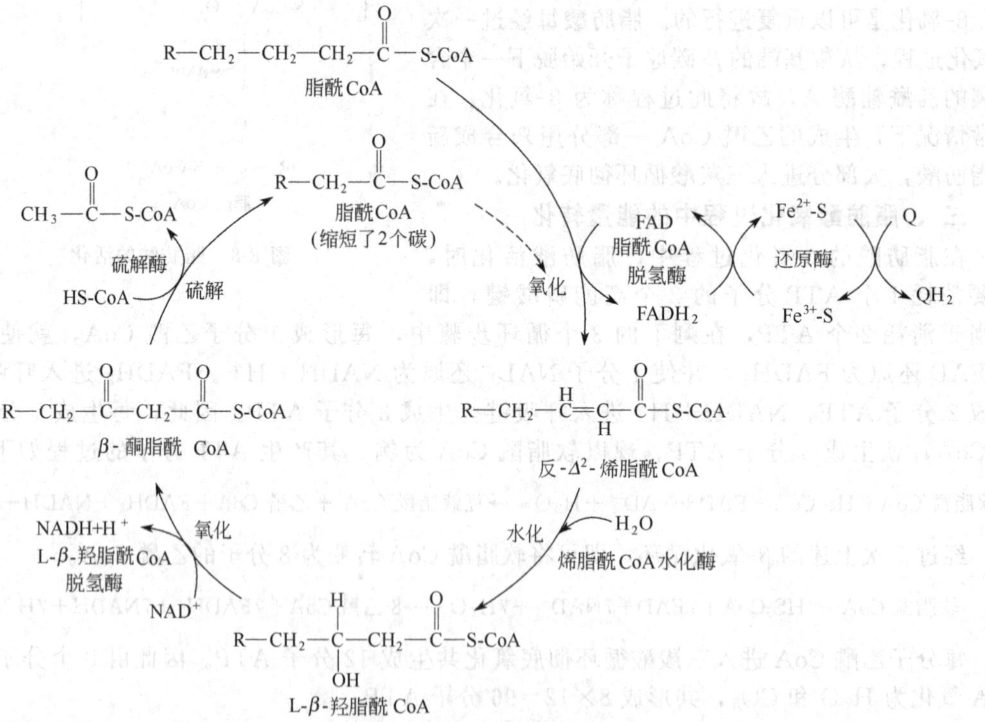

R—CH₂—CH₂—CH₂—C—S-CoA
脂酰CoA
CH₃—C—S-CoA
硫解酶
HS-CoA
硫解
R—CH₂—C—S-CoA
脂酰CoA
(缩短了2个碳)
FAD
脂酰CoA
脱氢酶
FADH₂
氧化
还原酶
Fe²⁺-S
Fe³⁺-S
Q
QH₂
R—CH₂—C—CH₂—C—S-CoA
β-酮脂酰 CoA
R—CH₂—C=C—C—S-CoA
反-Δ²-烯脂酰 CoA
NADH+H⁺
氧化
L-β-羟脂酰CoA
脱氢酶
NAD⁺
水化
H₂O
烯脂酰CoA水化酶
R—CH₂—C—CH₂—C—S-CoA
OH
L-β-羟脂酰 CoA

图 8-10 脂肪酸的 β-氧化过程

四*、葡萄糖与软脂酸彻底氧化产生 ATP 的总结算

1. 葡萄糖彻底氧化产生 ATP 结算

关于葡萄糖彻底氧化为水和二氧化碳究竟产生多少 ATP 分子的问题一直受到人们的关注。葡萄糖分解通过糖酵解和柠檬酸循环的底物磷酸化作用产生 ATP 的分子数，根据化学计算可以得到明确的答复。但是氧化磷酸化产生的 ATP 分子数并不十分准确。因为质子

泵、ATP合成以及代谢物的转运过程并不需要是完整的数值甚至不需要固定值。根据最新测定计算，一对NADH传至O_2，所产生的ATP分子数是2.5个，琥珀酸及脂肪酸氧化产生的$FADH_2$传递至O_2，产生的ATP是1.5个。这样，当一分子葡萄糖彻底氧化为CO_2和H_2O所得到的ATP分子数和过去传统的统计数（36个或38个ATP）少了6个ATP分子，成为30个或32个。全部的统计列于表8-5。在30个或32个ATP分子中，氧化磷酸化产生26个或28个，底物磷酸化产生6个，葡萄糖活化共消耗2个。

表 8-5　葡萄糖彻底氧化生成ATP分子的统计

反　应　名　称	生成ATP分子数
糖酵解作用(胞浆)	
葡萄糖磷酸化	−1
5-磷酸果糖磷酸化	−1
2分子1,3-BPG去磷酸化(底物磷酸化)	+2
2分子磷酸烯醇式丙酮酸去磷酸化(底物磷酸化)	+2
2分子3-磷酸甘油酸氧化产生2分子NADH	
丙酮酸氧化脱羧(线粒体)	
2分子丙酮酸转变为2分乙酰辅酶A产生2分子NADH	
柠檬酸循环(线粒体)	
2分子琥珀酰CoA产生2分子GTP(底物磷酸化)	+2
柠檬酸循环产生6分子NADH	
柠檬酸循环产生2分子$FADH_2$	
氧化磷酸化(线粒体)	
糖酵解产生的2个NADH经磷酸甘油酸穿梭移入形成$FADH_2$，每个$FADH_2$产生1.5个ATP；如果经苹果酸-天冬氨酸穿梭移入形成NADH，每个NADH产生2.5个ATP	+3或+5
丙酮酸氧化产生的2个NADH每个产生2.5个ATP	+5
柠檬酸循环产生的6分子NADH每分子产生2.5个ATP	+15
柠檬酸循环产生的2分子$FADH_2$每分子产生1.5个ATP	+3
合计	+30或+32

注：此结果是根据Hinkle P C、Kumar M A、Resetar A和Harris G H的测定得到的结论，此项研究发表在Biochemistry，1991，30：3576。

2. 软脂酸彻底氧化产生ATP结算

据图8-8～图8-10流程，软脂酸（16碳饱和脂肪酸）彻底氧化产生ATP数目为106个，具体见表8-6，其中氧化磷酸化为100个，底物磷酸化为8个，脂肪酸活化消耗2个（消耗1个ATP生成1个AMP，即消耗2个高能键）。

表 8-6　软脂酸彻底氧化生成ATP的统计

反　应　名　称	生成ATP分子数
软脂酸活化(胞浆)	
软脂酸活化消耗1分子ATP(消耗2个高能键)	−2
软脂酸β-氧化(线粒体)(共进行7次)	
8分子乙酰CoA	
7分子NADH	
7分子$FADH_2$	
柠檬酸循环(线粒体)	
8分子乙酰CoA进行底物磷酸化1次	+8
8分子乙酰CoA产生24分子NADH	
8分子乙酰CoA产生8分子$FADH_2$	
氧化磷酸化(线粒体)	
β-氧化及柠檬酸循环共产生31分子NADH，每个产生2.5个ATP	+77.5
β-氧化及柠檬酸循环共产生15分子NADH，每个产生1.5个ATP	+22.5
合计	+106

本章小结

脂类（lipid）亦译为脂质或类脂，是一类不易溶于水而易溶于非极性溶剂的生物有机分子。其化学本质是脂肪酸和醇所形成的酯类及其衍生物。

属于脂类的物质化学结构可能有很大差异，生理功能各异，但其脂类具有共同特征：不溶于水而溶于有机溶剂（如氯仿、乙醚、丙酮、苯等）。

脂肪会因其脂肪酸组成、饱和程度不同而呈液态或固态，分别称为油或脂，类脂根据其组成不同而呈不同的性质与功能。

脂类不能与其他物质结合形成复合物，脂蛋白就是一种高分子量的水溶性复合物，它是由脂类和一种或几种特异蛋白——载脂蛋白组成的。

脂肪水解生成脂肪酸和甘油，甘油回归糖代谢途径，而脂肪酸多通过β-氧化方式生成乙酰CoA后回归糖代谢，当脂肪酸氧化产生的乙酰CoA的量超过柠檬酸循环氧化的能力时，多余的乙酰CoA则用来形成酮体。酮体主要指的是β-羟基丁酸、乙酰乙酸和丙酮。

磷脂是构成生物膜的重要组成成分，生物膜的形成对细胞起到一定的分区作用，亚细胞器也是由封闭的生物膜包围而成的。

胆固醇是体内最丰富的固醇类化合物，它既作为细胞生物膜的构成成分，又是类固醇、类激素、胆汁酸及维生素D的前体物质。因此对于大多数组织来说，保证胆固醇的供给，维持其代谢平衡是十分重要的。

胆固醇能在动物体内合成，仅控制从食物中摄入的胆固醇并一定能起控制胆固醇的含量。

根据脂类的生物学功能，可以将脂类分为如下分类。

① 贮存脂类。重要的贮能供能物质，每克脂肪（高度还原的物质）氧化时可释放出38.9kJ的能量，每克糖和蛋白质氧化时释放的能量仅分别为17.2kJ和23.4 kJ。浮游生物中蜡是代谢燃料的贮存形式，蜡还有保护功能。

② 结构脂类。磷脂、糖脂、硫脂、固醇类等有机物是生物体的重要成分（如生物膜系统）。

③ 活性脂类。固醇类、萜类是一些激素和维生素等生理活性物质的前体。

④ 调节脂类。脂类（糖脂）与信息识别、种特异性、组织免疫有密切的关系。

练习题

一、名词解释

皂化值、碘值、脂肪酸的β-氧化、胆固醇、磷脂、肉毒碱。

二、选择题

1. 在脂肪酸的合成中，每次碳链的延长都需要什么直接参加？（　　）

A. 乙酰CoA　B. 草酰乙酸　C. 丙二酸单酰CoA　D. 甲硫氨酸

2. 合成脂肪酸所需的氢由下列哪一种提供？（　　）

A. $NADP^+$　B. $NADPH+H^+$　C. $FADH_2$　D. $NADH+H^+$

3. 脂肪酸活化后，β-氧化反复进行，不需要下列哪种酶参与？（　　）

A. 脂酰CoA脱氢酶　B. β-羟脂酰CoA脱氢酶

C. 烯脂酰CoA水合酶　D. 硫激酶

4. 在脂肪酸合成中，将乙酰CoA从线粒体内转移到细胞质中的化合物是（　　）。

A. 乙酰 CoA　　B. 草酰乙酸　　C. 柠檬酸　　D. 琥珀酸

5. β-氧化的酶促反应顺序为（　　）。

A. 脱氢、再脱氢、加水、硫解　　B. 脱氢、加水、再脱氢、硫解

C. 脱氢、脱水、再脱氢、硫解　　D. 加水、脱氢、硫解、再脱氢

6. 脂肪大量动员肝内生成的乙酰 CoA 主要转变为（　　）。

A. 葡萄糖　　B. 酮体　　C. 胆固醇　　D. 草酰乙酸

7. 生成甘油的前体是（　　）。

A. 丙酮酸　　B. 乙醛　　C. 磷酸二羟丙酮　　D. 乙酰 CoA

8. 卵磷脂中含有的含氮化合物是（　　）。

A. 磷酸吡哆醛　　B. 胆胺　　C. 胆碱　　D. 谷氨酰胺

三、是非题（在题后括号内打√或×）

1. 脂肪酸的β-氧化主要始于分子的羧基端。（　　）

2. 脂肪酸的从头合成需要 $NADPH+H^+$ 作为还原反应的供氢体。（　　）

3. 脂肪酸彻底氧化的产物为乙酰 CoA。（　　）

4. CoA 和 ACP 都是酰基的载体。（　　）

5. 脂肪酸合成酶催化的反应是脂肪酸β-氧化反应的逆反应。（　　）

四、问答题

1. 甘油在体内是如何代谢的？

2. 脂肪酸的分解代谢要经历哪几个阶段？

3. 脂肪酸的β-氧化有几个步骤？

4. 1 分子软脂酸彻底氧化可产生多少 ATP？

讨　论　题

1. 有人提出缺乏脂肪的人会胃下垂，是否正确？

2. 摄入过量的添加有人造奶油的食品对人体健康有何影响？

3. 为什么细胞膜是半透膜？细胞膜对进出细胞的物质交换有何调节作用？

4. 为什么在发酵工业中，选育生产菌种时要求提高细胞的通透性？请查阅有关谷氨酸或其他药物发酵菌种选育时对细胞通透性的要求。

第九章　蛋白质降解及氨基酸的代谢

【学习目标】

1. 了解蛋白酶、蛋白质及其营养价值。

2. 掌握蛋白质酶促水解及水解过程、水解产物。

3. 掌握氨基酸的脱氨基作用、转氨作用和联合转氨作用。

4. 了解氨基酸的合成及氨基酸分解产物的代谢转变。

5. 了解蛋白质的酶促水解及蛋白质水解过程、氨基酸的脱羧基作用、杂醇油形成机理。

第一节　蛋白酶分类

一、蛋白酶概述

蛋白酶是催化肽键水解的一群酶类。它广泛存在于动物内脏、植物茎叶、果实和微生物中。蛋白酶是研究得比较深入的一种酶，已做成结晶或得到高度纯化物的蛋白酶达 100 多种，其中不少酶的一级结构以至立体结构也已阐明。

蛋白质在蛋白酶的作用下，可迅速水解为胨和肽类等小分子含氮化合物，最后成为氨基酸。不同来源的蛋白酶在工业上有不同的用途，如丝绸脱胶、皮革工业中脱毛和软化皮板、水解蛋白注射液的生产及啤酒澄清等。

中国现阶段蛋白酶主要应用在皮革、毛皮、毛纺、丝绸、医药、食品、酿造等行业上。

二、蛋白酶的分类

蛋白酶按水解蛋白质的方式分为以下几种。

① 切开蛋白质分子内部肽键生成分子量较小的多肽类，这类酶叫内肽酶。

② 切开蛋白质或多肽分子氨基或羧基末端的肽键，而游离出氨基酸，这类酶叫外肽酶。作用于氨基末端的称为氨肽酶，作用于羧基末端的称为羧肽酶。

③ 水解蛋白质或多肽的酯键：

```
       R     酶切割作用点
       |          ↓
NH—CH—CO—OR
```

。

④ 水解蛋白质或多肽的酰胺键：

```
       R     酶切割作用点
       |      ↓
NH—CH—CO—NH2
```

。

此外，有些蛋白酶还可以合成肽类，或者将一个肽转移到另一个肽上，或者将肽类的氧原子同水分子的氧原子发生交换。利用蛋白酶的转肽作用可以合成肽链更长的聚合物。

按蛋白酶的来源还可分为动物蛋白酶、植物蛋白酶和微生物蛋白酶 3 类。

按蛋白酶作用的最适 pH，可分为酸性蛋白酶（最适 pH 2.0～5.0）、中性蛋白酶（最适 pH 为 7.0 左右）和碱性蛋白酶（最适 pH 9.5～10.5）3 类。

第二节　蛋白质的消化、吸收与腐败

一、蛋白质的消化

蛋白质是生物大分子，分子量大，结构复杂，甚至以复合物的形式存在，因此食物或饲料中的大分子蛋白质，若不经分解或消化则不易被生物体利用。蛋白质在生物体内的分解过程称为消化，在体外的降解则称为水解或休止（啤酒工业）。蛋白质没有经过消化则不能被肠道吸收，动物体则无法利用食物中的蛋白质成分。

一些植物蛋白分子量极大，如没有经过蛋白酶分解，则其营养价值不大。某些海洋动物因含有特异性的蛋白质，过多摄入则可引起过敏反应。

所谓蛋白质的消化，是指食物蛋白质经过消化道中各种蛋白酶及肽酶的作用，而水解为氨基酸的过程。外源蛋白质进入体内，总是先经过水解作用变为小分子的氨基酸，然后才被吸收。高等动物摄入的蛋白质在消化道内消化后形成游离氨基酸，吸收入血液，供给细胞合成自身蛋白质的需要。氨基酸的分解代谢主要在肝脏内进行。

同位素示踪法表明，一个体重 70kg 的人，吃一般膳食，每天可有 400g 蛋白质发生变化。其中约有 1/4 进行氧化降解或转变为葡萄糖，并由外源蛋白质加以补充；其余 3/4 在体内进行再循环。机体每天由尿中以含氮化合物排出的氨基氮约为 6～20g，甚至在未进食蛋白质时也是如此。每天排泄 5g 氮相当于丢失 30g 内源蛋白质。

二、蛋白质的酶促降解

膳食给人体提供各类蛋白质，在胃肠道内通过各种酶的联合作用将其分解成氨基酸。

动物组织中有各种组织蛋白酶，这类酶也能将细胞自身的蛋白质水解成氨基酸，但不同于消化道中的蛋白水解酶。正常组织内，蛋白质的分解速度与组织的生理活动是相适应的，例如，正在生长的儿童组织细胞中的蛋白质其合成大于分解，但饥饿者或患消耗性疾病的病人蛋白质的分解就显著地加强。动物死后，组织蛋白酶可使组织自溶，尸体的腐烂显然与此酶有关。

高等植物体中也含有蛋白酶类，种子及幼苗内都含有活性蛋白酶，叶和幼芽中也有蛋白酶，某些植物的果实中含有丰富的蛋白酶，如木瓜中的木瓜蛋白酶、菠萝中的菠萝蛋白酶、无花果中的无花果蛋白酶等都可使蛋白质水解。植物组织中的蛋白酶，其水解作用以种子萌芽时为最旺盛。发芽时，胚乳中贮存的蛋白质在蛋白酶催化下水解成氨基酸，当这些氨基酸运输到胚，胚则利用其来重新合成蛋白质，以组成植物自身的细胞。

微生物也含有蛋白酶，能将蛋白质水解为氨基酸。

就高等动物来说，外界食物蛋白质经消化吸收的氨基酸、体内合成的氨基酸及组织蛋白质经降解的氨基酸，共同组成体内氨基酸代谢库。氨基酸代谢库中的氨基酸大部分用以合成蛋白质，另一部分可以作为能源，体内有一些非蛋白质的含氮化合物也以某些氨基酸作为合成的原料。

三、蛋白质的腐败作用

在消化过程中，一小部分未经消化的蛋白质，以及一小部分未被吸收的消化产物进入大肠后，受到大肠下部细菌的作用。细菌对蛋白质或蛋白质消化产物的降解作用称为腐败作用。腐败作用是细菌本身的代谢活动，其代谢产物有胺类、脂肪酸、醇类、酚类、吲哚、甲基吲哚、硫化氢、甲烷、氨、二氧化碳及某些维生素等物质。这些物质有的对人有毒，如胺、酚、氨、吲哚、甲基吲哚等，有的则是有益物质，如脂肪酸、维生素等。有益的物质被重新吸收利用，有毒的物质经过生理解毒作用后变成无毒物质排出体外。

第三节 氨基酸的分解代谢

一、氨基酸的脱氨基作用

氨基酸失去氨基的作用称为脱氨基作用，它是机体氨基酸分解代谢的一个关键步骤。氨基酸脱氨基后生成酮酸，氨基则被重新利用或以尿素等其他化合物的形式排出体外。

脱氨基作用有氧化脱氨基作用和非氧化脱氨基作用两类。

氧化脱氨基作用普遍存在于动植物中，除了有氧分子参加反应外，更多的氧化脱氨方式是通过脱氢氧化方式进行的，脱下来的氢再进行一系列的传递，最后交给最终受氢体。动物的脱氨基作用主要在肝脏中进行。非氧化脱氨基作用见于微生物中，但并不普遍。

二、氨基酸的氧化脱氨基作用

（一）氧化脱氨基作用

氧化脱氨作用的过程可用下列反应表示：

$$2HC(R)(COO^-)-\overset{+}{N}H_3 + O_2 \longrightarrow 2C(R)(COO^-)=O + 2NH_3 + 2H^+$$

氨基酸　　　　酮酸

上式表明氧化脱氨基作用的产物是α-酮酸和氨。每消耗 1 分子氧产生 2 分子α-酮酸和 2 分子氨。上面的反应实际上包括脱氢与水解两个化学反应。脱氢反应是酶促反应，它的产物是亚氨基酸，亚氨基酸在水溶液中极不稳定，易于分解，所以自发地分解为α-酮酸和氨：

$$R-CH(\overset{+}{N}H_3)-COO^- \xrightarrow[FP \to FP\text{-}2H]{\text{氨基酸氧化酶}} R-C(=\overset{+}{N}H_2)-COOO^-$$

$$\xrightarrow{H_2O} R-C(=O)-COO^- + NH_3 + H^+$$

α-酮酸

催化第一步反应的酶称为氨基酸氧化酶，是一种黄素蛋白（FP）。黄素蛋白接受由氨基酸脱出的氢，转变为还原型黄素蛋白（FP-2H），又将氢原子直接与氧结合生成过氧化氢。

$$FP\text{-}2H + O_2 \longrightarrow FP + H_2O_2$$

过氧化氢由过氧化氢酶分解为水和氧。过氧化氢可将酮酸氧化为比原来少一个碳原子的脂肪酸。

$$R-C(=O)-COO^- + H_2O_2 \longrightarrow R-COO^- + CO_2 + H_2O$$

（碳原子$=n+2$）　　　　（碳原子$=n+1$）

氨基酸的脱氨基作用如果由不需氧脱氢酶催化，则脱出的氢不以分子氧为直接受体，而以辅酶作为受体，然后经呼吸链（细胞色素体系）与氧结合成水。

（二）催化氧化脱氨基作用的酶

进行脱氢氧化是生物体主要的氧化方式，通过脱氢酶的辅基将脱下来的氢再进行一系列的传递，最后交给最终受氢体。催化氨基酸氧化脱氨基作用的酶主要有以下几种。

1. L-氨基酸氧化酶

L-氨基酸氧化酶有两种不同的类型，一类以黄素腺嘌呤二核苷酸（FAD）为辅基，另一类以黄素单核苷酸（FMN）为辅基。人和动物体中的L-氨基酸氧化酶属于后一类。该酶能催化十几种氨基酸的脱氨基作用。但对甘氨酸、β-羟氨酸（如L-丝氨酸、L-苏氨酸）、二羧基氨基酸（L-谷氨酸、L-天冬氨酸）和二氨基一羧基氨基酸（赖氨酸、鸟氨酸）都无催化作用。

2. D-氨基酸氧化酶

D-氨基酸氧化酶是以FAD为辅基，能以不同速度使D-氨基酸脱氨，对D-丙氨酸和D-甲硫氨酸的作用更快。该酶在脊椎动物只存在于肝细胞与肾细胞中，以肾细胞中的活力最强。有些霉菌和细菌含有此酶。该酶所催化的脱氨过程与L-氨基酸氧化酶相同。

3. 氧化专一氨基酸的酶

已发现的此类酶有甘氨酸氧化酶、D-天冬氨酸氧化酶，L-谷氨酸脱氢酶等。前两种酶的辅酶都是FAD。L-谷氨酸脱氢酶是不需氧脱氢酶，以NAD^+或$NADP^+$作为辅酶。它们催化的反应如下。

（1）甘氨酸氧化酶　催化甘氨酸脱氨形成乙醛酸和氨。

$$\underset{\text{甘氨酸}}{\begin{matrix} NH_2 \\ | \\ CH_2 \\ | \\ COOH \end{matrix}} + \frac{1}{2}O_2 \longrightarrow \begin{matrix} H \\ | \\ C{=}O \\ | \\ COOH \end{matrix} + NH_3$$

（2）D-天冬氨酸氧化酶　从兔肾中分离得到，以FAD为辅酶，能催化D-天冬氨酸在有氧条件下氧化脱氨，形成草酰乙酸和氨。

$$\underset{\text{D-天冬氨酸}}{\begin{matrix} COO^- \\ | \\ CH_2 \\ | \\ HC{-}\overset{+}{N}H_3 \\ | \\ COO^- \end{matrix}} + \frac{1}{2}O_2 \longrightarrow \underset{\text{草酰乙酸}}{\begin{matrix} COO^- \\ | \\ CH_2 \\ | \\ C{=}O \\ | \\ COO^- \end{matrix}} + NH_3 + H^+$$

（3）L-谷氨酸脱氢酶　既能催化L-谷氨酸氧化脱氨反应，也能催化α-酮戊二酸和氨形成谷氨酸。

$$\underset{\text{L-谷氨酸}}{\begin{matrix} COO^- \\ | \\ CH_2 \\ | \\ CH_2 \\ | \\ H_3\overset{+}{N}{-}CH \\ | \\ COO^- \end{matrix}} \underset{NAD^+\text{或}NADP^+ \quad NADH+H^+\text{或}NADPH+H^+}{\overset{\text{L-谷氨酸脱氢酶}}{\rightleftharpoons}} \underset{\alpha\text{-亚氨基戊二酸}}{\begin{matrix} COO^- \\ | \\ CH_2 \\ | \\ CH_2 \\ | \\ C{=}\overset{+}{N}H_2 \\ | \\ COO^- \end{matrix}} \xrightarrow{H_2O} \underset{\alpha\text{-酮戊二酸}}{\begin{matrix} COO^- \\ | \\ CH_2 \\ | \\ CH_2 \\ | \\ C{=}O \\ | \\ COO^- \end{matrix}} + NH_3 + H^+$$

该酶分布很广，在动物、植物、微生物中都存在。真核细胞的谷氨酸脱氢酶大都存在于线粒体的基质中。该酶是一种不需氧脱氢酶，它的辅酶有两种，一种是$NAD^+/NADH$，另一种是$NADP^+/NADPH$。

该酶是能使氨基酸直接脱去氨基的活力最强的酶。它是一种变构酶，ATP、GTP、NADH等可起变构抑制作用，ADP、GDP以及某些氨基酸可起变构激活作用，因此，当ATP、GTP不足时，谷氨酸的氧化脱氨即行加速，这对于氨基酸分解供能起重要的调节作用。

三、氨基酸的非氧化脱氨基作用

非氧化脱氨基作用大多在微生物中进行，对生存在缺氧环境下的生物更有意义。非氧化脱氨基的方式有还原脱氨基作用、水解脱氨基作用等。

1. 还原脱氨基作用

在严格无氧的条件下，某些含有氢化酶的微生物，能用还原脱氨基方式使氨基酸脱去氨基。反应式如下所示：

$$\underset{\text{氨基酸}}{H_3\overset{+}{N}-CH(R)-COO^-} + 2H \xrightarrow{\text{氢化酶}} \underset{\text{脂肪酸}}{R-CH_2-COO^-} + NH_3 + H^+$$

2. 水解脱氨基作用

氨基酸在水解酶的作用下，产生羟酸和氨。即：

$$\underset{\text{氨基酸}}{H-C(R)(COO^-)-\overset{+}{N}H_3} + H_2O \xrightarrow{\text{水解酶}} \underset{\text{羟酸}}{H-C(R)(COO^-)-OH} + NH_3 + H^+$$

3. 脱水脱氨基作用

L-丝氨酸和L-苏氨酸的脱氨基是利用脱水方式完成的。催化该反应的酶以磷酸吡哆醛为辅酶。

$$\underset{\text{丝氨酸}}{CH_2OH-CH\overset{+}{N}H_3-COO^-} \xrightarrow[-H_2O]{\text{L-丝氨酸脱水酶}} \underset{\alpha\text{-氨基丙烯酸}}{CH_2=C(NH_3)-COO^-} \xrightarrow{\text{分子重排}} \underset{\text{亚氨基丙酸}}{CH_3-C(=\overset{+}{N}H_2)-COO^-} \xrightarrow[+H_2O]{\text{自发水解}} \underset{\text{丙酮酸}}{CH_3-C(=O)-COO^-} + NH_3 + H^+$$

4. 脱巯基脱氨基作用

L-半胱氨酸的脱氨作用是由脱巯基酶催化的。

$$\underset{\text{L-半胱氨酸}}{SH-CH_2-HC(COO^-)-\overset{+}{N}H_3} \xrightarrow[-H_2S]{} CH_2=C(COO^-)-\overset{+}{N}H_3 \longrightarrow CH_3-C(COO^-)=\overset{+}{N}H_2 \xrightarrow[+H_2O]{} CH_3-C(=O)-COO^- + NH_3 + H^+$$

5. 氧化-还原脱氨基作用

两个氨基酸互相发生氧化-还原反应，分别形成有机酸、酮酸和氨。

$$R-HC(COO^-)-\overset{+}{N}H_3 + R'-HC(COO^-)-\overset{+}{N}H_3 + H_2O \xrightarrow{\text{酶}} \underset{\text{酮酸}}{R-C(=O)-COO^-} + \underset{\text{有机酸}}{R'-CH_2-COO^-} + 2\,NH_3 + 2H^+$$

以上的反应中，一个氨基酸是氢的供体，另一个氨基酸是氢的受体。

四、氨基酸的脱酰氨基作用

谷氨酰胺和天冬酰胺可在谷氨酰胺酶和天冬酰胺酶的作用下，分别发生脱酰氨基作用而形成相应的氨基酸。

$$\underset{\text{谷氨酰胺}}{CONH_2-(CH_2)_2-CH\overset{+}{N}H_3-COO^-} + H_2O \xrightarrow{\text{谷氨酰胺酶}} \underset{\text{谷氨酸}}{COO^--(CH_2)_2-CH\overset{+}{N}H_3-COO^-} + NH_3 + H^+$$

$$\underset{\text{天冬酰胺}}{\begin{array}{l}CONH_2\\ |\\ CH_2\\ |\\ CH\overset{+}{N}H_3\\ |\\ COO^-\end{array}} + H_2O \xrightarrow{\text{天冬酰胺酶}} \underset{\text{天冬氨酸}}{\begin{array}{l}COO^-\\ |\\ CH_2\\ |\\ CH\overset{+}{N}H_3\\ |\\ COO^-\end{array}} + NH_3 + H^+$$

谷氨酰胺酶和天冬酰胺酶广泛存在于微生物、动物、植物细胞中，有相当高的专一性。

五、氨基酸的转氨基作用

1. 转氨基作用

转氨基作用是α-氨基酸和酮酸之间氨基的转移作用；α-氨基借助酶的催化作用转移到酮酸的酮基上，结果原来的氨基酸生成相应的酮酸，而原来的酮酸则形成相应的氨基酸。例如，L-谷氨酸的氨基在酶的催化下转移到丙酮酸上，谷氨酸变成了α-酮戊二酸，而丙酮酸则变成丙氨酸。

$$\underset{\text{谷氨酸}}{\begin{array}{l}COO^-\\ |\\ CH_2\\ |\\ CH_2\\ |\\ CH\overset{+}{N}H_3\\ |\\ COO^-\end{array}} + \begin{array}{l}CH_3\\ |\\ C{=}O\\ |\\ COO^-\end{array} \overset{\text{转氨酶}}{\rightleftharpoons} \underset{\alpha\text{-酮戊二酸}}{\begin{array}{l}COO^-\\ |\\ CH_2\\ |\\ CH_2\\ |\\ C{=}O\\ |\\ COO^-\end{array}} + \underset{\text{丙氨酸}}{\begin{array}{l}CH_3\\ |\\ CH\overset{+}{N}H_3\\ |\\ COO^-\end{array}}$$

同样，天冬氨酸的氨基转移到α-酮戊二酸的酮基上，结果天冬氨酸转变为草酰乙酸，α-酮戊二酸则转变为谷氨酸。

转氨基作用是氨基酸脱去氨基的一种重要方式。转氨基作用可以在氨基酸与酮酸之间普遍进行。用^{15}N标记氨基酸的氨基进行实验证明，构成蛋白质的氨基酸除甘氨酸、赖氨酸、苏氨酸、脯氨酸及羟脯氨酸外，都能以不同程度参加转氨作用。转氨作用在氨基酸的分解代谢中占有重要地位。

2. 转氨酶

催化转氨基反应的酶称为转氨酶，或称氨基转移酶。催化氨基酸转氨基的酶种类很多，在动物、植物、微生物中分布很广。在动物的心、脑、肾、睾丸以及肝细胞中含量都很高。大多数转氨酶需要α-酮戊二酸作为氨基的受体，因此它们对两个底物中的一个底物，即α-酮戊二酸（或谷氨酸）是专一的，而对另外一个底物则无严格的专一性。虽然某种酶对某种氨基酸有较高的活力，但对其他氨基酸也有一定作用。酶是根据其催化活力最大的氨基酸来命名的，至今已发现至少有50种以上的转氨酶。

动物和高等植物的转氨酶一般只催化L-氨基酸和α-酮酸的转氨基作用。某些细菌，例如，枯草杆菌（*B. Subtilis*）的转氨酶能催化D型和L型两种氨基酸的转氨基作用。

转氨酶催化的反应都是可逆的，它们的平衡常数为1.0左右，也表明催化的反应可向左、右两个方向进行。但是在生物体内，与转氨基作用相偶联的反应是氨基酸的氧化分解作用，例如，谷氨酸的氧化脱氨基作用，这种偶联反应可以促使氨基酸的转氨作用向一个方向进行。

真核细胞的线粒体和细胞溶胶中都可进行转氨作用。在细胞不同部位的转氨酶，虽然功能相同，但结构和性质并不相同。在猪心细胞线粒体内和线粒体外的天冬氨酸转氨酶，其氨基酸组成和等电点都不相同，但两种转氨酶的相对分子质量都是90000，都含有两个大小相同的亚基。

哺乳动物细胞中氨基酸氨基的集合作用是在细胞溶胶中进行的，起催化作用的酶是细胞溶胶中的各种转氨酶，这些酶催化的转氨产物是谷氨酸。谷氨酸通过膜的特殊转运系统进入线粒体基质，在线粒体基质中，谷氨酸或直接脱氨基，或作为α-氨基的供体，借助线粒体天冬氨酸转氨酶，将氨基转移给草酰乙酸，又形成天冬氨酸。在线粒体内，天冬氨酸是尿素形成时氨基的直接供给者，又是形成腺苷酸代琥珀酸的重要物质（参看联合脱氨基作用）。

六、氨基酸的联合脱氨基作用

氨基酸的转氨基作用虽然在生物体内普遍存在，但是单靠转氨基作用并不能最终脱掉氨基，单靠氧化脱氨基作用也不能满足机体脱氨基的需要。因为只有谷氨酸脱氢酶活力最高，其他的L-氨基酸氧化酶活力均低。生物体借助联合脱氨基作用即可迅速地使各种不同的氨基酸脱掉氨基。

当前联合脱氨基作用有两个内容。其一是指氨基酸的α-氨基先借助转氨基作用转移到α-酮戊二酸的分子上，生成相应的α-酮酸和谷氨酸，然后谷氨酸在L-谷氨酸脱氢酶的催化下，脱氨基生成α-酮戊二酸，同时释放出氨，如图9-1所示。

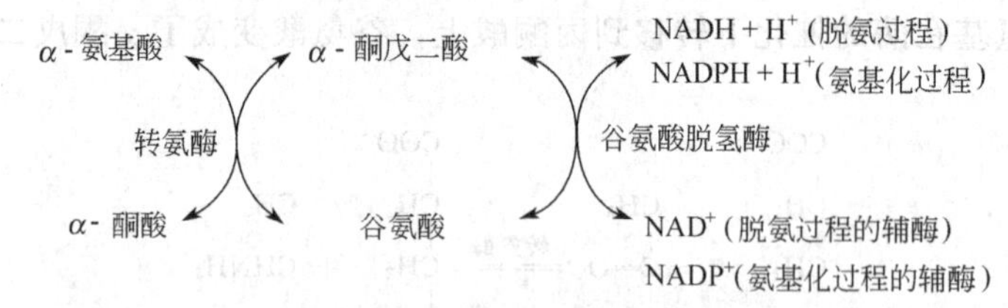

图 9-1 联合脱氨基示意（以谷氨酸脱氢酶为中心）

其二是嘌呤核苷酸循环的联合脱氨基作用，这一过程包括的内容是：次黄嘌呤核苷一磷酸与天冬氨酸作用形成中间产物腺苷酸代琥珀酸，后者在裂合酶的作用下，分裂成腺嘌呤核苷一磷酸和延胡索酸，腺嘌呤核苷一磷酸（腺苷酸）水解后即产生游离氨和次黄嘌呤核苷一磷酸。

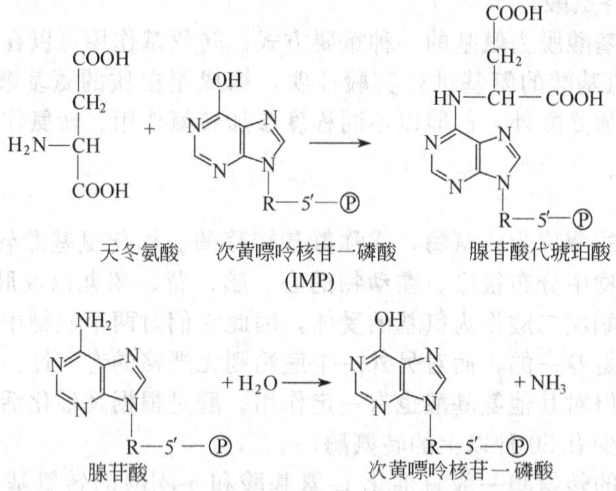

天冬氨酸 + 次黄嘌呤核苷一磷酸（IMP） ⟶ 腺苷酸代琥珀酸

腺苷酸 + H_2O ⟶ 次黄嘌呤核苷一磷酸 + NH_3

天冬氨酸主要是由草酰乙酸与谷氨酸转氨而来，催化此反应的酶为谷氨酸-草酰乙酸转氨酶，简称谷草转氨酶。从α-氨基酸开始的联合脱氨基反应可概括如图9-2所示。

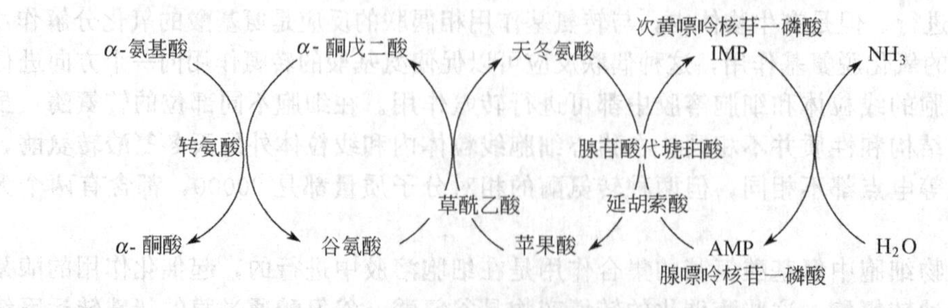

图 9-2 通过嘌呤核苷酸循环的联合脱氨基过程

以谷氨酸脱氢酶为中心的联合脱氨基作用，虽然在机体内广泛存在，但并不是所有组织细胞的主要脱氨方式，骨骼肌、心肌、肝脏以及脑的脱氨基方式可能都是以嘌呤核苷酸循环为主，实验证明脑组织中的氨有50%是经嘌呤核苷酸循环产生的。

七、氨基酸的脱羧基作用

氨基酸在氨基酸脱羧酶催化下进行脱羧作用，生成二氧化碳和一个伯胺类化合物。这个反应除组氨酸外均需要磷酸吡哆醛作为辅酶。

$$H_3\overset{+}{N}CH(R)COO^- \longrightarrow RCH_2NH_2 + CO_2$$

氨基酸的脱羧作用在微生物中很普遍，在高等动植物组织内也有此作用，但不是氨基酸代谢的主要方式。

氨基酸脱羧酶的专一性很高，除个别脱羧酶外，一种氨基酸脱羧酶一般只对一种氨基酸起脱羧作用。氨基酸脱羧后形成的胺类中有一些是组成某些维生素或激素的成分，有一些具有特殊的生理作用。例如，脑组织中游离的γ-氨基丁酸就是谷氨酸经谷氨酸脱羧酶催化脱羧的产物，它对中枢神经系统的传导有抑制作用。

$$\underset{\text{谷氨酸}}{^-OOC-(CH_2)_2-CH\overset{+}{N}H_3-COO^-} \xrightarrow{+H^+} \underset{\gamma\text{-氨基丁酸}}{^-OOC-(CH_2)_2-CH_2\overset{+}{N}H_3} + CO_2$$

天冬氨酸脱羧酶促使天冬氨酸脱羧形成β-丙氨酸，它是维生素泛酸的组成成分。

$$\underset{\text{天冬氨酸}}{^-OOC-CH_2-CH\overset{+}{N}H_3-COO^-} \xrightarrow{+H^+} \underset{\beta\text{-丙氨酸}}{^-OOC-CH_2-CH_2\overset{+}{N}H_3} + CO_2$$

组胺可使血管舒张、降低血压，而酪胺则使血压升高。前者是组氨酸的脱羧产物，后者是酪氨酸的脱羧产物。

$$\underset{\text{组氨酸}}{\text{(咪唑环)}HC=C-CH_2-CH(\overset{+}{N}H_3)-COO^-} \longrightarrow \underset{\text{组胺}}{\text{(咪唑环)}HC=C-CH_2CH_2NH_2} + CO_2$$

$$\underset{\text{酪氨酸}}{HO-C_6H_4-CH_2-CH(\overset{+}{N}H_3)COO^-} \longrightarrow \underset{\text{酪胺}}{HO-C_6H_4-CH_2CH_2NH_2} + CO_2$$

如果体内生成大量胺类，能引起神经或心血管等系统的功能紊乱，但体内的胺氧化酶能催化胺类氧化成醛，继而醛又氧化成脂肪酸，再分解成二氧化碳和水。

$$RCH_2NH_2 + O_2 + H_2O \longrightarrow RCHO + H_2O_2 + NH_3$$

$$RCHO + \frac{1}{2}O_2 \longrightarrow RCOO^- + H^+$$

脱羧酶的作用机制如下：

$$H-\overset{R}{\underset{COO^-}{C}}-\overset{+}{N}H_3+O=\overset{Ⓟ}{C}H \xrightarrow{-H_2O} H-\overset{R}{\underset{COO^-}{C}}-\overset{H}{\underset{+}{N}}=\overset{Ⓟ}{C}H \xrightarrow{-CO_2} H-\overset{R}{\underset{H}{C}}-N=\overset{Ⓟ}{C}H \xrightarrow{+H_2O} \overset{R}{C}H_2NH_2+O=\overset{Ⓟ}{C}H$$

上式中 $O=\overset{Ⓟ}{C}H$ 代表磷酸吡哆醛。

某些微生物如细菌、酵母的细胞中含有一些物质能进行加水分解，使氨基酸同时脱氨、脱羧，生成少一个碳原子的伯醇，释放出氨和二氧化碳。这类反应是白酒与酒精发酵中生成杂醇油的主要反应。杂醇油是指某些高级醇（如丙丁醇、正丁醇、异丁醇、异戊醇和活性异戊醇）的混合物，因它们浓度较高时在酒精溶液中呈油状，故称杂醇油。

$$\underset{\text{缬氨酸}}{CH_3-\underset{CH_3}{CH}-\underset{NH_2}{CH}-COOH}+H_2O \longrightarrow \underset{\text{异丁醇}}{CH_3-\underset{CH_3}{CH}-CH_2OH}+NH_3+CO_2$$

八、氨的去路

氨基酸经过氧化脱氨基作用、脱酰氨基作用，或者经过嘌呤核苷酸循环等途径将氨基氮转变为氨。氨对于生物机体是有毒物质，特别是高等动物的脑对氨极为敏感，血液中1%的氨就可引起中枢神经系统中毒，因此氨的排泄是生物机体维持正常的生命活动所必需的。

人类氨中毒的症状表现为语言紊乱、视力模糊，机体发生一种特有的震颤，甚至昏迷或死亡。氨对中枢神经系统危害的机制目前尚未完全阐明。已知脑细胞线粒体可将氨与α-酮戊二酸作用形成谷氨酸：

$$NH_4^+ + \alpha\text{-酮戊二酸} + NADPH + H^+ \longrightarrow \text{谷氨酸} + NADP^+ + H_2O$$

此反应一方面消耗了大量α-酮戊二酸，从而破坏了柠檬酸循环的正常进行，另一方面，对NADPH的大量消耗，严重地影响了需要还原力（$NADPH+H^+$）反应的正常进行。

有些微生物可将游离氨用于形成细胞的其他含氮物质。当以某种氨基酸作为氮源时，从氨基酸上脱下的氨，除一部分用于进行生物合成外，多余的氨即排到周围环境中。

某些水生的或海洋动物，如原生动物和线虫以及鱼类、水生两栖类等，都以氨的形式将氨基氮排出体外。这些动物称为排氨动物。

绝大多数陆生动物将脱下的氨转变为尿素。鸟类和陆生的爬虫类，因体内水分有限，它们的排氨方式是形成固体尿酸的悬浮液并排出体外。因此鸟类和爬虫类又称为排尿酸动物。

有些两栖类处于中间位置，幼虫为排氨动物，如蝌蚪，变态时肝脏产生必要的酶，成蛙后，即排泄尿素。

概括地说，生活着的有机体把氨基酸分解代谢产生的多余的氮排出体外，取3种形式。排氨，包括许多水生动物，排泄时需要少量的水。另一种形式排尿素，包括绝大多数陆生脊椎动物。第三种是排尿酸，包括鸟类和陆生爬行动物。有些生物在水供应受到限制时，可以从排氨类转变为排尿素类或排尿酸类。

1. 氨的转运

氨的转运主要是通过谷氨酰胺，多数动物细胞内有谷氨酰胺合成酶（gutamine synthetase），催化谷氨酸与氨结合而形成谷氨酰胺。

$$NH_4^+ + \text{谷氨酸} \xrightarrow{ATP \quad ADP+Pi} \text{谷氨酰胺} + H_2O$$

在该反应中形成的中间产物5-磷酸谷氨酰，是一种与酶结合的高能中间产物，是谷氨酸第5位的羧基磷酸化的结果，提供磷酸基团的是ATP。5-磷酸谷氨酸的磷酸酯键是活泼键，很容易脱下磷酸基团而与氨结合形成谷氨酰胺。

$$\text{酶} + \underset{\text{谷氨酸}}{H_3\overset{+}{N}-CH(COO^-)-CH_2-CH_2-COO^-} \xrightarrow{ATP \rightarrow ADP+H^+} \left[\underset{\text{5-磷酸谷氨酸（与酶相结合）}}{H_3\overset{+}{N}-CH(COO^-)-CH_2-CH_2-C(=O)-O-PO_3^{2-}}\right]\text{酶} \xrightarrow{NH_4^+ \rightarrow Pi+H^+} \underset{\text{谷氨酰胺}}{H_3\overset{+}{N}-CH(COO^-)-CH_2-CH_2-C(=O)-NH_3^+} + \text{酶}$$

谷氨酰胺是中性无毒物质，容易透过细胞膜，是氨的主要运输形式；而谷氨酸带有负电荷，因此不能透过细胞膜。

谷氨酰胺由血液运送到肝脏，肝细胞的谷氨酰胺酶（gutaminase）又将其分解为谷氨酸和氨。

$$\text{谷氨酰胺} + H_2O \xrightarrow{\text{谷氨酰胺酶}} \text{谷氨酸} + NH_4^+$$

肌肉可利用葡萄糖-丙氨酸循环转运氨，将氨送到肝脏。在肌肉中谷氨酸与丙酮酸进行转氨形成丙氨酸，即：

$$\text{谷氨酸} + \text{丙酮酸} \longrightarrow \alpha\text{-酮戊二酸} + \text{丙氨酸}$$

丙氨酸在pH近于7的条件下是中性不带电荷的化合物，通过血液运送到肝脏，再与α-酮戊二酸转氨，又变为丙酮酸和谷氨酸。

$$\text{丙氨酸} + \alpha\text{-酮戊二酸} \xrightarrow[\text{(在肝脏)}]{\text{丙氨酸转氨酶}} \text{丙酮酸} + \text{谷氨酸}$$

肌肉中所需的丙酮酸由糖酵解提供，在肝脏中多余的丙酮酸又可通过葡萄糖异生作用转化为葡萄糖。

生物体利用丙氨酸作为从肌肉到肝脏运送氨的载体，是机体在维持生命活动中遵循经济原则的一种表现。肌肉在紧张活动中既产生大量的氨，又产生大量的丙酮酸，二者都需要运送到肝脏进一步转化。将丙酮酸与氨转化为丙氨酸，收到一举两得的功效。

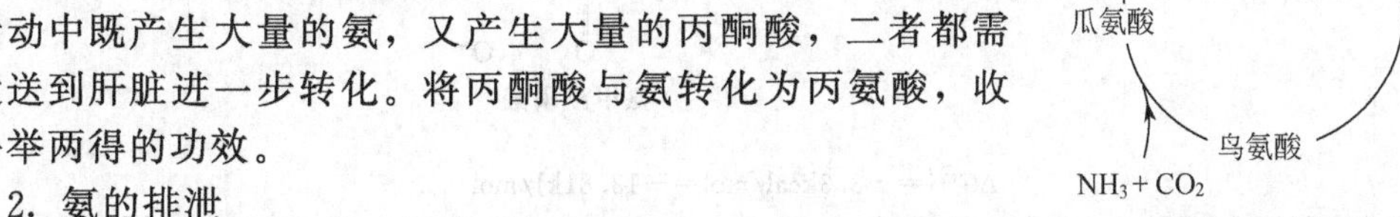

图9-3　尿素循环

2. 氨的排泄

① 排氨动物将由氨基酸的α-氨基形成的氨，经谷氨酰胺形式运送到排泄部位。例如，鱼类的鳃，经鳃内谷氨酰胺酶分解，游离的氨即借助扩散作用排出体外。

② 尿素循环。排尿素动物合成尿素是在肝脏中进行的，由一个循环机制完成，这一循环称为尿素循环，如图9-3所示。

九、尿素的形成

1. 尿素循环的发现

尿素循环是最早发现的代谢循环，比发现柠檬酸循环还早 5 年。1932 年发现柠檬酸循环的同一人，Hans A. Krebs 和他的学生 Kurt Henseleit 观察到，当往悬浮有肝脏切片的缓冲液中加入鸟氨酸（ornithine）、瓜氨酸（citrulline）或精氨酸的任何一种时，都可促使肝脏切片显著加快尿素的合成，而其他任何氨基酸或含氮化合物都不能起到上述 3 种氨基酸的促进作用。较早人们就已经知道精氨酸可以由精氨酸酶（arginase）水解为鸟氨酸和尿素，即：

$$\text{精氨酸} + H_2O \xrightarrow{\text{精氨酸酶}} \text{鸟氨酸} + \text{尿素}$$

Krebs 和 Henseleit 研究了前述 3 种氨基酸的结构关系并发现了它们彼此的相关结构后，提出鸟氨酸是瓜氨酸的前体，瓜氨酸是精氨酸的前体，它们的相互关系如下：

$$\underset{\text{鸟氨酸}}{H_3\overset{+}{N}-CH(COO^-)-CH_2-CH_2-CH_2-\overset{+}{N}H_3} \xrightarrow[H_2O+2H^+]{HCO_3^- + NH_4^+} \underset{\text{瓜氨酸}}{H_3\overset{+}{N}-CH(COO^-)-CH_2-CH_2-CH_2-NH-C(=O)-NH_2} \xrightarrow[H_2O]{NH_4^+} \underset{\text{精氨酸}}{H_3\overset{+}{N}-CH(COO^-)-CH_2-CH_2-CH_2-NH-C(=\overset{+}{N}H_2)-NH_2}$$

在以上实验和分析的基础上，Krebs 提出了尿素循环的设想。在这个循环中，鸟氨酸所起的作用类似草酰乙酸在柠檬酸循环中的作用，一分子鸟氨酸和一分子氨及二氧化碳结合形成瓜氨酸。瓜氨酸与另一分子氨结合形成精氨酸。精氨酸水解形成尿素和鸟氨酸，完成一次循环，他们提出的尿素循环表示如图 9-3 所示。

2. 尿素的形成过程

尿素的形成过程——当今公认的尿素循环步骤　在 Krebs 和 Henseleit 提出尿素循环的基础上，又经不断地深入、补充，发展为当今的尿素循环，如图 9-4 所示。

① 肝细胞液中由大量氨基酸经转氨作用与 α-酮戊二酸形成的谷氨酸，透过线粒体膜进入线粒体基质，由谷氨酸脱氢酶将氨基脱下形成游离氨。形成的氨（NH_4^+）立刻与三羧酸循环产生的二氧化碳和 2 分子 ATP 反应，形成氨甲酰磷酸。即：

$$NH_4^+ + CO_2 + 2ATP + H_2O \xrightarrow{\text{氨甲酰磷酸合成酶 I}} \underset{\text{氨甲酰磷酸}}{H_2N-C(=O)-O-P(=O)(O^-)-O^-} + 2ADP + Pi + 3H^+$$

$$\Delta G^{\ominus\prime} = -3.3\text{kcal/mol} = -13.81\text{kJ/mol}$$

催化此反应的酶称为氨甲酰磷酸合成酶Ⅰ。该酶属于调节酶，需要 *N*-乙酰谷氨酸作为正调节剂。氨甲酰磷酸是一高能化合物，可作为氨甲酰基的供给者。氨甲酰磷酸合成酶Ⅰ存在于线粒体中。而氨甲酰磷酸合成酶Ⅱ存在于胞液中，后者的作用也和前者不同，它是在核苷酸生物合成中起作用的酶。

② 尿素循环的第二个步骤是鸟氨酸接受由氨甲酰磷酸提供的氨甲酰基形成瓜氨酸。催

化这一反应的酶称为鸟氨酸转氨甲酰酶，该酶存在于线粒体中，需要 Mg^{2+} 参与作用。

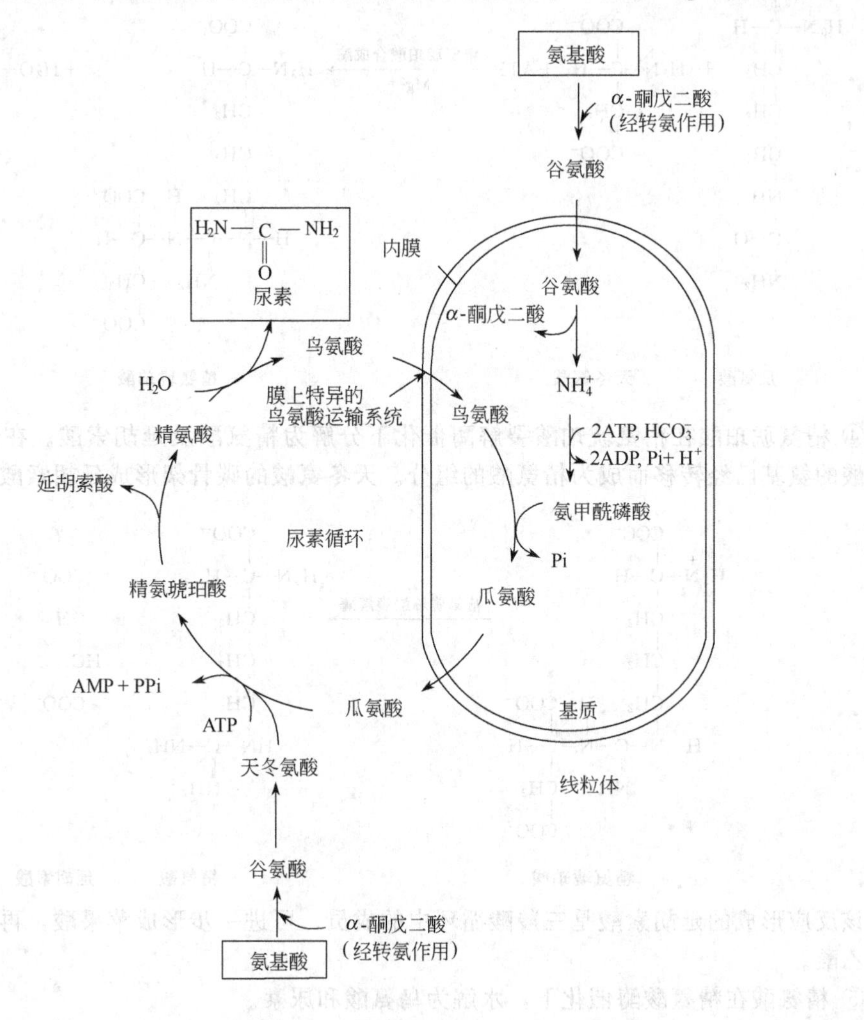

图 9-4　改进的尿素循环

③ 瓜氨酸形成后即离开线粒体进入细胞液。瓜氨酸在细胞液中，由精氨琥珀酸合成酶催化，与天冬氨酸结合形成精氨琥珀酸。该酶需要 ATP→ AMP 提供能量及 Mg^{2+} 参与作用。

$$H_2N-\overset{\displaystyle O}{\overset{\|}{C}}-O-\underset{\displaystyle O}{\underset{\|}{\overset{\displaystyle O^-}{\overset{|}{P}}}}-O^- + H_3\overset{+}{N}-\underset{(CH_2)_3-\overset{+}{N}H_3}{\overset{COO^-}{C}}-H \xrightarrow[Mg^{2+}]{\text{鸟氨酸转氨甲酰酶}} H_3\overset{+}{N}-\underset{(CH_2)_3-NH-C(=O)-NH_2}{\overset{COO^-}{C}}-H + O-\underset{\displaystyle O}{\underset{\|}{\overset{\displaystyle O^-}{\overset{|}{P}}}}-O^- + 2H^+$$

鸟氨酸　　　　瓜氨酸

瓜氨酸 + 天冬氨酸 + ATP $\xrightarrow[Mg^{2+}]{\text{精氨琥珀酸合成酶}}$ 精氨琥珀酸 + H_2O + AMP + PPi

④ 精氨琥珀酸在精氨琥珀酸裂解酶催化下分解为精氨酸及延胡索酸。在这一反应中天冬氨酸的氨基已经转移而成为精氨酸的组分。天冬氨酸的碳骨架形成延胡索酸。

精氨琥珀酸 $\xrightarrow{\text{精氨琥珀酸裂解酶}}$ 精氨酸 + 延胡索酸

该反应形成的延胡索酸是三羧酸循环中的成员，可进一步形成苹果酸，再进一步氧化为草酰乙酸。

⑤ 精氨酸在精氨酸酶催化下，水解为鸟氨酸和尿素。

精氨酸 + H_2O $\xrightarrow{\text{精氨酸酶}}$ 鸟氨酸 + 尿素

精氨酸酶相对分子质量 120000，由 4 个亚基组成，每个亚基都与 Mn^{2+} 牢固相连。该酶只在排尿素动物中大量存在。

如此完成一次循环。全部反应可表示如下：

$$NH_4^+ + CO_2 + 3ATP + \text{天冬氨酸} + 2H_2O \rightarrow \text{尿素} + 2ADP + 2Pi + AMP + PPi + \text{延胡索酸}$$

总结上述过程可看到，形成一分子尿素可清除两分子氨基氮及一分子二氧化碳。

尿素是中性无毒物质，因此形成尿素不仅可以解除氨的毒性，还可减少体内二氧化碳溶于血液所时产生的酸性。尿素的形成需消耗能量，形成一分子尿素需消耗 4 个高能磷酸键水解释放的自由能。

尿素形成过程的前两个步骤——氨甲酰磷酸的合成及由鸟氨酸形成瓜氨酸，是在肝细胞的线粒体中完成的，而后 3 个步骤——形成精氨琥珀酸、精氨酸以及产生尿素，都是在胞液中完成的。尿素形成后由血液带入肾脏，随尿排出体外。尿素形成过程在机体的不同器官、组织以及细胞内的职能分工有利于生物体的自身保护；氨基酸脱氨形成氨甲酰磷酸等步骤在线粒体中进行可防止过量的游离氨积累于血液中而引起神经中毒。

应提起注意的是，尿素也是多数鱼类、两栖类嘌呤代谢的产物。嘌呤类化合物如何形成尿素将在核酸代谢中讲述。

3. 尿素循环有关酶的遗传缺陷症

在人类已发现有缺乏尿素循环中某种酶的遗传缺陷症，部分缺乏某种酶，引起高氨血症，具有智力迟钝、神经发育停滞等症状。如果将膳食中的蛋白质改为必需氨基酸的相应酮酸，即可得到治疗。α-酮酸可利用体内形成的氨合成所需的氨基酸。若完全缺乏某一种酶，会使尿素的合成不可能进行，这种缺乏会引起氨中毒。

4. 尿酸的形成

排尿酸动物如陆生爬虫类和鸟类，以尿酸作为氨基酸氨基排泄的主要形式。尿酸也是灵长类、鸟类和陆生爬虫类嘌呤代谢的最终产物。由氨形成尿酸的途径是相当复杂的，将在核酸代谢中详述。尿酸的形成过程需消耗相当的能量，因此排尿酸动物是用高的代价以换得体内水分的保留。

尿酸以内酰胺、内酰亚胺和完全解离 3 种形式存在，因其可完全解离而得名尿酸。尿酸和 Na^+、K^+ 形成的盐只比尿酸的溶解度稍大，都是不易溶物质。尿酸中的氮原子都来源于氨基酸的 α-氨基。尿酸 3 种形式的结构如下式。

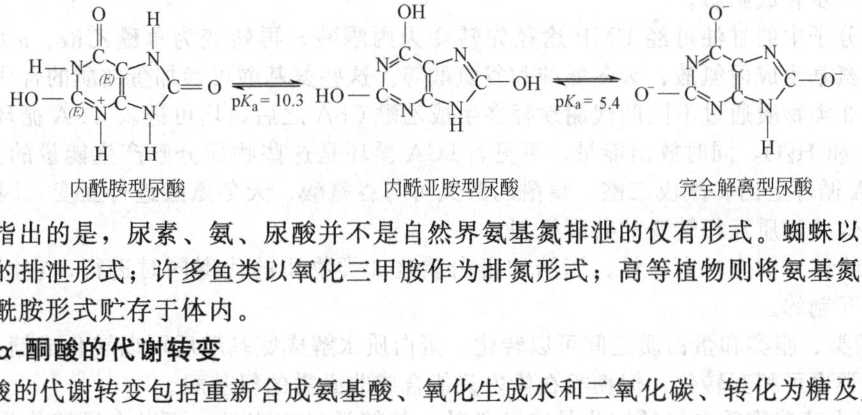

内酰胺型尿酸 ⇌ ($pK_a = 10.3$) 内酰亚胺型尿酸 ⇌ ($pK_a = 5.4$) 完全解离型尿酸

还应指出的是，尿素、氨、尿酸并不是自然界氨基氮排泄的仅有形式。蜘蛛以鸟嘌呤作为氨基氮的排泄形式；许多鱼类以氧化三甲胺作为排氮形式；高等植物则将氨基氮以谷氨酰胺和天冬酰胺形式贮存于体内。

十、α-酮酸的代谢转变

α-酮酸的代谢转变包括重新合成氨基酸、氧化生成水和二氧化碳、转化为糖及脂肪 3 种途径。

(1) 重新再合成氨基酸　α-酮酸可经过还原氨基化作用或转氨基作用合成氨基酸。

(2) 氧化生成水和二氧化碳　α-酮酸以不同途径进入 TCA 循环，进入糖代谢，最后生成水和二氧化碳。

(3) 转变为糖和脂肪　在氨基酸脱氨以后生成丙酮酸、琥珀酸、延胡索酸、α-酮戊二酸后，能直接进入 EMP 途径或 TCA 循环，部分酮酸可氧化生成羧酸，经 β-氧化途径生成乙酰 CoA 进入 TCA 循环。

丙酮酸与 TCA 循环中间产物通过“糖原异生作用”可转变为糖类。氨基酸中的碳架能转变为糖的氨基酸称为生糖氨基酸，天然氨基酸中除亮氨酸外都是生糖氨基酸。

亮氨酸脱氨生成的 α-酮酸经复杂变化后转变为糖代谢中的产物乙酰 CoA，乙酰 CoA 在动物体内不能转变为糖，只能逆 β-氧化途径转变为脂肪酸，称其为生酮氨基酸。但在微生物

和植物中，因存在乙醛酸循环途径，乙酰 CoA 也能转变为琥珀酸等。因此也能通过糖原异生作用转变为糖。

所有氨基酸的碳骨架在生物体内都能转变为乙酰 CoA，可进一步合成脂肪酸。氨基酸在向糖转变的过程中生成的磷酸二羟丙酮，可被还原生成甘油。甘油与脂肪酸可进一步合成脂肪。

第四节　糖、脂肪、蛋白质代谢的相互转化

一、糖与蛋白质的相互转化

糖与氨基酸可能互变，生糖氨基酸脱氨生成的 α-酮酸可以通过糖原异生途径合成糖类；糖在生物体内也可以转变成几种氨基酸，如糖代谢生成的中间产物——丙酮酸、草酰乙酸和 α-酮戊二酸经氨基化作用或转氨基作用后分别生成丙氨酸、天冬氨酸和谷氨酸。发酵所需的微生物菌体利用糖代谢生成的 α-酮酸经还原氨基化合成氨基酸，进而合成菌体蛋白质。细胞在饥饿状态（能源供应不足时）可分解蛋白质库中贮存的蛋白质进入糖代谢。

二、糖与脂类的相互转化

糖可以转变为脂肪，EMP 途径中的磷酸二羟丙酮可转变为甘油，糖经酵解作用可变成丙酮酸，丙酮酸氧化脱羧生成乙酰 CoA，再经脂肪酸生物合成途径，进而合成脂肪。反之脂肪可水解为甘油和乙酰 CoA 进入糖代谢，通过糖原异生途径合成糖类或进行生物氧化，提供能量。

三、蛋白质与脂类的相互转化

氨基酸脱氨后生成的 α-酮酸经一定的反应可转变为乙酰 CoA，进而合成脂肪酸。氨基酸脱氨生成的 α-酮酸转变为糖的途径中产生的磷酸丙糖，可被还原生成磷酸甘油，甘油和脂肪酸可进一步合成脂肪。

脂类分子中的甘油可经 EMP 途径先转变为丙酮酸，再转变为草酰乙酸、α-酮戊二酸，它们接受氨基生成丙氨酸、天冬氨酸和谷氨酸等。这些氨基酸可参加蛋白质的合成。

上述 3 类物质通过不同的代谢途径在生成乙酰 CoA 之后，均可进入 TCA 循环，彻底氧化成 CO_2 和 H_2O，同时放出能量。可见，TCA 循环是这些物质分解产生能量的共同途径。同时 TCA 循环上的 α-酮戊二酸、草酰乙酸又可与谷氨酸、天冬氨酸进行互变，因此，TCA 循环又是这些物质互相转变的共同机制。

在生物体（细胞）内，糖、脂肪和蛋白质这 3 类物质的代谢同时进行，它们既相互联系，又相互制约。

① 糖类、脂类和蛋白质之间可以转化。蛋白质水解成氨基酸后可以转化成糖类和脂类，糖类和脂类也可相互转化，但糖类在体内只能合成非必需的氨基酸。

② 三大营养物质之间的转化是有条件的。如糖类供应充足，可以大量转化为脂肪，而脂肪供应充足时却不能大量转化成糖类。

③ 三大营养物质之间的转化是相互制约的。正常情况下人和动物体主要由糖类氧化分解供能，这制约了脂肪和蛋白质氧化分解供能，糖类代谢障碍时，脂肪和蛋白质的氧化分解加快，以保证机体的能量需要。糖类和脂肪摄入量不足时，体内蛋白质分解增加。

④ 三大有机物代谢的共同点——合成、分解、转变，都伴随着能量的释放，代谢终产物中都有 CO_2 和 H_2O。

阅读材料

一、食物中蛋白质的消化与吸收

食物中蛋白质未经消化不易吸收，如异体蛋白质直接进入人体，则会引起过敏现象，产生毒性反应。口腔不能消化蛋白质，蛋白质的消化是指蛋白质在胃及肠道内经多种蛋白酶及肽酶协同作用水解为氨基酸及小肽后再被吸收。

（一）胃内消化

胃黏膜细胞分泌的胃蛋白酶原在胃内经盐酸或胃蛋白酶本身激活而生成胃蛋白酶。胃蛋白酶的最适 pH 为 1.5～2.5，当 pH=6 时失活。胃蛋白酶对肽键作用的特异性较差，主要水解由芳香族氨基酸羧基所形成的肽键，由于食物在胃中停留时间短，对蛋白质消化不完全，产物主要为多肽及少量氨基酸。胃中酸性环境可使蛋白质变性而有利于水解。此外，胃蛋白酶还具有凝乳作用，使乳中酪蛋白转化并与 Ca^{2+} 凝集成凝块，使乳汁在胃中停留时间延长，有利于乳汁中蛋白质的消化，这对婴幼儿较重要。

（二）小肠内消化

小肠是蛋白质消化的主要场所。在小肠内，在胰腺和肠黏膜细胞分泌的多种蛋白水解酶和肽酶的作用下蛋白质被消化。

1. 胰液中的蛋白酶

小肠中蛋白质的消化主要由多种胰蛋白酶与肽酶完成。胰液中的蛋白酶可分为两类：内肽酶和外肽酶

(1) 内肽酶　催化肽链内部肽键的水解，包括胰蛋白酶、胰凝乳蛋白酶（又称糜蛋白酶）及弹性蛋白酶。这些蛋白酶以酶原的形式从胰腺细胞分泌出来，进入十二指肠后才被激活。胰蛋白酶主要水解由碱性氨基酸羧基构成的肽键，胰凝乳蛋白酶主要水解由芳香族氨基酸羧基构成的肽键，弹性蛋白酶主要水解由脂肪族氨基酸羧基构成的肽键。产物主要为寡肽及少量氨基酸。

(2) 外肽酶　特异地水解蛋白质或多肽末端的肽键。包括羧基肽酶 A 及 B 两种。前者主要水解除脯氨酸、精氨酸、赖氨酸等氨基酸以外的多种氨基酸残基组成的 C 端肽键。羧基肽酶 B 主要水解由碱性氨基酸组成的 C-端肽键。每次水解脱去 C-端一个氨基酸。

2. 肠液中肠激酶的作用

分布在肠黏膜细胞表面的肠激酶被胆汁酸激活后，能使胰蛋白酶原激活为胰蛋白酶。然后胰蛋白酶又激活胰凝乳蛋白酶原、弹性蛋白酶原及羧基肽酶原。胰蛋白酶还具有自身催化作用，可激活胰蛋白酶原，但体内这种自身催化作用较弱。在胰腺中胰蛋白酶除以无活性的酶原形式存在外，胰液中还有胰蛋白酶抑制剂，小分子肽可中和未分泌出的胰蛋白酶的活性，这对保护胰腺组织免受蛋白酶的自身消化作用具有重要的生理意义。

3. 小肠黏膜细胞的消化作用

蛋白质经胃液和胰液中蛋白酶的陆续水解，最后的产物大部分是寡肽，只有小部分是氨基酸。小肠黏膜细胞及胞液中存在两种寡肽酶：氨基肽酶及二肽酶。氨基肽酶从氨基末端逐步水解寡肽，最后生成二肽。二肽再经二肽酶的水解，最终产生氨基酸。因此，寡肽的水解主要是在小肠黏膜细胞内进行的。

人体蛋白酶的分类与作用场所见表 9-1。

二、尿酸的检测对蛋白质、氨基酸代谢调控的监测意义

血液中尿酸长期增高是痛风发生的关键原因。人体尿酸主要来源于两个方面。

(1) 人体细胞内蛋白质分解代谢产生的核酸和其他嘌呤类化合物，经一些酶的作用而生成内源性尿酸。

(2) 食物中所含的嘌呤类化合物、核酸及核蛋白成分，经过消化与吸收后，经一些酶的作用生成外源性尿酸。

蛋白质摄入量过多会使嘌呤合成增加，并且蛋白质代谢产生含氮物质，可引起血压波动。牛奶、鸡蛋不含核蛋白，含嘌呤很少，可作为首选蛋白质的来源。应改善动物性食物结构，减少含脂肪高的猪肉，增加含蛋白质较高而脂肪较少的禽类及鱼类的摄入。

表 9-1　人体蛋白酶的分类与作用场所

<table>
<tr><th>酶名称</th><th>合成场所</th><th>酶促反应场所</th><th>作用对象与反应条件</th><th>备　注</th></tr>
<tr><td>胃蛋白酶</td><td>胃黏膜细胞分泌的胃蛋白酶原</td><td>胃内</td><td>水解由芳香族氨基酸羧基所形成的肽键，最适 pH 为 1.5～2.5，当 pH=6 时失活</td><td>在胃内经盐酸或胃蛋白酶本身激活而生成胃蛋白酶，胃蛋白酶还具有凝乳作用，使乳中酪蛋白转化并与 Ca^{2+} 凝集成凝块，使乳汁在胃中停留时间延长，有利于乳汁中蛋白质的消化，这对婴幼儿较重要</td></tr>
<tr><td>胰蛋白酶</td><td rowspan="3">胰腺细胞</td><td rowspan="3">小肠</td><td>水解由碱性氨基酸羧基构成的肽键</td><td rowspan="3">进入十二指肠后才被肠激酶激活</td></tr>
<tr><td>胰凝乳蛋白酶</td><td>水解由芳香族氨基酸羧基构成的肽键</td></tr>
<tr><td>弹性蛋白酶</td><td>水解由脂肪族氨基酸羧基构成的肽键</td></tr>
<tr><td>肠激酶</td><td rowspan="2">肠黏膜细胞</td><td rowspan="2">肠道</td><td>激活蛋白酶</td><td>被胆汁酸激活</td></tr>
<tr><td>氨基肽酶及二肽酶</td><td>分解小分子肽</td><td>最终产物为氨基酸</td></tr>
</table>

本章小结

蛋白质的分解与合成是两种不同类型的代谢，蛋白质可以通过蛋白酶类的水解转化为氨基酸，氨基酸能进一步分解、转化为其他化合物。

外源性蛋白质的消化与吸收是指食物蛋白质经过消化道中各种蛋白酶及肽酶的作用，而水解为氨基酸的过程。

蛋白质营养价值的高低，决定于其所含必需氨基酸的种类、含量及其比例是否与人体所需要的相近似，愈相近似的营养价值愈高，相差很远的营养价值就低。一般说来，动物蛋白质所含的必需氨基酸在组成和比例方面都较合乎人体的需要，植物蛋白质则差一些，所以动物蛋白质的营养价值一般比植物蛋白质高。

细菌对蛋白质或蛋白质消化产物的降解作用称为腐败作用。

脱氨是氨基酸的主要降解方式，主要有氧化脱氨基、非氧化脱氨基、转氨基作用等。此外也可以通过脱羧基作用降解。氨基酸降解产物能进一步代谢。糖类、脂类和蛋白质能相互转化。

氨基酸脱氨基后生成 α-酮酸，它可以重新合成氨基酸、氧化生成水和二氧化碳或转化为糖及脂肪。

氨基酸在氨基酸脱羧酶催化下可进行脱羧作用，生成二氧化碳和一个伯胺类化合物。

氨基酸经过氧化脱氨基作用、脱酰氨基作用，或者经过嘌呤核苷酸循环等途径将氨基氮转变为氨。

尿素循环是排尿素动物处理有毒性的氨的一种方式，在肝脏中通过尿素循环将氨合成为尿素。

在生物体（细胞）内，糖、脂肪和蛋白质三大类物质代谢既相互联系，又相互制约，沟通三大物质代谢的共同桥梁是 EMP-TCA 代谢途径。

思 考 题

1. 蛋白酶按其最适pH、切割部位分类的意义？
2. 蛋白质在动物体肠道中是如何降解的？
3. 什么叫做脱氨基作用？联合脱氨基作用？
4. 联合脱氨基作用对生物体有何特殊的意义？
5. 氨基酸脱氨基后的碳链如何进入三羧酸循环？
6. 氨基酸脱氨基作用有哪几种方式？各种方式的机理是什么？
7. 尿素循环有何实验依据？
8. 尿素形成的机理及意义？

讨 论 题

1. 为什么尿酸高的人在饮食上要限制海鲜之类高蛋白食物的摄入量？
2. 人体内的结石是如何产生的？

第十章　蛋白质的生物合成体系

【学习目标】

1. 掌握DNA复制的方式——半保留复制。

2. 掌握DNA复制的原料、模板，参与复制的酶类和因子，熟悉DNA复制的基本过程，了解DNA的损伤与修复的概念，了解逆转录过程。

3. 掌握转录的原料、模板、酶及转录的基本过程，了解转录后RNA加工的几种方式：mRNA、tRNA及rRNA的加工。

4. 掌握蛋白质生物合成的原料、三类RNA在蛋白质生物合成中的作用、遗传密码的概念及其特点，了解翻译后加工过程的方式。

5. 熟悉蛋白质合成的基本过程：氨基酸的活化与转运，肽链的起始、延长及终止，核蛋白体循环，了解影响蛋白质生物合成的因素。

第一节　概　　述

一、基因的概念

基因是DNA分子中含有特定遗传信息的一段脱氧核苷酸序列，它是DNA分子中的各功能片段，也是遗传的基本功能单位。

二、遗传信息传递的中心法则

由于DNA分子量很大，碱基数量极多（如人的基因组DNA含有3×10^9bp），所以虽然DNA分子中只有A、G、C、T 4种碱基，却可因有多种多样的排列方式而携带了千变万化的遗传信息。遗传信息的传递包含两个方面。

一是基因的遗传。在细胞分裂之前，细胞中的DNA分子必须进行自我复制。以亲代DNA为模板合成子代DNA，将遗传信息准确无误地传递到子代DNA分子中，这一过程称为复制。通过复制，子代细胞获得了一套与亲代细胞完全相同的DNA分子，从而实现了基因的传代。

二是基因的表达。DNA分子中隐藏的遗传信息必须通过合成相应的蛋白质才能显现出来。而DNA本身并不能直接指导合成特定的蛋白质，而是首先以DNA分子为模板，合成与DNA某一段核苷酸序列相对应的RNA分子。实际上就是将DNA的遗传信息转录到mRNA分子中去，这一过程称为转录。通过转录，mRNA分子获得了DNA的遗传信息。然后再以mRNA为模板，按照其核苷酸的排列顺序所组成的密码，指导蛋白质的生物合成（3个相邻碱基序列决定一种氨基酸），这一过程称为翻译，通过翻译，mRNA中密码子的排列顺序就转化为蛋白质肽链中氨基酸的排列顺序，从而使遗传信息传递到蛋白质分子中。蛋白质分子中氨基酸的排列顺序决定其空间结构，而空间结构不同，蛋白质的功能也各异，从而影响机体的各种生命活动。所以基因表达就是指基因的遗传信息通过转录和翻译产生具有生物学功能的蛋白质的过程。

在遗传信息的传递过程中，遗传信息的流向是从DNA到DNA，或从DNA到RNA，再到蛋白质，即复制→转录→翻译的方向进行，DNA处于中心地位，把这一传递规律称为遗传信息传递的中心法则。

这一法则是 Crick 于 1958 年提出的，它代表了大多数生物遗传信息贮存、表达的规律。但一些研究发现表明，在生物界中还存在着另一种遗传信息的流向，某些病毒不含 DNA，只含 RNA，它的 RNA 兼备遗传物质的作用，它能以 RNA 为模板，指导细胞合成一条与其互补的 DNA 链，由于这种遗传信息的流向是从 RNA 到 DNA，与转录过程刚好相反，因此称为逆转录。另外，有些病毒中的 RNA 还可自身复制。由此可见，由 Crick 提出的中心法则需要进行不断的补充。遗传信息传递的中心法则及其补充，如图 10-1 所示。

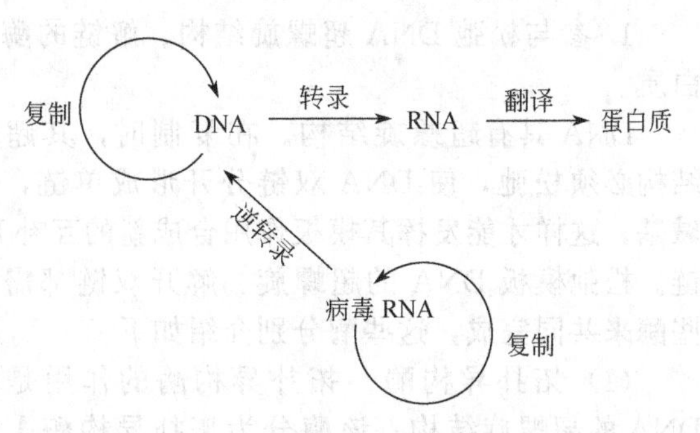

图 10-1　遗传信息传递的中心法则及其补充

第二节　DNA 的生物合成——复制

在自然界中，DNA 的生物合成有两条途径。大多数生物的 DNA 是通过复制过程合成的；少数只含 RNA 的生物，如 RNA 病毒，当其感染宿主细胞时，可以病毒 RNA 为模板，通过逆转录合成 DNA。

一、DNA 的复制

（一）DNA 复制的方式——半保留复制

由前面可知，DNA 是由两条互补的多核苷酸链组成的，由于碱基配对规律，其中一条链的核苷酸排列顺序可以决定另一条链上的核苷酸顺序。在复制时，亲代 DNA 的两条双螺旋多核苷酸链之间的氢键断裂，双螺旋解开形成两条单链，称为亲链。两条亲链 DNA 均可各自作为模板，以三磷酸脱氧核苷（dNTP）为原料，按照 A-T、G -C 碱基配对规律，合成一条与亲链完全互补的新链，称为子链。这样，一个 DNA 分子在复制之后，形成两个子代 DNA 分子，两个子代 DNA 分子与原来的亲代 DNA 分子的核苷酸顺序完全相同。

在每个子代 DNA 分子的双链中，有一条链来自亲代 DNA，而另一条链是新合成的，这种子代 DNA 分子中总是保留一条来自亲代 DNA 链的复制方式称为半保留复制。如图 10-2所示，通过半保留复制，DNA 分子上的遗传信息忠实地从亲代传给了子代。

（二）复制的条件

DNA 的复制需具备下列条件。

① 需要有 DNA 亲链作为模板。在复制前 DNA 的两条双螺旋链先解链形成单链，两条单链均可各自作为模板。

② 需要有三磷酸脱氧核苷（dATP、dGTP、dCTP、dTTP）作为原料。

③ 需要有一系列的酶和蛋白因子参与。

④ 需要有一小段寡核苷酸链引导，该寡核苷酸链称为“引物”。大多数的情况下以 RNA 片段作为引物。

（三）参与 DNA 复制的重要酶类和蛋白因子

DNA 的复制过程相当复杂，但其速度却快而精确，如哺乳类动物细胞中每秒钟合成约 50nt 长的链。如此的高效率性和高度的忠实性，需要许多酶及因子的参与，主要包括拓扑异构酶、解链酶、螺旋去稳定蛋白、引物酶、DNA 聚合酶和连接酶等。

1. 参与松弛DNA超螺旋结构、解链的酶及蛋白质

DNA具有超螺旋结构。在复制时，其超螺旋结构必须松弛，使DNA双链分开形成单链，暴露碱基，这样才能发挥其模板作用合成新的互补DNA链。松弛模板DNA的超螺旋、解开双链都需要一些酶来共同完成，这些酶分别介绍如下。

(1) 拓扑异构酶　拓扑异构酶的作用是松弛DNA的超螺旋结构。该酶分为拓扑异构酶Ⅰ和拓扑异构酶Ⅱ。拓扑异构酶Ⅰ能在某一部位断开DNA双链中的一条，并将断端沿松弛的方向转动，使DNA分子变为松弛状态，然后再将切口连接起来。该过程不需要ATP供能。而拓扑异构酶Ⅱ能将DNA的双链在同一部位同时断开，使其超螺旋状态变松弛，以利于进一步解链，此催化过程需要ATP供能。

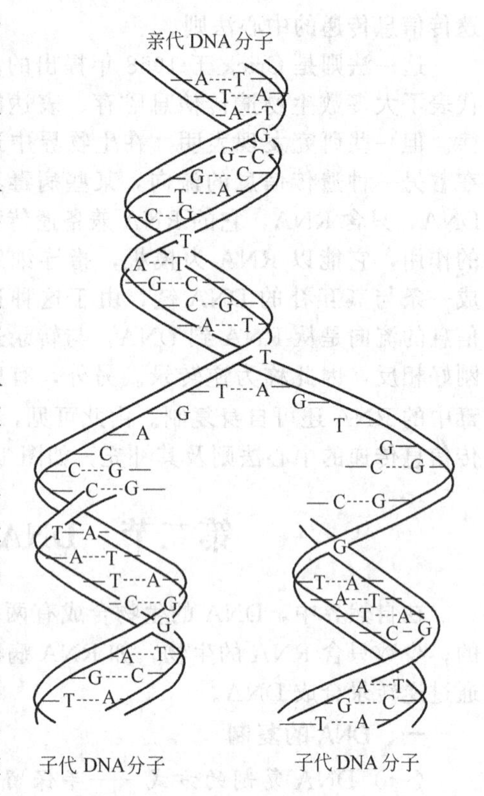

图10-2　DNA的半保留复制

(2) 解链酶　解链酶的作用是将DNA的双链解开形成单链。此酶对单链的DNA有高度的亲和力，当DNA双螺旋有单链末端或双链有缺口时，解链酶即结合于此处，然后沿模板链随复制叉的推进方向向前移动，并连续地解开DNA双链。解链是一个耗能的过程，每解开一对碱基对需消耗2分子ATP。

(3) DNA结合蛋白　DNA结合蛋白的作用是与已被解开的DNA单链紧密结合，维持模板链处于单链状态，防止已解开的双链重新结合为双螺旋结构。另外，DNA结合蛋白还可以保护DNA单链免遭核酸酶对它的水解。

2. DNA聚合酶

DNA聚合酶又称DNA指导下的DNA聚合酶（DNA directed DNA polymerase, DDDP）。4种三磷酸脱氧核苷（dNTP）是合成DNA的原料，在以母DNA单链为模板的条件下，在RNA引物的3′-末端羟基上，沿着5′→3′方向，催化dNTP按照碱基配对规律以磷酸二酯键来合成新的DNA单链。该催化作用的反应式如下，此反应可由图10-3所示。

$$\begin{matrix} n_1\mathrm{dATP} \\ n_2\mathrm{dGTP} \\ n_3\mathrm{dTTP} \\ n_4\mathrm{dCTP} \end{matrix} + \text{DNA(单链)} \xrightarrow[\mathrm{Mg^{2+}}\text{,引物}]{\text{DNA聚合酶}} \text{DNA-}\underbrace{\begin{bmatrix} n_1\mathrm{dAMP} \\ n_2\mathrm{dGMP} \\ n_3\mathrm{dTMP} \\ n_4\mathrm{dCMP} \end{bmatrix}}_{\text{复制产物}} + \underbrace{(n_1+n_2+n_3+n_4)\mathrm{PPi}}_{\text{焦磷酸}}$$

（注：n_1、n_2、n_3、n_4 分别代表各种核苷酸的数目）

无论在原核细胞还是真核细胞中，均存在着多种聚合酶，其作用方式基本相同，但也有些不同的特性和功能。

(1) 原核生物DNA聚合酶　大肠杆菌中的DNA聚合酶有3种，分别为DNA聚合酶Ⅰ、DNA聚合酶Ⅱ和DNA聚合酶Ⅲ。在复制中较为重要的是DNA聚合酶Ⅰ和DNA聚合酶Ⅲ。

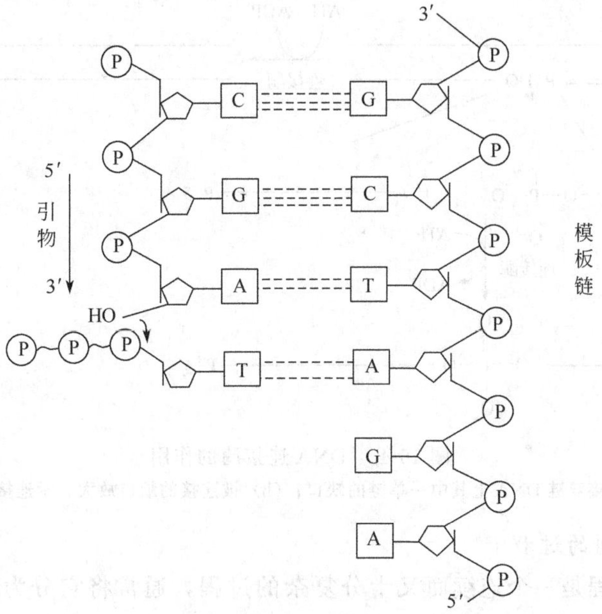

图 10-3 DNA 聚合酶的催化作用

DNA 聚合酶Ⅰ有以下两种功能：①具有 DNA 聚合酶的功能，在模板的指导下，在引物或已有 DNA 链的 3′-OH 端逐个加上脱氧单核苷酸，使 DNA 链沿 5′→3′方向延长；②具有核酸外切酶的功能，能识别 DNA 链损伤的部分或错配的脱氧单核苷酸，并将之水解切除，以保证 DNA 复制的正确性，具有“校对”的作用。另外，DNA 聚合酶Ⅰ还能将两个 DNA 片段之间的 RNA 引物切除，然后催化脱氧核苷酸向此处聚合，将间隙填充。DNA 聚合酶Ⅰ催化的聚合反应速率较慢。

DNA 聚合酶Ⅲ活性大，催化的聚合反应速率最快，在大肠杆菌中，大多数新合成的 DNA 链都是由 DNA 聚合酶Ⅲ催化的，DNA 聚合酶Ⅲ在 DNA 的复制中起主要作用，是真正的复制酶。

（2）真核生物 DNA 聚合酶　在真核细胞内至少有 5 种 DNA 聚合酶，即 DNA 聚合酶 α、DNA 聚合酶 β、DNA 聚合酶 γ、DNA 聚合酶 δ 和 DNA 聚合酶 ε。都具有 5′→3′聚合酶的作用，其中 DNA 聚合酶 α 活性最强，在核 DNA 的复制中起关键作用，相当于大肠杆菌中的 DNA 聚合酶Ⅲ。而 DNA 聚合酶 β 具有外切酶的活性，主要在 DNA 损伤的修复中起作用。

3. 引物酶

由于 DNA 聚合酶不能自行从头合成 DNA 链，因此必须在复制过程中首先合成一小段多核苷酸链作为引物，这段引物大多数情况下是 RNA 片段，RNA 片段提供了 3′-OH 端，以此为基础引导 DNA 链的合成。催化引物合成的酶称为引物酶，它是一种特殊的 RNA 聚合酶，此酶的作用就是在复制的起始点，以 DNA 链为模板，利用 NTP 合成一小段 RNA 引物。

4. DNA 连接酶

在 DNA 双螺旋局部解开后，两条 DNA 互补链均可作为模板指导复制，对多段的 DNA 片段必须连接成完整的 DNA 长链，DNA 连接酶的作用实际上就是催化一个 DNA 片段的 3′-OH 端与另一个 DNA 片段的 5′-P 端形成磷酸二酯键。如图 10-4 所示。

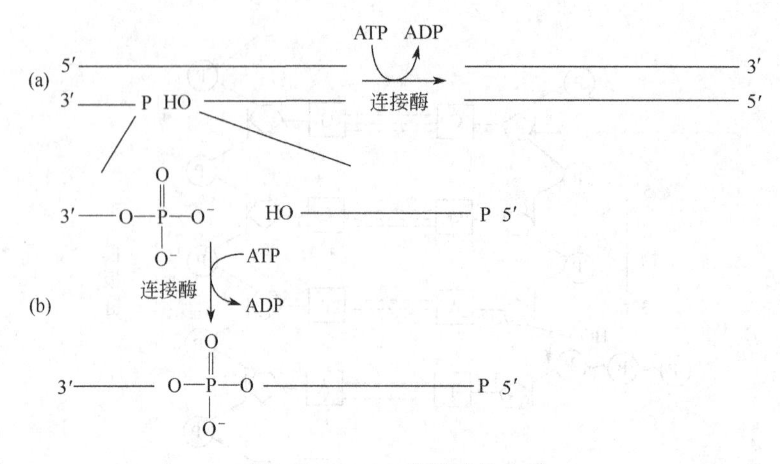

图 10-4 DNA 连接酶的作用

(a) 连接酶连接双链 DNA 上其中一单链的缺口；(b) 被连接的缺口放大，示连接酶催化的反应

（四）DNA 复制的过程

DNA 复制的过程是一个连续而又十分复杂的过程，通常将它分为起始、延长和终止 3 个阶段。

1. 起始阶段

DNA 的复制并非在 DNA 分子的任何部位都可开始，而是有固定的起始部位，在原核细胞的环状 DNA 上只有一个复制起始部位，真核细胞线状 DNA 链上有多个复制起始部位。从复制的起始点开始同时向两个方向进行的复制称双向复制，它是最为常见的一种复制形式。在起始部位首先起作用的是 DNA 拓扑异构酶和解链酶，它们松弛 DNA 超螺旋结构，解开一段双链，然后将 DNA 结合蛋白结合在分开的单链上，保护和稳定 DNA 单链，至此已形成了复制点。由于每个复制点的形状像一个叉子，故称为复制叉，如图 10-5 所示。

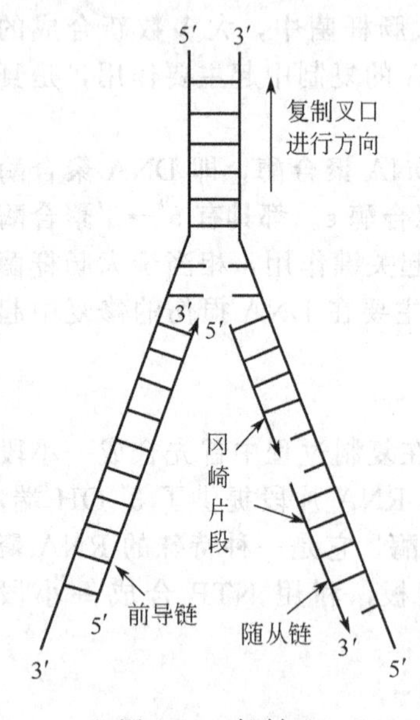

图 10-5 复制叉

当两股单链暴露出足够数量的碱基对时，引物酶发挥作用。引物酶具有辨认 DNA 模板链起始点的能力，在此处以解开的一段 DNA 链为模板，按照 A-U、G-C 的碱基配对原则，以 4 种三磷酸核苷（NTP）为原料，以 5′→3′方向合成引物 RNA 片段（10～100nt），从而完成起始过程。起始过程中引物 RNA 的合成为 DNA 链的合成做好了准备，即为第一个脱氧核苷酸提供了引物的 3′-OH 末端。

2. 延长阶段

RNA 引物合成后，DNA 的两条链均可作为模板，在 DNA 聚合酶Ⅲ的催化下，以 5′→3′方向，按照 A-T、G-C 的碱基配对原则在引物 3′-OH 末端逐个地聚合三磷酸脱氧核苷。在复制过程中，拓扑异构酶和解链酶不断地向前推进，复制叉也就不停地向前移行，新合成的 DNA 片段也就相应地延伸。

由于 DNA 模板链的两条链是反向平行的，即一条链是 5′→3′方向，另一条链是 3′→5′方向，而在生物体内所有 DNA 聚合酶的催化方向都是按5′→3′方向进行的，所以在复制叉的起点处沿两条叉开的模板链复制时，3′→5′方向的模板上可以顺利地按 5′→3′方向合成新的 DNA 子链，子链的延伸方向与复制叉的前进方向相同，是连续合成的，称为前导链。而另一条以5′→3′方向链为模板来合成的子链则是不连续完成的，该链的合成要比前导链的合成迟一些，所以称为随从链（图10-6）。随从链的合成比较复杂，它是沿着复制叉移行的反方向断续合成的，先合成的是较短的DNA片段（由日本生物化学家冈崎发现，故将这些片段命名为冈崎片段），然后在连接酶的作用下，将这些片段连接起来，形成完整的DNA链。由此可见，DNA的复制是一种半不连续复制。

冈崎片段的合成方向仍然是5′→3′，而且每次合成都要先合成引物RNA，然后在引物3′-OH端再由DNA聚合酶Ⅲ催化合成一段冈崎片段，此片段一直延伸到前方RNA引物（合成前一次DNA片段的引物）5′-末端时，由DNA聚合酶Ⅰ切除该前方引物，同时使刚合成的DNA冈崎片段在DNA聚合酶的催化下继续延伸直至前一次合成的DNA冈崎片段的5′-末端为止，填补水解掉RNA引物的空隙。每个冈崎片段约含1000～2000nt。

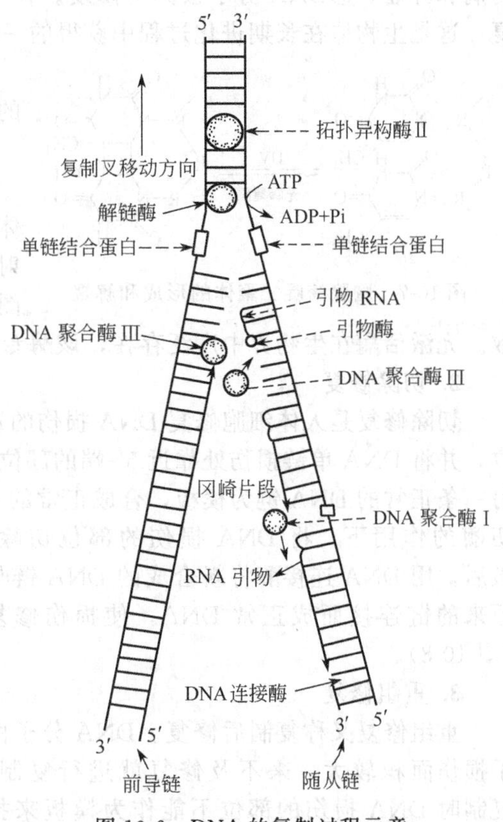

图10-6　DNA的复制过程示意

3. 终止阶段

经过链的延长阶段，前导链可随着复制叉到达模板链的终点而终止，然后由核酸外切酶将其RNA引物切除，由DNA聚合酶Ⅰ催化其延长补缺，成为了一条连续的DNA单链。而随从链中相邻的两个冈崎片段在DNA连接酶的作用下连接起来，封闭缺口，也形成一条连续的大分子DNA单链。新合成的两条子DNA单链分别与作为模板的两条亲链在拓扑异构酶的作用下重新形成双螺旋结构，生成两个与亲代DNA完全相同的子代DNA双链分子，如图10-6所示。

（五）DNA分子的损伤和修复

DNA在复制过程中可能会发生自发突变，引起生物体的变异。除此以外，某些物理、化学因素以及生物因素也常能引起DNA分子的突变，造成DNA序列错误及碱基的改变，从而使DNA结构和功能遭到破坏，导致基因突变，这一过程称为DNA分子的损伤。

使DNA分子损伤的因素主要有电离辐射、紫外线、化学诱变剂及致癌病毒等，化学诱变剂种类较多，有烷化剂、氧化剂、抗生素和亚硝胺等。

根据DNA分子的变化，常将突变分为下列几种类型：①点突变，即DNA分子中某一个碱基发生改变；②插入，DNA分子中插入一个或一段原来不存在的核苷酸；③缺失，某一个碱基或一段核苷酸从DNA分子中丢失；④DNA多核苷酸链断裂或两条链之间形成交联，如紫外线能使DNA分子中同一条链相邻碱基之间形成二聚体（多形成TT、CT和CC二聚体），烷化剂能引起DNA双链或单链局部断裂等。

损伤后的DNA分子可有3种结果。①细胞发生突变，导致疾病的发生，甚至死亡。②基因突变，损伤的DNA未能完全修复，引起可遗传的变异。如果变异后生物体新的性状具有更大的优越性，则可改良品种，促进生产。反之则可导致生物体某些功能异常，出现遗传病和肿瘤。③DNA 分子被完全修复。在一定的条件下，机体能使损伤后的 DNA 得到修复，这是生物体在长期进化过程中获得的一种保护功能。

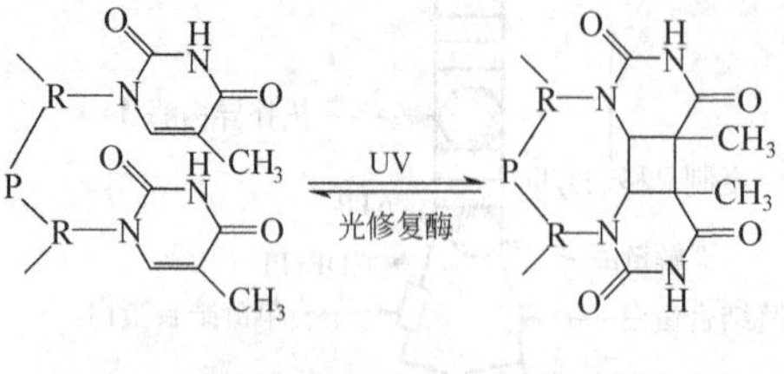

细胞修复 DNA 的损伤是通过一系列酶来完成的，其修复的方式主要有以下几种。

图 10-7 胸腺嘧啶二聚体的形成和解聚

1. 光修复

由紫外线照射形成的 DNA 分子上的嘧啶二聚体，经可见光（λ 为 400～500nm 的效果最好）照射后可以被分解而修复，称之为光修复，如图 10-7所示，这是由于光激活酶被可见光激活所致。光激活酶在生物界中广泛存在，该酶专一性强，只作用于嘧啶二聚体。

2. 切除修复

切除修复是人体细胞修复 DNA 损伤的重要方式。首先由特异的核酸内切酶识别损伤部位，并将 DNA 单链损伤处靠近 5′-端的部位切断；然后在切口处，由 DNA 聚合酶作用，以另一条正常的 DNA 链为模板，合成正常的 DNA 片段，以弥补切去的部分；接着在核酸外切酶的作用下，将 DNA 损伤的部位切除；最后，用 DNA 连接酶将新合成的 DNA 链与原来的链连接而成正常 DNA，使损伤修复（图 10-8）。

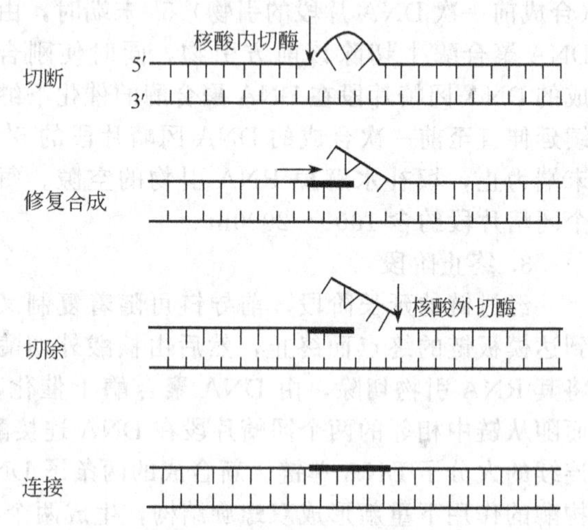

图 10-8 DNA 分子损伤的切除修复

3. 重组修复

重组修复又称复制后修复。DNA 分子由于损伤面积较大，来不及修复就进行复制，复制时 DNA 损伤的部位不能作为模板来指导子链的合成，使子链与损伤相对应的部位出现缺失。这时另一条完好的母链可与有缺口的子链进行重组交换，将其缺口补上。正常母链上出现的缺口可在 DNA 聚合酶Ⅰ和 DNA 连接酶的作用下，以其对应的子链为模板进行填补，如图 10-9 所示。重组修复并没有去除原有的损伤，复制的两个子 DNA 分子，一个是完整的，一个仍带有损伤。只有通过多次复制使损伤所占的比例越来越小，而不致影响细胞的正常功能。

4. SOS 修复

SOS 修复是一种能够对造成错误修复进行“紧急呼救”的修复。当 DNA 分子受到较大范围的损伤，正常复制缺少模板而阻断时，细胞可诱导合成一些新的 DNA 聚合酶，催化缺口部位 DNA 的合成。但这类 DNA 聚合酶对碱基的识别能力差，常使修复后的 DNA 链上出现差错，从而引起基因突变，甚至使细胞癌变。虽然如此，这种修复毕竟可以提高细胞的存活率，不失为一种紧急补救措施。

DNA 修复能力的异常可能与某些遗传性疾病和肿瘤的发生有一定的关系，如着色性干皮病的患者对日光或紫外线特别敏感，易发生皮肤癌，其原因是细胞内缺乏内切酶，不能进行正常的切除修复，有可能诱导产生类似的 SOS 修复所致。另外，某些化学试剂如烷化剂，可造成 DNA 分子损伤，当它破坏正常 DNA 时，可引起细胞癌变，故有致癌性。相反，当它破坏癌细胞 DNA 时，则可导致癌细胞死亡，故又可以当作抗癌药物。

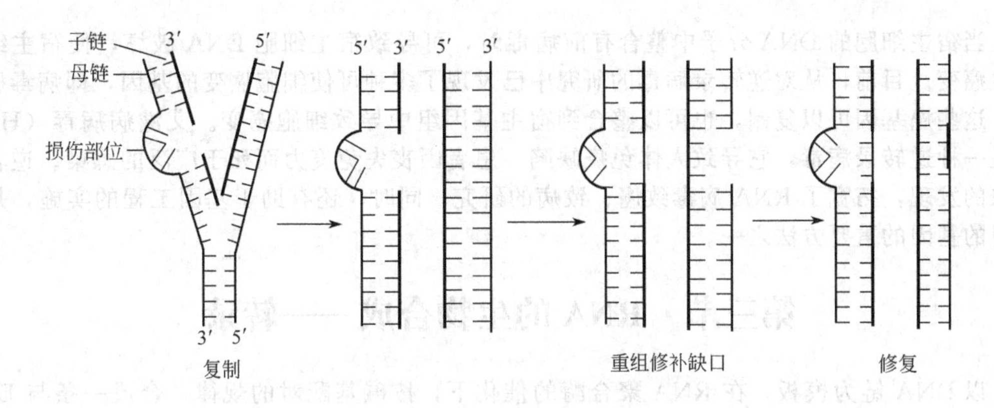

图 10-9　DNA 分子损伤的重组修复

二、DNA 的逆转录合成

某些 RNA 病毒感染宿主细胞后，在宿主细胞中可以病毒 RNA 为模板，来合成带有病毒 RNA 全部遗传信息的 DNA，这种遗传信息的流向是由 RNA 到 DNA，把它称为逆转录。催化这一反应的酶是逆转录酶，又称为 RNA 指导的 DNA 聚合酶（RNA directed DNA polymerase，RDDP）。逆转录的具体过程如下。

① 首先在逆转录酶的作用下，以病毒 RNA 为模板，以三磷酸脱氧核苷为底物，合成一条与 RNA 互补的 DNA 链（complementary DNA，cDNA），形成 RNA-DNA 杂交分子。

② 以此杂交分子中的 DNA 链为模板，来合成一条互补的 DNA 链，从而形成双链 DNA 分子。释放的 RNA 链可再合成下一代杂交分子。

③ 已形成的双链 DNA 分子可整合到宿主细胞染色体的基因中，形成前病毒，如图 10-10所示。

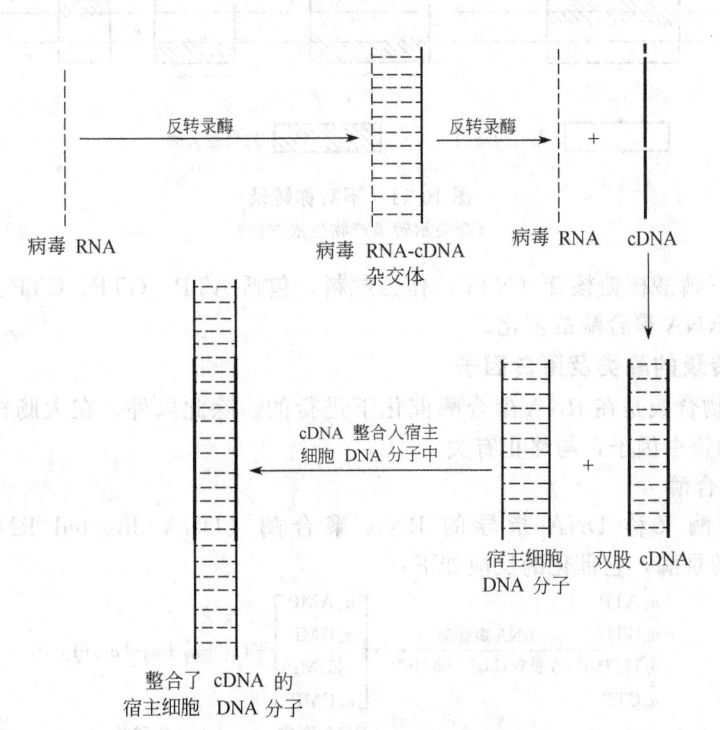

图 10-10　RNA 病毒的逆转录过程

当宿主细胞的DNA分子中整合有前病毒时，可导致宿主细胞DNA破坏，使宿主细胞发生癌变。目前，从对逆转录病毒的研究中已发现了多种可使细胞癌变的基因，即病毒癌基因，这些癌基因可以复制，也可以整合到宿主基因组中导致细胞癌变。艾滋病病毒（HIV）也是一种逆转录病毒，它导致人体免疫缺陷，患者因丧失免疫力而死于广泛的感染。逆转录现象的发现，拓宽了RNA病毒致癌、致病的研究，同时，还有助于基因工程的实施，是换取目的基因的重要方法之一。

第三节　RNA的生物合成——转录

以DNA链为模板，在RNA聚合酶的催化下，按碱基配对的规律，合成一条与DNA链互补的RNA链的过程称为转录。转录使遗传信息由DNA流向RNA，生成的RNA将指导蛋白质的生物合成，所以转录是基因表达的第一步，是遗传信息传递的重要环节。

一、转录的条件

转录需要具备下列条件。

① RNA合成需要DNA链作为模板。DNA链虽然是转录的模板，但并不是它的任何区段都可以被转录，即使在能转录出RNA的某一区段，也只有其中一条DNA单链可以作模板，转录的这种选择性称为不对称转录。能够充当模板可以转录生成RNA的DNA单链称为模板链，而与模板链相对应的无转录功能的DNA互补链称编码链，如图10-11所示。编码链与转录出来的RNA初级产物在碱基的排列顺序上基本相同，只是RNA中的U代替了编码链中的T，与模板链是互补的，所以编码链也叫有意义链，模板链称为反意义链。在DNA分子的不同节段，有意义链和反意义链并非始终是同一条链。

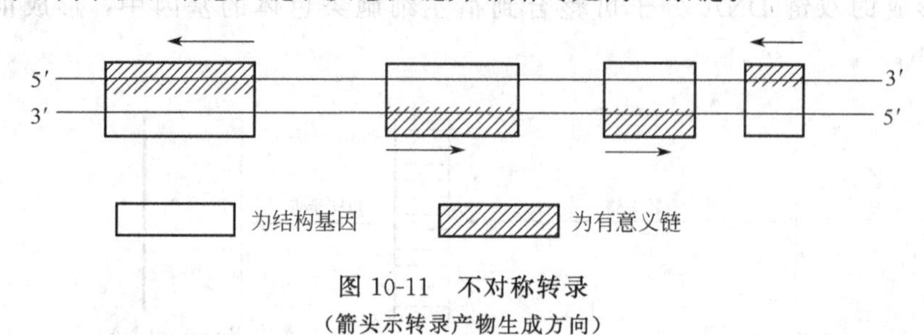

图10-11　不对称转录

（箭头示转录产物生成方向）

② 需要有三磷酸核糖核苷（NTP）作为原料，包括ATP、GTP、CTP、UTP。

③ 需要有RNA聚合酶的催化。

二、参与转录的酶类及蛋白因子

RNA的生物合成是在RNA聚合酶催化下进行的。除此以外，在大肠杆菌体内还有一种称为ρ因子的蛋白因子，与终止有关。

1. RNA聚合酶

RNA聚合酶又称DNA指导的RNA聚合酶（DNA directed RNA polymerace，DDRP），或称转录酶，它催化的反应如下：

$$\begin{matrix} n_1\mathrm{ATP} \\ n_2\mathrm{GTP} \\ n_3\mathrm{UTP} \\ n_4\mathrm{CTP} \end{matrix} \xrightarrow[\text{DNA模板},\mathrm{Mg}^{2+}\text{或}\mathrm{Mn}^{2+}]{\text{RNA聚合酶}} \underset{\text{RNA产物}}{\begin{bmatrix} n_1\mathrm{AMP} \\ n_2\mathrm{GMP} \\ n_3\mathrm{UMP} \\ n_4\mathrm{CMP} \end{bmatrix}} + \underset{\text{焦磷酸}}{(n_1+n_2+n_3+n_4)\mathrm{PPi}}$$

（注：n_1、n_2、n_3、n_4 分别代表各种核苷酸的数目）

RNA 聚合酶在原核生物及真核生物中均普遍存在，在原核生物的细胞中只发现一种 RNA 聚合酶，它兼有合成各种 RNA 的功能。目前了解得最为清楚的是大肠杆菌的 RNA 聚合酶，它结构复杂，是一个五聚体，相对分子质量在 45 万左右，全酶由 ααββ′σ 5 个亚基组成。其中脱落了 σ 亚基后的 ααββ′称为核心酶，核心酶的作用是使已经合成的 RNA 链延长，它不具有起始合成 RNA 的能力。σ 亚基又称 σ 因子，它的作用是识别模板上的转录起始部位，协助转录的开始，所以它又被称为起始因子。核心酶只有加入 σ 因子才表现全酶的催化活性。原核细胞中的 RNA 聚合酶可被抗结核菌药物利福平或利福霉素特异性抑制。

真核细胞中已发现 3 种 RNA 聚合酶，分别称为 RNA 聚合酶Ⅰ、RNA 聚合酶Ⅱ和 RNA 聚合酶Ⅲ，相对分子质量在 50 万左右，由 4～6 种亚基组成，它们专一性转录不同的基因，催化合成 RNA 的种类不同，在细胞核内的定位也不同，见表 10-1。

表 10-1　真核生物细胞 RNA 聚合酶的种类

RNA 聚合酶的种类	催化转录的产物	细胞内的定位
RNA 聚合酶Ⅰ	rRNA	核仁
RNA 聚合酶Ⅱ	mRNA	核质
RNA 聚合酶Ⅲ	tRNA 和 5S RNA	核质

2. ρ 因子

在大肠杆菌和一些噬菌体中发现有一种蛋白因子，称为 ρ 因子。大肠杆菌的 ρ 因子为四聚体，相对分子质量约 20 万左右，与 RNA 合成的终止有关。

三、转录过程

RNA 的转录过程可分为起始、延长和终止 3 个阶段。

1. 起始阶段

转录是在 DNA 模板上的特殊部位开始的。DNA 双螺旋上含有转录的启动部位，启动部位又称启动子，它是 DNA 上的一段核苷酸序列，是 RNA 聚合酶全酶在转录起始时所识别和结合的部位。每一个基因在转录时均需有启动子，它们在转录的调控中起着重要的作用。

转录起始时，首先由 RNA 聚合酶的 σ 因子辨认 DNA 的启动子部位，并带动 RNA 聚合酶的全酶与启动子结合，形成复合物，同时使 DNA 分子的局部构象发生改变，结构松弛，解开一段 DNA 双链（约 10 几个碱基对），暴露出 DNA 模板链。与 DNA 聚合酶不同，RNA 聚合酶催化 RNA 新链的合成不需要引物，当 RNA 聚合酶进入起始部位后，转录便开始。以有意义链为模板，RNA 链开始合成后，σ 因子便从复合物上脱落，并与新的核心酶结合成 RNA 聚合酶的全酶，起始另一次转录过程。如果 σ 因子不脱落，RNA 聚合酶不会沿模板 DNA 滑动，转录就不能继续。脱落的 σ 因子可以反复使用，核心酶结合于 DNA 上并沿模板链的 3′→5′方向前移，进入延长阶段。

转录起点的碱基多为 T 或 C，因此第一个结合的 NTP 多为 ATP 或 GTP。

2. 延长阶段

RNA 链的延长是由 RNA 聚合酶核心酶催化的。随着 σ 因子的脱落，失去 σ 因子的核心酶发生构象变化，与 DNA 模板的结合变得较为松弛，即沿模板链的 3′→5′方向滑动，然后一边使双链 DNA 解链，一边催化核苷酸连接，每滑动 1nt 的距离，则有一个核糖核苷酸按 DNA 模板链以 A-U、G-C 的碱基互补关系进入模板，并与已存在的 RNA 链的 3′-OH 形成一个 3′, 5′-磷酸二酯键，释放一分子的 PPi。如此一个接一个的延长下去，直至转录完成。与 DNA 的复制一样，RNA 链的延伸方向也是 5′→3′。

新生成的 RNA 链与 DNA 模板链暂先形成长约 12bp 的 DNA-RNA 杂交体，因其稳定性不及 DNA -DNA 双链的高，随着 RNA 链的逐渐延长，已合成的 RNA 链从 5′-端逐渐与模板链脱离，已转录的DNA模板链与反意义链重新形成双螺旋结构。

3. 终止阶段

在指导转录作用的DNA分子中，除了具有启动子以外，也有停止转录作用的部位，称为终止信号或终止子，转录过程就是在模板的启动部位和终止部位之间的范围内进行的，此范围称为转录单位。终止部位是一段特殊的核苷酸序列，其特殊的碱基排列使生成的RNA具有相应的特殊结构，阻碍了核心酶的滑行。当核心酶沿模板链滑行到终止信号区域时，转录便终止。

此外，在大肠杆菌和一些噬菌体内还存在着另外一种终止机制，即依赖ρ因子的转录终止。ρ因子是一种特殊的蛋白质因子，它能识别DNA分子的终止部位并与其结合，使核心酶不能向前滑动，转录随之停止。

转录终止后，新合成的RNA链、核心酶以及ρ因子等也从DNA模板上释放出来，至此，RNA的转录便完成。释放的核心酶可以与σ因子结合，形成RNA聚合酶的全酶，进行下一次的转录，模板DNA也可用于另一次转录。这样合成的RNA是初级转录产物，即RNA前体。RNA上述的转录过程总结，如图10-12所示。

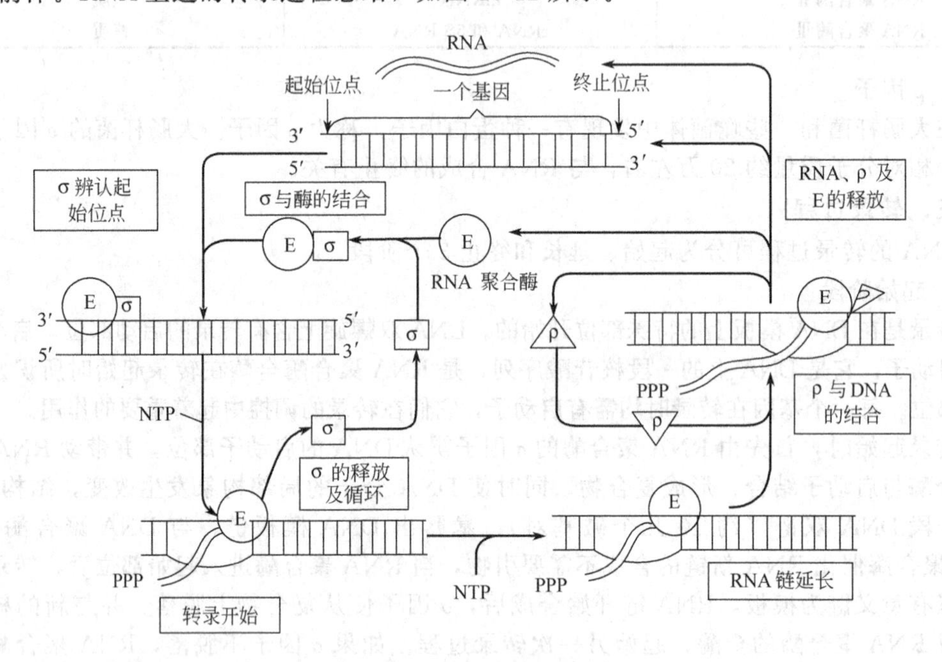

图10-12 RNA转录过程示意

σ—σ因子；ρ—ρ因子；E—酶

四、转录后的加工

转录作用产生出的mRNA、tRNA、rRNA是RNA的初级产物，是RNA的前体，它们没有生物学活性。几乎所有真核细胞转录的前体都要经过一系列酶的作用，进行剪切、拼接、修饰等进一步加工，才能成为成熟的、具有生物学功能的RNA。各种RNA的加工过程有各自的特点。下面主要介绍真核生物的转录后加工。

（一）mRNA的转录后加工

mRNA是蛋白质合成的模板，它可以通过转录作用获得DNA分子中贮存的遗传信息，然后再通过翻译作用将其信息传到蛋白质分子中，决定所合成的肽链中氨基酸的排列顺序。所以它是遗传信息传递的中间产物，具有重要的生物学意义。

真核细胞的mRNA前体称为核内不均一RNA（hnRNA），它转录后的加工包括在5′-

端加上一个7-甲基鸟嘌呤核苷三磷酸（m^7Gppp）的帽子结构，在3′-端接一个多聚腺苷酸（poly A）的尾巴，以及hnRNA的剪接。具体过程如下。

1. 加“帽”

在鸟苷酸转移酶的催化下，在hnRNA的5′-末端加上一分子鸟苷酸残基，然后对该残基进行甲基化修饰，使其成为7-甲基鸟苷酸（m^7GTP），这种结构称为“帽”。该“帽”结构在hnRNA初级转录中本不存在，是在转录后加工过程中加入的，其功能与蛋白质生物合成的起始有关，引导mRNA在核蛋白体的小亚基上顺利就位。

2. 加“尾”

在多聚腺苷酸聚合酶的催化下，以ATP为底物，在hnRNA的3′-末端接上一段多聚腺苷酸（poly A），其长度约为200个腺苷酸，称为mRNA的“尾”。其功能是引导mRNA由细胞核向细胞质转移。

3. 剪接

基因按照功能的不同，可分为结构基因和控制基因。其中带有遗传信息的基因称为结构基因，它们的功能是在蛋白质的生物合成中为多肽链的氨基酸顺序编码。真核细胞与原核细胞的结构基因有明显的区别，真核细胞的结构基因通常是一种断裂基因，即由几个编码区和非编码区相间隔组成，其中能为相应的氨基酸编码、具有表达活性的编码区称为外显子，不能为氨基酸编码的非编码区称为内含子。在转录过程中，外显子和内含子均转录到hnRNA中，hnRNA的剪接就是将hnRNA中的内含子剪除，然后将各个外显子部分再连接起来，成为一个连续基因。剪接是一个很复杂的过程，需要有许多酶的参与。哺乳动物细胞核内的hnRNA在加工成为mRNA的过程时，约有50%～70%的核苷酸片段要被切除。

4. 碱基的修饰

mRNA分子中有少量的稀有碱基，如甲基化碱基，就是在转录后经过修饰（如甲基化）而形成的。

mRNA前体的转录加工过程，如图10-13所示。

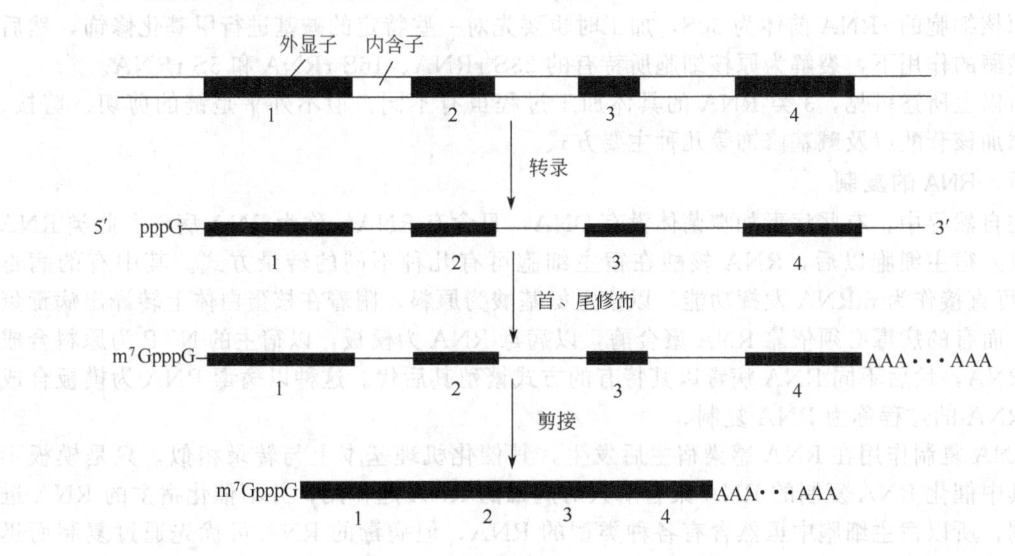

图10-13 mRNA的转录后加工过程

(二) tRNA的转录后加工

tRNA转录后的加工可包括以下几个方面。

1. 剪切

在核糖核酸酶的作用下，tRNA 前体的 5′-末端、3′-末端以及相当于反密码环的区域要被切除一定长度的多核苷酸片段。另外，有些前体分子中还包含几个成熟的 tRNA 分子，在加工时，要通过核酸水解酶的作用将它们分开。

2. 剪接

在 tRNA 的转录后加工中，同样也需要将内含子切除，然后将外显子部分连接起来，成为一个连续基因。

3. 碱基的修饰

成熟的 tRNA 分子中含有较多的稀有碱基，它们是通过化学修饰形成的，包括碱基的甲基化、尿嘧啶还原为二氢尿嘧啶、尿嘧啶核苷的嘧啶环转位变成假尿嘧啶核苷、腺嘌呤通过脱氨基反应转化为次黄嘌呤等。

4. 3′-末端的加工

3′-末端在被切除一定长度的多核苷酸片段后，在其 3′-OH 端加上-CCA-OH 序列，成为柄部结构，该结构可与氨基酸结合，称为氨基酸臂。

（三）rRNA 的转录后加工

rRNA 是细胞中含量最多的一类 RNA，分子量都比较大，它们可与多种蛋白质结合形成核蛋白体。根据超速离心时沉降速度的不同，rRNA 可分为数种。原核细胞的核蛋白体含有 3 种 rRNA：23S rRNA、16S rRNA 和 5S rRNA（S 为沉降系数，沉降越快，其 S 值越大），其中 23S rRNA 和 5S rRNA 存在于大亚基，而 16S rRNA 存在于小亚基；真核细胞的核蛋白体含有 4 种 rRNA：28S rRNA、18S rRNA、5.8S rRNA 和 5S rRNA，其中大亚基含有 28S rRNA、5.8S rRNA 和 5S rRNA，而小亚基只含 18S rRNA 一种。

在真核细胞的转录过程中，首先合成的是 45S 的大分子 rRNA 前体，约含 14000 个核苷酸残基。在加工时先对一些特定的碱基进行甲基化修饰，被甲基化的核苷酸残基可多达 100 个以上，然后在核酸酶的作用下断裂生成真核细胞所特有的 28S rRNA、18S rRNA 和 5.8S rRNA。

原核细胞的 rRNA 前体为 30S，加工时也要先对一些特定的碱基进行甲基化修饰，然后在核酸酶的作用下，裂解为原核细胞所特有的 23S rRNA、16S rRNA 和 5S rRNA。

由以上所述可见，3 类 RNA 的具体加工过程虽有不同，但不外乎是链的剪切、剪接、末端添加核苷酸以及碱基修饰等几种主要方式。

五、RNA 的复制

在自然界中，有些病毒如噬菌体没有 DNA，只含有 RNA，称为 RNA 病毒。此类 RNA 病毒进入宿主细胞以后，RNA 核酸在宿主细胞可有几种不同的转录方式。其中有的病毒 RNA 可直接作为 mRNA 发挥功能，以宿主氨基酸为原料，附着在核蛋白体上转译出病毒蛋白质。而有的病毒必须依靠 RNA 聚合酶，以病毒 RNA 为模板，以宿主的 NTP 为原料合成病毒 RNA，然后不同 RNA 病毒以其特有的方式繁殖其后代。这种以病毒 RNA 为模板合成病毒 RNA 的过程称为 RNA 复制。

RNA 复制作用在 RNA 感染宿主后发生，其催化机理基本上与转录相似，只是模板不同。其中催化 RNA 复制的 RNA 聚合酶只对病毒的 RNA 起作用，并不催化宿主的 RNA 进行复制，所以宿主细胞中虽然含有各种类型的 RNA，但病毒的 RNA 可优先通过复制而迅速增加。

第四节　蛋白质的生物合成——翻译

蛋白质的生物合成过程，就是 mRNA 将遗传信息传递给新合成的蛋白质的过程，即将

mRNA 上碱基（核苷酸）的排列顺序转变为新合成的蛋白质多肽链中氨基酸的排列顺序，所以把蛋白质的合成过程称为翻译。从遗传信息传递的中心法则可知，DNA 通过复制、转录把遗传信息传递给了 mRNA，然后再通过翻译将遗传信息从 mRNA 传递到蛋白质分子中，归根到底，蛋白质多肽链中氨基酸的顺序是由 DNA 上的基因决定的，而蛋白质又是生命活动的物质基础，因此，生物的各种属、各个体之间千差万别的遗传信息也就决定了各生物体表现出各种各样的生物性状和生理功能。

一、蛋白质的生物合成体系

蛋白质合成的基本原料是 20 种氨基酸，在其氨基酸通过肽键合成多肽链的过程中，需要 mRNA 作为遗传信息的模板，细胞液中分散的氨基酸需要通过 tRNA 的搬运，然后要由核蛋白体（由 rRNA 和蛋白质组成）给蛋白质提供合成的场所。可见，在蛋白质合成的过程中，需要 3 种 RNA 的参与，除此以外，还需要 ATP、AGP 的供能，以及一系列酶及辅助因子的催化。以上所有参与蛋白质合成的成分统称为蛋白质的合成体系。

（一）RNA 在蛋白质生物合成中的作用

1. mRNA

如前所述，通过转录得到遗传信息的 mRNA 要把其核苷酸序列转变为氨基酸序列。作为指导肽链合成的模板，这一过程是如何实现的呢？现已证明，mRNA 分子中每相邻的 3 个核苷酸编成一组，组成的这一组三联体在蛋白质合成时，代表某一种氨基酸，称为密码子或三联密码，这样，mRNA 中所含的 A、U、G、C 4 种核苷酸（碱基）根据排列组合，可以组成 64（4^3）种不同的密码子。64 种密码子已全部破译，其中 61 种密码子分别代表不同的氨基酸（表 10-2）。

表 10-2 遗传密码表

第一碱基	第二碱基								第三碱基
	U		C		A		G		
U	UUU	苯丙氨酸	UCU	丝氨酸	UAU	酪氨酸	UGU	半胱氨酸	U
	UUC		UCC		UAC		UGC		C
	UUA	亮氨酸	UCA		UAA	终止信号	UGA	终止信号	A
	UUG		UCG		UAG		UGG	色氨酸	G
C	CUU	亮氨酸	CCU	脯氨酸	CAU	组氨酸	CGU	精氨酸	U
	CUA		CCC		CAC		CGC		C
	CUC		CCA		CAA	谷氨酰胺	CGA		A
	CUG		CCG		CAG		CGG		G
A	AUU	异亮氨酸	ACU	苏氨酸	AAU	天冬酰胺	AGU	丝氨酸	U
	AUC		ACC		AAC		AGC		C
	AUA		ACA		AAA	赖氨酸	AGA	精氨酸	A
	AUG	蛋氨酸	ACG		AAG		AGG		G
G	GUU	缬氨酸	GCU	丙氨酸	GAU	天冬氨酸	GGU	甘氨酸	U
	GUC		GCC		GAC		GGC		C
	GUA		GCA		GAA	谷氨酸	GGA		A
	GUG		GCG		GAG		GGG		G

研究结果表明，密码子具有以下重要特点。

（1）方向性　密码子在 mRNA 分子中的排列是有方向性的，即从 5′→3′端，也就是说，翻译过程必须是从起始密码子（5′-端）开始，沿着 mRNA 向 3′-端方向逐一进行，不能倒读。

（2）简并性　从遗传密码表中可看出，除蛋氨酸和色氨酸外，其余 18 种氨基酸的密码子均在两种或两种以上，最多的可达 6 种（亮氨酸的密码子）。这种同一种氨基酸具有多种密码子的现象称为密码的简并性。为同一种氨基酸编码的各密码子称为同义密码子。如苯丙氨酸就有 UUU 和 UUC 两个同义密码子。由密码表还可看出，同义密码子的第一个、第二个核苷酸残基总是相同的，所不同的是第 3 个核苷酸残基，这种现象称为“摆动现象”。可见，密码子的特异性主要是由前两个核苷酸残基决定的（“三中读二”），这就意味着由于密码子的简并性，第 3 位核苷酸的碱基即使发生突变，也不会影响氨基酸的翻译，仍然能翻译出正确的氨基酸来，从而使合成的蛋白质结构不变。因此，遗传密码的简并性对维持遗传的稳定性有着重要的生物学意义。

（3）连续性　在 mRNA 分子上两个相邻的密码子之间没有任何核苷酸间隔，密码子是连续排列的，也就是说，在正确翻译时，必须从某一特定的起点开始，每 3 个核苷酸为一组，一个密码子挨着一个密码子连续地阅读翻译下去，直至终止密码子为止，如图 10-14 所示，相邻密码子中的核苷酸不能重复使用。这样，如果在 mRNA 分子中插入或删去一个核苷酸，就会使其以后的“阅读”发生错误，合成一条不是原来意义上的多肽链，这种情况称为“移码”，由于移码引起的突变称为移码突变。

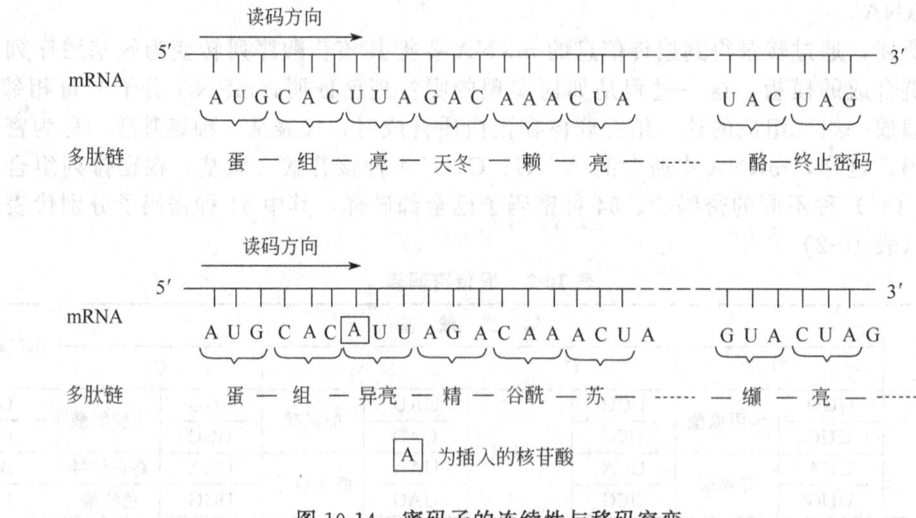

图 10-14　密码子的连续性与移码突变

（4）起始密码子和终止密码子　起始密码子为 AUG。AUG 除了可代表蛋氨酸（真核生物）、甲酰蛋氨酸（原核生物）外，当它处于起始部位时，还可作为氨基酸合成肽链的启动信号。另外，在 64 个密码子中，UAA、UGA 和 UAG 3 个密码子不代表任何氨基酸，只代表蛋白质合成的终止信号，读码时，只要在 mRNA 上读到这 3 个中的任何一个，肽链的合成即告终止。

（5）通用性　大量实验证明，生物界所有的物种，无论是简单的病毒还是高等的人类，都通用这套标准遗传密码，这表明各种生物是由同源进化而来的。但近年来的研究发现，人体线粒体中的密码子与标准密码子有所不同，如线粒体中 UGA 不代表终止信号而代表色氨酸，异亮氨酸的密码子 AUA 变成了蛋氨酸的密码子。可见，这种通用性不是绝对的。

2. tRNA

在蛋白质的合成中，tRNA 起着“搬运工”的作用。胞液中的氨基酸需要由各自特异的 tRNA 搬运到核蛋白体上，才能组装成多肽链。在氨基酰 tRNA 合成酶的作用下，氨基酸与 tRNA 结合生成氨基酰-tRNA，氨基酰-tRNA 是氨基酸的活化形式，氨基酸与 tRNA 结合的部位是在 tRNA 氨基酸臂 3′-端的-CCA-OH 位置上，通过羟基与氨基酸的 α-羧基形成的酯键相连而成。每一种氨基酸可有 2～6 种特异的 tRNA，而每一种 tRNA 只能特异地转运某一种氨基酸。每种 tRNA 分子中反密码环顶端的反密码子可以根据碱基配对的原则，与 mRNA 上对应的密码子相配合，使 tRNA 带着各自的氨基酸准确地在 mRNA 上“对号入座”，保证了氨基酸可以按 mRNA 上的密码子所指定的顺序到核蛋白体上进行多肽的合成，如图 10-15 所示。由此可见，tRNA是沟通 mRNA 模板与新生多肽链之间的桥梁，即 mRNA 密码子的排列顺序通过 tRNA 改写成多肽链中氨基酸的排列顺序。

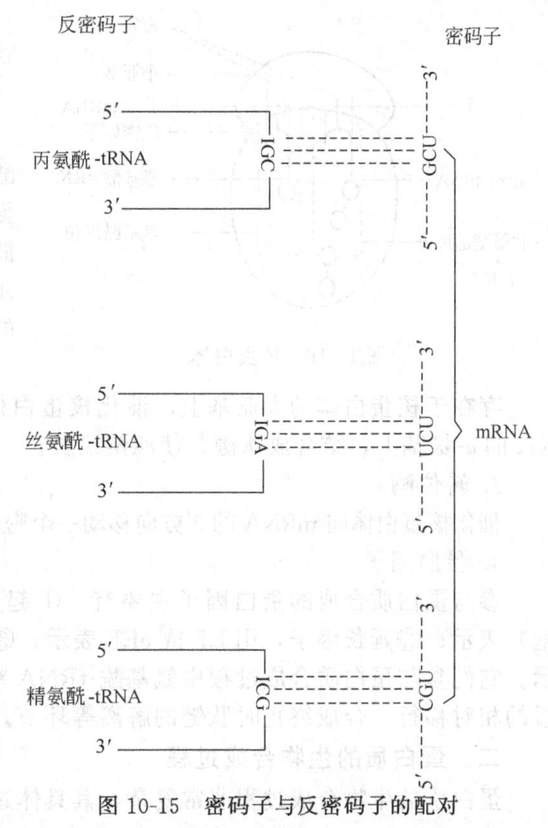

图 10-15　密码子与反密码子的配对

值得注意的是，反密码子与密码子在配对时，二者的方向是相反的，如果都从 5′→3′阅读，mRNA 密码子的第一位、第二位、第三位碱基分别与 tRNA 反密码子的第三位、第二位、第一位碱基相配对。密码子的第一位、第二位碱基与反密码子的第三位、第二位碱基的配对严格遵循 A-U、G-C 的碱基配对原则，而密码子第三位碱基与反密码子第一位碱基的配对则不严格，反密码子中的第一位碱基常出现次黄嘌呤（I），它与密码子中的 A、C、U 均可配对形成 I-A、I-C、I-U。此外，如果反密码子中的第一位碱基是 U 的话，还可配对成 U-G 或 U-A。密码子与反密码子配对时出现的这种不完全遵循碱基配对规律的现象，称为摆动配对。

3. rRNA

rRNA 与蛋白质结合形成核蛋白体，是蛋白质合成的场所和“装配机”，参与蛋白质生物合成的各种成分最终都要在核蛋白体上将氨基酸合成为多肽链。

核蛋白体由大小不同的两个亚基组成，这两个亚基分别由不同的 rRNA 与多种蛋白质共同构成，见表 10-3。只有大小亚基聚合成复合体，并与 mRNA 组装在一起时，核蛋白体才能沿 mRNA 向 3′方向移动，使遗传密码被逐个地翻译成氨基酸。核蛋白体的小亚基具有结合 mRNA 模板的能力，可以容纳两组密码子同时工作。核蛋白体的大亚基则与 tRNA 结合，大亚基上有两个 tRNA 结合位点：给位（P 位）与受位（A 位）。给位又称肽酰位，即与多肽-tRNA 非特异性结合的部位；受位又称氨基酰位，即与氨基酰-tRNA 非特异性结合的部位。这两个相邻位点正好与 mRNA 上两个相邻的密码子的位置对应。转肽酶位于这两个位点之间，在转肽酶的作用下，肽酰基被转移到位于 A 位氨基酰-tRNA 的 α-氨基上，两者之间形成肽键，这样，A 位上的氨基酸就被添加到肽链中，于是肽链便得以延长。蛋白质的合成一旦终止，核蛋白体又离解成大小两个亚基，如图 10-16 所示。

表 10-3　核蛋白体中的 rRNA 和蛋白质

分　类	亚　基	rRNA	蛋白质种类
真核细胞	大亚基 60S	5S、5.8S、28S	36～50
	小亚基 40S	18S	30～32
原核细胞	大亚基 50S	5S、23S	34
	小亚基 30S	16S	21

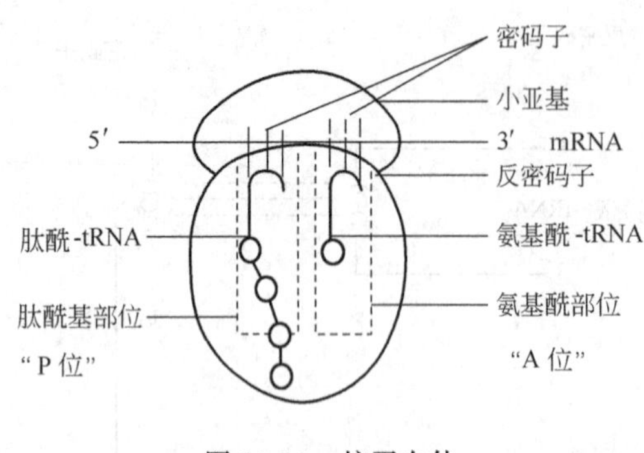

图 10-16 核蛋白体

（二）参与蛋白质生物合成的酶类及蛋白因子

1. 氨基酰-tRNA合成酶

催化tRNA氨基酸臂的-CCA-OH与氨基酸的羧基反应形成酯键连接，使氨基酸活化。氨基酰-tRNA合成酶具有高度专一性，它既能识别特异的氨基酸，又能识别相应的特异tRNA，并将二者连接，从而保证了遗传信息的准确翻译。

2. 转肽酶

存在于核蛋白体的大亚基上，催化核蛋白体P位上的肽酰基转移至A位上氨基酰-tRNA的α-氨基上，结合成肽键，使肽链延长。

3. 转位酶

催化核蛋白体向mRNA的$3'$方向移动一个密码子的距离，使下一个密码子定位于A位。

4. 蛋白因子

参与蛋白质合成的蛋白因子主要有：①起始因子，用IF（原核细胞）或eIF（真核细胞）表示；②延长因子，用EF或eEF表示；③终止因子，又称释放因子，用RF或eRF表示。它们参与蛋白质合成过程中氨基酰-tRNA对模板的识别和附着、核蛋白体沿mRNA模板的相对移行、合成终止时肽链的解离等环节。

二、蛋白质的生物合成过程

蛋白质的生物合成过程非常复杂，其具体过程可分为以下4个阶段。

（一）氨基酸的活化与转运

氨基酸的化学性质比较稳定，必须经过活化才能参加蛋白质合成。活化的氨基酸与tRNA连接，由tRNA转运到核蛋白体上合成肽链，整个反应过程都是由氨基酰-tRNA合成酶催化、由ATP供能的，分两步完成。

$$\underset{\text{氨基酸}}{\text{R—}\overset{\text{NH}_2}{\overset{|}{\text{CH}}}\text{—COOH}}+\text{ATP}\xrightleftharpoons{\text{E},\text{Mg}^{2+}}\underset{\text{中间复合物}}{\text{R—}\overset{\text{NH}_2}{\overset{|}{\text{CH}}}\text{—}\overset{\text{O}}{\overset{\|}{\text{C}}}\text{—O}\sim\text{AMP—E}}+\text{PPi}$$

$$\text{R—}\overset{\text{NH}_2}{\overset{|}{\text{CH}}}\text{—}\overset{\text{O}}{\overset{\|}{\text{C}}}\text{—O}\sim\text{AMP—E}+\text{tRNA}\cdots\text{CCA—OH}\rightleftharpoons\underset{\text{氨基酰-tRNA}}{\text{tRNA}\cdots\text{CCA—O—}\overset{\text{O}}{\overset{\|}{\text{C}}}\text{—}\underset{\text{NH}_2}{\underset{|}{\text{CH}}}\text{—R}}+\text{AMP}+\text{E}$$

首先，氨基酸与ATP和酶反应形成氨基酸-AMP-酶中间复合物，成为活化的氨基酸；然后复合物中的氨基酰基被转移到tRNA的-CCA-OH上以酯键相结合，形成相应的氨基酰-tRNA。以氨基酰-tRNA形式存在的活化氨基酸，可以根据mRNA中的遗传密码子顺序，依次由该tRNA转运至核蛋白体上参与肽链的合成。氨基酰-tRNA合成酶具有高度专一性，它既能识别特异的氨基酸，又能识别相应的特异的tRNA，并将氨基酸连接在对应的tRNA上，从而保证了遗传信息的准确翻译。

（二）起始阶段

起始阶段是指在Mg^{2+}、起始因子及GTP的参与下，核蛋白体大亚基、小亚基、mRNA以及甲酰蛋氨酰-tRNA（真核生物为蛋氨酰-tRNA）结合形成起始复合物的过程。此时，mRNA上起始密码子AUG和甲酰蛋氨酰-tRNA都处于核蛋白体的给位，而且起始密码子AUG正好与甲酰蛋氨酰-tRNA中反密码子互补结合，而mRNA上的第二组密码子正好暴露在核蛋白体的受位，为接受下一个氨基酰-tRNA做准备，如图10-17所示。

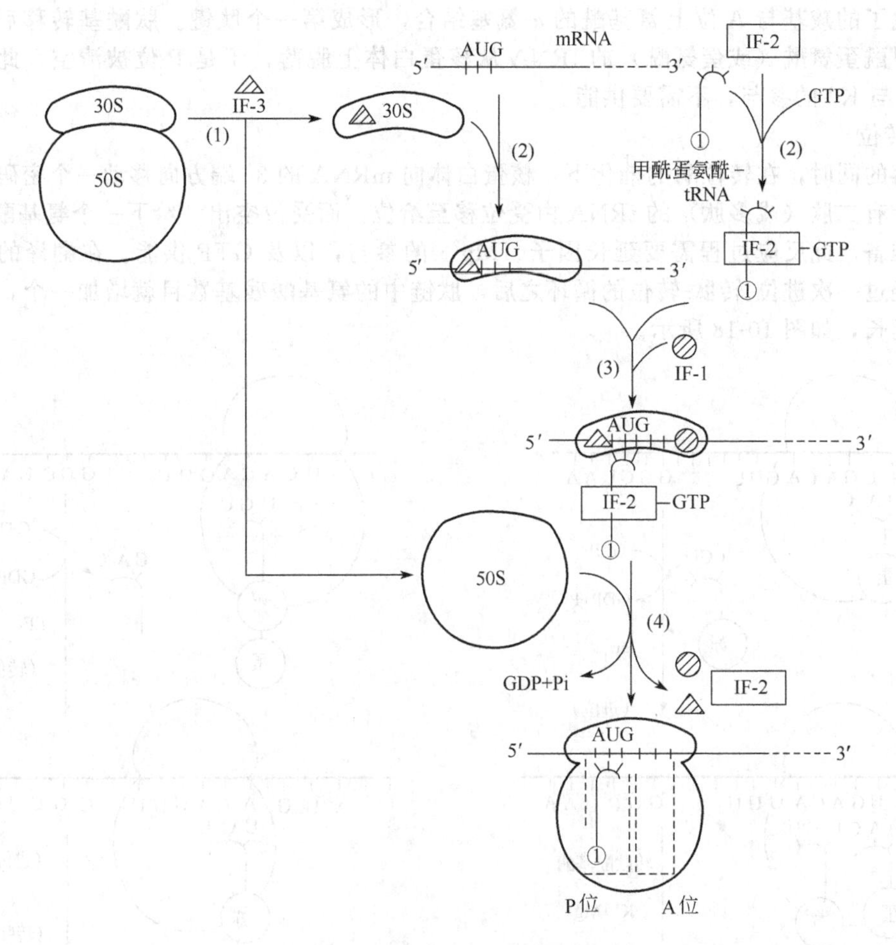

图10-17 肽链合成的起始阶段

起始复合体的结构是非常严密的，具有多个功能部位：①mRNA结合的部位，该部位在小亚基上，小亚基正好覆盖mRNA模板两个相邻的密码子；②氨基酰-tRNA结合的部位，称为受位或A位；③肽酰-tRNA结合的部位，在合成肽链时，该部位可供出肽酰基，结合到与之相邻的A位氨基酰-tRNA上，称为给位或P位；④催化肽链形成的部位，转肽酶存在于该部位；⑤各种蛋白质因子结合的部位。A位、P位和转肽酶均位于大亚基上。

（三）延长阶段

延长阶段是一个循环过程，包括进位、转肽和转位3个步骤。肽链延长的方向是从N-端到C-端。

1. 进位

按mRNA模板密码子的规定，一个氨基酰-tRNA进入结合到核蛋白体A位的过程称为进位。进位之前，核蛋白体的A位是空的，tRNA通过其反密码子按碱基互补原则结合在mRNA密码子上，即所谓的“对号入座”。这一过程需要延长因子催化，GTP供能。

2. 转肽

进位过程一旦完成就立即进入转肽。在大亚基上转肽酶的催化下，将给位（P位）上tRNA所携带的甲酰蛋氨酰（或蛋氨酰）转移给受位（A位）上新进入的氨基酰-tRNA，并通过活化了的羧基与A位上氨基酰的α-氨基结合，形成第一个肽键。肽酰基转移后，给位上失去甲酰蛋氨酰（或蛋氨酰）的tRNA从核蛋白体上脱落，于是P位被清空。此反应需要Mg^{2+}与K^{+}的参与，不需要供能。

3. 转位

脱落的同时，在转位酶的催化下，核蛋白体向mRNA的3′-端方向移动一个密码子的距离，使带有二肽（或多肽）的tRNA由受位移至给位，而受位空出，给下一个氨基酰-tRNA进位做准备，此反应过程需要延长因子、Mg^{2+}的参与，以及GTP供能。在翻译的延长阶段，每经过一次进位-转肽-转位的循环之后，肽链中的氨基酸残基数目就增加一个，肽链得以不断延长，如图10-18所示。

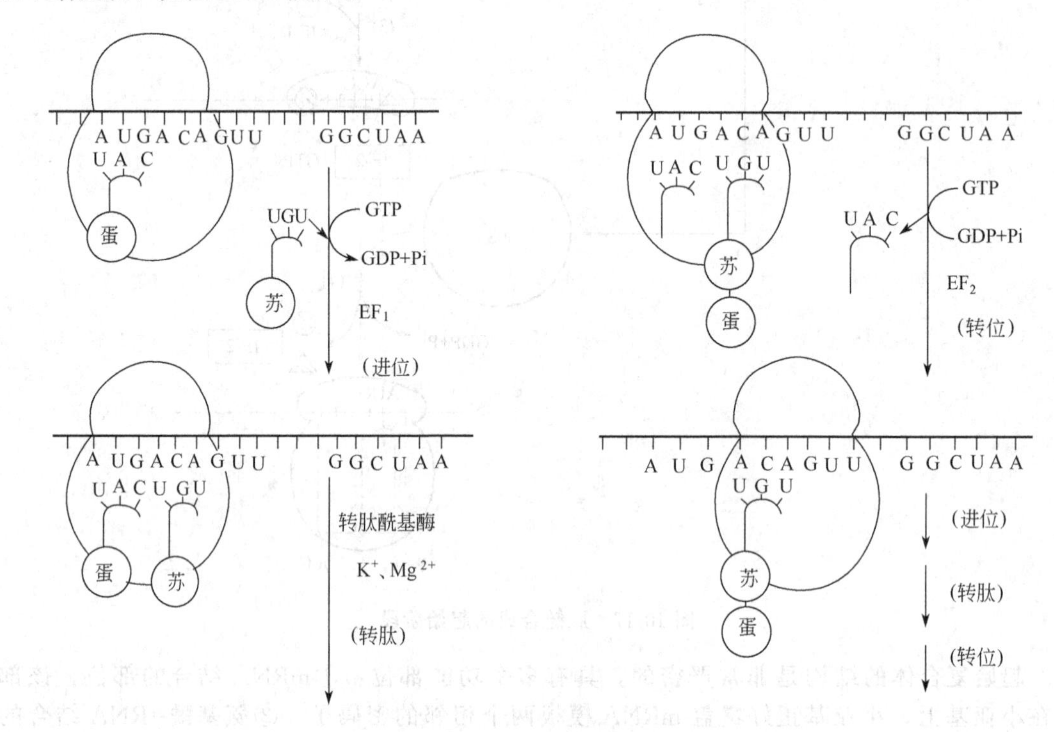

图10-18　肽链的延长阶段

（四）终止阶段

当核蛋白体沿mRNA的3′-端方向移动，受位上出现终止信号（UAA、UAG、UGA）时，各种氨基酰-tRNA都不能进位了，此时能够进位的只有终止因子（RF），终止因子结合大亚基受位后，使转肽酶的构象发生改变，不起转肽作用，而起水解作用，使给位上tRNA所携带的多肽链与tRNA之间的酯键水解，并释放出来。随后，tRNA、mRNA与终止因子从核蛋白体脱落，核蛋白体解离成大亚基、小亚基。如图10-19所示。解体后的各成分可重新聚合成起始复合体，开始新的肽链的合成，循环往复。所以，上述蛋白质多肽链在核蛋白体上经过起始、延长、终止的循环过程又叫核蛋白体循环。

以上是单个核蛋白体的循环，实际上细胞内通常有5～6个甚至50～60个核蛋白体连接在一分子mRNA上，形成多聚核蛋白体，进行蛋白质合成。如编码血红蛋白亚基的mRNA可结合4～5个核蛋白体，编码肌球蛋白的mRNA可结合55～65个核蛋白

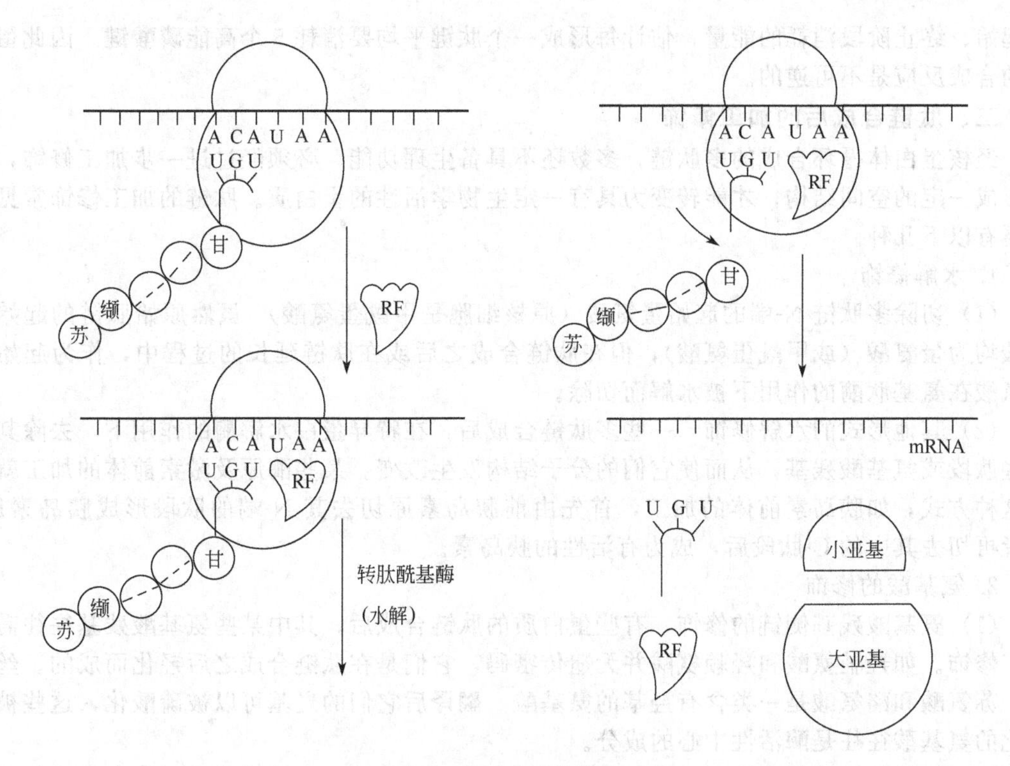

图 10-19　肽链合成的终止阶段

RF—终止因子

体。mRNA 分子越长，同时结合的核蛋白体数目越多。当第一个核蛋白体在 mRNA 的起始部位结合，多肽链合成到一定长度时，第一个核蛋白体沿 mRNA 向 3′-端方向移动一段距离后，第 2 个核蛋白体又可结合于 mRNA 的起始部位，再合成另一条多肽链，待此多肽链合成到一定长度时，在 mRNA 的起始部位又结合第 3 条，两个核蛋白体的距离大约为 80～90 个核苷酸残基。如此进行下去，一条 mRNA 分子上可结合多个核蛋白体，按照不同的进度，各自合成多条相同的多肽链，从而提高了肽链合成的效率，如图 10-20 所示。

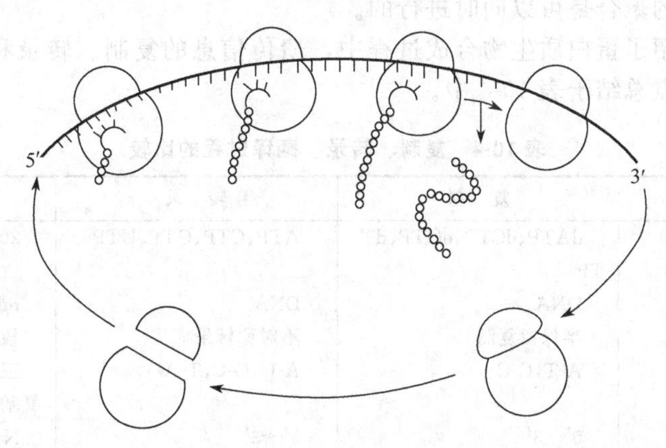

图 10-20　多核蛋白体示意

蛋白质的生物合成是一个耗能过程，氨基酸的活化需要消耗 2 个高能磷酸键，延长阶段的进位和转位各消耗 1 个高能磷酸键，每形成一个肽键至少要消耗 4 个高能磷酸键，如果加上起始、终止阶段消耗的能量，估计每形成一个肽键平均要消耗5个高能磷酸键。因此蛋白质的合成反应是不可逆的。

三、肽链合成后的加工修饰

经核蛋白体循环合成的多肽链，多数还不具备生理功能，必须经过进一步加工修饰，卷曲形成一定的空间结构，才能转变为具有一定生物学活性的蛋白质。肽链的加工修饰常见的主要有以下几种。

1. 水解修饰

（1）切除多肽链N-端的起始蛋氨酸（原核细胞是甲酰蛋氨酸） 虽然原始肽链的起始氨基酸均为蛋氨酸（或甲酰蛋氨酸），但在肽链合成之后或在肽链延长的过程中，作为起始的蛋氨酸在氨基肽酶的作用下被水解而切除。

（2）其他形式的水解修饰 一些多肽链合成后，在特异蛋白水解酶的作用下，去除其中某些肽段或氨基酸残基，从而使它们的分子结构发生改变。某些酶原及激素前体的加工就属于这种方式，如胰岛素前体的加工，首先由前胰岛素原切去其N-端的肽段形成胰岛素原，后者再切去其中的C-肽段后，成为有活性的胰岛素。

2. 氨基酸的修饰

（1）氨基酸残基侧链的修饰 有些蛋白质的肽链合成后，其中某些氨基酸残基往往需要加工修饰。如羟脯氨酸和羟赖氨酸并无遗传密码，它们是在肽链合成之后羟化而成的。丝氨酸、苏氨酸和酪氨酸是一类含有羟基的氨基酸，翻译后它们的羟基可以被磷酸化，这些被磷酸化的氨基酸往往是酶活性中心的成分。

（2）二硫键的形成 胱氨酸没有遗传密码，多肽链中的二硫键是在多肽链合成后，通过两个半胱氨酸残基的巯基脱氢而形成的。

3. 辅基的结合

在结合蛋白质的合成过程中，生成的多肽链需要进一步与辅基部分结合。如糖蛋白的辅基（糖链）、血红蛋白的辅基（血红素）、脂蛋白的辅基（脂类）等，都是在多肽链合成后结合上去的。

4. 亚基的聚合

具有两个或两个以上亚基的蛋白质，在各个肽链合成后，要通过非共价键将亚基聚合形成多聚体，才具有生物学活性。亚基的聚合不一定都要等到辅基连接以后才能进行，有时，辅基的连接和亚基的聚合是可以同时进行的。

至此，已经介绍了蛋白质生物合成过程中，遗传信息的复制、转录和翻译的具体过程，现将3个过程的要点总结于表10-4中。

表10-4 复制、转录、翻译过程的比较

项 目	复 制	转 录	翻 译
原料	dATP、dCTP、dGTP、dTTP	ATP、CTP、GTP、UTP	20种氨基酸
模板	DNA	DNA	mRNA
方式	半保留复制	不对称转录	核蛋白体循环
碱基配对方式	A-T，G-C	A-U，G-C，T-A	三联密码子代表相应的氨基酸
链的延伸方式	5′→3′	5′→3′	N→C
主要酶和因子	拓扑异构酶、解链酶、DNA结合蛋白、引物酶、DNA聚合酶、DNA连接酶等	RNA聚合酶、ρ因子等	氨基酰-tRNA合成酶、转肽酶、转位酶、起始因子、延长因子等

续表

项　目	复　制	转　录	翻　译
产物	整个 DNA 分子（复制后一般不加工）	mRNA、tRNA、rRNA（通常由各自的前体加工而成）	具有生物活性的成熟蛋白质（由翻译后的多肽链加工而成）

第五节　影响蛋白质生物合成的因素

蛋白质是一切生命现象的物质基础，蛋白质的结构是否正常、合成是否顺利，将直接影响到细胞乃至机体的正常生命活动。而蛋白质的生物合成受很多因素的影响，如遗传、代谢、免疫等生理过程的影响，肿瘤、遗传病等病理过程的影响，以及药物作用的影响等。

一、异常蛋白质与分子病

由于 DNA 分子的基因缺陷，引起 RNA 和蛋白质的合成发生异常，从而导致机体出现某些结构异常和功能障碍，由此产生的疾病称为分子病。分子病涉及的范围很广，目前，人类被查明的由于某种蛋白质缺乏或异常引起的 1400 种遗传性疾病，都属于分子病。由于基因突变而产生的异常血红蛋白全世界就有 400 多种，其中镰刀形红细胞贫血就是最典型的一种由于血红蛋白异常而导致的疾病，该患者血红蛋白 β-链中 N-端第 6 位的谷氨酸被缬氨酸所取代。引起这一改变的原因是它的结构基因发生了改变，其相应的核苷酸由 CTT 转变为 CAT，于是 mRNA 中的密码子就由 GAA 转变成了 GUA，多肽链中的氨基酸也就相应地由谷氨酸翻译成了缬氨酸。β-链一级结构的这一改变，影响了血红蛋白的构象，使其不能发挥正常功能，细胞脆性增加，容易破裂发生溶血性贫血。此外，由于 DNA 分子的结构或功能异常，引起某种酶的合成有缺陷而产生的代谢病，以及由于 DNA 分子的损伤而产生的肿瘤与放射病等都可认为是分子病。

二、药物对蛋白质合成体系的影响

病原微生物、病毒以及肿瘤细胞在人体内可迅速地生长繁殖，即大量地合成病原体所需要的核酸和多种蛋白质，干扰了人体正常的生理代谢。如果能设法阻断病原体核酸和蛋白质合成中的某一环节，就能使它们的生长繁殖受到有效的抑制，如一些抗肿瘤药物、抗生素类药物就是根据这一原理来设计的，现举例说明。

1. 烷化剂类

烷化剂是一类化学活性很强的有机化合物，主要作用是破坏 DNA 的分子结构。其分子结构中有一个或几个活性烷基，此活性烷基可与细胞 DNA 分子中的鸟嘌呤和腺嘌呤发生烷化反应，并使其脱落，造成 DNA 缺损，引起 DNA 复制时紊乱。具有多个烷基的烷化剂可通过烷化作用在 DNA 的两条链间交联，导致 DNA 核苷酸链的断裂。烷化剂属于非特异性药物，它对生长发育愈快的组织，抑制作用愈强，故对恶性肿瘤组织有相对的选择性。常用的烷化剂有塞替派、环磷酰胺、氮芥、罗氮芥、白消安等，它们大多数是人工合成的抗癌药物。烷化剂在破坏癌细胞 DNA 分子结构的同时，对正常组织细胞中的 DNA 也会产生抑制，毒性较大，可引起多种不良反应。

2. 抗生素类

抗生素是动物、植物及微生物在生命活动过程中所产生的代谢产物（或用化学、生物学或生物化学方法所衍生的）。它的作用原理主要是干扰 DNA 复制、RNA 的转录和蛋白质合成的各个环节，选择性地抑制细菌和癌细胞的蛋白质合成，从而抑制其生长繁殖。一般来说，抗肿瘤抗生素多以抑制DNA复制为主，也有抑制RNA转录的，个别的抑制蛋白质合成。抗菌类的抗生素则多数抑制蛋白质合成。表10-5列举了一些抗生素的作用原理及其用途，以供参考。

3. 生物碱类

一些生物碱对核酸和蛋白质代谢也有影响，具有抗癌作用，如秋水仙碱、长春花碱、喜树碱、羟喜树碱、长春新碱、足叶乙苷等。喜树碱和羟喜树碱可以抑制癌细胞DNA的合成，长春花碱和长春新碱则抑制癌细胞蛋白质的合成，从而抑制肿瘤细胞的生长繁殖。

4. 干扰素

干扰素是病毒或干扰素诱导剂进入细胞后，诱导细胞分泌的一类具有多种生物学活性的糖蛋白。根据其抗原性的不同，可将其分为干扰素α、干扰素β、干扰素γ、干扰素ω 4种类

表10-5 抗生素对蛋白质生物合成的作用

作用环节	主要抗生素	作用原理	用途
复制及转录	自力霉素	与DNA双链间的G-C对结合，妨碍双链拆开，抑制复制与转录	抗肿瘤
	博来霉素	与DNA双链间的G-C对结合，妨碍双链拆开，抑制复制与转录	抗肿瘤
	放线菌素	插入DNA双链间，破坏DNA模板活性	抗肿瘤
转录	利福霉素	抑制原核细胞的RNA聚合酶活性	抗菌
翻译	四环素族	与原核细胞核蛋白体的小亚基结合并使之变构，抑制氨基酰-tRNA进位	抗菌
	链霉素	抑制原核细胞翻译的起始阶段，并引起密码错读	抗菌
	卡那霉素	抑制原核细胞翻译的起始阶段，并引起密码错读	抗菌
	氯霉素	与原核细胞的核蛋白体大亚基结合，抑制转肽酶活性	抗菌
	红霉素	与原核细胞的核蛋白体大亚基结合，抑制转位	抗菌
	环己亚胺	抑制真核细胞核蛋白体大亚基转肽酶活性	抗菌
	嘌呤霉素	取代氨基酰-tRNA进位，使肽酰基转移在它的氨基上并脱落，阻止肽链延长	抗肿瘤

型。干扰素具有广谱、高效的抗病毒作用，其作用的机制是通过干扰素活化机体细胞产生抗病毒蛋白，然后由抗病毒蛋白降解病毒的mRNA和抑制病毒蛋白质的合成。干扰素可选择性地作用于受感染细胞，而对正常宿主细胞无作用或作用微弱。除此以外，干扰素还具有抗肿瘤活性，对肿瘤细胞的繁殖有抑制作用，这种抑制作用有相对的种属特异性，干扰素对增殖分裂快的肿瘤细胞的抑制作用也具有选择性。

本章小结

遗传是生命的重要特征，由Crick提出的遗传信息传递的中心法则即补充阐明了遗传信息传递的规律，即遗传信息是沿复制→转录→翻译的方向进行的。它包含了两个方面：一方面是基因的遗传；另一方面是基因的表达。

基因的遗传是通过DNA的复制来完成的，DNA的复制方式是半保留复制，即在每个子代DNA分子的双链中，有一条来自亲代DNA，而另一条链是合成的。DNA的复制过程需要有DNA双链作为模板，以dATP、dGTP、dCTP和dTTP作为原料，然后在拓扑异构酶、解链酶、DNA结合蛋白、DNA聚合酶、引物酶、DNA连接酶等一系列酶及蛋白因子的参与下来完成。DNA链的合成总是从5′-端向3′-端方向进行，所以，DNA在复制时，延

长中的子链有前导链和随从链之分，复制中的不连续片段称为冈崎片段。DNA 复制过程出现错误是突变发生的原因，除了自发发生的以外，某些物理的和化学的因素都可引起突变。生物体存在各种修复措施，使损伤的 DNA 得以复原。其中切除修复是人体细胞修复 DNA 损伤的重要方式。逆转录是 RNA 病毒的复制方式，它是以 RNA 为模板合成 DNA 的过程。

RNA 的合成过程称为转录。转录使遗传信息由 DNA 流向 RNA。转录过程同样也需要 DNA 链作为模板，然后以 ATP、GTP、CTP、UTP 作为原料，在 RNA 聚合酶的催化下完成。转录是不对称性的，在双链 DNA 中，指导转录的是模板链，相对的一股单链是编码链。转录的过程可分为起始、延长和终止 3 个阶段，与复制一样，转录也是由 5′-端向 3′-端方向进行的。转录的初级产物需要加工修饰才能成为具有生物活性的 RNA。三类 RNA 的具体加工过程各有其特点，但加工的方式基本上都是 RNA 链的剪切、链的拼接、碱基修饰等。

在遗传信息传递的过程中，DNA 将其遗传信息转录给 mRNA，这是基因表达的第一步，mRNA 再指导蛋白质的合成，这是基因表达的第二步，这一过程又称为翻译。蛋白质分子中氨基酸残基的排列顺序是由 mRNA 分子中核苷酸的序列决定的，翻译时，携带遗传密码（每 3 个相邻的核苷酸残基代表一种氨基酸）的 mRNA 作为合成多肽链的模板，通过遗传密码决定蛋白质分子上的氨基酸组成和排列顺序。rRNA 和多种蛋白质构成核蛋白体，作为合成多肽链的装置。tRNA 则通过其反密码子与 mRNA 的密码子反向配对结合，特异性地转运氨基酸。蛋白质在多肽链合成后同样也需要经过一定的加工修饰，才能转变为具有一定生物学活性的蛋白质。加工的方式一般有水解修饰、氨基酸的修饰、辅基的结合、亚基的聚合等。

某些药物和生物活性物质能抑制或干扰蛋白质的生物合成，如许多抗生素就是通过抑制蛋白质生物合成发挥杀菌、抑菌作用的。另外，分子病也与蛋白质的合成过程有关。

练 习 题

一、名词解释

1. 中心法则；2. 复制；3. 半保留复制；4. 转录；5. 翻译；6. 冈崎片段；7. 密码子；8. 基因工程；9. 分子病；10. 启动子

二、问答题

1. 何谓 DNA 的半保留复制？试说其主要过程。
2. 参与复制的酶与蛋白因子有哪些？它们在复制中各有什么作用？
3. 简要说明 RNA 转录的基本过程。
4. 3 种 RNA 在蛋白质合成中各有何作用？
5. 生物遗传密码有哪些特性？
6. 试述蛋白质生物合成的基本过程。
7. 试比较复制、转录和翻译过程的异同点。
8. 双链 DNA 的一条链的碱基序列为：

5′-TCGTCGACGATGATCATCGGCTACTCGA-3′

① 写出 DNA 另一条互补链的碱基序列。
② 写出以该链为模板转录的 mRNA 序列。
③ 由此 mRNA 编码的氨基酸顺序。
④ 如果 DNA3′-端的第 2 个 T 缺失，此时编码的氨基酸顺序有何改变？

第十一章 物质代谢的调控

【学习目标】

1. 了解代谢调控对生物体的意义。

2. 掌握在分子水平上调控代谢反应速率的途径。

3. 了解酶含量的调节——酶合成的诱导与阻遏对代谢调节的作用。

4. 了解什么叫做激素，激素调节作用，熟悉激素与受体作用的特点，作用于细胞膜受体的激素调节机理、特点，cAMP 的第二信使作用，Ca^{2+} 与钙调节蛋白的作用特点及基本过程。

5. 从微生物发酵机理及产物合成的调节与控制出发，了解实用的代谢调节方式。

第一节 生化物质的代谢调节机制

代谢是活细胞中所有化学反应的总称，几乎所有这类反应都是在酶催化下进行的。如将细胞看成一个开放系统，代谢过程是动态的，与环境有物质、能量的不停息交换。

生物体内各类物质的代谢途径和代谢速率决定了体内反应的速率与方向，即物质的流向、积累、相互转化受其影响。在正常的生理条件下，体内代谢虽然是错综复杂的，但从整体上讲是由遗传决定的，受环境影响。从代谢体系上反映出代谢是受到精细的调控的，彼此配合并有条不紊地进行。

代谢过程一般包括消化、吸收、中间代谢的排出废物过程。

体内的代谢反应可用共同的模式表示：起始物→中间代谢物→最终产物。

共同规律是，经过一系列的酶促反应（链反应），中间代谢产物浓度不会大量积累，在细胞内仅维持低浓度水平，反应速率受最终产物浓度的负反馈调节，最终产物也不会大量积累。淀粉、糖原、蔗糖、脂肪等为最终产物时例外，它们为细胞的贮藏物并贮存能量。

生物体的高度协调、精细的代谢调节机制是在生物进化过程中逐渐形成的，并随进化而发展和完善，使物种能适应其特殊的生存环境，故此在一些极端的环境下人们也能发现有生物的存在。

在代谢过程中普遍存在物质代谢与能量代谢相偶联、分解代谢与合成代谢相偶联的现象。在细胞的生长、繁殖过程中分解代谢的中间代谢物为合成代谢提供了丰富的合成原料，分解代谢释放的生物能可用于合成代谢。

从总体上来讲，体内生化物质的代谢调控是由遗传因素决定性的，但在不同的时期、不同的环境下，体内生化物质的代谢受到外源营养物质的影响，并受到酶、激素、神经系统的反馈调节。它们既相互独立，又相互联系，相互制约，构成了一个完整的统一体。生物体的代谢调节机制主要在 3 个不同的水平上进行：①细胞内调控，包括营养物的分解、吸收、降解，结构物的合成等在分子水平的调节方式；②体液的调控，包括激素、激素调控机制；③神经系统的调控。在生化代谢过程中，主要学习细胞的调控，重点放在分子水平的代谢调控方式，为学习发酵调控原理打下一定的基础；同时了解激素、神经系统的调控对高等生物的物质代谢调控的影响。

一、反馈代谢调节机制

在电子学里，调节作用可分为前馈（feedforward）和反馈（freeback）。前馈是指输入对输出的影响；反馈是指输出对输入的影响。在代谢调控中出现的前馈是指底物浓度的变化对反应速率的影响；反馈指的是代谢产物浓度的变化对代谢反应速率的影响。前馈可以加速代谢反应速率，反馈会降低代谢反应速率。两者均可通过影响某些关键酶酶活力的方式实现代谢调控。

1. 前馈

在链式代谢反应中，参与代谢反应的反应物（底物）通过控制代谢链中的某一步酶活力，从而控制整个链式反应的总速率，这种调节方式称为前馈。

如果底物浓度提高，使酶原激活或提高了酶活力，从而加快代谢速率，这种前馈称正前馈（positive feedforward）。正前馈在分解代谢中较常见，如在EMP途径中6-磷酸葡萄糖对丙酮酸激酶的激活作用。

如果底物浓度提高，反而造成了酶活力下降，从而降低代谢速率，这种前馈称负前馈（negative feedforward）。这种现象较少。

2. 反馈

在链式代谢反应中，代谢最终产物浓度的变化常会影响催化代谢链中（或分支后的子链）第一步反应的酶活力，从而控制整个链式（或子链）反应的总速率，这种产物浓度变化影响总反应的调节方式称为反馈。

在代谢过程中，如果最终产物的积累提高了关键酶的活性，从而加速了链反应速率，这种反馈调节方式称为正反馈（positive freeback）。这类反馈方式不符合节约资源的方式，在代谢调控中比较少见。

在代谢过程中，如果最终产物的积累，降低了链反应中（或分支后的子链）第一步反应的酶活力，从而降低了链反应速率，这种反馈调节方式称为负反馈（negative freeback）。这是一种节约资源的方式，在分解代谢的调控中最常见。

在分解代谢过程中，分解代谢一般是遵循负反馈的调节规律的。在大多数的情况下，最终代谢产物通过反馈抑制其链反应的第一个酶的活性，从而控制反应速率，不造成过多的最终产物积累。因此，在链式反应中受最终产物（包括ATP）调节其活性的酶（一般是变构酶）称为关键酶（key enzyme）。关键酶的活性决定了整个链式反应的反应速率，因此又称为限速酶（rate-limining enzyme）。

细胞内的调控方式主要体现在酶的数量（合成与分解）、酶的活性的调控上，对已合成的酶的活性的调控普遍是以负反馈为主，正反馈的例子不多。例如，在糖有氧代谢过程中，TCA循环的实质是将乙酰CoA降解为二氧化碳和还原性辅酶，草酰乙酸既是产物，又是反应物。因此草酰乙酸对TCA循环起到正反馈的调节作用。

$$乙酰CoA+草酰乙酸+NAD^{+}+FAD \longrightarrow 草酰乙酸+2CO_2+(NADH+H^{+})FADH_2$$

当草酰乙酸浓度提高时，能提高柠檬酸合成酶的活力，加快柠檬酸的合成（第一步反应），则乙酰CoA进入TCA循环，被氧化分解的量也增多；反之如果TCA循环的中间产物被移出它用，例如，α-酮戊二酸→谷氨酸，造成了细胞内草酰乙酸的减少，降低了乙酰CoA进入TCA循环的速率，易造成中间产物供应不足、能量供应不足（氧化磷酸化速率下降），细胞代谢速率下降。因此在谷氨酸（或其他初级代谢发酵）的发酵过程中，为了补充

TCA 循环中间产物的缺失，必须有回补反应及时补充 TCA 循环的中间产物，才能维持最终产物的积累和正常的供能代谢。在负反馈的例子中，最终产物（包括 ATP）常对链中的第一个酶起反馈抑制作用。

3. 反馈调节机制

在细胞内的快速调节方式常是通过控制反应链中关键酶的活力来实现的。其中负反馈调节是最常见的调节方式。

在链式反馈调节中，链式反应的最终代谢产物或多分支链的中间产物对代谢的调控能快速实现，在直链和支链反应中，反馈调节是如何改变代谢途径中某些关键酶的活性，将在最终产物调节方式中讨论。

二、中间产物调节

一般来说，生物体内的代谢分解与合成途径均是按起始物→中间代谢物→最终产物的方向进行的。在正常的代谢状态下，中间产物不能大量积累，它们必须进一步反应。在代谢过程中生成的丰富的中间代谢物对整体代谢的调控起着十分重要的作用，它保证了生物体能在不同情况下完成必要的代谢反应，使代谢反应能按分步、有序的反应方式进行，能在温和的生化反应体系中完成体外需要高温、高压的化学反应，同时也为物质代谢的相互联系起着相互沟通反应物的作用。

一般的中间产物代谢链反应中前一反应产物又是下一反应的反应物，它的缺失会影响链反应的顺利进行。在代谢网络中，某些中间产物是沟通不同类型营养物的代谢桥梁。

在分解与合成代谢的逆反应中，通过不同的中间代谢物，可以将某些不可逆反应绕道实现。

三、最终产物调节

无论在分解代谢或合成代谢过程中，负反馈的调节规律符合经济原则，有利于细胞或生物体充分利用资源而不造成浪费。

在细胞内的反馈调节中，物质代谢途径是复杂的网络体系，对于直链式代谢途径，代谢最终产物只有一个，最终产物浓度上升，并积累到一定浓度时，负反馈抑制机理能充分体现了细胞节约经济原则；但在有多种代谢最终产物的分支和多链的代谢网络中，反馈抑制作用可保证细胞代谢的协调性。

1. 直链代谢调节

当某生化物质的代谢途径是分步的直链反应时，直链反应的最终产物利用负反馈调节机制能有效地起到调节作用。

在细胞内许多物质的代谢过程中，代谢反应是从某一底物开始，经过一连串连续的、分步的代谢反应途径，直到最终代谢产物的形成。随着最终产物的积累，浓度的提高，最终代谢产物对整个代谢途径会产生负反馈抑制作用。

直链负反馈抑制可分为直接反馈抑制和连续反馈抑制两种不同的调节机制。

① 在脂肪的合成中，脂肪酸对关键酶乙酰 CoA 羧化酶的反馈抑制属于直接反馈，即最终产物的浓度高低直接影响关键酶活力的大小。

$$\text{乙酰 CoA} \xrightarrow{\text{乙酰 CoA 羧化酶}} \text{丙二酰 CoA} \longrightarrow \text{脂肪酸}$$

（抑制：脂肪酸 → 乙酰 CoA 羧化酶）

② 在直链代谢途径中含有多个关键酶时，反馈抑制常表现为连续反馈抑制。例如，糖酵解途径可以理解为细胞产能代谢途径，则 ATP 是最终代谢产物之一，ATP 浓度（或能荷）对糖酵解途径的代谢速率有一定的反馈调节作用，但它不是直接抑制糖酵解途径第一个

关键酶已糖激酶，而是抑制磷酸果糖激酶，形成6-磷酸果糖的积累，6-磷酸果糖浓度增加后，再造成6-磷酸葡萄糖浓度的增加，从而反馈抑制了已糖激酶的活力，使整个糖酵解途径的代谢速率放缓甚至停止。

葡萄糖 —己糖激酶→ 6-磷酸葡萄糖 ⇌(磷酸己糖异构酶) 6-磷酸果糖 —磷酸果糖激酶→ 1,6-二磷酸葡萄糖

（6-磷酸葡萄糖 —抑制→ 己糖激酶；ATP —抑制→ 磷酸果糖激酶）

直接反馈调控比较简单，最终产物作为调节因子，通过反馈抑制关键酶的活性，从而抑制代谢速率或关闭代谢途径，或者最终代谢产物作为辅阻遏物，参加阻遏酶的合成。

在谷氨酸发酵中，如果α-酮戊二酸氧化脱羧酶系受到破坏，细胞内可能有大量α-酮戊二酸积累，但TCA循环会受到抑制作用，但如果同时提高细胞膜通透性，使TCA循环的中间产物α-酮戊二酸分泌到细胞外，可解除α-酮戊二酸的反馈抑制作用，从而使细胞能继续合成谷氨酸，从而提高了谷氨酸发酵产酸的水平。

2. 支链代谢调节

在生物体内的代谢网络中，支链的代谢调节仍是主要依靠反馈抑制作用。负反馈作用既直接对直链代谢产物起反馈抑制作用，在有分支和网络代谢的途径中也起反馈抑制作用。分支代谢途径的调节包括协作反馈抑制、合作反馈抑制、积累反馈抑制、顺序反馈抑制等。

分支代谢的调控方式在原核生物细菌中普遍存在，不同的原核生物中分支代谢调节方式又有区别，常见的有下列几种。

① 多价反馈抑制（multivalent feedback inhibition）。在分支代谢途径中的几种最终产物只有同时过量时，才能对公共途径的关键酶起抑制作用，单独的某一分支的最终产物过量并不影响整个代谢速率。多价反馈抑制调节模式如图11-1（a）所示。

例如，夹膜红极毛杆菌天冬氨酸族氨基酸合成代谢体系中，分支代谢的最终产物有赖氨酸、苏氨酸、甲硫氨酸。3种最终产物对分支代谢的调控是按多价反馈抑制机制进行的，当某一分支的最终产物过量时，对该分支的第一个酶起调控作用，但并不影响公共途径的第一个酶的活性；当赖氨酸、苏氨酸、甲硫氨酸同时过量时，即起到协同反馈抑制作用，对公共途径的第一步反应的限速酶天冬氨酸激酶起抑制作用。

在赖氨酸的发酵过程中，利用高丝氨酸的营养缺陷型菌株，可以解除三者的协同反馈调节机制，大量积累赖氨酸。通过表11-1也可以看到多价反馈抑制调节的效果。

② 协同反馈抑制（concerted feedback inhibition）。协同（或协调）反馈抑制与多价反馈抑制有相同之处。不同之处是在其分支代谢途径中，任何一个分支的最终产物过量时并不能单独抑制公共途径中第一个限速酶的活力，但能抑制本分支的第一个酶的活力，以防产物再进一步积累；仅当分支代谢中全部分支的最终产物同时过剩时，才能共同起协同抑制作用，对公共途径的限速酶起负反馈抑制作用。这种调节方式为协同反馈抑制。协同反馈抑制调节模式如图11-1（b）所示。

协同反馈抑制机理可用同工酶调节机制解释，一个分支的最终产物仅抑制一种同工酶的活性。

表11-1 最终分支产物对假单胞杆菌天冬氨酸激酶的多价反馈抑制

加或不加产物	相对活力/%	加或不加产物	相对活力/%
不加	100	L-Lys(5mmol/L)	112
L-Thr(5mmol/L)	110	L-Thr(5mmol/L)＋L-Lys(5mmol/L)	4

③ 积累反馈抑制（cumulative feedback inhibition）。在几种最终产物中任何一种产物过量都能单独地按一定百分比部分抑制公共代谢途径的某一关键酶，各最终产物之间无协同效应，也无拮抗作用。积累反馈抑制调节模式如图11-1（c）所示。

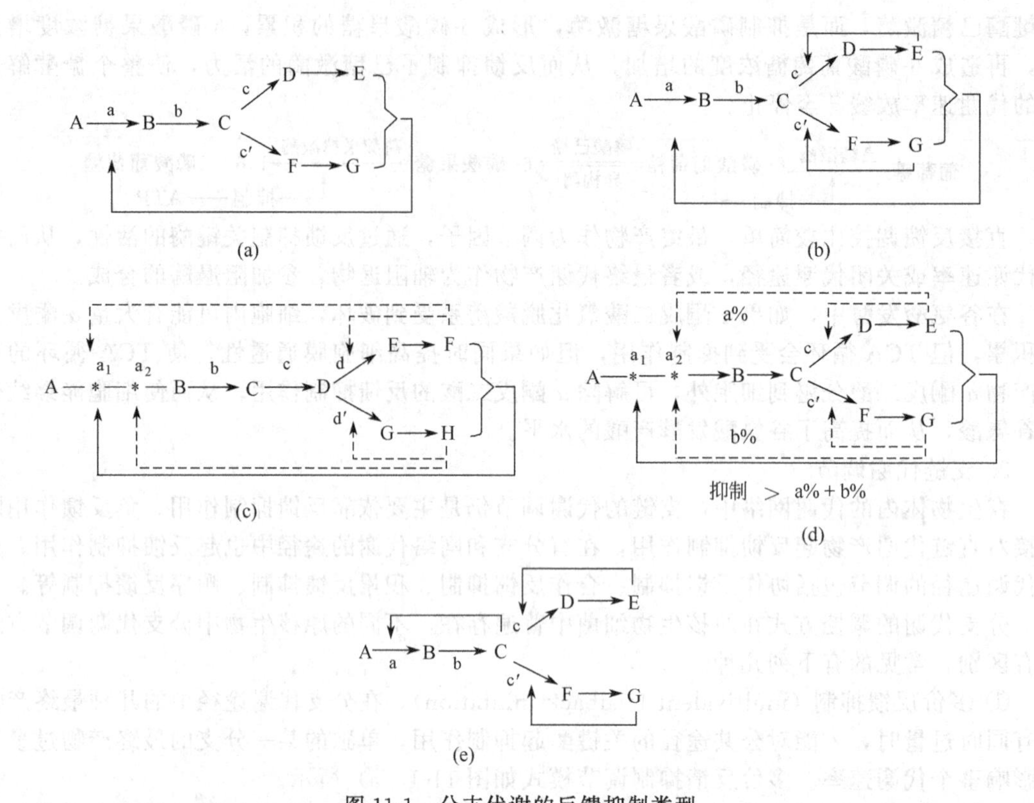

图 11-1 分支代谢的反馈抑制类型

（a）多价反馈抑制；（b）协同反馈抑制；（c）积累反馈抑制；（d）合作反馈抑制；（e）顺序反馈抑制

在积累反馈抑制中，每一个最终产物仅是单独地、部分地抑制共同步骤的第一个酶，并且各个最终产物的抑制作用互不影响，因此几个最终产物同时存在时，它们的抑制作用是积累的。

④ 合作反馈抑制（cooperative feedback inhibition）。合作反馈抑制也可称为增效反馈抑制。在这种反馈抑制中，当任何一个终产物单独过剩时，只部分地反馈抑制第一个酶的活性；当所有的最终产物同时过量时，会引起更强烈的抑制作用，其抑制程度大于各自单独存在之和。合作反馈抑制调节模式如图 11-1（d）所示。例如，催化嘌呤核苷酸生物合成最初反应的谷氨酰胺磷酸核糖焦磷酸转移酶分别受 GMP、IMP、AMP 等最终产物的反馈抑制，但当有两种产物共同存在时，抑制效果比单独存在时之和还大。

⑤ 顺序反馈抑制（sequential feedback inhibition）。顺序反馈抑制又叫逐步反馈抑制。在顺序反馈抑制中，其中任一分支的最终产物过剩时，都会引起分支点底物 C 的积累，分支点底物的积累又转而反馈抑制第一步反应的进行。顺序反馈抑制调节模式如图 11-1（e）所示。

这种调节模式首先发现于枯草杆菌的芳香族氨基酸合成。酪氨酸、苯丙氨酸、色氨酸单独过量时，各自首先抑制自身支路的代谢速率，继而引起公共前体——分支酸和预苯酸的积累，这些中间产物最后才反馈抑制共同途径的第一个酶的活性。如图 11-2 所示。同工酶催化莽草酸途径的起始反应。

四、发酵过程控制

在生物技术与其应用的过程中，从过程控制对象上可分为物理、化学与生物学 3 个方

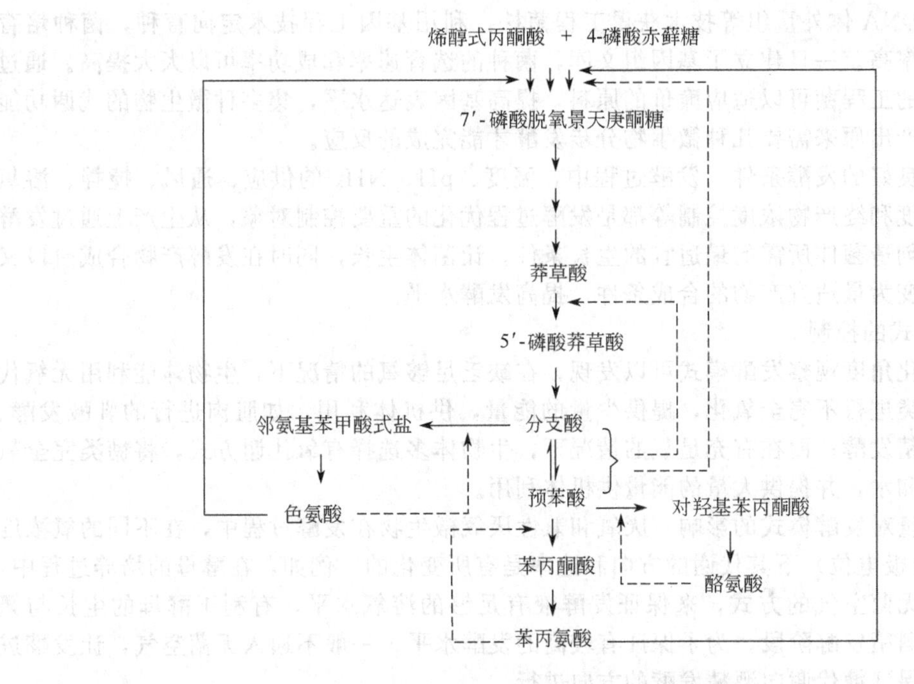

图 11-2　枯草杆菌芳香族氨基酸合成途径的调节机制

------→ 反馈抑制；——→ 反馈阻遏

面，即控制参数从物理、化学与生物学3个方面考虑。更通俗地讲，发酵过程控制实质上是对发酵参数的控制，是人们从主观上对发酵过程的优化处理。发酵过程控制的主要参数是温度、pH、溶氧、菌体量、基质浓度和产物浓度等。在发酵过程控制中更应重视菌体参数变化、酶活力与含量变化。

从菌体的代谢机理方面，菌体的代谢过程是复杂多变的，是受环境因素影响的。发酵过程控制应从根本上考虑在代谢过程中物质的流向，控制培养基中的成分向产物合成的方向流动，并消除反馈抑制现象，才能保证发酵的高效性。

1. 优良菌株的选育

菌种的选育不仅要从生长速率、抗污染能力、对原料要求的粗放性等方面考虑，更为关键的是要从代谢、遗传稳定性的方向出发，解除微生物对产物合成的反馈抑制机制，亦即是破坏原有的正常代谢途径，得到能大量合成产物的突变菌株。获得突变株的方法有如下几种。

（1）应用营养缺陷型菌株　在这些营养缺陷型菌株中，由于合成途径中某一步骤发生缺陷或近乎缺陷，终产物不能积累，这样就解除了终产物的反馈调节，使中间产物积累或另一分支途径的末端产物积累下来。

（2）选育抗反馈调节的突变株　这类突变株的最终产物不再具有反馈调节作用，从而使最终产物得到积累。

（3）选育细胞膜通透性突变株　这类突变株的最终产物产生后很快被排到体外，在细胞内不能积累到引起调节的浓度，而使最终产物在胞外积累。

（4）利用营养缺陷型回复突变株或条件突变株　营养缺陷型回复突变株回复了酶的活性，对关键的反馈调节却没有恢复，条件突变株在某种特定的条件下转变为营养缺陷型。这些突变株都可以大量积累最终产物或提高发酵水平。

（5）应用基因工程技术培育基因工程菌　利用现代生物技术中的转导、转化、杂交、原生质体融合、DNA 体外重组等技术获得工程菌株，利用基因工程技术定向育种，菌种培育周期短、成功率高。一旦建立了基因组文库，菌种的选育速率和成功率可以大大提高。通过基因工程改良的工程菌可以适应廉价的原料，提高基因表达水平，集多种微生物的代谢功能于一身，能生产出原来需要几种微生物分步发酵才能完成的反应。

(6) 创造良好的发酵条件　发酵过程中，温度、pH、NH_3 的供应、通风、搅拌、溶氧水平、基质浓度和终产物浓度控制等都是发酵过程优化的重要控制对象，从生产上通过发酵参数的优化，创造菌体所需的最适宜的生长条件，让菌体生长，同时在发酵产物合成阶段又将发酵条件改变为最适宜产物的合成条件，提高发酵水平。

2. 发酵模式的控制

从生物氧化角度观察发酵模式可以发现，在缺乏足够氧的情况下，生物体能利用无氧代谢过程，将糖类进行不完全氧化，提供少量的能量，供机体利用，如肌肉进行的乳酸发酵、酵母进行的酒精发酵；而在有充足氧的情况下，生物体多选择有氧代谢方式，将糖类完全氧化成二氧化碳和水，并提供大量的能量供机体利用。

(1) 供氧量对发酵模式的影响　厌氧和兼性厌氧微生物在发酵过程中，在不同的氧浓度(或氧化还原电极电位)下其代谢的方向和速率是有所变化的。例如，在酵母的培养过程中，人们通过通入无菌空气的方式，来保证发酵液有足够的溶氧水平，有利于酵母的生长与繁殖；而在进入酒精发酵阶段，为了保证有较高的发酵水平，一般不通入无菌空气，让发酵进入厌氧状态，保证糖代谢向酒精发酵的方向进行。

在谷氨酸发酵过程中，为了保证谷氨酸的合成，在菌体培养阶段和产物合成阶段则需要大量通入无菌空气，如果在发酵阶段供氧不足，则 α-酮戊二酸、乳酸含量上升，而谷氨酸含量下降。

(2) pH 对发酵产物的影响　当酒精发酵的 pH 从偏酸性改为偏碱性时，酒精发酵会转变为甘油发酵。

初生代谢途径经常是分支的，并具有网络特性。不同的生物体有不同的酶系，代谢方式有所差别，并且当环境改变时，代谢方向和速率也会发生改变。以糖酵解为例，葡萄糖生成丙酮酸后的代谢会因物种、代谢条件的变化而变化。丙酮酸在厌氧条件下部分氧化，可脱羧还原成乙醇，也可形成乳酸；在有氧的条件下可以进入三羧酸循环、呼吸链，完全氧化生成二氧化碳和水。图 11-3 为酵母在不同的环境下可能的代谢方向与主要产物。对于这类复杂的分支代谢途径，代谢的分支途径可能有几个，最终产物也可能有多种，其反馈抑制的方式相对复杂。

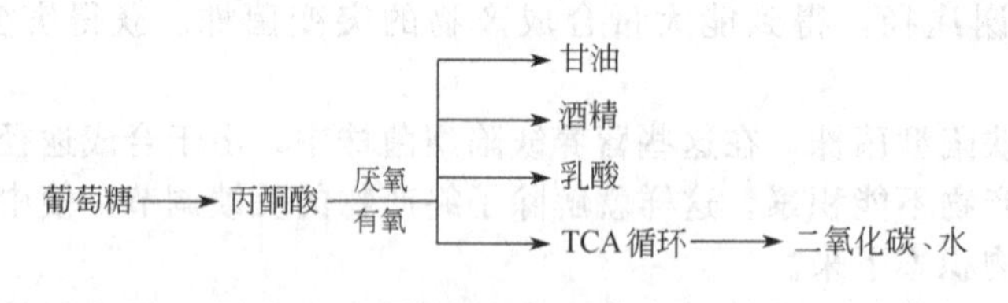

图 11-3　酵母代谢方向

3. 发酵代谢方向控制

根据微生物代谢受精细调控的原理，在正常的生理状态下，微生物不会大量积累中间产物，也不会大量积累最终产物。在发酵工业中使用的高产菌株常是代谢异常的菌株，这些菌株能克服原有的反馈调节系统，从而达到大量积累发酵产物的目的。

在发酵工业上可通过选择代谢中间产物的营养缺陷型积累某一分支产物，而受营养缺陷影响造成后续产物无法合成的缺陷，要在培养基中加入微量的受损分支的最终产物，保证菌体生长。

对于分支合成代谢途径，存在多种终端产物和多个调控位点，调控系统复杂。

目前已总结出多种调控模式，细胞内生化物质的代谢依靠这些相对完整的调节系统，可精确有效地调节代谢，维持代谢平衡。如果体内调控系统出现变化，则会出现代谢紊乱现象。

在分支代谢中，有两种或两种以上支链最终产物，分支代谢的调控方式比直链代谢调控方式更复杂。但也有一定的共性，其特点是每一个分支的最终产物常通过控制分支后的第一个酶的活力，同时每一个分支的最终产物对公共代谢途径的第一个酶的活力只有部分抑制作用。

在发酵生产上常使用的营养缺陷型（auxotroph）是指微生物的一类突变型，只有在基本培养基（MM 培养基）中加入某些生长因子才能生长，而野生型不加这种生长因子就能生长。微生物的营养缺陷型可从自然中分离，但更多的是通过人工诱变育种、筛选出来的。

此外，通过降低最终产物的浓度可以解除最终产物对合成途径的反馈抑制或反馈阻遏作用，有利于某些中间产物或最终产物的积累。例如，在谷氨酸发酵过程中，通过控制生物素浓度或添加表面活性剂等方法，降低细胞膜的通透性，有利于细胞内的谷氨酸分泌到细胞外，降低反馈抑制程度。

(1) 谷氨酸生产菌种　α-酮戊二酸氧化脱羧酶系丢失或酶活力下降，即可在 TCA 循环积累 α-酮戊二酸，在 α-酮戊二酸脱氢酶的催化下生成谷氨酸。由于 TCA 循环是细胞重要的供能代谢途径，必须通过丙酮酸羧化支路、乙醛酸循环补充 TCA 循环的中间产物，以维持细胞能量供应链。谷氨酸发酵酶系缺失与产物积累如图 11-4 所示。

(2) 赖氨酸生产菌种　赖氨酸合成机理：天冬氨酸合成苏氨酸、甲硫氨酸（蛋氨酸）和赖氨酸的途径中，有 3 种分支代谢的最终产物对公共途径的第一个酶——天冬氨酸激酶（aspartic acid kinase，AK）具有反馈抑制及反馈阻遏作用。如图 11-5 所示，赖氨酸生产中采用谷氨酸棒状杆菌的高丝氨酸缺陷型，这个菌株的高丝氨酸脱氢酶失活，不能合成高丝氨酸，因而苏氨酸和甲硫氨酸的量很少，解除了它们对关键酶 AK 的反馈抑制和阻遏作用，从而有利于另一个终产物赖氨酸的积累。只要给予亚适量的苏氨酸、甲硫氨酸或高丝氨酸，使这种突变型菌株能正常生长就可以积累大量的赖氨酸。

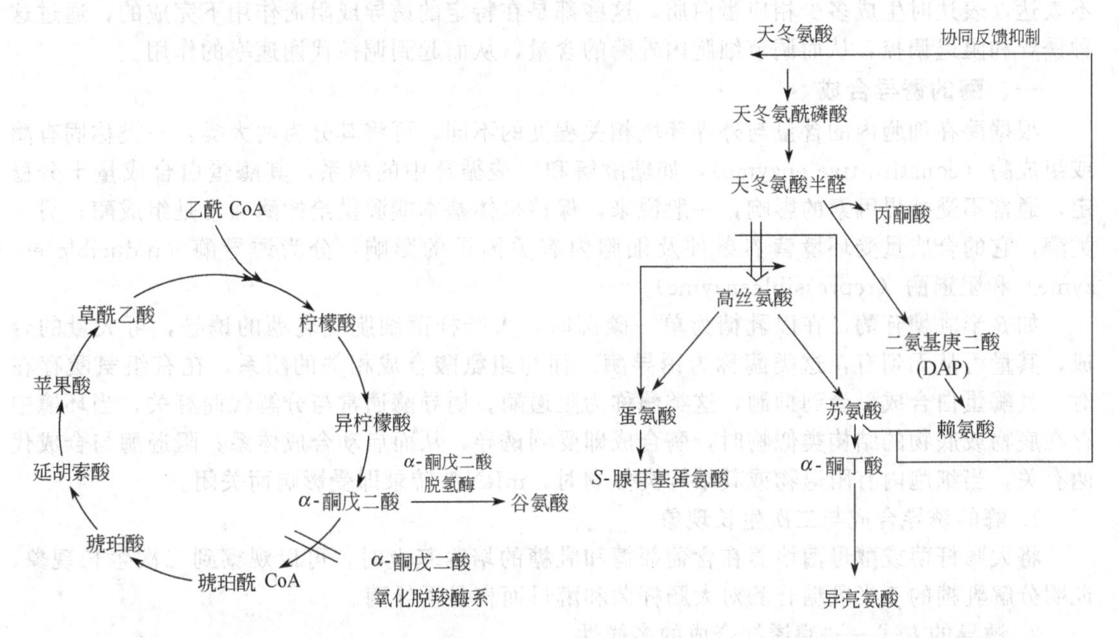

图 11-4　谷氨酸发酵酶系缺失与产物积累　　图 11-5　谷氨酸棒状杆菌反馈调节模式

图 11-5 体现了高丝氨酸营养缺陷型（Hser⁻）菌株发酵生产赖氨酸的原理，高丝氨酸营养缺陷型（Hser⁻）菌株解除原有的苏氨酸和赖氨酸的协同反馈体系，大量积累赖氨酸，苏氨酸无法合成，需要在培养基中加入微量的苏氨酸，以保证菌体的生长。

第二节　酶合成调节

在细胞内的代谢速率与代谢方向的调节主要是通过两种调节方式来实现：①快速的酶活力调节；②慢速的酶合成、分解调节方式。

（1）酶活力的调节　即对已合成的固有酶（胞内酶、胞外酶）空间结构的改变，通过调整其活性中心，改变酶与底物的亲和力来调节酶的催化能力，在代谢过程中通过调节关键酶的活力，调节代谢方向与代谢速率。

如反馈抑制调节酶活力是快速调节方式，它解决及时调整酶活力大小的问题；酶原激活调节酶活力解决酶活力是否表达的问题。

（2）酶含量的调节　细胞内有些酶还可通过控制酶含量来调节代谢速率，这就是酶合成、分解的调节方式。它有诱导和阻遏两种方式，前者导致酶的合成，后者停止酶的合成。在细胞周期中酶的合成与分解存在一定规律。

（3）同工酶调节　不同组织中通过利用同工酶催化同一反应，可以解决不同组织对代谢要求的差异问题，降低相互影响的程度及依赖性，也解决了反馈抑制与协同反馈阻遏作用。如图 11-2 所示。

从对代谢速率调节的效果来看，酶活性调节显得直接而快速，酶含量调节则间接而缓慢，但是酶含量调节可以防止酶的过量合成，因而节省了生物合成的原料和能量。

酶是具有催化功能的蛋白质，酶的合成即涉及酶蛋白的生物合成。根据中心法则，每一种蛋白质（包括酶）的氨基酸一级结构都是由相应基因中碱基的序列决定的，基因通过转录合成 mRNA，再由 mRNA 来指导蛋白质合成，这就是基因表达（gene expression）。说明蛋白质合成调控或基因的表达可以通过操纵子学说来说明。一个基因什么时候表达，什么时候不表达，表达时生成多少相应蛋白质，这些都是在特定的诱导或阻遏作用下完成的，通过这种诱导和阻遏调控，从而调节细胞内外酶的含量，从而起到调控代谢速率的作用。

一、酶的诱导合成

根据酶在细胞内的含量与外界环境相关程度的不同，可将其分为两大类：一类称固有酶或组成酶（constitu-tive enzyme），如糖酵解和三羧循环中的酶系，其酶蛋白合成量十分稳定，通常不受外界因素的影响，一般说来，保持机体基本能源供给的酶通常是组成酶；另一类酶，它的合成量受环境营养条件及细胞内有关因子的影响，分为诱导酶（inducible enzyme）和阻遏酶（repressibleenzyme）。

如 β-半乳糖苷酶，在以乳糖为单一碳源时，大肠杆菌细胞受乳糖的诱导，可大量的合成，其量可从无到有，这类酶称为诱导酶；而与组氨酸合成相关的酶系，在有组氨酸存在时，其酶蛋白合成量受到抑制，这类酶称为阻遏酶。诱导酶通常与分解代谢有关，当环境中存在底物或底物的结构类似物时，酶合成即受到诱导，从而启动合成体系；阻遏酶与合成代谢有关，当细胞内有阻遏物或其结构类似物时，mRNA 转录即受影响而关闭。

1. 酶的诱导合成与二次生长现象

将大肠杆菌或酵母菌培养在含葡萄糖和乳糖的培养基上时，可以观察到二次生长现象，证明分解乳糖的 β-半乳糖苷酶对大肠杆菌和酵母而言是诱导酶。

2. 诱导的方式——酶诱导合成的多样性

能诱导酶合成的物质称为诱导物（inducer）。一般情况下底物就是诱导物，有时底物的结构类似物也可以作为诱导物。此外，不同的诱导物具有不同的诱导效果。

二、酶合成的阻遏作用

在微生物细胞内的代谢中（通常发生在合成代谢中），当代谢途径中某一最终产物过量时，除可以通过反馈抑制的方式抑制其对应的关键酶的活性，从而减少最终产物的积累外，还可通过阻遏作用，阻遏代谢途径中关键酶的进一步合成，从而降低最终产物的合成量。有的代谢途径仅具有反馈抑制的调节方式，有的仅具有反馈阻遏的方式，有的则是两者均具备，对代谢起着更有效的调节作用。阻遏作用有两种重要的调节方式。

1. 终产物阻遏——反馈阻遏

酶合成的反馈阻遏（feedback repression）是指细胞内代谢途径的最终产物或某些中间产物的过量积累，阻止代谢途径中某些酶合成的现象。这种阻遏作用是比较普遍而重要的，在赖氨酸发酵过程中，消除阻遏天冬氨酸激酶的合成调节成为能否在发酵过程中大量积累赖氨酸的关键。

最终产物反馈阻遏的作用部位，主要是代谢途径中的第一个酶，或相关联的几个酶。在分支代谢途径中，反馈阻遏常发生在分支后的第一个酶；有的分支途径的最终产物对共同途径的第一个酶及分支后的第一个酶都具有反馈阻遏作用。

2. 分解代谢物阻遏

将大肠杆菌培养在含乳糖的培养基上，大肠杆菌不能立即利用乳糖，必须经过一段停顿时间后才加以利用，这是由于分解乳糖的β-半乳糖苷酶必须经过乳糖诱导后才能生成。如果将大肠杆菌培养在既含葡萄糖又含乳糖的培养基上，细菌要将葡萄糖用完后才能利用乳糖，就是说葡萄糖的存在对乳糖的诱导有抑制作用。经研究发现，这种抑制作用不是葡萄糖本身引起的，而是葡萄糖分解代谢产生的某些中间产物对β-半乳糖苷酶的诱导生成有阻遏作用，这种现象称为葡萄糖效应（glucose effect）。

实际上，这种分解代谢物对某些酶的诱导合成产生阻遏作用，不仅限于葡萄糖，在微生物代谢中是比较普遍的。在含氮化合物的分解代谢中也有这种现象，例如，铵离子是微生物快速利用的氮源，当培养基或发酵液中有铵离子存在时，精氨酸的利用受到阻遏，因此，将这一类阻遏统称为分解代谢物阻遏（catabolite repression）。

三、诱导与阻遏的机制

1. 操纵子学说——原核基因表达的模型

在一个染色质的DNA上含有许多不同的基因，从基因表达的角度而言，可分为结构基因和调控基因。结构基因是指决定蛋白质结构的基因，即这部分DNA上的脱氧核苷酸顺序决定了相应蛋白质的氨基酸顺序；此外，决定各种RNA（tRNA、rRNA等）分子中核苷酸顺序的基因也称为结构基因。调控基因指的是DNA上对结构基因表达起调节控制的一些基因，这些基因有的并不产生蛋白质（如启动基因、操纵基因等），有的要产生具有特定结构的蛋白质（如调节基因），这种蛋白质对调节结构基因表达起重要作用。

对于酶合成的诱导与阻遏是怎样进行调节的？这就涉及基因表达的调控机理。1961年法国巴斯德研究所的J. Monod和F. Jacob提出了操纵子（operon）的概念。指出一个操纵子就是在DNA分子中在结构上紧密连锁，在信息传递中以一个单位起作用而协调表达的遗传结构，也就是能够决定一个独立生化功能的相关基因表达的调节单位。它包括下列几种基因。

① 结构基因（structure gene，S）。决定蛋白质结构的基因，一个操纵子常含有多个结构基因，它就是操纵子的信息区。

② 启动基因（promoter，P）。即启动子，是基因转录时RNA首先结合的区域。

③ 操纵基因（operater，O）。是调节基因产生的一种特异蛋白（阻遏蛋白）结合的区

域。如果操纵基因与这种蛋白质结合，结构基因就不能表达，基因处于关闭状态（称为阻遏状态）。

④ 终止基因（termination，T）。转录的终止信号。

⑤ 调节基因（regulator gene，R）。是调节控制操纵子结构基因表达的基因，这种调节控制是通过它表达的产物称为阻遏物（repressor）或阻遏蛋白（corepressor）来实现的。调节基因有自己转录的启动基因（R_P）和终止基因（R_T）。

如果调节基因的产物阻遏蛋白同操纵基因结合，由于空间位阻效应使RNA聚合酶不能发挥作用，基因即关闭，结构基因不能表达，此时称为操纵子处于阻遏状态；相反，阻遏蛋白脱离了操纵基因，不同操纵基因结合，此时结合于启动基因的RNA聚合酶即可沿模板滑动，结构基因得以表达，称为去阻遏作用（或消阻遏作用），如图11-6所示。

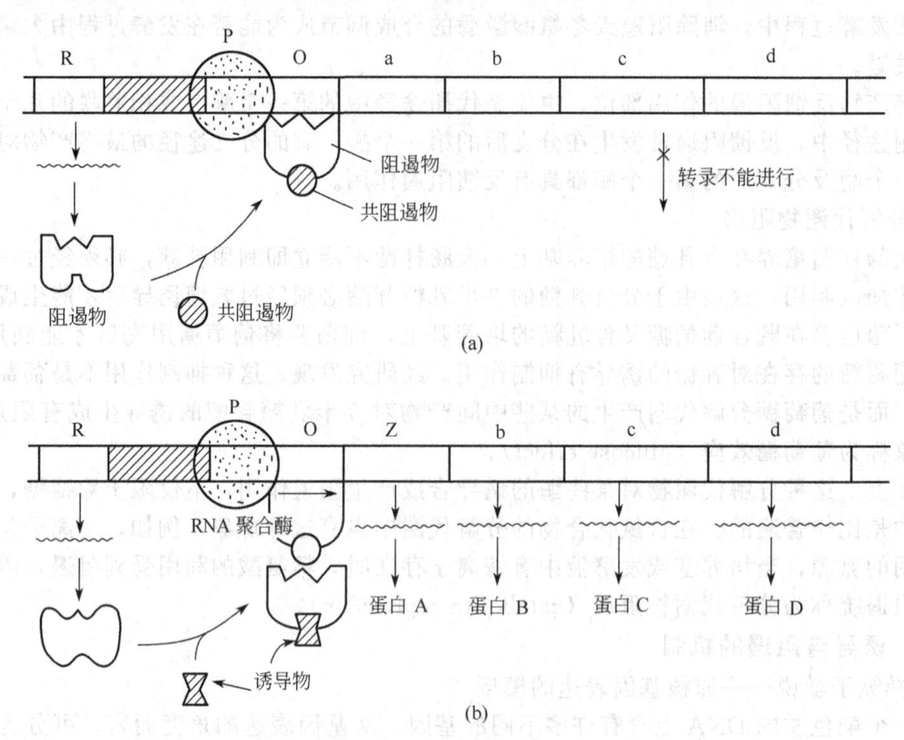

图11-6 操纵子的阻遏状态和去阻遏状态

(a) 阻遏状态；(b) 去阻遏状态

从基因表达调节的角度而言，操纵子可分为可诱导操纵子和可阻遏操纵子两类。

2. 葡萄糖效应

葡萄糖存在时抑制乳糖的诱导作用（葡萄糖效应），是由于葡萄糖的分解代谢物可抑制腺苷酸环化酶的活性，并激活cAMP-磷酸二酯酶及cAMP-透性酶的活性，这3个酶活性的变化最终导致细胞内的cAMP浓度降低，从而使乳糖操纵子的转录活性降低。这便是分解代谢物阻遏的机理。

3. 巴斯德效应

巴斯德在研究葡萄糖发酵时观察到，当酵母细胞在厌氧条件下生长时，产生的乙醇和消耗的葡萄糖要比在有氧条件下生长时多许多倍。类似现象也出现在肌肉中。所以人们将氧存在下酵解速率降低的现象称为巴斯德效应（Pasteur effect）。就像在第六章中叙述过的那样，一分子葡萄糖有氧代谢产生的ATP要比一分子葡萄糖通过酵解产生的2分子ATP高出许多倍，因此在有氧条件下只需消耗少量的葡萄糖就可产生所需要的ATP量。

第三节* 激素与神经系统调节

一、激素的定义与分类

1. 激素的定义

激素（hormones）是生物体内一类必不可少的、起传递信息作用的微量有机物质。信息的传递对机体感知环境变化、调节代谢方向与速率以及其他正常生命活动起着十分重要的调节作用。当某一激素分泌失去平衡时，就会产生相应的疾病。

2. 激素的分类

激素的有广义和狭义之分。广义的激素为多细胞生物体内协调不同细胞活动的化学信使，也即是生物体内特殊组织或腺体产生的、对某些靶细胞有特殊激动效应（调节控制各种物质或生理功能）的一类微量的有机化合物。

动植物激素狭义的概念有所区别。动物激素是指由动物腺体和非腺体组织细胞所分泌的一切激素，由腺体细胞分泌的称腺体激素，由非腺体组织分泌的称组织激素。组织激素又可分为氨基酸衍生物激素、肽及蛋白质激素、甾类（类固醇类）激素、脂肪酸衍生物激素等几类。

腺体激素中由无管腺（又称内分泌腺）分泌的称内分泌激素。广义的内分泌激素指直接被血液吸收而不经任何导管流入消化管或体外的激素，简称为内分泌素。

植物激素亦称植物生长调节物质，是指一些对植物的生理过程起促进或抑制作用的物质。常用的植物激素有赤霉素（“九二〇”）、乙烯利等。

二、激素的分泌

激素的分泌与机体的生理活动有关，激素的分泌量随机体内外环境的改变而变化。正常情况下，各种激素的作用是相互的，但任何一种内分泌腺功能发生亢进或减退，都会破坏这种平衡，扰乱正常代谢及生理功能，从而影响机体正常发育和健康，甚至引起死亡。

产生激素的内分泌腺很多，以哺乳动物为例，有垂体、下丘脑、胸腺、甲状腺、甲腺、肾上腺、胰岛、性腺等。

三、动物激素

（一）人及脊椎动物激素

根据激素的化学成分不同，人及脊椎动物激素可分为以下几大类：①氨基酸衍生物激素，如甲状腺素、肾上腺素、5′-羟色胺；②肽及蛋白质激素，如垂体激素、胰岛素、甲状旁腺素、胃激素和某些组织激素；③甾类激素，也叫类固醇激素，如肾上腺皮质激素、性激素；④脂肪酸衍生物激素，如前列腺素。

1. 氨基酸衍生物激素

这类激素是由氨基酸转化而来的，有甲状腺分泌的甲状腺素（thyroxin）、肾上腺分泌的肾上腺素（adrenaline）和肠道色细胞分泌的5′-羟色胺（serotonin）等。

甲状腺的主要功能是增加基础代谢率，可能是由于促进组织中细胞色素的水平所致。

甲状腺功能必须保持正常才能维持健康。如甲状腺功能亢进，甲状腺素分泌过多，则导致突眼性甲状腺肿症；如甲状腺功能减退，则患者基础代谢率降低，行动迟缓，精神委靡不振。

肾上腺素的生理作用与交感神经兴奋的效果很相似，都对心脏、血管起作用，可使血管收缩，心脏活动加强，血压急剧上升。另外，肾上腺素是促进分解代谢的重要物质，对糖代谢影响最大，可以加强肝糖原分解，迅速升高血糖。这些生理作用是机体意外情况的一种能力。在发怒和遭遇惊吓等意外情况时，肾上腺素的分泌增高。

2. 肽及蛋白质激素

① 垂体激素：分为腺垂体和神经垂体两类。

腺垂体有：生长激素（GH）；促甲状腺素（TSH）；促肾上腺皮质激素（ACTH）；催乳素（LTH）；促性激素，如促卵泡激素（FSH）、黄体生成素（LH）；促黑色素（MSH）；内啡肽（endorphin）等。

哺乳动物的神经垂体有：催产素（oxytocin）；升压素（vasopressin）。两者均为九肽。

② 胰岛素类：分为胰岛（insulin）类和胰高血糖素（glucagon）。胰岛素是胰腺兰氏小岛的β-细胞分泌的激素。其生理作用是促进糖原的生物合成和葡萄糖的利用，促进蛋白质及脂质的合成，主要促进糖合成与分解代谢中关键酶的活力，如己糖激酶、糖原合成酶、丙酮酸激酶。

人的胰岛素是由A、B两条肽链组成的，共51个氨基酸，其结构如图2-13所示。

其他动物胰岛素与人胰岛素中有微小的不同，如人胰岛素中A链的第8位、第10位氨基酸，B链的第30位氨基酸与牛胰岛素不一样，人胰岛素与猪胰岛只有B链的第30位氨基酸不同。

胰高血糖素是胰岛α-细胞分泌的一种29肽激素，其主要功能是促进肝糖原分解，增加血糖。

③ 甲状旁腺素（PTH）和降钙素（calcitonin）：有调节血钙的作用。

④ 胃、肠激素和某些组织激素：胃肠道分泌的激素有促胃液素（gastrin）、促胰液素（secretin）、肠抑胃素（enterogastrone）、缩胆囊素-促胰酶素（CCK-PZ）等。

⑤ 绒毛膜促性腺激素（CG）。

⑥ 松弛素（relaxin）。

⑦ 胸腺素（thymosin）。

⑧ 白介素（interleukin）：是T淋巴细胞分泌的而又能刺激T淋巴细胞的多肽。

⑨ 调钙蛋白（CaM）。

⑩ 生长因子：指一些具有促进真核细胞生长功能的蛋白质。生长因子有：表皮生长因子（ECF）；神经生长因子（NCF）。

3. 甾类激素

此类激素有肾上腺皮质激素、性激素等。性激素又有雄性激素（包括睾酮、雄酮及雄烯二酮）和雌性激素（包括卵泡素，如雌酮、雌二酮及雌三酮等）。

4. 脂肪酸衍生物激素

此类激素只有前列腺素，前列腺素是一类环 C_{20}-羟不饱和脂肪酸，至少有16种以上，可分为PGA、PGB、…、PGI 9类。它们的功能与药理各异。

（二）无脊椎动物激素

无脊椎动物激素分昆虫激素和甲壳类动物激素两类。

（1）昆虫激素　有脑激素、脱皮激素、保幼激素、性激素及性诱素、变色激素等。

（2）甲壳类动物激素　有生长激素、性激素和变色激素等。

四、植物激素

植物激素有植物生长素、赤霉素、细胞分裂素、脱落酸和乙烯等。

五、人体激素调节

人体激素调节包括蛋白质激素的调节作用和类固醇激素的调节作用。

① 氨基酸、肽和蛋白质类激素从内分泌腺分泌出来后，首先与细胞膜上的特异受体非共价地结合，最终催化 ATP 转变成 cAMP，cAMP 再影响酶的活性和膜的通透性等，发挥激素的生理、生化效应。

cAMP 作为一种胞内信号，含量仅 10^{-6}mol/L 左右，但在细胞内具有很重要、很广泛的生理效应，故 cAMP 有第二信使之称。

cAMP 能促进类固醇激素的合成与分泌；促进糖原分解或糖异生，抑制糖原合成；促进脂类物质水解，抑制其合成；促进基因转录及蛋白质合成；能够提高细胞膜的通透性。

② 甾类激素（又称类固醇激素），一般相对分子质量仅 300 左右，且是疏水性分子，可直接扩散进入细胞中，与相应受体结合后作用于基因系统。甾类激素在体内存留时间长，能够通过调节基因表达起作用，常会引起长期生理效应，能够调节生长发育等过程。

各种激素对代谢的调节作用有两个重要特性：①组织细胞特异性，一定的激素只作用于一定的靶细胞，激素与靶细胞的受体结合是特异的；②效应特异性，一定的激素只调节一定的生化反应，产生一定的生理效应。

六、神经系统调节

高等动物除具有其他生物所有的细胞水平和激素水平的调节外，还具有神经系统的调节，它们的新陈代谢过程都是在中枢神经系统的调节下进行的。神经调节比激素调节作用短而快，能够协调组织间、器官间的全部代谢活动。在高等动物体内，大部分激素的合成和分泌直接或间接地受神经系统支配，因此，激素调节也受神经系统的支配。神经系统能够直接调节高等动物的代谢活动，也能够通过调节激素的分泌而间接控制新陈代谢的进行。

第四节* 抗　生　素

抗生素是目前人类使用最多的抗菌类药物。自 1928 年 Flming 发现青霉素及其在第二次世界大战期间正式投入工业化生产以来，青霉素挽救了大量伤员，促进了人们对生物技术在医学上的应用研究。目前医用抗生素、农用抗生素等已有近 200 个品种。

一、抗生素定义

抗生素是生物在其生命活动过程中产生的低浓度下有选择性地抑制或杀死其他微生物及细胞的有机化合物。

二、抗生素分类

抗生素分类方法较多，有按其生产菌株的菌属、化学结构、作用机制和生产工艺分类等。

1. 按抗生素生产菌分类

抗生素生产菌多属放线菌和霉菌，根据抗生素生产菌株的种属不同可分为如下几种。

① 放线菌产生的抗生素。此类抗生素占一半以上，其中以链霉菌属产生的抗生素最多，诺卡菌属、小单孢菌属次之。此类抗生素有氨基糖苷类抗生素如链霉素、四环素类抗生素如四环素、大环内酯类抗生素如红霉素、多烯类抗生素如制霉菌素、放线菌素类抗生素如放线菌素 D 等。

② 真菌产生的抗生素。此类抗生素有青霉菌属产生的青霉素、头孢菌属产生的头孢菌素等。

③ 细菌产生的抗生素。细菌中能分泌抗生素的菌属有多黏杆菌、枯草杆菌等。产品有

多黏菌素等。

④ 动植物产生的抗生素。从动物脏器中提取的抗生素，如鱼素等。从植物中如从蒜中提取获得的蒜素等。

2. 按抗生素化学结构分类

已经发现并鉴别结构的抗生素有几千种之多，从化学的观点来看，结构多样性是其显著的特点之一。一些常见的抗生素按其化学结构分类有如下几种。

① β-内酰胺类抗生素，如青霉素类、头孢菌素类、碳青霉烯类及单环内酰胺类等。

② 氨基糖苷类抗生素，如链霉素和庆大霉素。

③ 四环素类抗生素，这类抗生素的典型的例子是四环素。

④ 蒽环类抗生素，它们的结构特点与四环素类抗生素类似，但它们的作用是在DNA水平干扰拓扑异构酶，因此常用作抗肿瘤药，如道诺红霉素。

⑤ 抗细菌大环内酯类抗生素，如红霉素。

⑥ 抗霉菌大环内酯类抗生素，如两性霉素B。

⑦ 安沙霉素类抗生素，如利福霉素是RNA聚合酶的抑制剂。

3. 按作用机制分类

从药效方面来看，广谱性与选择性是其对立的特色。根据抗生素的作用机制，其可分为如下几类。

① 广谱抗生素，如氨苄西林，它既能抑制革兰阳性菌，又能抑制革兰阴性菌。

② 抗革兰阳性菌抗生素，如青霉素钠、青霉素钾。

③ 抗革兰阴性菌抗生素，如链霉素。

④ 抗真菌抗生素。

4. 按生产工艺分类

抗生素根据其生产工艺特色，可分为天然抗生素和半合成抗生素，天然抗生素指的是利用发酵法生产出的品种，而半合成抗生素指的是利用人工合成方法改造其结构后的抗生素，如半合成头孢菌素类药物是抗菌谱广、抗菌活性强、疗效高、毒性低的品种。

半合成抗生素生产工艺多采用天然抗生素水解制备抗生素母核，再通过合成法接上侧链生产，获得结构不同、药效更好的新药，细菌由于没有分解此类药的酶更易被杀死。

三大母核：6-APA（6-氨基青霉烷酸）、7-ACA（7-氨基头孢烷酸）和7-ADCA（7-氨基-3-去乙酰氧基头孢烷酸）。

先锋霉素（头孢菌素类）、氨苄西林，就是这类半合成抗生素类药物。

三、耐药性与酶抑制剂

长期使用同一种抗生素后，由于残存的细菌通过合成分解此类药的酶，产生耐药性，使其药效下降甚至失效，残存细菌更不易被杀死。

任何一种药物长期使用后，必然会产生耐药性。如长期使用青霉素和头孢类抗生素药物，会在人体内部产生β-内酰胺酶，可以将以上两种药物中的β-内酰胺环水解而使其失去药性，为此人类开发出了内酰胺酶的抑制剂。人们通过将此类抑制剂按一定比例加入抗生素产品中来提高药品的药效。此类酶的抑制剂主要有克拉维酸（clavulanic acid）、舒巴坦（sulbactam）和他唑巴坦（tazobactam）、橄榄酸、青霉烷砜、溴青霉烷酸等。

实　验

实验一　蛋白质与氨基酸的理化性质实验

一、实验目的

1. 了解蛋白质和某些氨基酸的颜色反应原理。

2. 学习几种常用的鉴定蛋白质和氨基酸的方法。

3. 学习蛋白质等电点的测定。

二、蛋白质的盐析与变性

1. 原理

在水溶液中的蛋白质分子由于表面生成水化层和双电层而成为稳定的亲水胶体颗粒，在一定的理化因素影响下，蛋白质颗粒可因失去电荷和脱水破坏水化层和双电层而沉淀。

蛋白质的沉淀反应分为可逆反应和不可逆反应两类。

(1) 可逆的沉淀反应　此时蛋白质分子的结构尚未发生显著变化，除去引起沉淀的因素后，沉淀的蛋白质仍能重新溶解于溶剂中，并保持其天然性质而不变性。如大多数蛋白质的盐析作用或在低温下用乙醇（或丙酮）短时间作用于蛋白质。提纯蛋白质时，常利用此类反应分离蛋白质。

(2) 不可逆的沉淀反应　此时蛋白质分子内部结构发生重大改变，蛋白质常因变性而发生沉淀现象，沉淀后的蛋白质不再复溶于同类的溶剂中。加热引起的蛋白质沉淀与凝固、蛋白质与重金属离子或某些有机酸的反应都属于此类反应。

有时蛋白质变性后，由于维持溶液稳定的条件仍然存在（如电荷层），蛋白质并不絮凝析出。因此变性后的蛋白质并不一定都表现出沉淀现象。反之沉淀的蛋白质也未必都已变性。

2. 试剂与材料

(1) 蛋白质溶液［5%卵清蛋白溶液或鸡蛋清的水溶液（新鲜鸡蛋清:水＝1:9)］　500ml

(2) pH 4.7 乙酸-醋酸钠的缓冲溶液　100ml

(3) 3%硝酸银溶液　10ml

(4) 5%三氯乙酸溶液　50ml

(5) 95%乙醇　250ml

(6) 饱和硫酸铵溶液　250ml

(7) 硫酸铵结晶粉末　1000g

(8) 0.1mol/L 盐酸溶液　300ml

(9) 0.1mol/L 氢氧化钠溶液　100ml

(10) 0.05mol/L 碳酸钠溶液　100ml

(11) 0.1mol/L 乙酸溶液　100ml

(12) 2%氯化钡溶液　150ml

3. 实验步骤

(1) 蛋白质的盐析　加入无机盐（硫酸铵、硫酸钠、氯化钠等）的浓溶液后，蛋白质水溶液溶解度发生变化，过饱和的蛋白质会发生絮凝沉淀，这种加入盐溶液或固体盐能析出蛋白质的现象称为盐析。加入的盐浓度不同，析出的蛋白质现象也不同，人们常用逐步提高蛋白质溶液中盐浓度的方法，使蛋白质分批沉淀，此类盐析方法称为分段盐析。

例如，球蛋白可在半饱和硫酸铵溶液中析出，而清蛋白则在饱和硫酸铵溶液中才能析出。通过盐析来制备的蛋白质沉淀物，当加水稀释降低盐类浓度时，它又能再溶解，故蛋白质的盐析作用是一种可逆沉淀过程。

加5%卵清蛋白溶液5ml于试管中，再加等量的饱和硫酸铵溶液，搅拌均匀后静置数分钟则析出球蛋白的沉淀。倒出少量沉淀物，加少量水，观察是否溶解，试解释实验现象。将试管内沉淀物过滤，向滤液中逐渐添加硫酸铵粉末，并慢速搅拌直到硫酸铵粉末不再溶解为止（饱和状态），此时析出的沉淀为清蛋白。

取出部分清蛋白沉淀物，加少量蒸馏水，观察沉淀的再溶解现象。

（2）重金属离子沉淀蛋白质　重金属离子与蛋白质结合成不溶于水的复合物。

取1支试管，加入蛋白质溶液2ml，再加3%硝酸银溶液1～2滴，振荡试管，观察有否沉淀产生。放置片刻，倾去上层清液，加入少量的蒸馏水，观察沉淀是否溶解。

（3）某些有机酸沉淀蛋白质　取1支试管，加入蛋白质溶液2ml，再加入1ml 5%三氯乙酸溶液，振荡试管，观察沉淀的生成。放置片刻，倾出上清液，加入少量蒸馏水，观察沉淀是否溶解。

（4）有机溶剂沉淀蛋白质　取1支试管，加入2ml蛋白质溶液，再加入2ml 95%乙醇。混匀，观察沉淀的生成。加入少量的蒸馏水，观察沉淀是否溶解。

三、蛋白质的颜色反应

1. 双缩脲反应

（1）原理　尿素加热至180℃左右，生成双缩脲并放出一分子氨。双缩脲在碱性环境下能与Cu^{2+}结合生成紫红色化合物，此反应称为双缩脲反应。因蛋白质分子中有许多肽键，也能发生此反应。双缩脲反应可用于蛋白质的定性或定量测定。

（2）试剂　尿素、10%氢氧化钠溶液、1%硫酸铜溶液、2%卵清蛋白溶液。

（3）实验步骤　取少量尿素结晶，放在干燥试管中。用微火加热使尿素熔化。熔化的尿素开始硬化时，停止加热，尿素放出氨，形成双缩脲。冷后，加10%氢氧化钠溶液约1ml，振荡混匀，再加1%硫酸铜溶液1滴，再振荡。观察出现的粉红颜色。要避免添加过量硫酸铜，否则，生成的蓝色氢氧化铜能掩盖粉红色。

向另一试管加卵清蛋白溶液约1ml和10%氢氧化钠溶液约2ml，摇匀，再加1%硫酸铜溶液2滴，随加随摇。观察紫玫瑰色的出现。

2. 茚三酮反应

（1）原理　除脯氨酸、羟脯氨酸和茚三酮反应产生黄色物质外，所有α-氨基酸及一切蛋白质都能和茚三酮反应生成蓝紫色物质。虽然蛋白质和氨基酸均有茚三酮反应，但能与茚三酮呈阳性反应的不一定就是蛋白质或氨基酸。在定性、定量测定中，应严防干扰物存在。该反应十分灵敏，1∶(1.5×10^6）浓度的氨基酸水溶液即能出现该反应，这是一种常用的氨基酸定量测定方法。此反应的适宜pH为5～7，同一浓度的蛋白质或氨基酸在不同pH条件下的颜色深浅不同，酸度过大时甚至不显色。

（2）试剂　蛋白质溶液100ml、2%卵清蛋白或新鲜鸡蛋清溶液（蛋清∶水＝1∶9）、0.5%甘氨酸溶液10ml、0.1%茚三酮水溶液10ml、0.1%茚三酮-乙醇溶液10ml。

（3）实验步骤　取2支试管分别加入蛋白质溶液和甘氨酸溶液1ml，再各加5ml 0.1%茚三酮水溶液，混匀，在沸水浴中加热1～2min，观察颜色由粉色变紫色再变蓝。

在一小块滤纸上滴1滴0.5%甘氨酸溶液，风干后，再在原处滴一滴0.1%茚三酮-乙醇溶液，在微火旁烘干显色，观察紫红色斑点的出现。

3. 黄色反应

(1) 实验原理　含有苯环结构的氨基酸，如酪氨酸和色氨酸，遇硝酸后，可被硝化成黄色物质，该化合物在碱性溶液中进一步形成深橙色的硝醌酸钠。多数蛋白质分子含有带苯环的氨基酸，所以有黄色反应。苯丙氨酸不易硝化，需加入少量浓硫酸才有黄色反应。

(2) 试剂　鸡蛋清溶液 100ml（将新鲜鸡蛋的蛋清与水按 1：20 混匀，然后用 6 层纱布过滤）、大豆提取液 100ml、头发、指甲、0.5％苯酚溶液 50ml、浓硝酸 200ml、0.3％色氨酸溶液 10ml、3％酪氨酸溶液 10ml、10％氢氧化钠溶液 100ml。

(3) 实验步骤　向 7 个试管中分别按表 1 加入试剂，观察各管出现的现象，有的试管反应慢可略放置或用微火加热。待各管出现黄色后，于室温下逐滴加入 10％氢氧化钠溶液至碱性，观察颜色变化。

表 1

管号	材料	浓硝酸/滴	现象
1	鸡蛋清溶液(4 滴)	2	
2	大豆提取液(4 滴)	4	
3	指甲(少许)	40	
4	头发(少许)	40	
5	0.5 苯酚(4 滴)	4	
6	0.3％色氨酸(4 滴)	4	
7	0.3％酪氨酸(4 滴)	4	

四、蛋白质等电点的测定

(1) 原理　蛋白质是两性电解质。蛋白质分子的解离状态和解离程度受溶液的酸碱度影响。当溶液的 pH 达到一定数值时，蛋白质颗粒上正负电荷的数目相等，在电场中，蛋白质既不向阴极移动，也不向阳极移动，此时溶液 pH 称为此种蛋白质的等电点。不同蛋白质各有其特异的等电点。在等电点时，蛋白质的理化性质都有变化，可利用此种性质的变化测定各种蛋白质的等电点。

最常用的方法是测其溶解度最低时溶液的 pH。本实验借观察在不同 pH 溶液中的溶解度以测定酪蛋白的等电点。用乙酸与醋酸钠（醋酸钠混合在酪蛋白溶液中）配制成各种不同 pH 的缓冲溶液。向诸缓冲溶液中加入酪蛋白后，沉淀出现最多的缓冲溶液的 pH 即为酪蛋白的等电点。

(2) 器材　水浴锅、温度计、200ml 锥形瓶、100ml 容量瓶、吸管、试管、试管架、研钵。

(3) 试剂　0.4％酪蛋白-醋酸钠溶液 200ml、1.00mol/L 乙酸溶液 100ml、0.10mol/L 乙酸溶液 100ml、0.01 mol/L 乙酸溶液 50ml。

0.4％酪蛋白-醋酸钠溶液配制方法：取 0.4g 酪蛋白，加少量水在研钵中仔细地研磨；将所得的蛋白质悬胶液移入锥形瓶内，用少量 40～50℃的温水洗涤研钵，将洗涤液也移入锥形瓶内；加入 10ml 1mol/L 醋酸钠溶液；把锥形瓶放到 50℃水浴中，并小心地旋转锥形瓶，直到酪蛋白完全溶解为止；将锥形瓶内的溶液全部移至 100ml 容量瓶内，加水至刻度，塞紧玻璃塞，摇匀。

(4) 实验步骤

① 取同样规格的试管 4 支，按表 2 顺序分别精确地加入各试剂，然后混匀。

表 2

试管号	蒸馏水/ml	0.01mol/L 乙酸/ml	0.01mol/L 乙酸/ml	1.0mol/L 乙酸/ml
1	8.4	0.6	—	—
2	8.7	—	0.3	—
3	8.0	—	1.0	—
4	7.4	—	—	1.6

② 在表 2 的试管中各加酪蛋白-醋酸钠溶液 1ml，加一管，摇匀一管。此时 1、2、3、4 管的 pH 依次为 5.9、5.3、4.7、3.5。观察其混浊度。静置 10min 后，再观察其混浊度。最混浊一管的 pH 即为酪蛋白的等电点。

五、实验思考题

1. 何谓蛋白质的沉淀作用？可逆沉淀与不可逆沉淀的主要区别是什么？

2. 茚三酮反应的条件有哪些？若实验时未得到阳性结果，其原因可能是什么？

3. 如果蛋白质的水解作用一直进行到双缩脲反应呈阴性结果，能对此现象作何结论？

4. 测定蛋白质的等电点为什么应在缓冲溶液中进行？在本试验中，根据蛋白质的什么性质测定其等电点？

5. 蛋白质沉淀现象与无机盐沉淀有何不同？沉淀出现速度是快或是慢？

实验二　蛋白质的定量分析实验

一、食品中蛋白质的测定方法

1. 实验目的

学习凯氏定氮法的原理和操作技术。

2. 实验原理

食品与硫酸和催化剂一同加热消化，可使蛋白分解。食品与浓硫酸共热时，其中的碳、氢元素被氧化成二氧化碳和水，氮则转变成氨，并进一步与硫酸作用生成硫酸铵，此过程通常称为“消化”。但是，这个反应进行得比较缓慢，通常需要加入硫酸钾或硫酸钠以提高反应液的沸点，并加入硫酸铜作为催化剂，以促进反应的进行。

浓碱可使消化液中的硫酸铵分解，游离出氨，借水蒸气将产生的氨蒸馏到一定量、一定浓度的硼酸溶液中，硼酸吸收氨后使溶液中的氢离子浓度降低，然后用标准无机酸滴定，直至恢复溶液中原来的氢离子浓度为止，最后根据所用标准酸的消耗量乘以换算系数，即为蛋白质含量。

3. 试剂

所有试剂均用不含氨的蒸馏水配制。

硫酸铜、硫酸钾、硫酸、2%硼酸溶液、40%氢氧化钠溶液、0.05mol/L 硫酸标准溶液或 0.05mol/L 盐酸标准溶液。

混合指示液：1 份 0.1%甲基红-乙醇溶液与 5 份 0.1%溴甲酚绿-乙醇溶液，临用时混合；也可用 2 份 0.1%甲基红-乙醇溶液与 1 份 0.1%次甲基蓝-乙醇溶液，临用时混合。

4. 仪器

实验需在通风橱内完成消化过程，凯氏定氮蒸馏装置如图 1 所示。实验也可用半自动或全自动凯氏定氮分析仪。

在消化时要注意通风，有条件时应在通风柜内进行。

5. 实验步骤

① 样品处理。精密称取 0.2～2.0g 固体样品或 2～5g 半固体样品或吸取 10～20ml 液体样品（约相当氮 30～40mg），移入干燥的 100ml 或 500ml 定氮瓶中，加入 0.2g 硫酸铜、3g 硫酸钾及 20ml 硫酸，稍摇匀后于瓶口放一小漏斗，将瓶以 45°角斜支于有小孔的石棉网上。小心加热，待内容物全部炭化，泡沫完全停止后，继续加热，并保持瓶内液体微沸状态，至液体呈蓝绿色澄清透明后，再继续加热 0.5h。取下冷却，小心加 20ml 水。放冷后，移入 100ml 容量瓶中，并用少量水洗涤定氮瓶，洗涤液流入容量瓶中，再加水至刻度，混匀备用。取与处理样品相同量的硫酸铜、硫酸钾、硫酸，按同一方法做试剂空白试验。

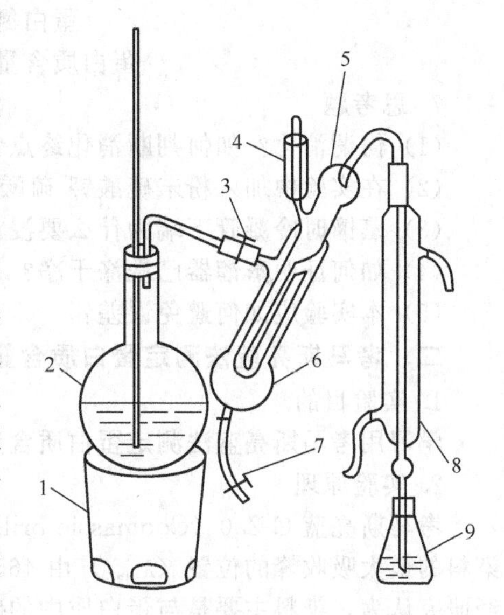

图 1　凯氏定氮蒸馏装置示意
1—电炉；2—水蒸气发生器；3—螺旋夹；4—小玻杯及棒状玻塞；5—反应室；6—反应室外层；7—橡皮管及螺旋夹；8—冷凝管；9—蒸汽液接收瓶

② 按图 1 装好定氮装置，于水蒸气发生瓶内装水至约 2/3 处，加甲基红指示液数滴及数毫升硫酸，以保持水呈酸性，加入数粒玻璃珠以防暴沸，用调压器控制电炉的加热温度，加热煮沸水蒸气发生瓶内的水。

③ 向接收瓶内加入 10ml 2％硼酸溶液及混合指示液 1 滴，并使冷凝管的下端插入液面下，吸取 10.0ml 样品消化稀释液由小玻杯流入反应室，并以 10ml 水洗涤小烧杯使流入反应室内，塞紧小玻杯的棒状玻塞。将 10ml 40％氢氧化钠溶液倒入小玻杯，提起玻塞使其缓缓流入反应室，立即将玻塞盖紧，并加水于小玻杯以防漏气。夹紧螺旋夹，开始蒸馏。蒸汽通入反应室使氨蒸发，并通过冷凝管冷却后进入接收瓶内，蒸馏 5min。移动接收瓶，使冷凝管下端离开液面，再蒸馏 1min。然后用少量水冲洗冷凝管下端外部。取下接收瓶，以 0.05mol/L 硫酸或 0.05mol/L 盐酸标准溶液滴定至灰色或蓝紫色为终点。

④ 吸取 10.0ml 试剂空白消化液按实验步骤③操作。

6. 计算

$$X=\frac{(V_1-V_2)\times C\times 0.014\times F\times 100}{0.1m}$$

式中 X——样品中蛋白质的含量，％；

V_1——样品消耗硫酸或盐酸标准液的体积，ml；

V_2——试剂空白消耗硫酸或盐酸标准液的体积，ml；

C——硫酸或盐酸标准溶液的物质的量浓度；

0.014——1mol/L 硫酸或盐酸标准溶液 1ml 相当于氮的质量（g）；

m——样品的质量（体积），g（ml）；

F——氮换算为蛋白质的系数。蛋白质中的氮含量一般为 15％～17.6％，按 16％计算乘以 6.25 即为蛋白质，乳制品为 6.38，面粉为 5.70，玉米、高粱为 6.24，花生为 5.46，大米为 5.95，大豆及其制品为 5.71，肉与肉制品为 6.25，大麦、小米、燕麦、裸麦为 5.83，芝麻、向日葵为 5.30。

若样品中除有蛋白质外，尚有其他含氮物质，则需向样品中加入三氯乙酸，然后测定未加三氯乙酸的样品及加入三氯乙酸后样品上清液中的含氮量，得出非蛋白氮及总氮量，从而计算出蛋白氮，再进一步算出蛋白质含量。

$$蛋白氮=总氮-非蛋白氮$$
$$蛋白质含量=蛋白氮\times 6.25$$

7. 思考题

(1) 何谓消化？如何判断消化终点？

(2) 在实验中加入粉末硫酸钾-硫酸铜混合物的作用是什么？

(3) 蒸馏时冷凝管下端为什么要浸没在液体中？

(4) 如何证明蒸馏器已洗涤干净？

(5) 本实验应如何避免误差？

二、考马斯亮蓝法测定蛋白质含量

1. 实验目的

学习用考马斯亮蓝法测定蛋白质含量的方法。

2. 实验原理

考马斯亮蓝 G-250（Coomassie brilliant blue G-250），在酸性溶液中与蛋白质结合，使染料的最大吸收峰的位置（λ_{max}）由 465nm 变为 595nm，溶液的颜色也由棕黑色变为蓝色。经研究认为，染料主要是与蛋白质中的碱性氨基酸（特别是精氨酸）和芳香族氨基酸残基相结合。在 595nm 下测定的吸收值 A_{595} 与蛋白质浓度成正比。

3. 实验试剂与仪器

(1) 试剂

① 标准蛋白质溶液。用 γ-球蛋白或牛血清清蛋白（BSA），配制成 1.0mg/ml 和 0.1mg/ml 的标准蛋白质溶液。

② 考马斯亮蓝 G-250 染料试剂。称 100mg 考马斯亮蓝 G-250，溶于 50ml 95%的乙醇后，再加入 120ml 85%的磷酸，用水稀释至 1L。

(2) 器材

① 可见光分光光度计。

② 旋涡混合器。

③ 试管 16 支。

4. 实验步骤

(1) 标准方法

① 取 16 支试管，1 支作空白，3 支留作未知样品，其余试管分为两组，分别加入样品、水和试剂，即用 1.0mg/ml 的标准蛋白质溶液给各试管分别加入 0ml、0.01ml、0.02ml、0.04ml、0.06ml、0.08ml、0.1ml，然后用无离子水补充到 0.1ml。最后各试管中分别加入 5.0ml 考马斯亮蓝 G-250 试剂，每加完一管，立即在旋涡混合器上混合（注意不要太剧烈，以免产生大量气泡而难于消除）。在 3 支留作未知样品的试管中，分别加入 0.02ml、0.04ml、0.06ml 的未知蛋白质溶液，然后用无离子水补充到 0.1ml，最后各试管中分别加入 5.0ml 考马斯亮蓝 G-250 试剂，重复上述操作。

② 加入试剂 2～5min 后，即可开始用比色皿在分光光度计上测定各样品在 595nm 处的光吸收值 A_{595}，空白对照为第 1 号试管，即 0.1ml H_2O 加 5.0ml 考马斯亮蓝 G-250 试剂。

注意：不可使用石英比色皿（因不易洗去染色），可用塑料或玻璃比色皿，使用后立即用少量 95%的乙醇振荡洗涤，以洗去染色。塑料比色皿决不可用乙醇或丙酮长时间浸泡。

③ 以标准蛋白质量（μg）为横坐标、吸收值 A_{595} 为纵坐标作图，即得到一条标准曲线。由此标准曲线，根据测出的未知样品的 A_{595} 值，即可查出未知样品的蛋白质含量。0.5mg 牛血清清蛋白/ml 溶液的 A_{595} 约为 0.50。

（2）微量法　当样品中蛋白质浓度较稀时（10～100μg/ml），可将取样量（包括补加的水）加大到0.5ml或1.0ml，空白对照则分别为0.5ml或1.0ml H_2O，考马斯亮蓝G-250试剂仍加5.0ml，同时作相应的标准曲线，测定595nm的光吸收值。0.05mg牛血清清蛋白/ml溶液的A_{595}约为0.29。

5. 思考题

（1）在利用考马斯亮蓝法测定蛋白质含量时应注意哪些问题？

（2）在使用分光光度计时应注意哪些问题？

（3）如何判定实验结果的可靠性？

6. 利用仪器配套软件数据统计功能

实验三　蛋白质、氨基酸电泳

一、纸电泳

1. 实验目的

了解电泳的原理和应用；学习纸电泳的操作。

2. 实验原理

电泳是指胶体颗粒在电场中的定向移动，只要是带电的微粒，从小分子的氨基酸、核苷酸，到大分子的蛋白质、病毒，在电场的作用下均可以发生电泳。电泳技术已广泛应用于理论研究及临床诊断。

在一定的pH溶液中，不同物质的带电微粒的带电性和带电量是不同的，如果它们的分子量不同，分子形状也各异，在一定的电场下，它们移动的方向和速度也将不相同，故此可利用电泳作为分离和鉴定这些物质的依据。

纸电泳是利用纸作为支持物，使带电微粒在纸上电泳，从而达到分离的一种方法。将样品点在用缓冲溶液浸湿的滤纸上，将滤纸放在电泳槽的支架上，滤纸的两端浸在缓冲溶液里，接通电源，纸的两端就有一定的电压，吸引带电微粒在纸上移动。氨基酸在其等电点时以兼性离子存在，若溶液的pH低于氨基酸的等电点（$pH<pI$），则氨基酸分子带有正电荷（Aa^+），电泳时向负极移动；若溶液的pH高于等电点（$pH>pI$），则氨基酸分子带有负电荷（Aa^-），电泳时向正极移动。

电泳过程中，由于电极反应会使连接正极和负极的电解液的pH向相反方向变化，所以应用缓冲溶液以保持pH相对稳定。另外，选用挥发性的缓冲溶液较好，因为电泳后滤纸烘干时容易除去，以减少对显色的影响。

3. 实验用品

仪器：DY-W_2型电泳仪、DC-Ⅱ型电泳槽、镊子、滤纸、直尺、铅笔、毛细管、电吹风机、喷雾器、剪刀。

药品：0.04mol/L甘氨酸、0.04mol/L赖氨酸、甘氨酸与赖氨酸的混合液（体积比1∶1)、0.5%茚三酮-乙醇溶液、1mol/L乙酸溶液。

4. 实验步骤

（1）点样　取12cm×12cm滤纸一块，用铅笔在滤纸之一端2cm处划一直线为原点线，在原点线上距离均匀的位置点上3个点，分别注上“甘”、“混”、“赖”3个字，然后在3个点上点样。

（2）准备　本实验使用DC-Ⅱ型电泳槽和与其配套的DY-W_2型电泳仪。

① 向电泳槽内加入1mol/L乙酸溶液，至红水平线位置（中间的槽约210ml，两边的各190ml)，可通过底脚调节水平。盖好电泳槽的盖。

② 检查电泳仪的开关是否在“关”的位置，然后用输出引线把电泳仪和电泳槽的“+”、“-”极依次连接好。

③ 调整“输出选择”，旋至零位，将选择开关扳到“100mA，600V”的位置。

④ 打开电源开关，指示灯亮，预热10min。

⑤ 将点好样的滤纸放在电泳槽的电解液中全部浸湿，立即取出放于支架（两槽之间的平台）上，纸条的两端要浸在电解液中（点样处千万不能浸入电解液），由于甘氨酸和赖氨酸在1mol/L的乙酸溶液中均带正电荷，所以要把点样的一端浸入连接正极的槽内，盖好电泳槽盖。

电泳过程中会放出热量，电泳槽中有两个空腔利于散热，对热敏感的物质（如酶蛋白）进行电泳时，若环境温度过高，可以通过自来水对支持物或缓冲溶液进行冷却。

(3) 电泳　调整“输出选择”，使电压达到400V，电泳10min。如果电泳一段时间后电压下降，应调整电压到400V。在实验过程中应有人观察电压与电流大小，并在相隔2～5min内记录电流、电压。

(4) 显色　用镊子取出滤纸，用电吹风吹干，喷上茚三酮显色剂润湿滤纸，再用热风吹干显出色斑。注意防止显色剂喷雾过多出现显色剂流动，冲洗电泳结果。

(5) 记录　用铅笔描出色斑的轮廓，量出色斑（中心浓度最高处）至原点线的距离(cm)，将滤纸贴在实验报告上，并将环境温度、电解液、电压、电流、通电时间、显色剂等实验条件同样记录在报告上。

5. 注释

① 点样应在滤纸的一端距纸边2～10cm处。样品可点成圆形或长条形，长条形的分离效果较好。点样量为5～10μg和5～10μl。点样方法有干点法和湿点法。湿点法是在点样前即将滤纸用缓冲溶液浸湿，样品液要求较浓，不可多次点样。干点法是在点样后再用缓冲溶液和喷雾器将滤纸喷湿，点样时可用吹风机吹干后多次点样，因而可以用较稀的样品。

② 严禁空载，空载时易造成电泳仪损坏，只有高级双稳（能控制电流强度和电压）电泳仪才提供空载保护。

③ 电泳完毕后，应先关闭电源，再拔小插头，以免触电。在仪器接通电源工作期间，严禁接触电泳槽电极、电极插头和电泳物等，严禁输出电极与地短路，以免损坏仪器。仪器不许空载运行，防止震动，使用环境应保持干燥，应无腐蚀性气体存在。

6. 思考题

(1) 为什么电泳法可以分离氨基酸？

(2) 在重复使用电泳仪时，电泳槽两侧的正负极性要予以改变，为什么？

(3) 同时进行多组样品电泳时，如何控制电泳时的电压和电流？

(4) 当一个电泳仪同时带动两个电泳槽工作时，电流表的电流读数与实际电泳的电流数有何关系？

(5) 电泳电压与电流有何关系？电泳的电压高低与电泳时间有何关系？

(6) 在本次实验中是采用恒电压电泳或是恒电流电泳？或两者均不是？根据实验记录的数据分析。

二、血清蛋白的醋酸纤维素薄膜电泳

1. 实验目的

学习醋酸纤维素薄膜电泳的操作，了解电泳技术的一般原理。

2. 实验原理

醋酸纤维素是将纤维素的羟基乙酰化形成的纤维素醋酸酯，由该物质制成的薄膜称为醋酸纤维素薄膜。这种薄膜对蛋白质样品吸附性小，几乎能完全消除纸电泳中出现的“拖尾”现象，又因为膜的亲水性比较小，它所容纳的缓冲溶液也少，电泳时电流的大部分由样品传导，所以分离速度快，电泳时间短，样品用量少，5μg 的蛋白质即可得到满意的分离效果。因此特别适合于病理情况下微量异常蛋白的检测，目前已广泛用于血清蛋白、脂蛋白、血红蛋白、糖蛋白的分离及用在免疫电泳中。

3. 实验器材

醋酸纤维素薄膜（2cm×8cm）、常压电泳仪、点样器、培养皿（染色及漂洗用）、粗滤纸、玻璃板、竹镊、白磁反应板。

4. 实验试剂

① 巴比妥缓冲溶液（pH 8.6，离子强度 0.07）1000ml。巴比妥 2.76g、巴比妥钠 15.45g，加水至 1000ml。

② 染色液 300ml。含氨基黑 10B 0.25g、甲醇 50ml、冰醋酸 10ml、水 40ml（可重复使用）。

③ 漂洗液 2000ml。含甲醇或乙醇 45ml、冰醋酸 5ml、水 50ml。

④ 透明液 300ml。含无水乙醇 7 份、冰醋酸 3 份。

5. 实验步骤

(1) 浸泡　用镊子取醋酸纤维素薄膜 1 张（识别出光泽面与无光泽面，并在角上用笔做上记号），放在缓冲溶液中浸泡 20min。

(2) 点样　把醋酸纤维素薄膜条从缓冲溶液中取出，夹在两层粗滤纸内吸干多余的液体，然后平铺在玻璃板上（无光泽面朝上），将点样器先在放置在白磁反应板上的血清中蘸一下，再在膜条一端 2～3cm 处轻轻地水平落下并随即提起，这样即在膜条上点上了细条状的血清样品。

(3) 电泳　在电泳槽内加入缓冲溶液，使两个电极槽内的液面等高，将膜条平悬于电泳槽支架的滤纸桥上（先剪裁尺寸合适的滤纸条，取双层滤纸条附着在电泳槽的支架上，使它的一端与支架的前沿对齐，而另一端浸入电极槽的缓冲溶液内。用缓冲溶液将滤纸全部润湿并驱除气泡，使滤纸紧贴在支架上，即为滤纸桥。它是联系醋酸纤维素薄膜和两极缓冲溶液之间的“桥梁”）。膜条上点样的一端靠近负极。盖好电泳室槽盖，通电，调节电压至 160V，电流强度 0.4～0.7mA/cm，电泳时间约为 25min。

(4) 染色　电泳完毕后将膜条取下并放在染色液中浸泡 10min。

(5) 漂洗　将膜条从染色液中取出后移置到漂洗液中漂洗数次，至无蛋白区底色脱净为止，可得色带清晰的电泳图谱。定量测定时可将膜条用滤纸压平吸干，按区带分段剪开，分别浸在 0.4mol/L 氢氧化钠溶液中 0.5h，并剪取相同大小的无色带膜条作空白对照，在 A_{650} 进行比色。或者将干燥的电泳图谱膜条放入透明液中浸泡 2～3min 后取出，贴于洁净玻璃板上，干后即为透明的薄膜图谱，可用光密度计直接测定。

6. 思考题

(1) 醋酸纤维素薄膜作电泳支持物有什么优点？

(2) 电泳图谱清晰的关键是什么？如何正确操作？

(3) 为什么不允许电泳仪空载？

实验四　α-淀粉酶活力的测定方法

一、实验目的

了解并掌握淀粉酶活力的测定方法。

二、实验原理

液化型淀粉酶（α-淀粉酶）能催化水解淀粉，生成分子较小的糊精和少量的麦芽糖及葡萄糖。本实验利用碘的呈色反应来测定液化型淀粉酶水解淀粉作用的速度，从而测定淀粉酶活力的大小。

三、器材和试剂

1. 器材

多孔白瓷板、50ml 三角瓶或大试管（25mm×200mm）、恒温水浴箱、烧杯、容量瓶、漏斗、吸管。

2. 试剂

(1) 原碘液　称取 I_2 11g、KI 22g，加少量水完全溶解后，再定容至 500ml，于棕色瓶中保存。

(2) 稀碘液　吸取原碘液 2ml，加 KI 20g，用蒸馏水溶解定容至 500ml，于棕色瓶中保存。

(3) 标准“终点色”溶液。

① 准确称取氯化钴 40.2439g、重铬酸钾 0.4878g，加水溶解并定容至 500ml。

② 0.04%铬黑 T 溶液。准确称取铬黑 T 40mg，加水溶解并定容至 100ml。

取①液 80ml 与②液 10ml 混合，即为终点色。冰箱保存。

(4) 2%可溶性淀粉　称取烘干可溶性淀粉 2.00g，先以少许蒸馏水混匀，倾入 80ml 沸水中，继续煮沸至透明，冷却后用水定容成 100ml。此溶液需要新鲜配制。

(5) 0.02mol/L、pH 6.0 磷酸氢二钠-柠檬酸缓冲溶液　称取 $Na_2HPO_4 \cdot 12H_2O$ 45.23g 和 $C_6H_8O_7 \cdot H_2O$ 8.07g，用蒸馏水溶解定容至 1000ml，配好后以酸度计或精密试纸校正 pH。

(6) α-淀粉酶粉。

四、操作步骤

1. 待测酶液的制备

精密称取酶粉 1～2g，放入小烧杯中，先用少量的 40℃ 0.02mol/L pH 6.0 的磷酸氢二钠-柠檬酸缓冲溶液溶解，并用玻璃棒捣研，将上清液小心倾入容量瓶中，沉渣部分再加入少量上述缓冲溶液，如此反复捣研 3～4 次，最后全部转入容量瓶中，用缓冲溶液定容至刻度，摇匀，通过 4 层纱布过滤，滤液供测定用。如为液体样品，可直接过滤，取一定量滤液入容量瓶中，加上述缓冲溶液稀释至刻度，摇匀，备用。

2. 测定

① 将“标准色”溶液滴于白瓷板的左上角空穴内，作为比较终点色的标准。

② 在 50ml 的三角瓶中（或大试管中），加入 2%可溶性淀粉液 20ml，加缓冲溶液 5ml 在 60℃水浴中平衡约 4～5min，加入 0.5ml 酶液，立即记录时间，充分摇匀。定时用滴管取出反应液约 0.25ml，滴于预先充满此稀碘液（约 0.75ml）的调色板空穴内，当空穴颜色由紫色变为棕红色，与标准色相同时，即为反应终点，记录时间 T（min）。

五、计算

1g 酶粉或 1ml 酶液于 60℃、pH 6.0 的条件下，1h 液化可溶性淀粉的质量（g），称为液化型淀粉酶的活力单位数。

$$\text{酶活力单位}=\frac{60}{T}\times 20\times 2\%\times n\times\frac{1}{0.5}\times\frac{1}{m}$$

式中　n——酶粉稀释倍数；

60——1h（60min）；

0.5——吸取待测酶液的量，ml；

20×2%——可溶性淀粉的量，g；

T——反应时间，min；

m——酶粉取样量。

六、说明

1. 全部时间应控制在 2～2.5min，否则应改变稀释倍数，重新测定。
2. 实验中，吸取 2%可溶性淀粉及酶液的量必须准确，否则误差较大。

七、思考题

1. 在测定酶活力的过程中，应注意什么问题？
2. α-淀粉酶习惯单位的定义是如何规定的？
3. 诺维信（诺和诺德）公司 α-淀粉酶和糖化酶的活力单位是如何规定的？

实验五　糖化酶活力的测定方法

一、实验目的

了解并掌握糖化酶活力的测定方法。

二、糖化酶活力定义

葡萄糖糖化酶活力单位定义：1g 固体酶粉（或 1ml 液体酶），于 40℃、pH 4.6 的条件下，1h 分解可溶性淀粉产生 1mg 葡萄糖，即为 1 个酶活力单位，用 U/g（或 U/ml）表示。

三、实验原理

糖化酶有催化淀粉水解的作用，能从淀粉分子非还原性末端开始，分解 α-1,4-葡萄糖苷键生成葡萄糖。葡萄糖分子中含有醛基，能被次碘酸钠氧化，过量的次碘酸钠酸化后析出碘，再用硫代硫酸钠标准溶液滴定，计算出酶活力。

四、试剂和溶液

(1) 乙酸-醋酸钠缓冲溶液（pH＝4.6）　称取醋酸钠 6.7g，溶于水中，加冰醋酸 2.6ml，用水定容至 1000ml。配好后用 pH 计校正。

(2) 硫代硫酸钠标准溶液　$c(Na_2S_2O_3)=0.05mol/L$。

(3) 碘溶液　$c\left(\frac{1}{2}I_2\right)=0.1mol/L$。

(4) 氢氧化钠溶液　$c(NaOH)=0.1mol/L$。

(5) 200g/L 氢氧化钠溶液　称取氢氧化钠 20g，用水溶解并定容至 100ml。

(6) 硫酸溶液　$c\left(\frac{1}{2}H_2SO_4\right)=2mol/L$。量取浓硫酸（密度为 1.84）5.6ml，缓缓注入 80ml 水中，冷却后，定容至 100ml。

(7) 20g/L 可溶性淀粉溶液。

(8) 10g/L 淀粉指示液。

五、仪器和设备

(40±0.2)℃ 恒温水浴锅、秒表、50ml 比色管。

六、操作步骤

(1) 待测酶液的制备　称取酶粉 1～2g，精确至 0.0002g（或吸取液体酶 1.00ml），先用少量的乙酸缓冲溶液溶解，并用玻璃搅拌棒捣研，将上清液小心倾入容量瓶中。沉渣部分再加入少量缓冲溶液，如此捣研 3～4 次，最后全部移入容量瓶中，用缓冲溶液定容至刻度（估计酶活力，使酶活力在 100～250U/ml 范围内），摇匀。通过 4 层纱布过滤，滤液供测定用。

(2) 酶促反应与终止　于甲、乙两支 50ml 比色管中分别加入可溶性淀粉溶液 25.0ml

及缓冲溶液 5.00ml，摇匀后，于 (40±0.2)℃恒温水浴中预热 5min。在甲管（样品）中加入待测酶液 2.00ml，立刻摇匀，在此温度下准确反应 30min，立即于两管各加氢氧化钠溶液 0.20ml，摇匀，将两管取出迅速冷却，并于乙管（空白）中补加待测酶液 2.00ml。

(3) 标定　吸取上述反应液与空白液 5.00ml，分别置于碘量瓶中，准确加入碘溶液 10.0ml，再加氢氧化钠溶液 15.0ml，摇匀，密塞，于暗处反应 15min。取出，加硫酸溶液 2.0ml，立即用硫代硫酸钠标准溶液滴定，直至蓝色刚好消失为其终点（注：不同稀释倍数，应做相应的空白试验）。

七、计算

$$X=(A-B)c\times 90.05\times\frac{32.2}{5}\times\frac{1}{2}\times n\times 2=579.9\times(A-B)c\times n$$

式中 X——样品的酶活力，U/g 或 U/ml；

A——空白消耗硫代硫酸钠标准溶液的体积，ml；

B——样品消耗硫代硫酸钠标准溶液的体积，ml；

c——硫代硫酸钠标准溶液的浓度，mol/L；

90.05——与 1.00ml 硫代硫酸钠标准溶液 $\left[c\left(\frac{1}{2}Na_2S_2O_3\right)=1.000mol/L\right]$ 相当的以克表示的葡萄糖的质量；

32.2——反应液的总体积，ml；

5——吸取反应液的体积，ml；

$\frac{1}{2}$——吸取酶液 2.00ml，以 1.00ml 计；

n——稀释倍数；

2——反应 30min，换算成 1h 的酶活力系数所得的结果表示至整数。

实验结果的允许误差：平行试验相对误差不得超过 2%。

八、思考题

1. 为什么要使用缓冲溶液测定酶速反应的 pH?
2. 缓冲溶液的 pH 受环境温度影响吗?
3. 为什么要控制酶促反应温度范围的精度在 ±0.2℃范围内? 更高的精度有无必要?

实验六　影响酶促反应速率的因素——激活剂与抑制剂

一、实验目的

1. 了解激活剂和抑制剂对酶促反应速率的影响。
2. 学习激活剂和抑制剂影响酶促反应速率的原理和方法。

二、实验原理

在酶促反应过程中，酶的激活剂或抑制剂可分别加速或抑制酶的活性，如氯化钠在低浓度时为唾液淀粉酶的激活剂，而硫酸铜则是它的抑制剂。

少量的激活剂或抑制剂就能影响酶的活性，而且它常具有特异性。值得注意的是，激活剂与抑制剂不是绝对的，有些物质在低浓度时为某种酶的激活剂，而在高浓度时则为该酶的抑制剂。如氯化钠达到 1/3 饱和度时，就可抑制唾液淀粉酶的活性。

本实验利用不同水解阶段的淀粉水解液与碘液有不同的颜色反应，定性观察唾液淀粉酶在酶促反应中的激活或抑制现象。淀粉经酶促水解为葡萄糖的不同阶段与碘作用的颜色反应如下：

淀粉 —水解→ 紫色糊精 —水解→ 红色糊精 —水解→ 无色糊精 —水解→ 麦芽糖 —水解→ 葡萄糖

（遇碘显蓝色） （遇碘显紫色） （遇碘显红色） （遇碘不显色） （溶于酒精溶液）

三、试剂

碘化钾-碘液（称取碘化钾 20g 及碘 10g，溶于 100ml 蒸馏水中，使用前需稀释 10 倍）、0.1%淀粉溶液、1%氯化钠溶液、0.1%硫酸铜溶液。

四、器材

试管 3 支、试管架、恒温水浴锅。

五、操作步骤

取 3 支试管，编号，按表 3 操作。

表 3

试剂处理	1 号试管	2 号试管	3 号试管
1%NaCl/ml	1	—	—
0.1%$CuSO_4$/ml	—	1	—
蒸馏水/ml	—	—	1
0.1%淀粉/ml	3	3	3
稀释的唾液/ml	1	1	1
	摇匀，置 37℃水浴保温，10～15min，取出冷却后		
碘化钾-碘液/滴	1	1	1
观察颜色反应			

六、注意事项

1. 本实验是用不含 0.3%NaCl 的 0.1%淀粉作为底物，切勿用错。

2. 如 1 号、2 号、3 号管颜色反应无明显差别，可能是唾液淀粉酶活力太高或太低。若酶活性太高可将酶稀释后重做；若酶活性太低，可延长保温时间或增加酶的浓度。

七、思考题

1. 激活剂可分为哪几类？本实验中的氯化钠、硫酸铜是属于哪种类型？

2. 本实验 1 号、2 号、3 号试管各有何用意？为什么要设计 3 号试管？

3. 抑制剂与变性剂有何不同？试举例说明。

实验七　影响酶促反应速率的因素——pH

一、实验目的

1. 了解 pH 对酶活性的影响。

2. 掌握最适 pH 的定义？掌握测定酶最适 pH 的方法。

二、实验原理

酶的催化活性与环境 pH 有密切关系，通常各种酶只在一定 pH 范围内才具有活性，酶活性最高时的 pH，称为酶的最适 pH。高于或低于此 pH 时酶的活性逐渐降低。值得指出的是，不同的酶最适 pH 也不同，如胃蛋白酶的最适 pH 为 1.5～2.5，胰蛋白酶的最适 pH 为 8。

酶的最适 pH 不是一个特征性的物理常数，对于同一个酶，其最适 pH 因缓冲溶液和底物的性质不同而有差异。如唾液淀粉酶最适 pH 为 6.8，但在磷酸缓冲溶液中，其最适 pH 为 6.4～6.6，而在乙酸缓冲溶液中则为 5.6。

三、试剂

① 0.3%氯化钠、0.5%淀粉溶液（新鲜配制）、稀释100～200倍的新鲜唾液。

② 用0.2mol/L磷酸氢二钠溶液和0.1mol/L柠檬酸溶液配制pH 5.0、5.5、6.0、6.4、6.8、7.4、8.0、8.5的缓冲溶液。

四、器材

试管架及试管9支、吸量管（2ml×2）、吸量管架、恒温水浴锅（37℃）、秒表一块（两人共用）、点滴板（多孔白瓷板）一块、滴管1支。

五、操作步骤

1. 找出本实验准确的保温时间

保温时间是指从加入酶液开始到从水浴中取出反应液加入一滴$KI\text{-}I_2$液的显示颜色变化的一段时间。摸索保温时间是实验的关键步骤之一。

取一支试管，加入0.3%氯化钠的0.5%淀粉溶液2ml，加入pH 6.8磷酸氢二钠-柠檬酸缓冲溶液3ml，及稀释100～200倍的唾液2ml。充分摇匀后，放入37℃水浴中保温并计时。每隔1min，用滴管取1滴混合液，置于滴板上，加1滴碘化钾-碘溶液，检验淀粉水解程度，待呈橙黄色时（与碘化钾-碘溶液颜色类似），为进一步确定保温时间，应加1滴碘化钾-碘液至试管中，若为橙黄色，表示反应完全，记录所需保温时间。

若2～3min内，取出的保温液与碘化钾-碘液作用呈橙黄色，则说明酶活力太高，应酌情再稀释唾液淀粉酶，记下稀释倍数。若保温时间超过15min以上，说明酶的活力太低，要提高酶的浓度。选择最佳的保温时间最好是在8～15min以内，因此要掌握好淀粉酶的稀释倍数。确定准确的保温时间才能进行下步实验。

2. 观察pH对酶活力的影响

取试管8支按表4操作（两人合作），保温时间参考1.。

表4

试剂处理	1号	2号	3号	4号	5号	6号	7号	8号
pH	5.0	5.5	6.0	6.4	6.8	7.4	8.0	8.5
含0.3%氯化钠的0.5%淀粉液/ml	2	2	2	2	2	2	2	2
相应pH缓冲溶液/ml	3	3	3	3	3	3	3	3
每隔1min逐管加入唾液淀粉酶/ml	2	2	2	2	2	2	2	2
充分摇匀，置37℃水浴保温，到达保温时间后，每隔1min依次取出								
立即加碘化钾-碘液（滴）充分摇匀	1	1	1	1	1	1	1	1
记录结果（颜色）①								

① 从各管呈现的颜色，判断不同pH对淀粉水解和淀粉酶活性的影响，并确定其最适pH。

六、注意事项

1. 摸索操作的准确保温时间是实验能否成功的关键。用滴管取保温液前后，均应将试管内溶液摇匀，取出保温液后，滴管仍放回试管中一起保温。

2. 碘化钾-碘液不要过早地加到凹型白瓷板上，以免碘液挥发，影响显色效果。

3. 加入酶液后，务必充分摇匀，保证酶与全部淀粉液接触反应才能得到理想的颜色梯度变化结果。

七、思考题

1. 什么是酶的最适pH？改变pH对酶活性表达是否有影响？

2. 为什么酶的最适pH不是一个物理常数？请阐明理由。

3. 如何配制实验所需的pH缓冲溶液？

实验八　影响酶促反应速率的因素——温度

一、实验目的

1. 了解温度对酶活性的影响。

2. 了解并掌握最适温度的定义？掌握测定酶最适温度的方法。

二、实验原理

酶作为生物催化剂与一般催化剂一样有温度效应问题。在低温范围内，酶促反应的反应速率随温度升高而增快；而当温度超过酶的最高耐热温度后，提高酶促反应的温度，酶的催化效率反而下降，在其中有某一温度范围内酶促反应速率最大。酶促反应的反应速率达到最大时的反应温度称为该酶的最适温度。

由于绝大多数酶是具有催化活性的蛋白质，当达到最适温度后，如果继续升高反应温度，将引起蛋白质变性（酶活性中心受到影响），酶促反应的反应速率不再上升，反而逐步下降，以至酶活力完全丧失。

酶的最适温度并不是一个常数，它环境因素有关，与酶促作用时间成反比。测定酶活性均在酶促反应最适温度下进行。常用恒温水浴锅保持反应温度恒定。对大多数从动物中提取的酶，最适温度多为 37～40℃。

酶对温度的稳定性与其存在形式有关，酶在干燥的固体状态下比较稳定，在冰箱内或室温下可保存数月至一年，然而酶液很不稳定，易丧失活性。

本实验利用脲酶催化尿素水解成二氧化碳及氨，氨与 Nessler 试剂作用产生橙红色化合物，根据显色深浅，可判别尿素的水解程度。

$$\mathrm{O{=}C(NH_2)_2} + H_2O \xrightarrow{\text{脲酶}} 2NH_3 + CO_2$$

$$NH_3 + 2(HgI_2, 2KI) + 3NaOH \longrightarrow \mathrm{O{<}(Hg)_2{>}NH_2I} + 4KI + 2H_2O + 3NaI$$

三、试剂

脲酶提取液：称取黄豆粉 6g 加 30%乙醇 250ml，振荡 10min 过滤即成，置冰箱可保存 1～2 周；Nessler 试剂；1%尿素溶液。

四、器材

试管和试管架、量筒（10ml×2）、盐水冰浴、37℃恒温水浴锅、沸水浴、煤气灯、水浴锅、铁三脚架及石棉网。

五、操作步骤

取试管 5 支，按表 5 操作。

表 5

试剂处理	1号	2号	3号	4号	5号
脲酶溶液/ml	1	1	1	1	1
温度/℃	盐冰浴(约 0℃)	室温(约 20℃)	37	50	100℃或置火上加热
各保温 5min					
1%尿素/ml	1	1	1	1	1

续表

试剂处理	1号	2号	3号	4号	5号
混匀后，置各相应温度保温10min					
Nessler试剂/滴	5	5	5	5	5
记录观察结果					

若2号、5号管无明显区别，可同时放入37℃保温0.5～1min，再观察结果。

六、注意事项

Nessler试剂是含有汞盐的强碱溶液，因此是有腐蚀性的剧毒试剂。操作时应小心谨慎，严防中毒。接触过此试剂的试管必须彻底清洗干净，以免影响其他酶学实验。

七、思考题

1. 什么是酶的最适温度？它对酶的生产实践有何指导意义？
2. 酶反应的最适温度是酶特征的物理常数吗？如果不是，它与哪些因素有关？
3. 为什么用Nessler试剂检验脲酶的活性，请阐明其原理，使用中应注意什么？
4. 通过以上几个酶学实验，试总结酶促反应有哪些主要特征？

实验九 维生素C含量测定

一、实验目的和要求

1. 学习并掌握定量测定维生素C的原理。
2. 熟悉掌握蔬菜或水果等食物中维生素C含量的定量测定方法。

二、实验基本原理

维生素C是一种水溶性的维生素，广泛存在于绿色植物和各种水果中，是人类必需的维生素之一。缺乏维生素C会产生坏血病，因此，又称为抗坏血酸。维生素C属于不饱和的多羟基化合物，具有很强的还原性，极易被氧化而遭到破坏。在酸性条件下，抗坏血酸能将氧化型的2,6-二氯酚靛酚（酸性条件下为红色）还原为还原型的2,6-二氯酚靛酚（酸性条件下为无色），同时抗坏血酸被氧化为脱氢抗坏血酸。反应如下：

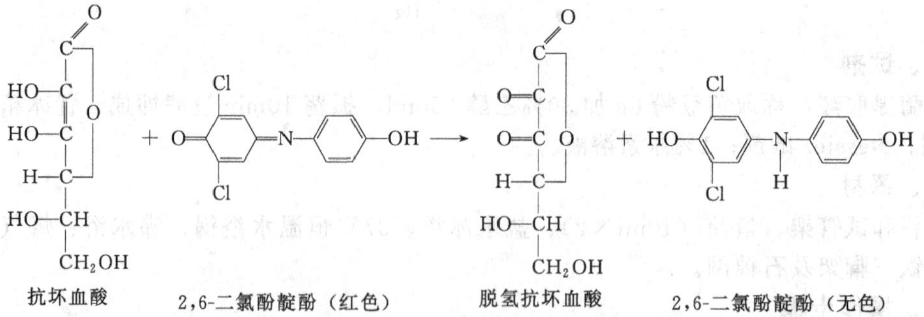

抗坏血酸 + 2,6-二氯酚靛酚（红色） → 脱氢抗坏血酸 + 2,6-二氯酚靛酚（无色）

利用上述反应可以定量测定抗坏血酸。当用2,6-二氯酚靛酚滴定含有抗坏血酸的酸性溶液时，滴入的2,6-二氯酚靛酚立即被还原为无色。但当溶液中的抗坏血酸被氧化完全时，滴入的2,6-二氯酚靛酚立即使溶液呈现红色，此时即为滴定的终点。根据滴定时消耗的2,6-二氯酚靛酚标准溶液的量，即可求出样品中抗坏血酸的含量。

三、试剂和仪器

1. 试剂

(1) 1%草酸溶液、2%草酸溶液。

(2) 2,6-二氯酚靛酚溶液　将 50mg 2,6-二氯酚靛酚溶解于约 200ml 含有 52mg 碳酸氢钠的热水中。冷却后，稀释至 250ml。装入棕色瓶中于冰箱中保存。使用前按下列方法进行标定。

取 5ml 标准抗坏血酸溶液，加 5ml 1% 草酸，以上述 2,6-二氯酚靛酚溶液滴定至呈红色，并在 15s 钟内不退色为终点。计算 2,6-二氯酚靛酚溶液的浓度。最后将 2,6-二氯酚靛酚溶液调节至每毫升相当于抗坏血酸 0.088mg。

(3) 标准抗坏血酸溶液　溶解 100mg 纯抗坏血酸粉状结晶于 1% 草酸中，然后稀释到 500ml。需在使用前临时配制。

2. 仪器

三角瓶（500ml）、吸量管（10ml）、微量滴定管（5ml）、容量瓶（50ml）、漏斗、量筒、研钵、滤纸。

四、实验步骤

① 含抗坏血酸样液的制备。用分析天平准确称取富含抗坏血酸的干净样品约 4g，放入研钵中，加入 2% 草酸 5～10ml，研磨后放置片刻，将提取液过滤入 50ml 容量瓶中。如此反复 2～3 次，最后用 2% 草酸稀释到刻度，并摇匀，每次量取 5～10ml 放入锥形瓶中进行滴定。

② 用微量滴定管，以 2,6-二氯酚靛酚溶液（蓝色）迅速滴定至提取液呈淡粉红色，并保持 15～30s 不退色。消耗 2,6-二氯酚靛酚溶液的体积记为 V_1。

另取 5ml 或 10ml 2% 草酸溶液做空白实验，消耗 2,6-二氯酚靛酚溶液的体积记为 V_2。

样品提取液和空白实验各做 3 份，滴定结果取平均值进行计算。

五、实验结果处理

$$\text{维生素 C 含量(mg/100g 样品)} = \frac{(V_1 - V_2)V \times 0.088 \times 100}{DW}$$

式中　V_1——滴定样品提取液消耗 2,6-二氯酚靛酚溶液的体积，ml；

V_2——滴定空白对照消耗 2,6-二氯酚靛酚溶液的体积，ml；

V——样品提取液的总体积，ml；

D——一次滴定所取的样品提取液的体积，ml；

W——被测样品的质量，g；

0.088——1ml 2,6-二氯酚靛酚溶液相当于 0.088mg 维生素 C。

六、说明

(1) 2,6-二氯酚靛酚不稳定，易被氧化，而且较贵，配制试剂时应一次少配，每周必须重新配制。

(2) 提取的样液如果颜色太重，滴定时终点不易观察，应在滴定前用白陶土进行脱色。

(3) 滴定速度应快，一般不能超过 2min，因为在本实验滴定条件下，一些非维生素 C 的还原性物质的还原作用较迟缓，快速滴定可以避免或减少它们的干扰。

(4) 要使滴定结果准确，滴定使用的 2,6-二氯酚靛酚溶液应在 1～4ml，若滴定结果超出此范围，则必须增减样品用量或将提取液适当稀释。

(5) 此法简单易行，但存在如下缺点。

① 在生物组织内和组织提取物内，抗坏血酸还能以脱氢抗坏血酸及结合抗坏血酸的形式存在。后两者同样具有维生素 C 的生理作用，但不能将 2,6-二氯酚靛酚还原脱色。

② 生物组织的提取物和生物体液中常含有其他还原物质。在这些物质里，有的也可以

在同样实验条件下，使2,6-二氯酚靛酚还原脱色。

③ 在生物组织提取物中，常有色素类物质存在，影响滴定终点观察。

(6) 本方法适用于果蔬中还原型维生素C含量的测定。

(7) 2%草酸可抑制抗坏血酸氧化酶，1%草酸因浓度太低无此作用。若样品含有大量铁离子，可用8%草酸提取。

七、思考题

1. 影响维生素C测定结果的因素有哪些？

2. 指出本实验测定维生素C方法有何优缺点？

实验十　酵母RNA的提取

一、实验目的和要求

学习和掌握从酵母中提取RNA的原理和方法，从而加深对核酸性质的认识。

二、实验基本原理

提取和制备RNA首先是选择RNA含量高的材料。微生物是工业上生产核酸的原料，其中RNA的提取以啤酒酵母最为理想，酵母核酸中主要是RNA（2.67%～10.0%），DNA很少（0.03%～0.516%），而且啤酒酵母泥容易收集。或采用活性干酵母作为实验材料，RNA也易于分离。此外，抽提后的菌体蛋白质（占干菌体的50%）仍具有很高的应用价值。

RNA提取过程：首先要使RNA从细胞中释放，并使它和蛋白质分离，然后将菌体除去；再根据核酸在等电点时溶解度最小的性质，将pH调至2.0～2.5，使RNA沉淀，进行离心收集；然后运用RNA不溶于有机溶剂乙醇的特性，以乙醇洗涤RNA沉淀。

提取RNA的方法很多，在工业生产上常用的是稀碱法和浓盐法。稀碱法利用细胞壁在稀碱条件下溶解，使RNA释放出来，这种方法提取时间短，但RNA在稀碱条件下不稳定，容易被碱分解。浓盐法是在加热的条件下，利用高浓度的盐改变细胞膜的透性，使RNA释放出来，此法易掌握，产品颜色较好。使用浓盐法提取RNA时应注意掌握温度，避免在20～70℃停留时间过长，因为这是磷酸二酯酶和磷酸单酯酶作用的温度范围，会使RNA因降解而降低提取率。在90～100℃条件下加热可使蛋白质变性，破坏磷酸二酯酶和磷酸单酯酶，有利于RNA的提取。

三、实验材料、主要仪器和试剂

1. 实验材料

活性干酵母粉；pH 0.5～5.0的精密试纸；冰块。

2. 仪器

电子天平、三角瓶（100ml）、量筒（50ml）、恒温水浴锅、电炉、试管木夹、离心管、台式离心机（4000r/min）、烧杯（250ml、50ml、10ml）、滴管及玻棒、吸滤瓶（500ml）、布氏漏斗（60mm）、表面皿（8cm）、烘箱、干燥器、紫外可见分光光度计。

3. 试剂

NaCl（化学纯）、6mol/L HCl、95%乙醇（化学纯）。

四、实验步骤

1. 提取

用电子天平称取活性干酵母粉5g，倒入100ml三角瓶中，加NaCl 5g、水50ml，搅拌均匀，置于沸水浴中提取1h。

2. 分离

将上述提取液取出，立即用自来水冷却，装入大离心管内，经平衡后以3500r/min速度离心10min，使提取液与菌体残渣等分离。

3. 沉淀RNA

将离心得到的上清液倾于50ml烧杯中，并置于放有冰块的250ml烧杯中冷却，待冷至10℃以下时，用6mol/L HCl小心地调节pH至2.0～2.5。随着pH下降，溶液中白色沉淀逐渐增加，到等电点时沉淀量最多（注意严格控制pH）。调好后继续于冰水中静置10min，使沉淀充分，颗粒变大。

4. 抽滤和洗涤

上述悬浮液以3000r/min，经平衡后离心10min，得到RNA沉淀。将沉淀物移到10ml小烧杯内，用95%的乙醇5～10ml充分搅拌洗涤，然后在铺有已称重滤纸的布氏漏斗上用真空泵抽气过滤，再用95%乙醇5～10ml淋洗3次。由于RNA不溶于乙醇，洗涤不仅可脱水，使沉淀物疏松，便于过滤、干燥，而且可除去可溶性的脂类及色素等杂质，提高了制品的纯度。

5. 干燥

从布氏漏斗上取下有沉淀物的滤纸，放在8cm表面皿上，置于80℃烘箱内干燥。将干燥至恒重后的RNA制品称重。

6. 含量测定

称取一定量干燥后的RNA产品配制成浓度为10～50μg/ml的溶液，在UV2000型分光光度计上测定其260nm处的光密度值，按下式计算RNA含量。

$$\text{RNA}=\frac{\text{OD}_{260\text{nm}}}{0.024\times L}\times\frac{\text{RNA溶液总体积 (ml)}}{\text{RNA称取量 }(\mu\text{g})}\times 100\%$$

式中 $\text{OD}_{260\text{nm}}$——260nm处的光密度值；

L——石英比色杯的光径，cm；

0.024——1ml溶液含有1μg RNA的光密度值（实际值可通过标准曲线校正）。

五、结果处理

根据含量测定的结果按下式计算提取率。

$$\text{RNA}=\frac{\text{RNA含量 (\%)}\times\text{RNA制品量}}{\text{酵母称取量 (g)}}\times 100\%$$

六、思考题

在RNA提取过程中的注意事项是什么？

实验十一　还原糖含量的测定

还原糖是指具有还原性的糖类，葡萄糖、果糖、麦芽糖和乳糖等均为还原糖。还原糖的测定方法很多，其中最常用的方法有直接滴定法、高锰酸钾滴定法和铁氰化钾滴定法。本实验采用铁氰化钾滴定法测定还原糖的含量。

一、实验目的和要求

1. 了解铁氰化钾滴定法测定还原糖的基本原理。

2. 掌握铁氰化钾法测定糖的操作及应用。

二、实验基本原理

在碱性介质中，一定量过量的铁氰化钾可将还原糖氧化为酸类物质，而铁氰化钾被还原成亚铁氰化钾，反应体系中剩余的铁氰化钾可用碘量法进行测定。反应如下：

$$6K_3Fe(CN)_6 + C_6H_{12}O_6 + 6KOH \longrightarrow 6K_4Fe(CN)_6 + (CHOH)_4 \cdot (COOH)_2 + 4H_2O$$

葡萄糖　　　　　　　　　　　　　　葡萄糖二酸

$$2K_3Fe(CN)_6 + 2KI \longrightarrow 2K_4Fe(CN)_6 + I_2$$

$$I_2 + 2Na_2S_2O_3 \longrightarrow 2NaI + Na_2S_4O_6$$

为避免第一步反应中生成的亚铁氰化钾对后面反应的干扰，可以加入硫酸锌使之生成配合物沉淀，反应如下：

$$2K_4Fe(CN)_6 + 3ZnSO_4 \longrightarrow K_2Zn_3[Fe(CN)_6]_2 \downarrow + 3K_2SO_4$$

白色沉淀

三、仪器和试剂

1. 主要仪器

移液管（10ml、5ml、2ml）、量筒（50ml、25ml、10ml）、微量滴定管（5ml、10ml）、锥形瓶（10ml、150ml）、水浴锅。

2. 试剂

95%乙醇溶液、0.5%淀粉溶液、酸性缓冲溶液、0.1mol/L 硫代硫酸钠溶液、12%钨酸钠溶液、0.1mol/L 铁氰化钾溶液、乙酸盐溶液、10%碘化钾溶液。

四、实验步骤

1. 样品液制备

准确称取 5.675g 粉碎试样（过 40 目筛），置于 100ml 锥形瓶中，将锥形瓶倾斜以使全部样品集中瓶底一侧，并用 95%乙醇 5ml 润湿，再加入 50ml 酸性缓冲溶液，振荡使成悬浮液。立即加入 2ml 12%钨酸钠溶液，振荡 5min，立刻过滤，弃去最初的 8～10 滴，剩余的为还原糖提取液，收集于干燥洁净的锥形瓶中。

2. 还原糖的测定

准确吸取 5ml 提取液放入 100ml 锥形瓶中，加入 10ml 0.1mol/L 铁氰化钾溶液，混匀，在沸水浴中准确加热 20min，然后立即在流水中冷却，加入 25ml 乙酸盐溶液和碘化钾溶液，混匀。用 0.1mol/L 硫代硫酸钠溶液滴定成淡黄色，再加入 0.5%淀粉溶液 1ml，继续滴定至蓝色完全消失为止。记录用去的硫代硫酸钠溶液的体积（V_1）。

用 5ml 蒸馏水代替样品提取液做空白实验，记录用去硫代硫酸钠溶液的体积（V_2）。

样品和空白实验均需做 2～3 份平行实验。

五、结果处理

先求氧化还原糖所用的硫代硫酸钠溶液的体积 V（ml）。

$$V = (V_1 - V_2)K$$

式中　K——0.1mol/L 硫代硫酸钠溶液的校正系数。

按 V 值查本实验表 6，找出试样中所含还原糖的百分数。若在两数之间，可按插入法求得。

$$还原糖(占干重) = \frac{还原糖(\%)}{1-水分(\%)} \times 100\%$$

六、说明

1. 本实验结果不是根据测定时所用反应式及试剂的用量直接计算出来的，而是通过查经验数据表得到的。查表时所用的体积要用校正系数 K 换算，K 值与实际测定时的准确浓度有关。

2. 本实验适合于粮食样品中小分子可溶性还原糖含量的测定。

表 6 0.1mol/L 铁氰化钾溶液用量与还原糖含量数据对照表

0.1mol/L 铁氰化钾溶液用量/ml	还原糖含量/%	0.1mol/L 铁氰化钾溶液用量/ml	还原糖含量/%	0.1mol/L 铁氰化钾溶液用量/ml	还原糖含量/%
0.10	0.05	3.30	1.66	6.50	3.67
0.20	0.10	3.40	1.71	6.60	3.70
0.30	0.15	3.50	1.76	6.70	3.79
0.40	0.20	3.60	1.82	6.80	3.85
0.50	0.25	3.70	1.88	6.90	3.92
0.60	0.31	3.80	1.95	7.00	3.98
0.70	0.36	3.90	2.01	7.10	4.06
0.80	0.41	4.00	2.07	7.20	4.12
0.90	0.46	4.10	2.13	7.30	4.18
1.00	0.51	4.20	2.18	7.40	4.25
1.10	0.56	4.30	2.25	7.50	4.31
1.20	0.60	4.40	2.31	7.60	4.38
1.30	0.65	4.50	2.37	7.70	4.45
1.40	0.71	4.60	2.44	7.80	4.51
1.50	0.76	4.70	2.51	7.90	4.58
1.60	0.80	4.80	2.57	8.00	4.65
1.70	0.85	4.90	2.64	8.10	4.72
1.80	0.90	5.00	2.70	8.20	4.78
1.90	0.96	5.10	2.76	8.30	4.85
2.00	1.01	5.20	2.82	8.40	4.92
2.10	1.06	5.30	2.88	8.50	4.99
2.20	1.11	5.40	2.95	8.60	5.05
2.30	1.16	5.50	3.02	8.70	5.12
2.40	1.21	5.60	3.08	8.80	5.19
2.50	1.26	5.70	3.15	8.90	5.27
2.60	1.30	5.80	3.22	9.00	5.34
2.70	1.35	5.90	3.23	9.10	5.42
2.80	1.40	6.00	3.34	9.20	5.50
2.90	1.45	6.10	3.41	9.30	5.58
3.00	1.51	6.20	3.47	9.40	5.68
3.10	1.56	6.30	3.53	9.50	5.78
3.20	1.61	6.40	3.60	9.60	5.88

七、思考题

1. 本实验的基本原理是什么？

2. 影响本实验准确性的因素主要有哪些？

八、实验试剂的配制

(1) 酸性缓冲溶液 3ml 冰醋酸、6.8g 醋酸钠（或 4.1g 无水醋酸钠）与 4.5ml 相对密度为 1.84 的浓硫酸混合，然后用蒸馏水稀释至 1000ml 即可。

(2) 12%钨酸钠溶液 12g $Na_2WO_4 \cdot 2H_2O$ 用蒸馏水溶解后，稀释至 100ml 即可。

(3) 乙酸盐溶液 70g 氯化钾与 40g 硫酸锌溶于 750ml 蒸馏水中，加入 200ml 冰醋酸，再用蒸馏水稀释至 1000ml 即可。

(4) 10%碘化钾溶液 10g 碘化钾溶于 100ml 蒸馏水中，加入 1 滴饱和氢氧化钠溶液，装入棕色试剂瓶，存于暗处。

(5) 0.1mol/L 硫代硫酸钠溶液 25g $Na_2S_2O_3 \cdot 5H_2O$ 和 3.8g 硼砂（$Na_2B_4O_7 \cdot 10H_2O$）溶于 1000ml 煮沸过刚好冷却的蒸馏水中，8～10 天后再进行标定。

(6) 0.1mol/L 铁氰化钾溶液　32.9g 铁氰化钾和 44g 无水碳酸钠溶于蒸馏水中，并稀释至 1000ml，装入棕色试剂瓶，存于暗处。

实验十二　高效液相色谱法检测奶制品中三聚氰胺含量（综合实训/选做）

一、开展综合实训目的

在生物化学实验中开设的实验内容主要是针对生化物质的定性或定量测定，对于食品、制药和生物技术类专业学生缺乏综合实训内容，本实验是选做的综合实训内容，是拓展应用生化实训内容，通过应用型生化实训项目，提高学生对生物化学与专业课的关注度，了解工作中可能接触到的国标、标准品、HPLC 检测方法等，各校也可根据实际情况选择“小麦中谷蛋白的提取”、“蛋白酶”等其他大型综合实训内容。

二、三聚氰胺与食品安全

三聚氰胺（melamine）是白色无味粉末，俗称密胺、氰尿酰胺、蛋白精，分子式 $C_3N_6H_6$，相对分子质量 126.12，结构式见图 2，IUPAC 命名为“1,3,5-三嗪-2,4,6-三氨基”，是一种三嗪类含氮杂环有机化合物的化工原料。

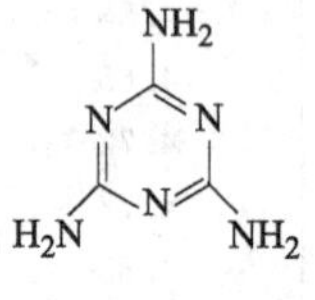

图 2　三聚氰胺分子结构

随着我国对食品安全和产品质量标准的提高，已强制要求在产品标签上标出食品组成的成分表，其中蛋白质的含量是否达标已成为食品品质控制的关键控制点，由于多数食品对蛋白质含量仍采用传统的凯氏定氮法，通过测定总氮含量后转换为蛋白质含量，无法检测会影响检测结果的其他成分。蛋白质的平均含氮量为 16%左右，而三聚氰胺含氮量为 66.6%左右。凯氏定氮法测定粗蛋白的含量时无法识别非蛋白氮，因为凯氏定氮法只能测出含氮量而无法测出氮的来源，从而使添加非蛋白成分的劣质产品通过检验单位的测试。因此有必要增加新的检测手段以应对添加“伪蛋白”成分的产品。我国 2008 年颁发了针对原料乳与乳制品中三聚氰胺检测方法（GB/T 22388—2008），其中的第一法为高效液相色谱法，测定定量限为 2mg/kg。

三、实验目的

1. 掌握反相离子对色谱法测定奶制品中三聚氰胺的原理和方法。

反相高效液相色谱（RP-HPLC）具有分离效率高、分析速度快、灵敏度高等优点，而且仪器较简单、工作条件要求较低，在有机物的分离与测定中有极为广泛的应用。三聚氰胺不溶于乙醚、苯和四氯化碳，微溶于热乙醇，常温下溶解度约 3.1g/L，可溶于甲醇、甲醛、乙酸、热乙二醇、甘油、吡啶中，属极性物质，在反相色谱柱上保留能力很弱，难以达到分离的目的。

三聚氰胺具有弱碱性（pH8.0），在酸性溶液中能形成阳离子。若在流动相中加入具有亲脂性的阴离子，则可与三聚氰胺形成具有疏水作用的离子对，从而使其在反相柱上的保留能力明显增强，达到与干扰组分分离的目的，这种处理方法亦称为离子对色谱法。对阳离子的测定一般采用烷基磺酸盐作为离子对试剂，而对阴离子的测定一般采用烷基胺类作为离子对试剂。

2. 了解复杂样品进行色谱分析时前处理的方法和必要性。

食品、药品、环境样品和生物样品的生化成分复杂、种类繁多，并且许多生化活性物质含量低，在提取时易被破坏等因素限制了现代分析技术特别是 HPLC 检测方法的应用与推广。研究并规定前处理方法才能保证实验结果的真实性、可靠性、实验结果的一致性。

3. GB/T 22388—2008 对原料乳与乳制品中三聚氰胺检测方法中规定的三个方法为：第

一法高效液相色谱法，第二法液相色谱-质谱/质谱法，第三法气相色谱-质谱联用法。检测时，应根据检测对象及其限量的规定，选用与其相适应的检测方法。

根据GB/T 22388—2008规定，试样用三氯乙酸溶液-乙腈提取，经阳离子交换固相萃取柱净化后（包括试样经取样、称量、溶解、超声提取、沉淀蛋白、过滤的前处理手段，获得测试液），再经反相高效液相色谱法测定其含量，根据保留时间和紫外吸收光谱定性，根据峰面积进行定量。

四、实验原理

试样用三氯乙酸溶液-乙腈提取，经阳离子交换固相萃取柱净化后，用高效液相色谱测定，外标法定量。

五、试剂与材料

1. 除非另有说明，所有试剂均为分析纯，水为GB/T 6682规定的一级水。
2. 醋酸铅（PbAc），AR级。
3. 乙酸乙酯，AR级。
4. 乙酸，AR级。
5. 甲醇，色谱纯。
6. 乙腈，色谱纯。
7. 氨水，AR级（含量25%～28%）。
8. 三氯乙酸，AR级。

三氯乙酸溶液（1%）：准确称取10g三氯乙酸于1L容量瓶中，用水溶解并定容至刻度，混匀后备用。

9. 柠檬酸，AR级。
10. 辛烷磺酸钠，色谱纯。
11. 甲醇水溶液：准确量取50ml甲醇和50ml水，混匀后备用。
12. 三聚氰胺标准品：CAS108-78-01，纯度大于99.0%。

三聚氰胺标准贮备液：准确称取100mg（精确到0.1mg）三聚氰胺标准品于100ml容量瓶中，用甲醇水溶液溶解并定容至刻度，配制成浓度为1mg/ml的标准贮备液，于4℃避光保存。使用时稀释至所需浓度用于制定标准曲线。

13. 氨化甲醇溶液（5%）：准确量取5ml氨水和95ml甲醇，混匀后备用。
14. 离子对试剂缓冲液：准确称取2.10g柠檬酸和2.16g辛烷磺酸钠，加入约980ml水溶解，调节pH至3.0后，定容至1L备用。
15. 阳离子交换固相萃取柱：混合型阳离子交换固相萃取柱，基质为苯磺酸化的聚苯乙烯-二乙烯基苯高聚物，60mg，3ml，或相当者。使用前依次用3ml甲醇、5ml水活化。
16. 氮气，纯度99.99%以上。
17. 其他：定性滤纸、微孔滤膜（0.2μm）、海砂［化学纯，粒度0.65～0.85mm，二氧化硅（SiO_2）含量为99%］。
18. 色谱流动相

（1）乙腈（色谱纯）。

（2）磷酸二氢钾（KH_2PO_4），GR级，0.05mol/L。

（3）磷酸（H_3PO_4），GR级，0.5mol/L。

（4）十二烷基磺酸钠，AR级，0.2mol/L。

六、仪器和设备

1. 高效液相色谱（HPLC）仪：配有紫外检测器或二极管阵列检测器。

ODS C18色谱柱。

2. 真空过滤系统。

3. 超声波洗涤器、超声波水浴装置。

4. 固相萃取装置：固相萃取（SPE）小柱。

5. 分析天平：感量为0.0001g和0.01g。

6. 离心机：转速不低于4000r/min。

7. 氮气吹干仪。

8. 涡旋混合器。

9. 具塞塑料离心管50ml。

10. 研钵。

七、实验步骤

（一）样品预处理

1. 称取经60℃真空干燥至恒重的奶粉试样5g（精确到0.01g），加纯水20ml调成糊状。加入已用0.2mol/L三氯乙酸酸化至pH4.5左右、0.2mol/L PbAc提取液10ml，搅拌均匀，加热至微沸使蛋白质变性、凝聚沉淀。冷却后用快速定性滤纸过滤，用水洗涤沉淀3～4次，洗液与滤液合并（总体积应控制在60ml左右），再用0.45μm滤膜真空过滤，滤液低温贮存备用。

2. 对于脂肪含量高的样品（如全脂奶粉、奶油等），应利用萃取技术除去脂类，对于脱脂奶粉或其他脂类含量较少的样品，此步骤可省略。

3. 将步骤1所得溶液用乙酸调节至弱酸性（pH＝4），用乙酸乙酯萃取三次（每次用15ml）。酯层合并后用水洗两次（每次用10ml），合并水层，定容至100ml。

4. 如果样品中三聚氰胺含量较高，经上述预处理后所得溶液其浓度已达到检出上限时，可直接进行HPLC检测。

（二）固相萃取处理

如样品预处理后所得溶液其三聚氰胺浓度低于检出限时，需进行固相萃取（SPE）纯化富集后，再进行HPLC检测。SPE纯化处理可除去样品中对检测结果有严重影响的干扰物。也可通过SPE纯化处理更大样品体积，将原样品中低于检出下限待检测物浓度提高到可检测水平，从而简化样品制备，并保证检测结果的一致性。选择正确的SPE纯化技术，可提高食品、药品、环境样品和生物样品应用HPLC检测方法的准确度。SPE也能替代液/液萃取，极大地减少溶剂消耗。

安捷伦SampliQ强阳离子交换（SCX）小柱中的介质实质上是一种磺酸修饰的二乙烯基苯树脂，这种树脂在pH 0～14范围内稳定，具有水可润湿性，并适用于各种溶剂。利用SampliQ SCX小柱进行固相萃取（SPE）纯化处理时，它兼具离子交换、反相功能，对碱性化合物和中性化合物均有出色的保留能力，适用化合物的疏水性（log P）范围广。

为了保证在测定牛奶及乳制品中含量低于检出下限的三聚氰胺获得一致性的检测结果，可通过利用安捷伦进行固相萃取（SPE）纯化技术制备上柱的样品，其处理流程为：

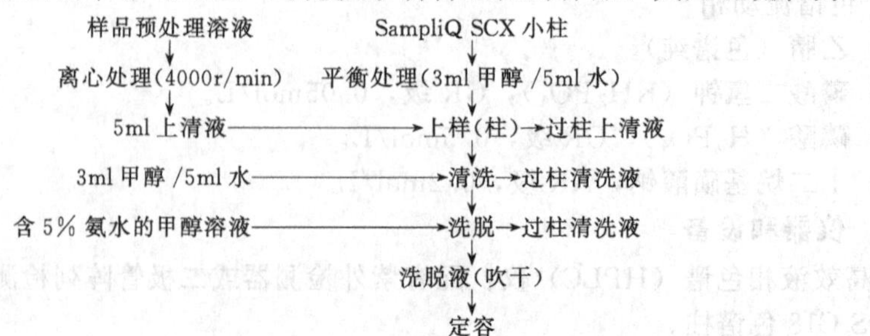

说明：固相萃取过程流速不超过 1ml/min；洗脱液于 50℃下用氮气吹干，残留物（相当于 0.4g 样品）用 1ml 流动相定容，涡旋混合 1min 过微孔滤膜后，供 HPLC 测定。

（三）上柱检测条件

1. 色谱柱：ODS C18，5μm，250mm×4.6mm。

2. 流动相：组分（1）320ml＋组分（2）600ml＋组分（3）12ml＋组分（4）68ml，混匀后用 0.45μm 滤膜真空过滤，超声脱气 20min。

3. 检测器：紫外检测器。

4. 进样量：20μl（20μl 定量环）。

5. 流速：1.0ml/min。

6. 柱温：40℃。

（四）制备标准曲线

测定浓度在 0.50～5.00mg/L 的标样，进行检测，利用工作站处理获标准曲线。标准曲线制备实验精度要求，相关系数 r 在 0.990 以上。

（五）样品中三聚氰胺含量测定

取样品分三次进样检测，取平均值。

八、实验结果与数据处理

1. 实验结果与实验误差

测定经过预处理的待测样，根据 HPLC 配套的数据处理软件或根据出峰面积按下面公式计算三聚氰胺的含量。

$$X=\frac{A\times c\times V\times f}{A_s\times m\times 1000}$$

式中 X——试样中三聚氰胺的含量，mg/kg；

A——样液中三聚氰胺的峰面积；

c——标准溶液中三聚氰胺的浓度，μg/ml；

V——样液最终定容体积，ml；

A_s——标准溶液中三聚氰胺的峰面积；

m——试样的质量，g；

f——稀释倍数。

本次实训要求实验误差应在 5％以内。

2. 讨论

① 根据样品的种类和国家标准，根据实验结果判断产品是否合格。

② 测定不同 HPLC 及紫外检测仪在 240nm±5nm 实验结果与误差分析。

3. 参考图谱

根据 GB/T 22388—2008 基质加标样的 HPLC 参考图谱（图 3）。

九、空白试验

除不称取样品外，均按上述测定条件和步骤进行。

十、方法定量限

根据 GB/T 22388—2008 规定，方法的定量限为 2mg/kg。

十一、回收率

根据 GB/T 22388—2008 规定，在添加浓度 2～10mg/kg 范围内，回收率在 80％～110％之间，相对标准偏差小于 10％。

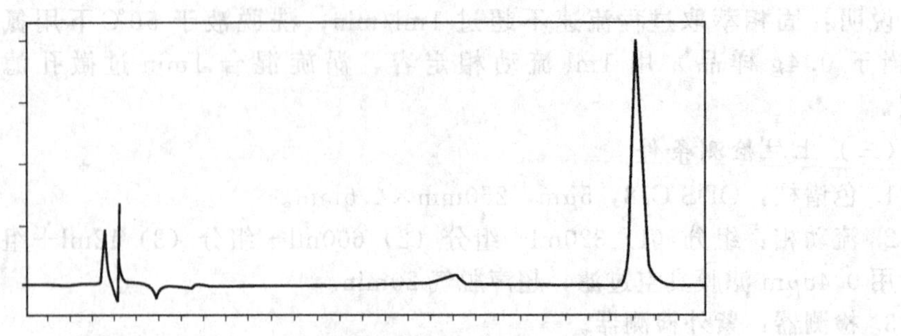

图 3　基质匹配加标三聚氰胺的样品 HPLC 色谱图

（检测波长 240nm，保留时间 13.6min，C18 色谱柱）

十二、允许差

根据 GB/T 22388—2008 规定，在重复性条件下获得的两次独立测定结果的绝对差值不得超过算术平均值的 10%。

附　录

附录一　实验室安全注意事项

一、实验室安全知识

在生物化学实验室中，可能接触到一些有毒性、腐蚀性、易燃、易爆炸的化学药品或危险品，使用的是易碎的玻璃、瓷质等的器皿，实验装置需要搭配水、电、汽，有高速运转的离心机，使用电炉、电烘箱等高温电热设备等，工作的环境多变，在使用生物材料或进行相关实验时需要在良好的工作条件下进行。总之，不论工作条件、环境如何变化，均需要做好充分的准备工作，实验中应认真、细致、严肃。因此，在实验前和实验过程中加强安全教育与管理的工作十分重要。通过安全教育，建立良好的安全意识，做到严格按规范操作，做好预习、记录并保留好原始数据，掌握正确的数据处理方法并书写实验报告，保证实验方法合理、规范，实验结果真实有效，并保证实验人员人身安全、设备安全运行。

1. 进入实验室开始工作前，应了解水总阀门及电源总开关所在处。离开实验室时，一定要将室内检查一遍，应将水源、电源的总开关关好，门窗锁好。注意对不能断电的实验设备，如保藏菌种、生化试剂的电冰箱，不能切断其工作电源!

2. 使用电器设备（如烘箱、恒温水浴锅、离心机、电炉等）时，严格按仪器设备的操作规程进行操作，严防触电；绝不可用湿手或在眼睛旁视时开关电闸和电器开关。检查电器设备是否漏电应用试电笔或手背触及仪器表面；凡是漏电的仪器，一律不能使用。

3. 使用浓酸、浓碱，必须极为小心地操作，防止飞溅。用吸管量取这些试剂时，必须使用吸耳球，绝对不能用口吸取。若不慎溅在实验台或地面，必须及时用湿抹布擦洗干净。如果触及皮肤，应立即冲洗并正确处理或治疗。

4. 使用可燃物，特别是易燃（丙酮、乙醚、乙醇、苯、金属钠等）时，应特别小心。不要大量放在桌上，更不应放在靠近火焰处或接近高温物品。只有远离火源时，或将火焰熄灭后，才可大量倾倒这类液体。低沸点的有机溶剂不准在火焰上直接加热，只能在水浴上利用回流冷凝管加热或蒸馏。

5. 如果不慎倒出了相当量的易燃液体，则应按下法处理。

① 立即关闭室内所有的火源和电加热器。

② 关门，开启小窗及窗户。

③ 用毛巾或抹布擦拭撒出的液体，并将液体拧到大的容器中，然后再倒入带塞的玻璃瓶中。

6. 用油浴操作时，应小心加热，不断用金属温度计测量，不要使温度超过油的燃烧温度。

7. 易燃和易爆炸物质的残渣（如金属钠、白磷、火柴头）不得倒入污桶或水槽中，应收集在指定的容器内。

8. 设置废液缸收集废液，实验后集中处理，防止污染环境。强酸和强碱性溶液不能直接倒在水槽中，应先稀释，然后倒入水槽，再用大量自来水冲洗水槽及下水道。

9. 实验中用到的有毒药品应按实验室的规定办理审批手续后领取，使用时严格操作，用后妥善处理。

二、实验室灭火法

实验中一旦发生了火灾切不可惊慌失措，应保持镇静。首先立即切断室内一切火源和电源，然后根据具体情况积极正确地进行抢救和灭火。常用的方法有如下几种。

1. 在可燃液体着火时，应立刻搬开着火区域内的一切可燃物质，关闭通风设备，防止扩大燃烧。若着火面积较小，可用石棉布、湿布、铁片或沙土覆盖，隔绝空气，使之熄灭。但覆盖时要轻，避免碰坏或打翻盛有易燃溶剂的玻璃器皿，导致更多的溶剂流出而再着火。

2. 酒精及其他可溶于水的液体着火时，可用水灭火。

3. 汽油、乙醚、甲苯等有机溶剂着火时，应用石棉布或土扑灭。绝对不能用水，否则反而会扩大燃烧面积。

4. 金属钠着火时，可把砂子倒在它的上面。

5. 导线着火时不能用水及二氧化碳灭火器，应切断电源或用四氯化碳灭火器。

6. 衣服被烧着时切不要奔走，可用衣服、大衣等包裹身体或躺在地上滚动，以灭火。

7. 发生火灾时注意保护现场。较大的着火事故应立即报警。

三、实验室急救

在实验过程中不慎发生受伤事故，应立即采取适当的急救措施。

1. 受玻璃割伤及其他机械损伤。首先必须检查伤口内有无玻璃或金属物等碎片，然后用硼酸水洗净，再涂擦碘酒或红汞水，必要时用纱布包扎。若伤口较大或过深而大量出血，应迅速在伤口上部和下部扎紧血管止血，立即到医院诊治。

2. 烫伤。一般用浓的（90%～95%）酒精消毒后，涂上苦味酸软膏。如果伤处红痛或红肿（一级灼伤），可擦医用橄榄油或用棉花沾酒精敷盖伤处；若皮肤起泡（二级灼伤），不要弄破水泡，防止感染；若伤处皮肤呈棕色或黑色（三级灼伤），应用干燥而无菌的消毒纱布轻轻包扎好，急送医院治疗。

3. 强碱（如氢氧化钠、氢氧化钾）、钠、钾等触及皮肤而引起灼伤时，要先用大量自来水冲洗，再用5%硼酸溶液或2%乙酸溶液涂洗。

4. 强酸、液溴等触及皮肤而致灼伤时，应立即用大量自来水冲洗，再以5%碳酸氢钠溶液洗涤。

5. 如酚类试剂触及皮肤引起灼伤，可用酒精洗涤。

6. 若煤气中毒时，应到室外呼吸新鲜空气，严重时应立即到医院诊治。

7. 水银容易由呼吸道进入人体，也可以经皮肤直接吸收而引起积累性中毒。严重中毒的征象是口中有金属味，呼出气体也有气味；流唾液，打哈欠时疼痛，牙床及嘴唇上有硫化汞的黑色；淋巴腺及唾腺肿大。若不慎中毒时，应送医院急救。急性中毒时，通常用碳粉或呕吐剂彻底洗胃，或者食入蛋白（如1L牛奶加3个鸡蛋清）或蓖麻油解毒并使之呕吐。

8. 触电。触电时可按下述方法之一切断电路。

① 关闭电源。

② 用干木棍使导线与被害者分开。

③ 使被害者和土地分离，急救时急救者必须做好防止触电的安全措施，手或脚必须绝缘。

附录二 实验室管理守则

一、实验员守则

1. 实验室是学校开展正常教学的重要场所，为此，实验员要热爱本职工作，认真学习，刻苦钻研，做好实验室的清洁与药品存放工作，按实验室管理制度做好实验室管理工作。

2. 实验员要做好仪器的登记造册工作，分类编号，定橱定位安放；对消耗、损坏的仪器要及时记载，注明原因和处理办法。

3. 实验员应积极参加有关教研活动，学习教学大纲和教材，积极开展实验教学和自制教具工作。

4. 要严格按实验通知单准备好仪器，制备实验用水和标准溶液，并协助教师做好演示实验和学生实验。

5. 要认真做好仪器的验收、领发、回收，及时保养和维修常见故障，加强实验室的安全保卫工作。

6. 实验员要认真做好实验教学情况记载，对各种资料，要装订成册，归类保管。

7. 每学期结束，将实验室仪器设备清点核对。

二、实验室学生守则

1. 每位同学都应该自觉地遵守实验室课堂纪律，不迟到，不早退，保持室内安静，不大声谈笑，不打闹。

2. 做好实验预习，在实验过程中一定要听从教师的指导，严肃认真地按操作规程进行实验，并简要、准确地将实验结果和数据记录在实验记录本上。完成实验后经教师检查同意，方可离开。课后写出实验报告，由课代表收齐交给教师。

3. 搞好环境卫生、保持环境和仪器的清洁整齐是搞好实验的重要条件，因此实验台面、试剂药品架上必须保持整洁，仪器药品要井然有序。公用试剂用完后应放回原处，勿使试剂药品洒在实验台面和地上。实验完毕，需将药品试剂排列整齐，实验结束后要清理桌面，将废液缸中的废液倒到指定的地点处理。玻璃器皿要按要求清洗干净，要按“少量多次”的方法冲洗，清洗的基本要求是倒置玻璃器皿时玻璃内外表面不持挂水珠。急用的玻璃器皿洗净后，可将滤纸放置在桌面上，将洗净的玻璃器皿倒置在滤纸上面吸水，或利用烘箱干燥，不许用甩干方法处理。玻璃器皿洗净后倒置放到指定的位置。将地板扫干净后再用拖把拖地，实验台面用抹布拭干净，经教师检查卫生、验收仪器并签字后，方可离开实验室。

4. 试剂和各种物品必须注意节约，要按实验要求配制试剂，不要使用过量的药品和试剂。应特别注意保持药品和试剂的纯净，严防混杂，取出的药品不能放回原装瓶内！不要将滤纸和称量纸用作其他用途。使用和洗涤仪器时，应小心仔细，防止损坏仪器。使用贵重精密仪器时，应严格遵守操作规程，发现故障立即报告实验员或指导教师，不要自己动手检修。

5. 实验室内严禁吸烟！使用各种加热装置时，必须严格做到火着（电源开）人在、人走火（电源）灭。乙醇、丙酮、乙醚等易燃品不能直接加热，并要远离火源操作和放置。实验完毕，应立即关好水龙头，拉下电闸，各种玻璃器皿应放置稳妥。离开实验室以前应认真负责地进行检查，严防不安全事故。

6. 废弃液体（强酸强碱溶液必须先用水稀释）可倒入水槽内，同时放水冲走。废纸、火柴头及其他固体废物和带有渣滓沉淀的废液都应倒入废品缸内，不能倒入水槽或到处乱扔。

7. 使用实验仪器应有记录，如有故障也应在记录本上反映故障点，如仪器损坏时，应立即向实验员报告，认真填写损坏仪器登记表，然后补领新仪器。

8. 实验室内一切物品，未经实验员批准严禁携出室外，借物必须办理登记手续。

9. 每次实验课后由班长安排同学轮流值日，值日生要负责当天实验室的卫生、安全和一些服务性的工作。

10. 对实验的内容和安排不合理的地方可提出改进意见。对实验中出现的一切反常现象应进行讨论，并大胆提出自己的看法，做到生动、活泼、主动地学习。

附录三　实验室用水等级与制备

（一）根据我国 GB/T 6682—2008

分析实验室用水国家标准，分析实验室用水的原水应为饮用水或适当纯度的水。分析实验室用水共分为三个级别：一级水、二级水和三级水。

一级水：一级水用于有严格要求的分析试验，包括对颗粒有要求的试验。如高效液相色谱分析用水。一级水可用二级水经过石英设备蒸馏或交换混床处理后，再经 0.2μm 微孔滤膜过滤来制取。

二级水：二级水用于无机衡量分析等试验，如原子吸收光谱分析用水。二级水可用多次蒸馏或离子交换等方法制取。

三级水：三级水用于一般化学分析试验。三级水可用蒸馏或离子交换等方法制取。

相关技术指标见附表 3-1。

附表 3-1

名　　称	一　级	二　级	三　级
pH 值范围(25℃)	—	—	5.0～7.5
电导率(25℃)/(mS/m)	≤0.01	≤0.10	≤0.50
可氧化物质含量(以 O 计)/(mg/L)	—	≤0.08	≤0.4
吸光度(254nm,1cm 光程)	≤0.001	≤0.01	—
蒸发残渣(105℃±2℃)/(mg/L)	—	≤1.0	≤2.0
可溶性硅(以 SiO_2 计)/(mg/L)	≤0.01	≤0.02	—

备注：

1. 由于在一级水、二级水的纯度下，难以测定其真实的 pH 值，因此，对一级水、二级水的 pH 值范围不做规定。

2. 由于在一级水的纯度下，难以测定可氧化物质和蒸发残渣，对其限量不做规定。可用其他条件和制备方法来保证一级水的质量。

（二）实验室用水常规等级

1. 纯水

纯水的纯化水平最低，通常电导率在 1～50μS/cm 之间。它可经由单一弱碱性阴离子交换树脂、反渗透或单次蒸馏制成。典型的纯水应用包括玻璃器皿的清洗和清洗机用水。

2. 去离子水

去离子水的电导率通常在 1.0～0.1μS/cm 之间（电阻率在 1.0～10.0MΩ·cm）。它通过采用含强阴离子交换树脂的混床离子交换制成，有相对较高的有机物和细菌污染水平，能满足多种需求，如清洗、配制分析标准样、制备试剂和稀释样品。

3. 实验室纯水

通常实验室纯水不仅要求在离子指标上有较高纯度，而且要求低浓度有机物和微生物。典型的指标是电导率＜1.0μS/cm（电阻率＞1.0MΩ·cm），总有机碳（TOC）含量小于 50μg/kg，以及细菌含量低于 1CFU/ml。其水质可适用于多种需求，从试剂制备和溶液稀释，到为细胞培养配备营养液和微生物研究。实验室纯水可双蒸而成，或整合 RO 和离子交换/EDI 多种技术制成，也可以再结合吸附介质和 UV 灯。

4. 实验室超纯水

实验室超纯水在电阻率、有机物含量、颗粒和细菌含量方面接近理论上的纯度极限，通过离子交换、RO 膜或蒸馏手段预纯化，再经过核子级离子交换精纯化得到超纯水。通常超纯水的电阻率可达 18.2MΩ·cm，TOC＜10μg/kg，滤除 0.1μm 甚至更小的颗粒，细菌含量低于1CFU/ml。超纯水适合多种精密分析实验的需求，如高效液相色谱（HPLC）、离子色谱（IC）和离子捕获-质谱（ICP-MS）。

少热原超纯水适用于真核细胞培养等生物应用，超滤技术通常用于去除大分子生物活性物，如热原（通常结果为<0.005IU/ml）以及（无法检测到的）核酸酶和蛋白酶。

附录四 化学试剂纯度分级

在选用实验试剂时，应根据实验类型（定性、定量，或滴定实验、仪器分析）等要求选择合理的试剂，如实验指导书中有指定，或国家级相关部门有指定时要严格按要求选用，如无指定时普通的定性实验可用化学纯（C.P.）、定量分析用分析纯（A.R.）、色谱实验用色谱纯。附表4-1为实验室常用试剂分级。

附表4-1 实验室常用试剂分级

规格	中国标准	国外标准	用途
一级试剂	保证试剂(G.R.) 绿色标签	A.R. G.R. A C S. P.A. XЦ.	纯度最高，杂质含量最少的试剂。适用于最精确的分析及研究工作
二级试剂	分析纯(A.R.) 红色标签	C.P. PUSS. Puriss. Ц ДА.	纯度较高，杂质含量较低。适用于精确的微量分析工作，为分析实验室广泛使用
三级试剂	化学纯(C.P.) 蓝色标签	L.R. E.P. Ц.	质量略低于二级试剂，适用于一般的微量分析实验，包括要求不高的工业分析和快速分析
四级试剂	化学用L.P.	p. pure	纯度较低，但高于工业用的试剂，适用于一般定性检验
生物试剂	B.R.或C.R.		根据说明使用

由于历史原因，在有机化学、生物化学、微生物学实验指导资料中某些试剂名是使用的习惯名称，如在血清蛋白的醋酸纤维素薄膜电泳中，使用的Bis（亚甲基双丙烯酰胺）。对上述情况应查找有关资料，保证采购的试剂是实验中指定的试剂。试剂的配制方法如教材中没有说明，也请从相关资料中查找。

在气相、液相色谱实验过程中，还可能使用到标准品、对照品试剂，这些试剂是专业部门生产与销售的，做实验前应提前订购。

在新药申报过程中会涉及生物标准品、化学对照品、中药对照药材、参考品及标准试剂等。

目前标准溶液的标定试剂也已有销售，可省去称量环节，直接配制用于标定实验室配制的标准溶液浓度。同样生化实验用的一些试剂盒、分析检验盒也有销售。

附录五 生化实验的基本操作

一、实验用水制备

实验用水可分为自来水、蒸馏水、双蒸水、去离子水等，也可按GB 6682—92分析实验室用水规格和试验方法的要求制备相应的实验用水。

二、玻璃器皿的洗涤要求

生物化学实验要求所用的实验器皿洁净，无有机残留物，因此对实验用的玻璃器皿的洗涤要求高。在定性分析实验中，玻璃器皿用肥皂或去污粉以毛刷仔细洗涤玻璃器皿的内外壁即可满足要求，洗后应将肥皂或去污粉仔细冲掉，将水倾去后，器壁不挂水珠，视为合格。在定量分析和微量分析中，需用铬酸洗液清洗移液管等用毛刷不能洗净的器皿。使用铬酸洗液时，要注意安全，玻璃器皿应干燥；过多的水分将使洗液迅速失效。用过的铬酸洗液须加以保存以反复使用，直至变为绿色后方可舍弃；其舍弃法与浓硫酸液相同。用洗液浸洗过的玻璃器皿，应先用自来水冲洗，然后再用蒸馏水或去离子水清洗，清洗时，宜采用“少量多次”原则，以节约蒸馏水，同时提高清洗效率。

三、搅拌和振荡

1. 配制溶液时，必须随时搅拌或振荡混合。配制完了时，必须充分搅拌或振荡混合。

2. 搅拌使用的玻璃棒，必须两头都烧圆滑。

3. 玻璃棒的粗细长短，必须与容器的大小和所配制的溶液的多少呈适当比例关系。不能用长而粗的玻璃棒去搅拌小离心管中的少量溶液。

4. 搅拌时，尽量使玻璃棒沿着器壁运动，不搅入空气，不使溶液飞溅，努力做到“无声操作”。

5. 倾入液体时，必须沿容器壁慢慢倾入，以免有大量空气混入。倾倒表面张力低的液体（如蛋白质溶液）时，更需缓慢仔细。

6. 振荡溶液时，应沿着圆圈转动容器振荡，不应上下振荡。

7. 振荡混合小离心管中液体时，可将离心管握在手中，以手腕、肘或肩作轴来旋转离心管；也可由一手持离心管上端，用另一手弹动离心管；也可用一手大拇指和食指持管的上端，用其余 3 个手指弹动离心管。手指持管的松紧要随着振动的幅度变化。

8. 在容量瓶中，混合液体时，应倒持容量瓶摇动，用食指或手心顶住瓶塞，并不时翻转容量瓶。

9. 在分液漏斗中振荡液体时，应用一手在适当斜度下倒持漏斗，用食指或手心顶住瓶塞，并用另一手控制漏斗的活塞。一边振荡，一边开动活塞，使气体可以随时由漏斗泄出。

10. 研磨配制胶体溶液时，要使杵棒沿着研钵的单方向进行，不要来回研磨。

四、沉淀的过滤和洗涤

1. 过滤沉淀一般使用滤纸。

2. 应根据沉淀的性质选择不同的滤纸。胶状沉淀，应使用质松孔大的滤纸；一般大小颗粒的结晶沉淀，应使用致密孔小的滤纸；极细的沉淀，则应使用致密孔最小的滤纸。滤纸越致密，过滤就越慢。

3. 滤纸的大小要由沉淀量来决定，并不是由溶液的体积来决定。沉淀量应装到滤纸高度的 1/3 左右，最多不应超过 1/2，通常使用直径为 7～9cm 的圆形滤纸。

4. 折叠滤纸应先整齐的对折，错开一点再对折，打开后形成一边一层，一边三层的圆锥体。折叠尖端时不可过于用力，否则容易出洞。放入漏斗中时，滤纸边缘应完全吻合。撕去三层一边的外面两层部分的尖端，使滤纸上缘能更好地贴在漏斗的壁上，不留缝隙，而下面部分则有空隙以利于提高过滤速度。

5. 滤纸上缘一般应低于漏斗口上周 0.5～1cm。润湿滤纸时应用指尖轻压滤纸，赶净滤纸和漏斗间的气泡，使滤纸紧贴漏斗壁。同时漏斗颈内必须充满液体。

6. 过滤时，为了防止沉淀堵塞滤纸的孔洞，通常采用倾泻法，即先小心地把溶液倾入漏斗而不使沉淀流入，只在过滤的最后一步才把沉淀转移到漏斗上。

7. 过滤时，将玻璃棒直立在三层滤纸的中间部分，其下端接近但不能触及滤纸，并使盛器紧贴玻璃棒，使液体顺玻璃棒缓缓流入漏斗。液体最多加到距滤纸上缘 3～4mm 处，过多则沉淀会因滤纸的毛细管作用而爬到漏斗壁上去。

8. 在容器中洗涤沉淀一般采用倾注法。洗涤时，采取少量多次的方法最为有效。通常，容易洗涤的粗粒晶形沉淀洗 2～3 次，难洗涤的黏稠无定形沉淀则需洗 5～6 次。注意，每次都应尽量倾注，以增加洗涤效率，并防止沉淀流失。

9. 转移沉淀时，先向沉淀中加入滤纸一次所能容纳量的洗涤液，搅拌成为悬浊液，不要等待沉淀下沉，立即按倾注清液的同样方式倾入漏斗。容器内剩余的沉淀可以用少量洗涤液按上述方法重复数次，直到全部转移到漏斗内。

10. 在漏斗内洗涤沉淀时，先将沉淀轻轻摊开在漏斗下部，再用滴管（或洗瓶）将洗涤液加入到漏斗上缘稍下的地方，同时转动漏斗，并使洗涤液沿着漏斗不断向下移动，直到洗涤液充满滤纸一半时立即停止。待漏斗中洗涤液完全漏出后，再进行第二次洗涤。通常，完全洗去沉淀所吸附的不挥发物质，约需 8～10 次。确知沉淀已经洗净，需要进行必要的检验。必须注意，沉淀的过滤和洗涤工作一定要一次完成，不可间断。

五、烘箱和恒温箱的使用

烘箱又叫干燥箱，常用的是电热鼓风干燥箱。干燥箱用于物品之干燥和干热灭菌，工作温度为 50～250℃。恒温箱又叫培养箱，用于细菌或生物培养等，工作温度自室温以上至 60℃。这两种仪器的工作原理、结构及使用方法相似。

1. 使用方法

(1) 检查温度计是否插入座内，应插在放气调节器中部的小孔内。

(2) 把电源插头插好，合上电闸。

(3) 将电热丝分组开关的旋钮拨到 1 挡或 2 挡（视需要的温度而定），再将自动恒温控制旋钮沿顺时针方向旋转，指示灯红灯亮表示电热丝开始加热。此时也可开鼓风机帮助箱内热空气对流。

(4) 在恒温过程中，应注意观察温度计。待温度将要达到需要温度值（差 2～3℃）时，使指示灯绿灯正好发亮，此时表示电热丝停止加热，箱内温度即能自动控制在所需要的温度（±0.5℃）。

(5) 恒温过程中，如不需要多组电热丝同时加热，应将电热丝分组开关的旋钮拨到 1 挡。

(6) 工作一定时间后需要将潮气排出，可打开放气调节器，也可打开鼓风机。

(7) 使用完后，关闭鼓风机马达开关，将电热丝分组开关旋钮和自动恒温控制旋钮沿反时针方向旋回至零位。

(8) 断开电闸，将电源插头拔出插座。

2. 注意事项

(1) 使用前应检查电源（电压、电流）是否符合规定，地线是否接妥。

(2) 挥发性物品，如盛有有机溶剂的器皿，不能放入，以防火灾和爆炸。

(3) 安放物品时应小心，不要触及自动恒温控制器的窗筒和温度计，以免损坏部件。安放物品后应立即关好箱门，以便保持温度恒定。

(4) 烘烤洗刷完的仪器，应尽量将水珠甩去再放入烘箱内。干燥后，待温度降至 60℃ 以下方可取出物品。注意，若温度超过 180℃，箱内棉花或纸张则烤焦，玻璃器皿则易破损。

(5) 电热鼓风干燥箱的电动机轴承，每年至少加润滑油一次。

(6) 仪器必须有良好地线。

(7) 仪器附近不能放置易燃物品。

(8) 检修时不能带电操作。

(9) 隔水水培养箱、生化培养箱、超级恒温槽（±0.1℃）等装置请参考有关设备使用说明书。

六、电动离心机

在实验过程中，欲使沉淀与母液分开，有过滤和离心两种方法。在下述情况下，使用离心方法较为合适。

① 沉淀有黏性。

② 沉淀颗粒小，容易透过滤纸。

③ 沉淀量过多而疏松。

④ 沉淀量很少，需要定量测定。

⑤ 母液黏稠。

⑥ 母液量很少，分离时应减少损失。

⑦ 沉淀和母液必须迅速分离开。

离心机是利用离心力对混合溶液进行分离和沉淀的一种专用仪器。电动离心机通常分为大、中、小3种类型。在此只介绍生物化学实验室使用的小型台式或落地式电动离心机。

1. 操作

(1) 使用前应先检查变速旋钮是否在“0”处。外套管应完整不漏，外套管底部需放有橡皮垫。

(2) 按以转轴为中心“对称平衡”的原则，实验小组待分离的样品应在托盘天平上先做粗平衡，此时离心管内的装液量不宜过多（占管的2/3体积），以免溢出。将此离心管放入外套管，再在离心管与外套管间加入缓冲用水。

(3) 一对外套管（连同离心管）放在托盘天平上平衡，如不平衡，可调整离心管内容物的量或缓冲用水的量。每次离心操作，都必须严格遵守平衡的要求，否则将会损坏离心机部件，甚至造成严重事故，应该十分警惕。

(4) 将以上两个平衡好的套管，按对称方向放到离心机中，盖好离心机盖，并把不用的离心套管取出。

(5) 开动时，先开电门，然后慢慢拨动旋钮，使速度逐渐增加。停止时，先将旋钮拨动到“0”，不继续使用时拔下插头，待离心机自动停止后，才能打开离心机盖并取出样品，绝对不能用手阻止离心机转动。

(6) 用完后，将套管中的橡皮垫洗净，保管好。冲洗外套管，倒立放置使其干燥。

2. 注意事项

(1) 选用符合装量要求、转速要求的离心管，高速离心时要使用专用的离心管。离心过程中，若听到特殊响声，表明离心管可能破碎，应立即停止离心。如离心管已破碎，将玻璃碴冲洗干净（玻璃碴不能倒入下水道），然后换新管按上述操作重新离心。

(2) 有机溶剂和酚等会腐蚀塑料套管，盐溶液会腐蚀金属套管。若有渗漏现象，必须及时擦洗干净漏出的溶液，并更换套管。

(3) 避免连续使用时间过长。一般大离心机用40min休息20～30min，台式小离心机用40min休息10min。

(4) 电源电压应与离心机所需要的电压一致。接地线后，才能通电使用。

(5) 一年应检查一次离心机内电动机的电刷与整流子磨损情况，严重时更换电刷或轴承。

七、分光光度计

根据物质的吸收光谱进行定性或定量分析的方法称为吸收光谱法，或分光光度法。该法所用的仪器称为分光光度计，或吸收光谱仪。如用于可见光及紫外光区域的吸收光谱仪，通常叫作分光光度计；用于红外光区域的吸收光谱仪，简称为红外光谱仪。

光源产生的连续辐射光线通过单色器时被分解为单色光，当一定波长的单色光通过比色皿中的有色溶液时，一部分被溶液所吸收，其余的透过溶液到达光电管，转换为电信号并被放大，通过电表被显示为吸光度 A 或百分透射比 $T\%$。吸光度 A 与溶液的浓度有一定的比例关系，亦即符合比耳定律。在此着重介绍 751 型分光光度计的使用，其他新型仪器可参考说明书。新仪器如 UV2000 能做全波长扫描，一些仪器已能自动打印实验结果或配套计算机使用，波长校验也从双波长（双灯）发展到三波长（三灯）校验。

751 型分光光度计是可见光和紫外光分光光度计，其波长范围为 200～1000nm。

1. 操作方法

(1) 在电源电压与仪器要求的电压相符时，插上电源插头。

(2) 仪器装有两个光源灯。钨灯的波长范围为 320～1000nm，氢灯为 320nm 以下。拨动光源灯座的把手，将选用的光源灯置于光路中。根据需要可以在光路中插入滤光片，以减少杂散光，一般情况下无此必要。

(3) 检查仪器的各种开关和旋钮，处于关闭位置时，打开电源开关，预热 20min。

(4) 选择适当的比色杯，测定波长在 350nm 以上时，用玻璃比色杯；若在 350nm 以下，必须使用石英比色杯。比色杯盛入溶液后，放在比色杯架上，然后再放入暗箱内，盖好盖板。此时，空白溶液或蒸馏水的比色杯恰好处于光路中。

(5) 选择适当的光电管。测定的波长范围在 200～626nm，用蓝敏光电管，应将手柄推入；若在 625～1000nm 范围以内，用红敏光电管，应将手柄拉出。

(6) 将选择开关扳至"校正"位置后，转动选择波长的旋钮，使波长刻度对准所需要的波长。

(7) 调节暗电流旋钮，使电表指针对准"0"位置。为了得到较高的准确度，每测量一次都应校正暗电流一次。

(8) 调节灵敏度旋钮，在正常情况下，从关闭的位置起沿顺时针方向转动 3～5 圈。

(9) 转动读数电位器旋钮，使刻度盘处于透光率 100%位置。然后，把选择开关扳至"×1"位置。再拉开暗电流闸门，使单色光进入光电管。

(10) 调节狭缝旋钮，使电表指针处于"0"位置附近，再用灵敏度旋钮仔细调节，使电表指针准确地位于"0"处。

(11) 完成上述操作后将比色杯定位装置的手柄轻轻地拉出一格，使第二个比色杯的待测液处于光路中。注意，应使滑动板准确地位于定位槽内。这时电表指针偏离"0"位。再转动读数电位器旋钮，重新使电表指针对准"0"位，刻度盘上的读数即为该待测液的光密度或透光率。依此测定第 2 个、第 3 个待测液，并读出数据。

(12) 完成一次测量后，立即关上暗电流闸门，以保护光电管。

(13) 在读数时，若选择开关处于"×1"位置，光密度（即消光）范围为 0～∞，透光率是 0～100%。当透光率小于 10%时，则可把选择开关扳至"×0.1"位置。这时读出的透光率数值，应除以"10"；而读出的光密度值，则应加上"1.0"。

(14) 测定完毕，将每个开关、旋钮、操作手柄等复原或关闭。拔掉电源插头，以切断电源，并盖好仪器罩。

2. 注意事项

(1) 该仪器为贵重的精密仪器，应由专人负责管理和维护。仪器应安放在干燥的房间内，放置在坚固平稳的工作台上，室内照明不宜太强。热天时不能用电扇直接向仪器吹风，防止光源灯丝发光不稳定。

(2) 若外电路电压波动较大，为确保仪器稳定工作，最好备一台 220V 磁饱和式或电子稳压式稳压器，可使用稳压器，以增加仪器的稳定性，而且要保证仪器接地良好。

(3) 仪器连续使用时间不应超过 2h，每次使用后需要间歇 0.5h 以上才能再用。仪器若暂时不用，则要定期通电，每次不少于 20～30min，以保持整机呈干燥状态，并且维持电子元器件的性能。

(4) 仪器底部及比色皿暗箱等处的硅胶应定期烘干，保持其干燥性，发现变色应立即换新或烘干后再用。

(5) 测定某未知待测液时，先制作该溶液的吸收光谱曲线，再选择最大吸收峰的波长作为测定的波长。每次读数后将空白杯推入光路，检流计光点中线仍位于透光率“100”，则读数有效。

附录六 实验记录及实验报告要求

一、实验记录

实验课前应认真预习，将实验名称、目的和要求、原理、实验试剂与仪器、实验内容、操作方法和步骤等按指导书的要求认真书写在实验报告书上，并准备好实验记录本。

实验报告、实验记录本应标上页数，不要撕去任何一页，更不要涂改，写错时可以准确地划去重写。记录时必须使用钢笔或水性圆珠笔。

要求“忠于实验数据”，在实验中观察到的现象、结果和数据，应该及时地直接记在记录本上，绝对不可以用单片纸做记录或草稿。原始记录必须准确、简练、详尽、清楚。从实验课开始就应养成这种良好的习惯。

记录时，应做到正确记录实验结果，切忌夹杂主观因素，这是十分重要的。在实验条件下观察到的现象，应如实仔细地记录下来。在定量实验中观测的数据，如称量物质的质量、滴定管的读数、分光光度计的读数等，都应设计一定的表格准确记下正确的读数，并根据仪器的精确度准确记录有效数字。例如，用电光分析天平称取的物质的质量应精确到小数点后 4 位；滴定管的读数应精确到小数点后 2 位；吸收值为 0.050，不应写成 0.05 等。每一个结果最少要重复观测两次以上，当符合实验要求并确知仪器工作正常后再写在记录本上。实验记录上的每一个数字，都反映每一次的测量结果，所以，重复观测时，即使数据完全相同也应如实记录。数据的计算也应该写在记录本的另一页上，一般写在正式记录左边的一页。总之，实验的每个结果都应正确无遗漏地做好记录。

实验中使用仪器的类型、编号以及试剂的规格、化学式、分子量、准确的浓度等，都应记录清楚，以便总结实验时进行核对和作为查找成败原因的参考依据。

如果发现记录的结果有怀疑、遗漏、丢失等，都必须重做实验。因为，将不可靠的结果当作正确的记录，在实际工作中可能造成难于估计的损失。所以，在学习期间就应一丝不苟，努力培养严谨的科学作风。

二、实验报告

实验前做好预习和准备工作，认真做好实验并记录原始数据。实验结束后，应及时整理和总结实验结果，写出实验报告。实验报告要求有实验原理、实验方法，有使用仪器、试剂，有原始数据和数据处理结果，有实验总结等，并要求实验教师及时批改实验报告。

按照实验内容可分为定性和定量实验两大类，下面分别列举这两类实验报告的格式，仅供参考。

(一) 定性实验报告

1. 封面要求：实验（编号），实验名称，实验时间，实验室名称，指导教师。

2. 报告基本格式

(1) 目的和要求

(2) 内容

(3) 原理

(4) 试剂和仪器

(5) 操作方法

(6) 结果与数据处理

(7) 实验总结与讨论

一般每次实验课如果做数个定性实验，实验报告中的实验名称和目的要求应该是针对这次实验课的全部内容而必须达到的目的和要求。在写实验报告时，可以按照实验内容分别写原理、操作步骤、结果与讨论等。原理部分应简述基本原理。操作方法（或步骤）可以按操作流程的顺序或自行设计的表格来表示。某些实验的操作方法可以和结果与讨论部分合并，自行设计各种表格，综合书写。结果与讨论包括实验结果及观察现象的小结、对实验课遇到的问题和思考题进行探讨以及对实验的改进意见等。

（二）定量实验报告

1. 封面要求：实验（编号），实验名称，实验时间，实验室名称，指导教师。

2. 报告基本格式

(1) 目的和要求

(2) 原理

(3) 试剂配制及仪器

(4) 操作方法

(5) 实验结果与实验误差分析

(6) 讨论

通常每次实验课只做一个定量实验，在实验报告中，目的和要求、原理以及操作方法部分应简单扼要地叙述，但是对于实验条件（试剂配制及仪器）和操作的关键环节必须写清楚。对于实验结果部分，应根据实验课的要求将一定实验条件下获得的实验结果和数据进行整理、归纳、分析和对比，并尽量总结成各种图表，如原始数据及其处理的表格、标准曲线图以及比较实验组与对照组实验结果的图表等。另外，还应针对实验结果进行必要的说明和分析。讨论部分可以包括：关于实验方法（或者操作技术）和有关实验的一些问题，如实验的正常结果和异常现象以及思考题；对于实验设计的认识、体会和建议；对实验课的改进意见等。

附录七 常用指示剂的配制方法

二甲基黄指示液 取二甲基黄 0.1g，加乙醇 100ml 使其溶解。变色范围 pH 2.9～4.0（红→黄）。

二甲基黄-溶剂蓝 19 混合指示液 取二甲基黄与溶剂蓝 19 各 15mg，加氯仿 100ml 使其溶解。

二甲酚橙指示液 取二甲酚橙 0.2g，加水 100ml 使其溶解。

儿茶酚紫指示液 取儿茶酚紫 0.1g，加水 100ml 使其溶解。变色范围 pH 6.0～7.0（黄→紫）；pH 7.0～9.0（紫→紫红）。

中性红指示液 取中性红 0.1g，溶于 250ml 70%的乙醇中。变色范围 pH 6.8～8.0（红→橙棕）。

孔雀绿指示液 取孔雀绿 0.3g，加冰醋酸 100ml 使其溶解。变色范围 pH 0.0～2.0

（黄→绿）；pH 11.0～13.5（绿→无色）。

石蕊指示液　取石蕊粉末10g，加乙醇40ml，回流煮沸1h，静置，倾去上层清液，再用同一方法处理2次，每次用乙醇30ml，残渣用水10ml洗涤，倾去洗液，再加水50ml煮沸，放冷，滤过，即得。变色范围pH 4.5～8.0（红→蓝）。

甲基红指示液　取甲基红0.1g，加0.05mol/L氢氧化钠溶液7.4ml使溶解，再加水稀释至200ml。变色范围pH 4.2～6.3（红→黄）。

甲基红-亚甲蓝混合指示液　取0.1%甲基红的乙醇溶液20ml，加0.2%亚甲蓝溶液8ml，摇匀。

甲基红-溴甲酚绿混合指示液　取0.1%甲基红的乙醇溶液20ml，加0.2%溴甲酚绿的乙醇溶液30ml，摇匀。

甲基橙指示液　取甲基橙0.1g，加水100ml使其溶解。变色范围pH 3.2～4.4（红→黄）。

甲基橙-二甲苯蓝FF混合指示液　取甲基橙与二甲苯蓝FF各0.1g，加乙醇100ml使其溶解。

甲基橙-亚甲蓝混合指示液　取甲基橙指示液20ml，加0.2%亚甲蓝溶液8ml，摇匀。

甲酚红指示液　取甲酚红0.1g，加0.05mol/L氢氧化钠溶液5.30ml使其溶解，再加水稀释至100ml。变色范围pH 7.2～8.8（黄→红）。

甲酚红-麝香草酚蓝混合指示液　取甲酚红指示液1份与0.1%麝香草酚蓝溶液3份，混合。

四溴酚酞乙酯钾指示液　取四溴酚酞乙酯钾0.1g，加冰醋酸100ml使其溶解。

对硝基酚指示液　取对硝基酚0.25g，加水100ml使其溶解。

刚果红指示液　取刚果红0.5g，加10%乙醇100ml使其溶解。变色范围pH 3.0～5.0（蓝→红）。

苏丹Ⅳ指示液　取苏丹Ⅳ0.5g，加氯仿100ml使其溶解。

含锌碘化钾淀粉指示液　取水100ml，加碘化钾溶液（3→20）5ml与氯化锌溶液（1→5）10ml，煮沸，加淀粉混悬液（取可溶性淀粉5g，加水30ml搅匀制成），随加随搅拌，继续煮沸2min，放冷，即得。本液应在凉处密闭保存。

邻二氮菲指示液　取硫酸亚铁0.5g，加水100ml使其溶解，加硫酸2滴与邻二氮菲0.5g，摇匀。本液应现用现配。

间甲酚紫指示液　取间甲酚紫0.1g，加0.01mol/L氢氧化钠溶液10ml使其溶解，再加水稀释至100ml。变色范围pH 7.5～9.2（黄→紫）。

金属酚指示液（邻甲酚酞配合指示液）　取金属酞1g，加水100ml使其溶解。

茜素磺酸钠指示液　取茜素磺酸钠0.1g，加水100ml使其溶解。变色范围pH 3.7～5.2（黄→紫）。

荧光黄指示液　取荧光黄0.1g，加乙醇100ml使其溶解。

耐尔蓝指示液　取耐尔蓝1g，加冰醋酸100ml使其溶解。变色范围pH 10.1～11.1（蓝→红）。

钙黄绿素指示剂　取钙黄绿素0.1g，加氯化钾10g，研磨均匀，即得。

钙紫红素指示剂　取钙紫红素0.1g，加无水硫酸钠10g，研磨均匀，即得。

亮绿指示液　取亮绿0.5g，加冰醋酸100ml使其溶解。变色范围pH 0.0～2.6（黄→绿）。

结晶紫指示液　取结晶紫0.5g，加冰醋酸100ml使其溶解。

萘酚苯甲醇指示液　取α-萘酚苯甲醇0.5g，加冰醋酸100ml使其溶解。变色范围pH 8.5～9.8（黄→绿）。

酚酞指示液　取酚酞 1g，加乙醇 100ml 使其溶解。变色范围 pH 8.3～10.0（无色→红）。

酚磺酞指示液　取酚磺酞 0.1g，加 0.05mol/L 氢氧化钠溶液 5.7ml 使其溶解，再加水稀释至 200ml。变色范围 pH 6.8～8.4（黄→红）。

铬黑 T 指示剂　取铬黑 T 0.1g，加氯化钠 10g，研磨均匀，即得。

铬酸钾指示液　取铬酸钾 10g，加水 100ml 使其溶解。

偶氮紫指示液　取偶氮紫 0.1g，加二甲基甲酰胺 100ml 使其溶解。

淀粉指示液　取可溶性淀粉 0.5g，加水 5ml 搅匀后，缓缓倾入 100ml 沸水中，随加随搅拌，继续煮沸 2min，放冷，取上层清液。本液应现用现配。

硫酸铁铵指示液　取硫酸铁铵 8g，加水 100ml 使其溶解。

碘化钾淀粉指示液　取碘化钾 0.2g，加新制的淀粉指示液 100ml 使其溶解。

溴甲酚紫指示液　取溴甲酚紫 0.1g，加 0.02mol/L 氢氧化钠溶液 20ml 使溶解，再加水稀释至 100ml。变色范围 pH 5.2～6.8（黄→紫）。

溴甲酚绿指示液　取溴甲酚绿 0.1g，加 0.05mol/L 氢氧化钠溶液 2.8ml 使溶解，再加水稀释至 200ml。变色范围 pH 3.6～5.2（黄→蓝）。

溴酚蓝指示液　取溴酚蓝 0.1g，加 0.05mol/L 氢氧化钠溶液 3.0ml 使溶解，再加水稀释至 200ml。变色范围 pH 2.8～4.6（黄→蓝绿）。

溴麝香草酚蓝指示液　取溴麝香草酚蓝 0.1g，加 0.05mol/L 氢氧化钠溶液 3.2ml 使其溶解，再加水稀释至 200ml。变色范围 pH 6.0～7.6（黄→蓝）。

溶剂蓝 19 指示液　取 0.5g 溶剂蓝 19，加冰醋酸 100ml 使其溶解。

橙黄Ⅳ指示液　取橙黄Ⅳ 0.5g，加冰醋酸 100ml 使其溶解。变色范围 pH 1.4～3.2（红→黄）。

曙红钠指示液　取曙红钠 0.5g，加水 100ml 使其溶解。

麝香草酚酞指示液　取麝香草酚酞 0.1g，加乙醇 100ml 使其溶解。变色范围 pH 9.3～10.5g（无色→蓝）。

麝香草酚蓝指示液　取麝香草酚蓝 0.1g，加 0.05mol/L 氢氧化钠溶液 4.3ml 使溶解，再加水稀释至 200ml。变色范围 pH 1.2～2.8（红→黄）；pH 8.0～9.6（黄→紫蓝）。

附录八　生物化学常用缓冲溶液的配制

在生物化学实验中，许多化学反应要求在一定的 pH 条件下才能正常进行。当 pH 条件不合适或反应过程中介质的 pH 发生了剧烈的变化，都会影响反应的正常进行。人体的各种体液，都具有恒定的 pH，以保证体内化学反应的正常进行。所以，在研究生物化学反应时或者为使这些反应能顺利地继续下去，就必须有具有一定 pH，并且能保持其 pH 不易发生变化的缓冲溶液。标准缓冲溶液的 pH 随温度变化而改变。

配制标准缓冲溶液的实验用水应符合 GB 6682—92 中三级水的规格。配好的 pH 标准缓冲溶液应贮存在玻璃试剂瓶或聚乙烯试剂瓶中。同一种标准缓冲溶液，不同温度时，pH 有所不同，使用时必须采用溶液实际温度下所对应的 pH。标准缓冲溶液应使用无 CO_2 的蒸馏水和 pH 基准试剂配制。pH 大于 6 的标准缓冲溶液应贮存在聚乙烯试剂瓶中。标准缓冲溶液一般保存 2～3 个月，若发现溶液中出现混浊、沉淀等现象，则不能使用，应重新配制。

下面列出了生物化学实验中常见的几种缓冲溶液的配制方法，其他实验用缓冲溶液配制可参考其他生化实验指导书，或根据化学式计算在某一 pH 范围内缓冲溶液中酸与盐的比例。

1. Na_2HPO_4-柠檬酸缓冲溶液的配制

pH	0.2mol/L Na_2HPO_4/ml	0.1mol/L 柠檬酸/ml	pH	0.2mol/L Na_2HPO_4/ml	0.1mol/L 柠檬酸/ml
2.2	0.40	19.60	5.2	10.72	9.28
2.4	1.24	18.76	5.4	11.15	8.85
2.6	2.18	17.82	5.6	11.60	8.40
2.8	3.17	16.83	5.8	12.90	7.91
3.0	4.11	15.89	6.0	12.63	7.37
3.2	4.94	15.06	6.2	13.22	6.78
3.4	5.70	14.30	6.4	13.85	6.15
3.6	6.44	13.56	6.6	14.55	5.45
3.8	7.10	12.90	6.8	15.45	4.55
4.0	7.71	12.29	7.0	16.47	3.53
4.2	8.28	11.72	7.2	17.39	2.61
4.4	8.82	11.18	7.4	18.17	1.83
4.6	9.35	10.65	7.6	18.73	1.27
4.8	9.86	10.14	7.8	19.15	0.85
5.0	10.30	9.70	8.0	19.45	0.55

注：$Na_2HPO_4 \cdot 2H_2O$ 相对分子质量为 178.05，0.2mol/L 溶液含 35.61g/L。

柠檬酸 · H_2O 相对分子质量为 210.14，0.1mol/L 溶液含 21.01g/L。

2. 磷酸缓冲溶液的配制

pH	0.2mol/L Na_2HPO_4/ml	0.2mol/L NaH_2PO_4/ml	pH	0.2mol/L Na_2HPO_4/ml	0.2mol/L NaH_2PO_4/ml
5.8	8.00	92.00	7.0	61.0	39.0
6.0	12.30	87.70	7.2	72.0	28.0
6.2	18.50	81.50	7.4	81.0	19.0
6.4	26.50	73.50	7.6	87.0	13.0
6.6	37.50	62.50	7.8	91.5	8.5
6.8	49.00	51.00	8.0	94.7	5.3

注：$Na_2HPO_4 \cdot 2H_2O$ 相对分子质量为 178.05，0.2mol/L 溶液含 35.61g/L。

$Na_2HPO_4 \cdot 12H_2O$ 相对分子质量为 358.22，0.2mol/L 溶液含 71.64g/L。

$NaH_2PO_4 \cdot H_2O$ 相对分子质量为 138.01，0.2mol/L 溶液含 27.60g/L。

$NaH_2PO_4 \cdot 2H_2O$ 相对分子质量为 156.03，0.2mol/L 溶液含 31.21g/L。

3. KH_2PO_4-NaOH 缓冲溶液的配制

pH (20℃)	0.2mol/L KH_2PO_4/ml	0.2mol/L NaOH/ml	pH (20℃)	0.2mol/L KH_2PO_4/ml	0.2mol/L NaOH/ml
5.8	5.0	0.37	7.0	5.0	2.96
6.0	5.0	0.57	7.2	5.0	3.50
6.2	5.0	0.86	7.4	5.0	3.95
6.4	5.0	1.26	7.6	5.0	4.28
6.6	5.0	1.78	7.8	5.0	4.52
6.8	5.0	2.37	8.0	5.0	4.68

注：KH_2PO_4 与 NaOH 加水稀释至 20ml。

KH_2PO_4 相对分子质量为 136.09，0.2mol/L 溶液含 27.22g/L。

4. 巴比妥缓冲溶液的配制

pH (18℃)	0.04mol/L 巴比妥钠盐/ml	0.2mol/L HCl/ml	pH (18℃)	0.04mol/L 巴比妥钠盐/ml	0.2mol/L HCl/ml
6.8	100	18.40	8.4	100	5.21
7.0	100	17.80	8.6	100	3.82
7.2	100	16.70	8.8	100	2.52
7.4	100	15.30	9.0	100	1.65
7.6	100	13.40	9.2	100	1.13
7.8	100	11.47	9.4	100	0.70
8.0	100	9.39	9.6	100	0.35
8.2	100	7.12			

注：巴比妥钠盐相对分子质量为 206.2，0.04mol/L 溶液含 8.25g/L 。

5. Tris 缓冲溶液（0.05mol/L，pH 7～9）的配制

x ml 0.2mol/L 三羟基甲基氨基甲烷（Tris）＋y ml 0.1mol/L HCl，加水稀释至 100ml。

pH		x ml	y ml	pH		x ml	y ml
23℃	37℃	0.2mol/L Tris	0.1mol/L HCl	23℃	37℃	0.2mol/L Tris	0.1mol/L HCl
9.10	8.95	25	5	8.05	7.90	25	27.5
8.92	8.78	25	7.5	7.96	7.82	25	30.0
8.74	8.60	25	10.0	7.87	7.73	25	32.5
8.62	8.48	25	12.5	7.77	7.63	25	35.0
8.50	8.37	25	15.0	7.66	7.52	25	37.5
8.40	8.27	25	17.5	7.54	7.40	25	40.0
8.32	8.18	25	20.5	7.36	7.22	25	42.5
8.23	8.10	25	22.5	7.20	7.05	25	45.0
8.14	8.00	25	25.0				

注：三羟基甲基氨基甲烷（$HOCH_2$、CH_2OH、$HOCH_2$、NH_2 连于 C）相对分子质量为 121.14，0.2mol/L 溶液含 24.23g/L。

6. 柠檬酸盐缓冲溶液的配制

0.1mol/L 柠檬酸钠（柠檬酸 21g＋1mol/L 氢氧化钠 200ml/L）与 0.1mol/L 盐酸或 0.1mol/L 氢氧化钠配制成 10ml 的柠檬酸盐缓冲溶液。

pH(18℃)	柠檬酸钠	0.1mol/L 盐酸	0.1mol/L NaOH	pH(18℃)	柠檬酸钠	0.1mol/L 盐酸	0.1mol/L NaOH
1.04	0.00	10.00		4.65	8.00	2.0	
1.17	1.00	9.00		4.83	9.00	1.0	
1.42	2.00	8.00		4.89	9.50	0.5	
1.93	3.00	7.00		4.96	10.00	0.0	
2.27	3.33	6.67		5.02	9.50		0.5
2.97	4.00	6.00		5.11	9.00		1.0
3.36	4.50	5.50		5.31	8.00		2.0
3.53	4.75	5.25		5.57	7.00		3.0
3.69	5.00	5.00		5.98	6.00		4.0
3.95	5.50	4.50		6.34	5.50		4.5
4.16	6.00	4.00		6.69	5.25		4.8
4.45	7.00	3.00					

7. 磷酸盐缓冲溶液的配制

0.1mol/L Na_2HPO_4（14.2g/L）与 0.1mol/L KH_2PO_4（13.6g/L）配制成 10ml 的磷酸盐缓冲溶液。

pH(18℃)	Na_2HPO_4/ml	KH_2PO_4/ml	pH(18℃)	Na_2HPO_4/ml	KH_2PO_4/ml
5.29	0.25	9.75	6.81	5.0	5.0
5.59	0.50	9.50	6.98	6.0	4.0
5.91	1.00	9.00	7.17	7.0	3.0
6.24	2.00	8.00	7.28	8.0	2.0
6.47	3.00	7.00	7.37	9.0	1.0
6.64	4.00	6.00	8.04	9.5	0.5

参 考 文 献

[1] 德伟，李艳利．生物化学和分子生物学．北京：科学出版社，2001.
[2] 董晓燕．生物化学实验．北京：化学工业出版社，2003.
[3] 金凤燮主编．生物化学．北京：中国轻工业出版社，2004.
[4] 赖炳森等．生物化学．北京：中国医药科技出版社，2002.
[5] 沈同主编．生物化学．第2版．北京：高等教育出版社，2001.
[6] 陶力，李俊，朱婉华，袁玉荪．生物化学实验．北京：科学出版社，2002.
[7] 王镜岩等编．生物化学（上、下册）．北京：高等教育出版社，2002.
[8] 王学铭等．生物化学．北京：北京大学医学出版社，2003.
[9] 严莉莉等．生物化学．北京：中国医药科技出版社，2002.
[10] 张燕萍．变性淀粉制造与应用．北京：化学工业出版社，2001.
[11] 周爱儒．生物化学．第6版．北京：人民卫生出版社，2004.
[12] 张洪渊，万海清．生物化学．第2版．北京：化学工业出版社，2006.
[13] 余琼，李盛肾，赵丹丹．新编生物化学辅导与习题精选．北京：化学工业出版社，2009.
[14] 李玉白．生物化学．北京：化学工业出版社，2009.
[15] 赵玉娥．生物化学．第2版．北京：化学工业出版社，2010.
[16] 蒋霞云，王晓辉，李燕．生物化学学习指导．北京：化学工业出版社，2010.